江苏省高等学校重点教材(编号:2021－2－155)

虚拟仪器设计

(LabVIEW 2020 版)

郭业才　李　晨　胡国乐　编著

合肥工業大學出版社

内容提要

【内容提要】 本书以LabVIEW 2020版本为基础，从工程视角出发，系统详尽地阐述了虚拟仪器软件LabVIEW 2020的程序设计方法及其应用技巧。全书共9章，第1章为绪论，包括虚拟仪器的概述、LabVIEW的组成、LabVIEW的优势与配置；第2～8章阐述了LabVIEW 2020的基本内容、编程方法与技巧，包括LabVIEW 2020的开发环境、LabVIEW 2020 VI的操作、数据类型与程序控制、操作界面、文件I/O、图形与图表、LabVIEW 2020的常用外部接口。第9章给出了虚拟仪器设计实例，包括虚拟温度测量仪、多功能信号发生器和数字示波器，每个实例均从设计目的、设计条件、设计原理、设计步骤和设计思考五个方面进行细致分析。

本书可供高等学校电子信息类、电气类、自动化类、机械类、计算机类等专业的本科生及仪器科学与工程、控制科学与工程、电子科学与技术、集成电路科学与工程等学科的研究生使用，也可作为相关专业与学科的工程技术人员的参考书。

【本书特点】 (1)内容丰富，深入浅出，实用性和操作性兼容。
(2)内容新颖，系统全面，理论性与实践性兼备。
(3)案例引入，工程实用，学术性和技术性兼顾。

图书在版编目(CIP)数据

虚拟仪器设计：LabVIEW 2020版/郭业才，李晨，胡国乐编著．—合肥：合肥工业大学出版社，2023.3

ISBN 978-7-5650-6220-9

Ⅰ.①虚… Ⅱ.①郭…②李…③胡… Ⅲ.①虚拟仪表—系统设计—高等学校—教材 Ⅳ.①TH860.2

中国版本图书馆CIP数据核字(2022)第239760号

虚拟仪器设计(LabVIEW 2020版)

XUNI YIQI SHEJI(LabVIEW 2020BAN)

郭业才 李 晨 胡国乐 编著 　　责任编辑 刘 露

出 版	合肥工业大学出版社	版 次	2023年3月第1版
地 址	合肥市屯溪路193号	印 次	2023年3月第1次印刷
邮 编	230009	开 本	787毫米×1092毫米 1/16
电 话	理工图书出版中心：0551-62903004	印 张	15.5
	营销与储运管理中心：0551-62903198	字 数	420千字
网 址	www.hfutpress.com.cn	印 刷	安徽联众印刷有限公司
E-mail	hfutpress@163.com	发 行	全国新华书店

ISBN 978-7-5650-6220-9 　　定价：50.00元

前　言

本书是江苏省高等学校重点教材(编号:2021－2－155),教材以虚拟仪器设计为主要内容。

虚拟仪器是指以通用计算机为核心的硬件平台,由用户设计定义,具有虚拟面板,测试功能由测试软件实现的一种计算机仪器系统。目前,应用最广泛、发展最快、功能最强的集成虚拟仪器开发环境是实验室虚拟仪器工程平台(Laboratory Virtual Instrument Engineering Workbench,LabVIEW)。它是由美国国家仪器公司开发的图形化程序编译平台,采用"数据流"的概念打破传统编程语言的思维模式,使得程序设计者在流程图构思完毕的同时也完成了程序的撰写。其主要特点如下:

(1)直观即学即用。将传统高级语言的写代码的编程方式,抽象为以"图形、节点、连线"方式的图形化编程语言,直观方便、易学易用。

(2)模块化可重用。LabVIEW 中的基本节点、函数、编写程序等都是模块化的,既可作为独立程序运行,又可作为另一个虚拟仪器模块的子模块供给其他模块程序调用。

(3)通用编程系统。LabVIEW 拥有一个可完成任何编程任务的庞大的函数库,也有传统的程序调试工具,还有动态连续跟踪方式,开发环境更方便、更有效。

正是由于 LabVIEW 的这些特点,自 1986 年诞生至今,其在电子信息技术、测试测量、控制理论、跨平台设计等领域得到了广泛应用。

本书以 LabVIEW 2020 英文版本为对象,从读者视角出发,按先基础后提升、先理论后实践的顺序循序渐进地组织教材内容,深入浅出地阐述 LabVIEW 2020 的基本操作、使用方法和编程技巧,通过翔实案例给出具体创建步骤和程序运行过程。本书共分 9 章。第 1 章,主要介绍虚拟仪器的概念、G 语言涵义、LabVIEW 的组成、LabVIEW 的优势与配置。第 2 章,详细阐述了 LabVIEW 2020 的开发环境。从 LabVIEW 2020 启动开始,分析了 LabVIEW 2020 编辑界面及系统菜单、选板及帮助系统。第 3 章,分析了 LabVIEW 2020 VI 的操作,具体包括创建 VI、编辑 VI、调试 VI 及创建子 VI 的方法与技巧。第 4 章,主要分析了数据类型与程序控制,详尽讨论了基本数据类型、数据结构及程序控制。第 5 章,主要阐述了 LabVIEW 2020 的操作界面,包括设置 VI 属性、用户菜单、属性节点及控件定制方法。第 6 章,对文件 I/O 类型、文件 I/O 选板及文件 I/O 函数等进行介绍。第 7 章,主要讨论图形与图表的设计与实现,从图形控件的分类及波形图表概念入手,对设置波形图表外观与属性、单曲线与多曲线波形图表、波形图、XY 图、强度图、数字波形图及三维图形的设计与实现进行了讨论。第 8 章，重点分析了 LabVIEW 2020 的常用外部接口，包括调用库函数、Matlab 接口、Python 节点、ActiveX 接口、访问数据库。第 9 章，给出了虚拟温度测量仪、多功能信号发生器、数字示波器的设计实例，每一个实例包括设计目的、设计条件、设计原理、设计步骤和设计思考五个方面。

本书由无锡学院郭业才教授、李晨博士及南京信息工程大学硕士研究生胡国乐共同编写，其中胡国乐对本书所涉及的所有程序进行了编辑调试，对文字进行了加工修改。本书在编写过程中，参阅了大量文献，书后所列参考文献为本书的编写提供了借鉴，同时得到了沈宇慧、国洪灿、王雪、王琪等研究生的支持。本书的出版得到了国家一流专业电子信息工程专业、江苏省"十四五"重点学科电子科学与技术、江苏省一流专业和产教融合品牌专业电子科学与技术专业及江苏省"十四五"重点教材建设等项目的资助及合肥工业大学出版社的大力支持，在此一并表示诚挚的谢意！

由于作者水平有限，书中难免存在不当之处，敬请读者批评指正！

编著者

2022 年 11 月

目　录

第1章 绪 论

LabVIEW是美国国家仪器公司(National Instruments,以下简称“NI公司”)开发的图形化程序编译平台。其他计算机语言都是采用基于文本的语言产生代码,而LabVIEW使用的是G语言(图形化编辑语言)编写程序,即使用功能图标代替复杂的编程语言。利用LabVIEW,用户可通过定义和连接代表各种功能模块的图标,方便迅速地创建虚拟仪器图形方式的集成化程序开发环境。

LabVIEW主要用于工业测试、测量和控制应用,有着可快速访问硬件及提供数据信息的特点。传统工程应用的硬件集成比较复杂,LabVIEW简化了这一过程,用户能够采用相同的方法快速采集和可视化NI或第三方I/O设备的数据集,大大缩短了采集和可视化的时间。LabVIEW还拥有一个超过30万开发人员的社区,用户遇到问题可以在社区寻求帮助。

LabVIEW的运行速度很快,和编写好的C或C++速度差不多,程序的各个方面在图形化编程方法下均能实现可视化,如硬件配置、测量数据和调试。用户在程序可视化条件下可以轻松集成各种测量硬件、实现复杂逻辑程序、设计自定义用户界面等。模块化的特性使得LabVIEW程序均有可重用性。数据流的执行方式使得LabVIEW程序简单明了,充分发挥了G语言的优点,大大缩短了虚拟仪器的开发周期,消除了虚拟仪器编程的复杂过程。

LabVIEW工具网络提供了大量经过认证的第三方附加工具,用户可以在LabVIEW官网上下载这些附加工具,以提高工作效率。

本章将主要介绍G语言与虚拟仪器的相关概念,简述LabVIEW程序的组成及其在工程上的应用。

1.1 虚拟仪器的概述

1.1.1 G语言涵义

G语言(Graphical Programming Language)也称图形化编程语言,是一种数据流编程语言,也是一种具有扩展函数库的通用编程环境语言。用户通过绘制导线连接不同功能的控件,图形化的程序框图结构决定程序如何执行。G语言定义了数据类型、结构类型和模块调用语法规则等编程语言的基本要素。

G语言与传统编程语言的不同点在于程序流程采用数据流,而传统编程语言采用文本编程。G语言的图形化编程方式使用了各种控件、节点、连线等,使得程序的界面形象更加直观。G语言是LabVIEW应用程序最重要的基础。

1.1.2 电子仪器

从19世纪初到20世纪末,电子仪器发展经历了模拟仪器、数字仪器、智能仪器等阶段,并发展到现在的虚拟仪器。

（1）模拟仪器。其基本结构是电磁机械式的，常用的有针式万用表、晶体管电压表等。模拟仪器利用电磁测量原理，借助指针的移动或电子束的偏移来显示最终结果。其结构简单、成本较低、易于维护，适用于对精度要求不高的场合。随着电子管的出现，电子测量理论和方法与电子技术、控制技术相结合，出现了以记录仪和示波器为代表的电子仪器。

（2）数字仪器。随着晶体管和集成电路的出现以及应用电子技术的发展，数字仪器如数字电压表、数字频率计等也随之出现。这类仪器将对模拟信号的测量转化为对数字信号的测量，并以数字方式输出最终结果，适用于快速响应和较高准确度的测量。

（3）智能仪器。随着第一片微处理器问世，以内置微处理器为核心的智能仪器被发明。这类仪器以微电子器件代替常规电子线路，具有信息采集、显示、处理、传输及优化控制等功能，甚至具有辅助专家进行推断分析与决策的能力。它的功能模块全部以硬件（或固化的软件）的形式存在，无论是开发还是应用，都缺乏灵活性。

1.1.3 虚拟仪器的概念及构成分类

虚拟仪器在20世纪90年代以后进入了人们的视野，它充分利用最新的计算机技术实现和扩展传统仪器的功能。虚拟仪器以计算机软件为核心，辅以相应的硬件设备的测试系统。20世纪80年代末。美国率先成功研制虚拟仪器（Virtual Instrument，VI）。虚拟仪器技术是当今计算机辅助测试领域的一项重要技术，它推动着传统仪器朝着数字化、智能化、模块化、网络化的方向发展。虚拟仪器是现代计算机技术、通信技术和测量技术相结合的产物，是传统仪器观念的一次巨大变革，是未来仪器产业发展的一个重要方向。

1. 虚拟仪器

在虚拟仪器概念在提出的同时，“软件即仪器”的概念也被提出，打破了传统仪器只能由厂家定义、用户无法改变的局面。随着现代软件和硬件技术的飞速发展，仪器的智能化和虚拟化已经成为研究的方向。虚拟仪器既具有传统仪器的功能，又有别于其他传统仪器。它能够充分利用和发挥现有计算机的先进技术，使仪器的测试和测量及自动化工业系统的测试和监控变得异常方便和快捷。

虚拟仪器是指通过应用程序将计算机、应用软件的功能模块和仪器硬件结合起来，用户可以通过友好的图形界面（通常叫作虚拟前面板，简称“前面板”）来操作这台计算机，就像在操作自己定义、自己设计的一台个人仪器一样，从而完成对被测信号的采集、分析、判断、显示、数据存储等。虚拟仪器通过软件把对数据的分析处理、表达及图形化用户接口把计算机资源（如微处理器、显示器等）和仪器硬件（如A/D转换器、D/A转换器、数字I/O定时器、信号调理器等）的测量能力、控制能力结合在一起。虚拟仪器突破了传统仪器以硬件作为主体的模式，使得使用者在操作具有测试软件的电子计算机上即可进行测量。

虚拟仪器技术的实质是充分利用最新的计算机技术来实现和扩展传统仪器的功能。软件是虚拟仪器的关键，当基本硬件确定以后，就可以通过不同的软件实现不同的功能。用户可以根据自己的需要设计仪器系统来满足多种多样的应用要求。利用计算机丰富的软硬件资源，可以大大突破传统仪器在数据的分析、处理、表达、传递、储存等方面的限制，达到传统仪器无法比拟的效果。

虚拟仪器从构成要素上讲，由计算机、应用软件和仪器硬件等构成；从构成方式上讲，则由DAQ版和信号调理器为仪器硬件组成的PC-DAQ测试系统，或以GPIB、VXI、Scrial和Field Bus等标准总线仪器为硬件组成的GPIB系统、VXI系统、串口系统和现场总线系统等多种形式，虚拟仪器的结构如图1-1所示。

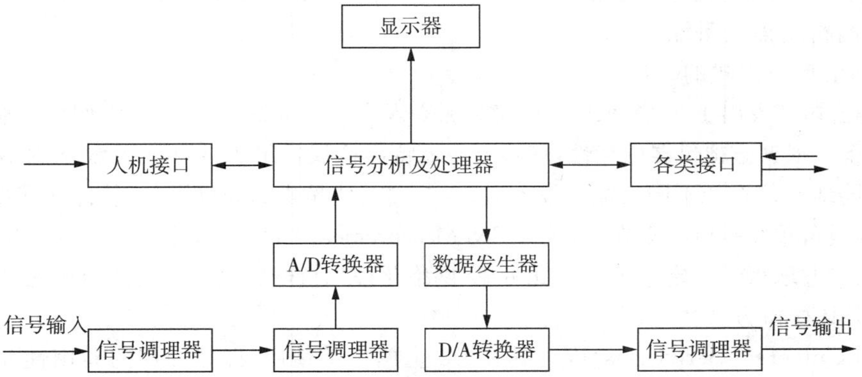

图1-1 虚拟仪器的结构

2. 虚拟仪器的构成

目前，虚拟仪器的构成方式有以下几种。

(1)PC-DAQ插卡式的VI

由数据采集卡、计算机平台和虚拟仪器软件，可构成各种数据采集和虚拟仪器系统。它关键在于A/D转换技术，受PC机箱、总线限制，存在电源功率不足、机箱内噪声电平较高、插槽数目不多、尺寸较小及无屏蔽等缺点。插卡式仪器价格便宜、用途广泛，特别适合于工业测控现场、各种实验室和教学部门使用。

(2)并行口式的VI

最新发展的可连接到计算机并行口的测试装置，其硬件集成在一个采集盒里或探头上，软件装在计算机上，可以完成各种VI功能。它的最大好处是既可以与笔记本式计算机相连，又可与台式PC相连，也方便野外作业。

(3)GPIB总线方式的VI

GPIB(General Purpose Interface Bus)技术是IEEE488标准的VI早期的发展阶段。典型的GPIB系统由一台PC、一块GPIB接口卡和若干台GPIB仪器通过GPIB电缆连接而成。在标准情况下，一块GPIB接口卡可带多达14台的仪器，电缆长度可达20 m。GPIB测试系统结构和命令简单、成本较低，适用于精确度要求高但对计算机速率要求和总线控制实时性要求不高的场合，主要市场在台式仪器市场。

(4)VXI总线方式的VI

VXI(VMEbus extension for Instrumentation)总线是高速计算机总线VME在VI领域的扩展，有稳定的电源、强有力的冷却能力和严格的RFI/EMI屏蔽，具有结构紧凑、数据吞吐能力强、定时和同步精确、模块可重复利用、众多仪器厂家支持等优点，VXI系统的组建和使用越来越方便，适用于组建中、大规模自动测量系统及对速度、精度要求高的场合，但VXI总线要求有专用机箱、零槽管理器及嵌入式控制器，成本比较高。

(5)PXI 总线方式的 VI

PXI(PCI extension for Instrumentation)总线是 PCI 在 VI 领域的扩展。这种新型模块化仪器系统是在 PCI 总线内核技术上增加了成熟的技术规范和要求形成的，具有多板同步触发、精确定时的星形触发、相邻模块间高速通信的局部总线及高度的可扩展性等优点，适用于大型高精度集成系统。

(6)网络接口方式的 VI

NI 等公司开发出了通过 Web 浏览器观测嵌入式仪器设备的产品，使人们可以通过网络操作仪器设备。根据虚拟仪器的特性，能够方便地将虚拟仪器组成计算机网络，利用网络技术将分散在不同地理位置的不同功能的设备联系在一起，使昂贵的硬件设备、软件在网络上得以共享，减少了设备重复投资。现在，有关 MCN(Measurement and Control Networks)方面的标准正在积极进行，并取得了一定进展。由此可见，网络化虚拟仪器将具有广泛的应用前景。

(7)USB 接口方式的 VI

USB(Universal Serial Bus)因为其在 PC 上的广泛使用、即插即用的易用性和 USB 2.0 高达 480 Mb/s 的传输速率，逐渐成为仪器控制的主流总线技术。USB 接口被广泛应用，也使得工程师可以很方便地将基于 USB 的测量仪器连接到整个系统中。但是 USB 在仪器控制方面也有一些缺点，如 USB 的传输线没有工业标准的规格，在恶劣的环境下，可能造成数据的丢失；此外，USB 对传输线的距离也有一定的限制。

无论哪种 VI 系统，都是将仪器硬件搭载到笔记本式计算机、台式计算机或工作站等各种计算机平台再加上应用软件构成的。

3. 虚拟仪器的特点

与传统仪器相比，虚拟仪器的特点有以下几点。

(1)打破了传统仪器的“万能”功能概念，将信号的分析、显示、存储、打印和其他管理集中交由计算机来处理，充分利用计算机技术完善了数据的传输、交换等性能，使得组建系统变得更加灵活、简单。

(2)强调“软件就是仪器”的新概念，软件在仪器中充当了以往由硬件甚至整机实现的角色，减少了许多随时间可能漂移、需要定期校准的分立式模拟硬件，加上标准化总线的使用，使系统的测量精度、测量速度和可重复性都大大提高。

(3)仪器由用户自己定义，系统的功能、规模等均可通过软件修改、增减，可方便地同外设、网络及其他应用设备连接。虚拟仪器的出现，彻底打破了传统仪器由厂家定义、用户无法改变的模式。

(4)鉴于虚拟仪器的开放性和功能软件的模块化，用户可以将仪器的设计、使用和管理统一到虚拟仪器标准，使资源的可重复利用率提高，系统组建时间缩短、功能易于扩展、管理规范、维护和开发费用降低。虚拟仪器的开发厂家，为扩大虚拟仪器的功能，在测量结果的数据处理、表达根式及其变换方面发布了各种软件，建立了数据处理的高级分析和开发工具库(如测量结果的谱分析、快速傅里叶变换、各种数字滤波器、卷积处理和相关函数处理、微积分、峰值和波形发生、噪声发生、回归分析、数值运算、时域和频域分析等)，使虚拟仪器发展成为可以组建极为复杂自动测试系统的仪器系统。虚拟仪器与传统仪器的比较，见表 1-1 所列。

表 1-1　虚拟仪器与传统仪器的比较

比较项目	虚拟仪器	传统仪器
开发与维护费用	低	高
关键	软件	硬件
价格	价格低，可重复使用，可重配置性强	价格昂贵
功能定义	用户定义仪器功能	厂商定义仪器功能
技术更新周期	短(1～2 年)	长(5～10 年)
开发程度	开放、灵活、与计算机同步发展	封闭、固定
网络功能	方便与外部设备连接	功能固定、互联有限

1.2　LabVIEW 的组成

VI 是 LabVIEW 的核心。一个 VI 程序包含“Front Panel(前面板)”和“Block Diagram(程序框图)”及图标/连接端口。

1. 前面板功能

前面板是用于模拟真实仪器的显示板，可以用于设置输入量数值和观察输出量。其中输入量被称为“Controls(控件)”，模拟真实仪器的输入装置并把数据提供给 VI 的程序框图；输出量被称为“Indicators(指示器)”，模拟真实仪器的输出装置并显示由程序框图获得或产生的数据。各种控件以图标的形式显示在前面板上，如旋钮、开关、按钮、表格、图形等，这使得前面板更加直观。

2. 数据端口

LabVIEW 中有两种类型的数据端口：控制端口和指示端口以及节点端口。控制端口和指示端口用于前面板对象，当 VI 程序运行时，从控制端口输入的数据通过控制端传递到框图程序，供其中的程序使用，产生的输出数据再通过指示端口传输到前面板对应的指示端口中并显示。每个节点端口都有一个或者数个数据端口用于数据输入或输出。

3. VI 程序特点

LabVIEW 编制的 VI 程序具有分层次和模块化的特点，一个 VI 可以用于顶层程序，也可用于其他程序的子程序。将一个 VI 的图标放置在另一个 VI 的程序框图中时，它就是一个“SubVI(子 VI)”。子 VI 同样以图标的方式被调用。使用 LabVIEW 编程时，模块化程序设计的概念很重要，用户可以把一个复杂的程序分解为一系列的子任务，每个子任务还可以进一步分解成许多更低一级的子任务，直到把一个复杂的任务分解为许多子任务的组合。

1.3　LabVIEW 的优势与配置

1.3.1　LabVIEW 的优势

与其他软件相比，LabVIEW 的显著优势在于开发速度。一般来说，用 LabVIEW 开发应用系统的速度要比其他的编程语言快 4～10 倍。产生这种差距的主要原因在于 LabVIEW 易用易学、上手很快。其主要优势如下：

(1)图形化编程。采用图形化编程，降低了对使用者编程经验的要求。

(2)面向对象方法。采用面向对象的方法和概念，有利于软件的开发和再利用。

(3)支持多种接口。支持500多种标准总线设备及数据采集卡，如串行接口、GPIB、VXI等。

(4)代码接口完备，可调用 Windows 中的动态链接库、ActiveX、MATLAB、.NET 或 Python 语言程序等，以弥补自身的某些不足。

(5)支持多种网络协议。支持 TCP、UDP 等网络协议，网络功能强大，可遥控分布在其他微机上的虚物仪器设备。

(6)支持多平台兼容与移植。对象、框图及其构成的虚拟仪器在 Windows XP、UNIX 等多平台之间和各种 PC 及工作站之间兼容，便于软件移植。

(7)丰富的驱动和专用工具。LabVIEW 提供了大量的驱动和专用工具，几乎能够与任何接口的硬件轻松连接。

(8)适用面广。为增强 LabVIEW 的功能，使其适应各种工业应用的需要，NI 公司又开发了一系列与 LabVIEW 配合使用的软件包，如自动测试工具、可连接25种数据库的 SQL 工具、SPC 分析函数工具、信号处理套件、FPGA 工具、机器视觉与运动工具、PID 控制工具等。

1.3.2 LabVIEW 的配置

LabVIEW 在很多领域都得到了广泛应用，如测试与测量、过程控制、工业自动化和实验室研究等方面。LabVIEW 的应用涵盖了从研发、测试、生产到服务的产品开发所有阶段，汽车、通信、航空、半导体、电子设计生产、过程控制和生物医学等各领域均通过 LabVIEW 提高了应用开发的效率。LabVIEW 可以在任意平台上实现和完成数据采集、仪器控制和连接、机器视觉、运动控制、模块化仪器、工业监控等众多方面的功能和任务。LabVIEW 提供了超过450个内置函数，用于采集信息、分析测量数据及处理信号。LabVIEW 是个开放式的开发环境，将广泛的数据采集、分析与显示功能集中于环境中，用户可以在 LabVIEW 上无缝地集成一套完整的应用方案并将其与任何测量硬件轻松连接。LabVIEW 的交互式测量助手、自动代码生成及与成千上万个设备的简易连接功能能够轻而易举地完成数据采集。LabVIEW 简化了与数百家仪器厂商的数千种仪器设备的连接和通信。使用 LabVIEW 中的仪器驱动程序、交互式仪器助手(Instrument I/O Assistant)和内置仪器 I/O 函数库，可以从 GPIB、串口、以太网、PXI、USB 接口仪器及 VXI 仪器中快速采集数据。LabVIEW 是一个具有高度灵活性的开发系统，用户可以根据自己的应用领域和开发要求选择 LabVIEW 系统配置。NI 公司为不同层次的用户提供了如下三种系统配置：

(1)LabVIEW 基本版。LabVIEW 基本版是指用于开发数据采集和仪器控制系统的最小 LabVIEW 配置，包括 VISA、GPIB、RS-232、DAQ 和基本分析库，同时还包括支持 ActiveX、TCP/IP 和 DDE 等标准程序的接口。

(2)LabVIEW 完整版(FDS)。除了基本版的功能外，FDS 还包括完整的高级分析库。

(3)LabVIEW 专业版(PDS)。PDS 除了 FDS 功能外，还具有专业程序员开发时所需要的全部工具，包括可执行文件生成工具、源代码控制、复杂矩阵分析、软件工程文档管理、质量控制标准文档、图形差异比较和大型软件项目管理文档工具等。对于一般用户而言，采购 PDS，并根据实际应用选取专门的 LabVIEW 工具套件是最佳选择。

第 2 章　LabVIEW 2020 的开发环境

LabVIEW 2020 是目前最新、功能最强的图形化软件开发集成环境，是一种图形化的编程语言和开发环境，是一种面向最终用户的开发工具，可为实现仪器编程和数据采集提供便捷途径。LabVIEW 2020 的功能十分强大，用户可以方便地建立自己的虚拟仪器。

本章介绍 LabVIEW 2020 的开发环境，包括 LabVIEW 2020 的启动、编辑界面及系统菜单、选板和帮助系统。

2.1　LabVIEW 2020 的启动

在桌面上双击快捷方式图标，即可运行 National Instruments LabVIEW 2020。随后计算机屏幕就会显示如图 2－1 所示的启动界面，并跳转为如图 2－2 所示的启动方式选择对话框。

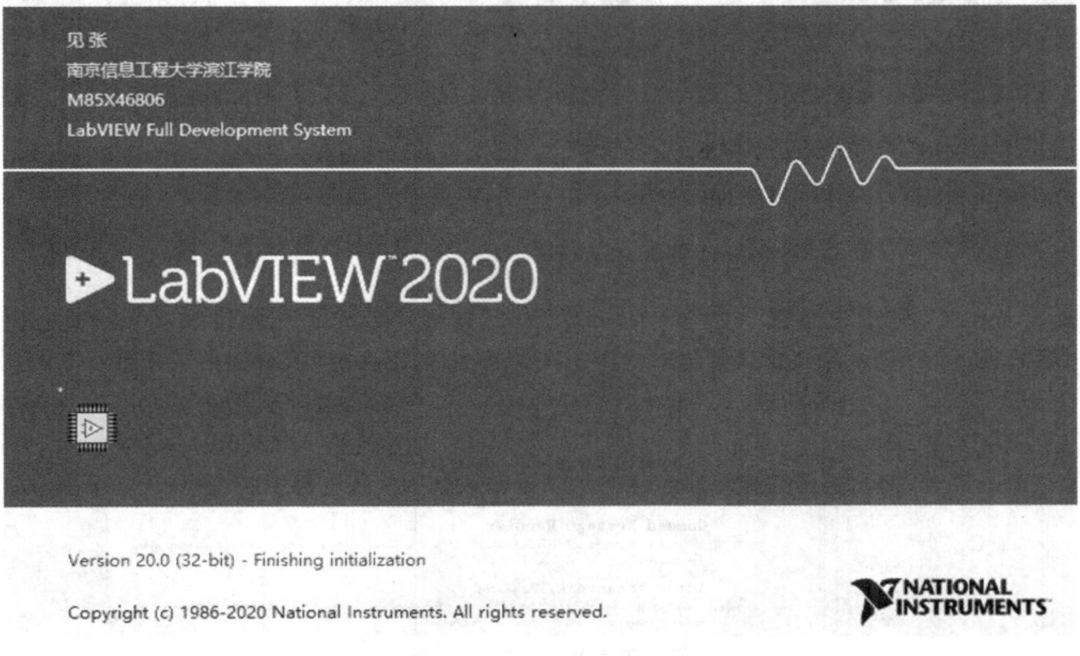

图 2－1　启动界面

启动方式选择对话框共有“Create Project（创建项目）”和“Open Existing（打开现有文件）”两种。单击“Create Project”项后弹出如图 2－3 所示的创建项目选择对话框。“Create Project”包括“Templates（模块）”和“Sample Projects（范例项目）”两大类，通过单击左侧栏中的“All（全部）”“Templates”或“Sample Projects”来选择需要建立的项目类别，然后单击右侧栏中相应的选项即可。需要打开本地文件时，可以单击“Open Existing”项，随后会弹出一个选择本地文件对话框，如图 2－4 所示，可以在此浏览、选择需要打开的本地文件。

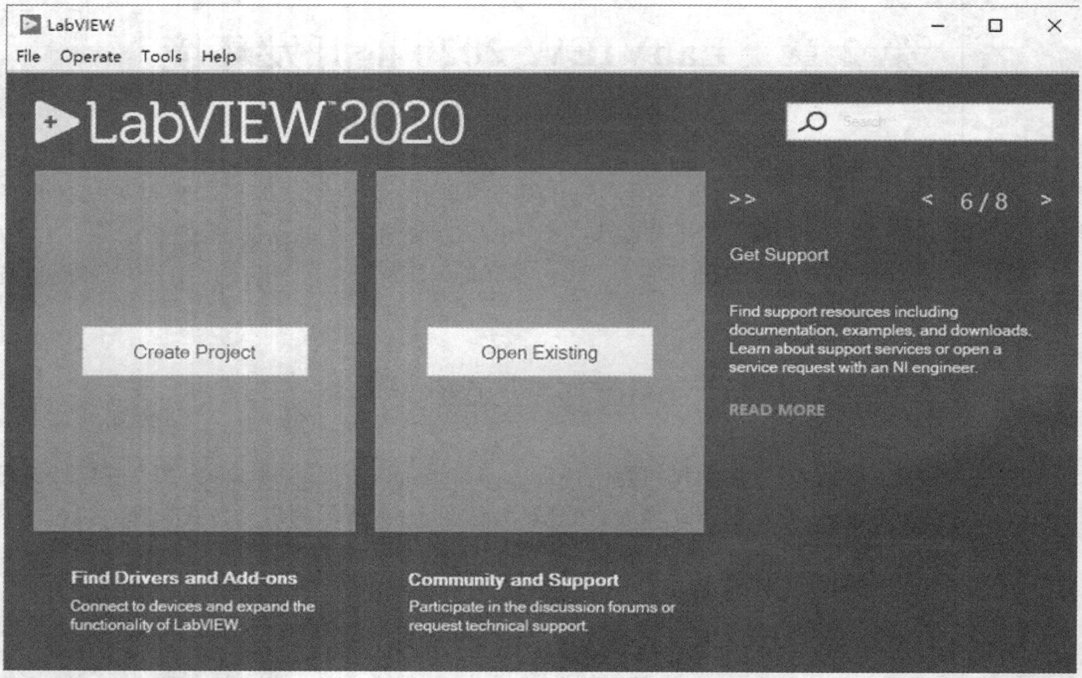

图 2－2　启动方式选择对话框

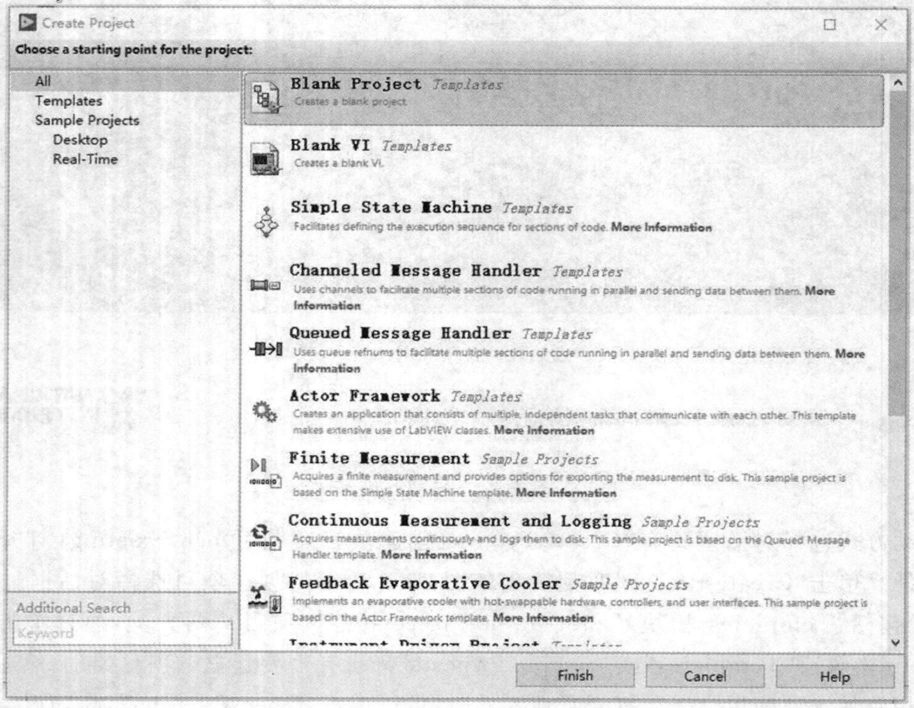

图 2－3　创建项目选择对话框

图 2-4 选择本地文件对话框

2.2 LabVIEW 2020 的编辑界面及系统菜单

2.2.1 LabVIEW 2020 的编辑界面

LabVIEW 2020 中开发的程序都被称为 VI(虚拟仪器),默认扩展名为 .vi。所有的 VI 都由“Front Panel(前面板)”“Block Diagram(程序框图)”和“Icon(图标)”三部分组成,如图 2-5 所示。

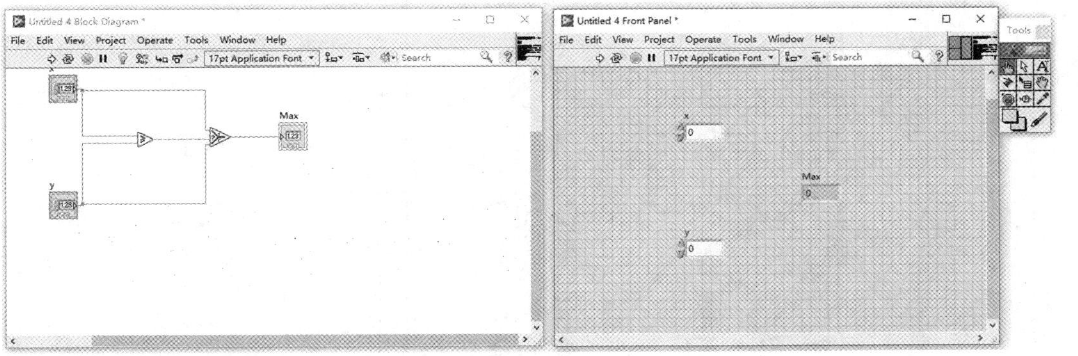

图 2-5 LabVIEW 2020 前面板和程序框图

“Front Panel(前面板)”就是图形化用户界面,用于设置输入数值和观察输出量。前面板保持了传统直观的视觉效果,允许通过鼠标或者键盘获取数据并且观察结果。该界面上有交互式的输入和输出两类对象,分别称为“Controller(控制器)”和“Indicator(显示器)”。控制器包括开关、按钮、旋钮和其他各种输入设备,显示器包括图形、LED 和其他显示输出对象。

“Block Diagram(程序框图)”是定义 VI 逻辑功能的图形化源代码。程序框图中的编程元素除了包括与前面板上的控制器和显示器对应的“Terminal(连线端子)”外,还有函数、子

VI、常量、结构和连线等。在程序框图中对VI编程的主要流程是从前面板上的控制器获得用户输入信息，并进行计算和处理，最后在显示器中显示处理结果并反馈给用户。只要在前面板中放置输入或显示控件，用户就可以在程序框图中得到相应的图表函数等数据。

VI的前面板相当于标准仪器的面板，而程序框图则相当于标准仪器箱内的功能部件。

2.2.2 LabVIEW 2020 的菜单栏

LabVIEW 2020 的菜单栏有两种类型，即下拉菜单和快捷菜单，分别如图 2-6 和图 2-7 所示。

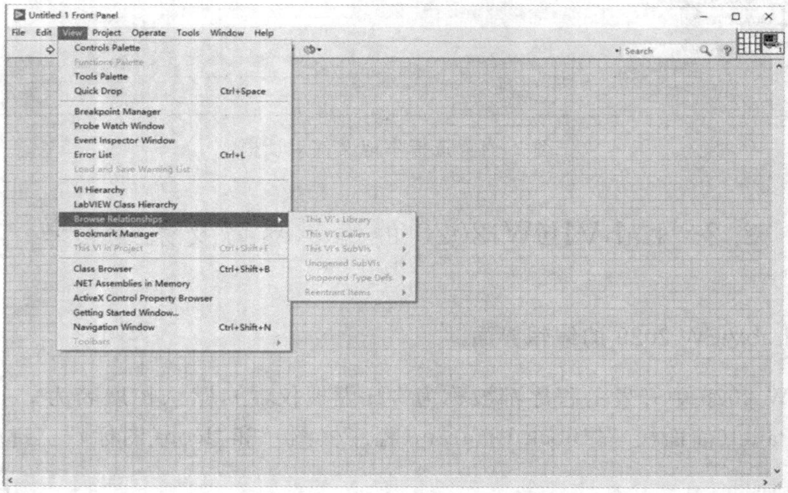

图 2-6　下拉菜单及其扩展子菜单示例

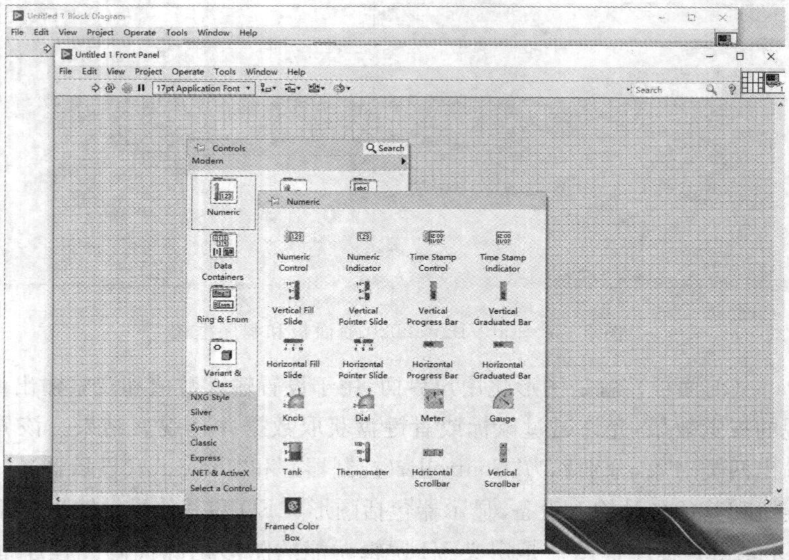

图 2-7　快捷菜单示例

快捷菜单又可称为“弹出菜单”，在前面板或程序框图中选择的任何对象上单击鼠标右键就可“弹出”。

快捷菜单的选项取决于选择的对象类型。下拉菜单包括“File(文件)”“Edit(编辑)”“View(查看)”“Project(项目)”“Operate(操作)”“Tools(工具)”“Window(窗口)”“Help(帮助)”。注意：许多快捷菜单和下拉菜单还包含子菜单。

1.“File(文件)”菜单

该菜单主要包含与文件操作相关的命令。它的选项主要是用于打开、关闭、保存和打印 VI。此外，可以在查看选项时注意所选命令项旁边列出的快捷键击键序列，在不打开下拉菜单的情况下可直接按照击键序列快速打开所需要的选项。文件菜单功能见表 2-1 所列。

表 2-1　文件菜单功能

选项名称(英文)	选项名称(中文)	功　能
New VI	新建 VI	创建新的 VI
New	新建	打开对话窗口选择要创建的文件类型
Open	打开	打开现有的 VI
Close	关闭	关闭当前窗口
Close all	关闭全部	关闭所有的窗口
Save	保存	保存当前 VI
Save as	另存为	另存当前 VI
Save all	保存全部	保存所有 VI
Save for Previous Version	保存为前期版本	将当前 VI 保存为以前版本
Revert	还原	恢复 VI 上次保存版本
Create Project	新建项目	创建新的项目
Open Project	打开项目	打开现有项目
Save Project	保存项目	保存当前项目
Close Project	关闭项目	关闭当前项目
Page Setup	页面设置	编辑打印设置
Print	打印	打印 VI
Print Window	打印窗口	打印前面板
VI Properties	VI 属性	打开 VI 属性对话框
Recent Projects	近期项目	快速打开近期访问过的项目
Recent Files	近期文件	快速打开最近访问过的文件
Exit	退出	退出 LabVIEW

2.“Edit(编辑)”菜单

该菜单主要用于 VI 前面板和框图对象的修改。在编辑过程中，撤销和重做选项非常有用，因为在实际操作时难免会出错，执行选项后可以撤销上一步操作。最大可撤销的步数为8，可以按照需要增加或减少该数值。编辑菜单功能见表 2-2 所列。

表 2-2　编辑菜单功能

选项名称（英文）	选项名称（中文）	功　能
Undo Window Size	撤销窗口移动	撤销上一步操作
Cut	剪切	剪切
Copy	复制	复制
Paste	粘贴	粘贴
Delete	从项目中删除	删除选中对象
Select all	选择全部	选中当前窗口中的所有对象
Make Current Values Default	当前值设置为默认值	设置控件的当前值作为默认值
Reinitialize Values to Default	重新初始化为默认值	将所有控件重新初始化为默认值
Customize Control	自定义控件	自定义控件
Import Picture to Clipboard	导入图片至剪贴板	从文件导入图片
Set Tabbing Order	设置 Tab 键顺序	设置 Tab 键选择控件对象的顺序
Remove Broken Wires	删除断线	删除框图中所有的错误连接点
Remove Breakpoints from Hierarchy	从断层结构中删除断点	从 VI 层次结构中删除断点
Create SubVI	创建子 VI	将框图中的对象转化为子 VI
Disable Penal Grid Alignment	禁止前面板网络对齐	前面板网络对齐功能禁用
Align Items	对齐所选项	对齐选中的前面板对象
Distribute Items	分布所选项	分布选中的所选项
VI Revision History	VI 修订历史	编辑当前的 VI 修订历史
Run-Time Menu	运行时菜单	编辑运行时菜单，定制用户需要的选项
Adjust Pane Origin	查找或替换	查找或替换选中的对象
Find and Replace	显示搜索结果	显示搜索的结果

3. "View（查看）"菜单

该菜单主要用于查看 LabVIEW 中的各种窗口。查看菜单功能见表 2-3 所列。

表 2-3　查看菜单功能

选项名称（英文）	选项名称（中文）	功　能
Controls Palette	控件选板	打开控件选板
Functions Palette	函数选板	打开函数选板
Tools Palette	工具选板	打开工具选板

（续表）

选项名称(英文)	选项名称(中文)	功　　能
Quick Drop	错误列表	查看错误列表
VI Hierarchy	VI 层次结构	查看 VI 层次结构
LabView Class Hierarchy	LabVIEW 类层次结构	查看 LabVIEW 类层次结构
Browse Relationship	浏览关系	查看选中子 VI 的调用关系
Class Browse	类浏览关系	打开类浏览器
ActiveX Control Property Browser	ActiveX 属性浏览器	打开 ActiveX 属性列表窗口
Getting Started Window	启动窗口	打开 LabVIEW 8.5 的启动窗口
Navigation Window	导航窗口	打开导航窗口
Toolbars	工具栏	显示工具栏选项

4.“Project(项目)”菜单

该菜单主要用于工程文件的相关操作。项目菜单功能见表 2－4 所列。

表 2－4　项目菜单功能

选项名称(英文)	选项名称(中文)	功　　能
Create Project	新建项目	创建新的工程
Open Project	打开项目	打开现有的工程文件
Save Project	保存项目	保存工程文件
Close Project	关闭项目	关闭工程文件
Add to Project	添加至项目	向工程文件中添加新的项目
Filter View	筛选视图	在项目浏览器中对视图内容进行筛选
Show Item Paths	显示项目路径	在项目浏览器中显示文件所在路径
File Information	文件信息	显示文件路径和对应项目的项
Properties	属性	打开工程属性设置对话框

5.“Operate(操作)”菜单

该菜单主要用于 VI 程序的启动、停止和调试，改变 VI 的默认值，以及运行模式和编辑模式间的切换。操作菜单功能见表 2－5 所列。

表 2－5　操作菜单功能

选项名称(英文)	选项名称(中文)	功　　能
Run	运行	执行
Stop	停止	停止执行 VI
Step into	单步步入	单步进入

（续表）

选项名称(英文)	选项名称(中文)	功　能
Step Over	单步跳入	单步跳入
Step Out	单步步出	单步跳出
Suspend When Called	调用时挂起	当 VI 被调用时暂时执行
Print at Completion	结束时打印	VI 运行完后打印 VI 前面板
Log at Completion	结束时记录	VI 运行完后将数据记录写入文件
Data Logging	数据记录	记录数据
Change to Run Mode	切换至运行模式	在运行和编辑模式之间切换
Connect to Remote Panel	连接到远程面板	连接到远程面板
Debug Application or Shared Library	调试应用程序或共享库	调试应用程序或共享库

6.“Tools(工具)”菜单

该菜单主要用于与仪器和数据采集板之间的通信、比较 VI 编译程序、进行 VI 性能分析、允许访问 Web 服务器等其他选项。工具菜单功能见表 2－6 所列。

表 2－6　工具菜单功能

选项名称(英文)	选项名称(中文)	功　能
Measurement&Automation Explorer	测量 & 自动探测	配置和数据采集硬件
Instrumention	仪器	访问仪器驱动程序网
Profile	性能分析	VI 性能分析
Security	安全	安全策略管理
User Name	用户名	设置或改变用户名
Build Application(EXE)From VI	转换程序生成脚本	将程序生成脚本文件的设置由前期 LabVIEW 版本转换为新项目中的程序生成规范
LLB Manager	LLB 管理器	用于复制、重命名和删除 LLB 中的文件与创建新的 LLB 和目录，可将 LLB 转化为目录，或将目录转化为 LLB
Import	导入	导入 .NET 控件和 ActiveX 控件至选板、共享库，Web 服务等功能
Shared Variable	共享变量	包括变量管理器和注册计算机选项
Find Vis on Disk	在磁盘上查找 VI	搜索硬盘上的 VI
Prepare Example Vis for NI Example Finder	NI 范例查找器	用于将新创建的 VI 添加到 NI 范例查找器中，也可用于管理在 NI 范例查找器中出现的基于项目的范例
Remote Panel Connection Manager	远程前面板连接管理器	管理远程前面板的连接

（续表）

选项名称(英文)	选项名称(中文)	功　能
Web Publishing Tools	Web 发布工具	用于创建 HTML 文件和嵌入式 VI 前面板图像
Advanced	高级	包括批量编辑、错误代码编辑、编辑选板、导入/导出字符串等功能
Options	选项	多种选项设置

7."Window(窗口)"菜单

该菜单主要用于面板窗口和程序框图窗口之间的切换，也可以将两个窗口上下排列或者左右排列以便同时切换。所有打开的 VI 都显示在该菜单底部，并可以在打开的 VI 之间切换，窗口菜单功能见表 2-7 所列。

表 2-7　窗口菜单功能

选项名称(英文)	选项名称(中文)	功　能
Show Block Diagram	显示程序框图/显示前面板	显示出对应程序的程序框图/前面板
Tile Left and Right	左右两栏显示	在屏幕上分左右两栏显示前面板和程序框图
Tile Up and Down	上下两栏显示	在屏幕上分上下两栏显示前面板和程序框图
Full Size	最大化窗口	对应窗口最大化
All Windows	全部窗口	单击后显示当前打开的全部文件的类型、文件名、路径等

8."Help(帮助)"菜单

该菜单主要用于访问 LabVIEW 2020 的在线帮助，获取面板和程序框图中对象的详细信息、激活在线参考使用程序及获取 LabVIEW 版本号和计算机内存等信息。可通过网络资源访问互联网查找需要的资料，帮助菜单功能见表 2-8 所列。

表 2-8　帮助菜单功能

选项名称(英文)	选项名称(中文)	功　能
Show Context Help	显示即时帮助	显示即时帮助窗口
Lock Context Help	锁定即时帮助	锁定即时帮助窗口
LabVIEW Help	搜索 LabVIEW 帮助	打开 LabVIEW 搜索帮助
Explain Error	解释错误	解释错误
Help for This VI	本 VI 帮助	查看本 VI 帮助信息
Find Examples	查找范例	打开范例查找器
Find Instrument Drivers	查找仪器驱动	查找仪器驱动
Web Resources	网络资源	网络资源
Patents	专利信息	显示 LabVIEW 的专利信息
About LabVIEW	关于 LabVIEW	关于 LabVIEW

2.3 LabVIEW 2020 的选板

2.3.1 控制选件

“Controls Palette(控件选板)”由表示子选项板的顶层图标构成，包含创建前面板时可使用的全部对象，只在前面板显示。用户可选择“View(查看)”下拉菜单中的“Controls Palette(控件选板)”选项或在前面板空白处单击鼠标右键。控件有多种可见类别和样式，用户可以根据自己的需要来选择。控件选板中基本常用控件有“Modern(新式)”“System(系统)”“Classic(经典)”三种显示风格。

新式及经典控件面板上的许多控件对象的外观非常形象，如图 2-8 所示。

显示器最低应设置为 16 色，以便获取对象的最佳外观。位于新式面板上的控件也有相应的低彩对象。经典选板上的控件适于创建在 256 色和 16 色显示器上的 VI。

控件选板有不同的可见类别。用户可以选择控件工具栏上的“Customize(自定义)”下拉菜单中的“Change Visible Palettes(更改可见选板)”选项，将其他面板设置为首选可见类别。新式控件面板功能模板见表 2-9 所列。

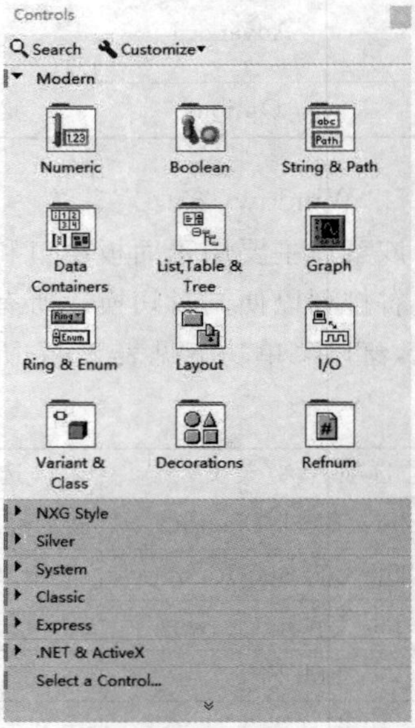

图 2-8 控件选板

表 2-9 新式控件面板功能模板

图 标	控件名称	控件功能
 Numeric	数值控件	存放各种数字控制器，包括数值控件、滚动条、旋钮、颜色盒等
 Boolean	布尔控件	用于创建按钮、开关和指示灯
 String & Path	字符串与路径控制器	创建文本输入框和标签、输入或返回文件或目录的地址
 Data Containers	数组、矩阵与簇控制器	用来创建数组、矩阵与簇，包括标准错误簇输入控件和显示控件
 List,Table & Tree	列表与表格控制器	创建包括树形表格和 Express 表格等各种表格
 Graph	图形控件	提供各种形式的图形显示对象

（续表）

图　　标	控件名称	控件功能
 Ring & Enum	下拉列表与枚举控件	用来创建可循环浏览的字符串列表。下拉列表控件将数值与字符串或图片建立关联的数值对象，枚举控件用于向用户提供一个可供选择的项列表
 Layout	容器控件	用于组合控件，或在当前 VI 的前面板上显示另一个 VI 的前面板
 I/O	I/O 名称控件	将所配置的 DAQ 通道名称、VISA 资源名称和 IVI 逻辑名称传递至 I/O VI，与仪器或 DAQ 设备进行通信
 Variant & Class	变体与类控件	用来与变体和类数据进行交互
 Decorations	修饰控件	用于修饰和定制前面板的图形对象
 Refnum	引用句柄控件	可用于对文件、目录、设备和网络连接等进行操作

2.3.2　函数选板

“Function Palette（函数选板）”工作方式与控件选板基本相同。函数选板由表示子选项板的顶层图标组成，包含创建程序框图时可使用的全部对象，只能在编辑程序框图时使用。选择“View（查看）”下拉菜单中的“Function Palette（函数选板）”选项或在程序框图空白处单击鼠标右键，便可显示函数选板。函数选板如图 2－9 所示。编辑面板中的模板，见表 2－10 所列。

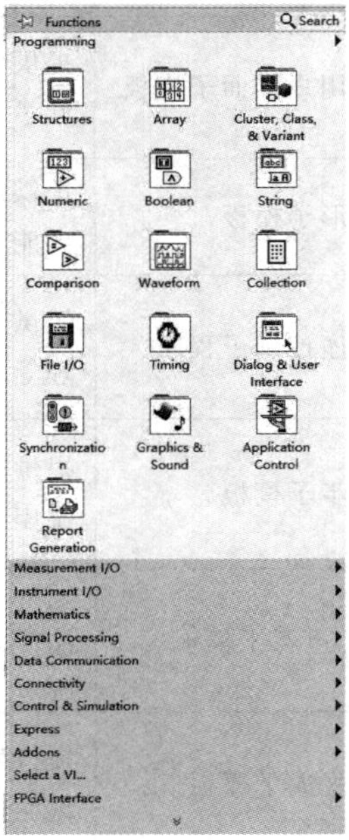

图 2－9　函数选板

表 2-10　编辑面板中的模板

图　标	模板名称	模板功能
 Structures	结构子模板	提供循环、条件、顺序结构、公式节点、全局变量、结构变量等编程要素
 Array	数组子模板	提供数组运算和变换的功能
 Cluster, Class, & Variant	簇与变体子模板	提供各种捆绑、解除捆绑、创建簇数组、索引与捆绑簇数组、簇和数组之间转换、变体属性设置等功能
 Numeric	数值子模板	提供数学运算、标准数学函数、各种常量和数值类型变换等编程要素
 File I/O	文件 I/O 子模板	提供文件管理、变换和读/写操作模块
 String	字符串子模版	提供字符串运算、字符常量和特殊字符等编程元素
 Boolean	布尔子模板	提供包括布尔运算符和布尔常量在内的编程元素
 Comparison	比较子模板	提供数字量、布尔量和字符串变量之间比较运算的功能
 Timing	定时子模板	提供时间计数器、时间延迟、获得时间日期、设置时间标识常量等功能
 Dialog & User Interface	对话框与用户界面子模板	提供各种按钮对话框、简单错误处理、颜色盒常量、菜单、游标和简单的帮助信息等功能
 Waveform	波形子模板	提供创建波形、提取波形、数模与模数转换等功能
 Application Control	应用程序控制子程序	提供外部程序或 VI 调用和打印选单，帮助管理等辅助功能
 Synchronizatio n	同步子模板	提供通知器件操作、队列操作、信号量和首次调用等功能
 Graphics & Sound	图形和声音子模板	用于 3D 图形处理、绘图和声音的处理
 Report Generation	报表生成子模板	提供生成各种报表和简易打印 VI 前面板或说明信息等功能

2.3.3　工具选板

图 2-10　工具选板

修改和调试 VI。如果启动 LabVIEW 2020 后工具选板(图 2-10)没有显示，可通过选择“View(查看)”下拉菜单中的“Tools Palette(工具选板)”选项来显示。光标对应于选板上所选择的工具图标，可选择合适的工具对前面板和程序框图上的对象进行操作与修改。鼠标单击该工具图标后，鼠标箭头就会变成该工具对应的形状。当鼠标在工具图标上停留 2s 后，会弹出说明该工具的提示框。

使用自动选择工具可以提高 VI 的编辑速度。单击自动选择工具后，当鼠标在前面板或程序框图对象图标上移动时，系统可以自动从工具选板上选择相应的工具。如果自动选择工具已打开，其指示灯呈高亮状态。如果自动选择工具关闭，则指示灯呈灰色。如果按“Shift＋Tab”组合键或单击自动选择工具按钮，则可重新打开自动选择工具功能。工具模板的可选工具与功能见表 2-11 所列。

表 2-11　工具模板的可选工具与功能

图　　标	选板名称	选板功能
	自动选择工具	选中该工具，则在前面板和程序框图中的对象上移动光标，LabVIEW 2020 将根据相应对象的类型和位置自动选择合适的工具
	操作工具	用于操作前面板的控制器和指示器。可以操作前面板对象的数据，或选择对象内的文本或数据
	定位工具	用于选择对象、移动对象或缩放对象的大小
	标签工具	用于输入标签或标题说明的文本，或用于创建自由标签
	连线工具	用于在程序框图中节点端口之间进行连线，或者定义于 VI 端口
	对象快捷键	选中该工具，在前面板或程序板中单击鼠标右键，即可弹出单击鼠标右键的快捷菜单
	滚动窗口	同时移动窗口内的所有对象
	断点操作	用于在程序框图程序中设置或清除断点
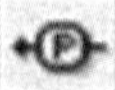	探针工具	可在程序框图内的连线上设置探针
	着色工具	用于给对象上色，包括对象的前景色和背景色
	复制颜色	可以获取对象某一点的颜色，来编辑其他对象的颜色

2.4 LabVIEW 2020 的帮助系统

使用 LabVIEW 2020 的帮助系统可以帮助用户快速掌握 LabVIEW 2020。该系统包括上下文帮助(即时帮助)、联机帮助、范例查找器、网络资源等。

要显示上下文帮助窗口，可从“Help(帮助)”菜单的下拉菜单中选择“Show Context Help(显示即时帮助)”。如果在前面板或程序框图中已经放置了对象，则只要将鼠标放置到程序框图和面板中的对象上就会得到该对象的相关信息。弹出的即时帮助窗口如图 2－11 所示，详细的帮助信息窗口如图 2－12 所示。

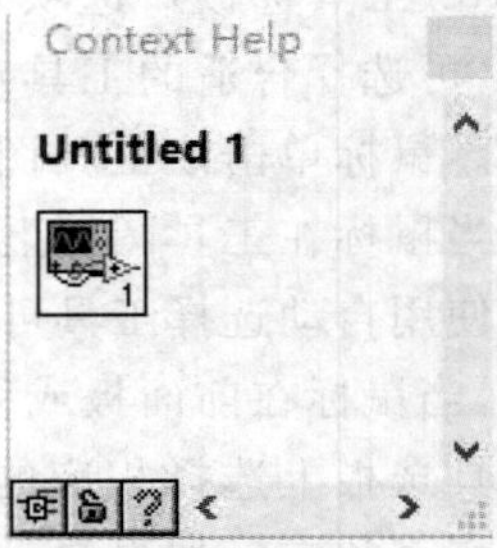

图 2－11　即时帮助窗口

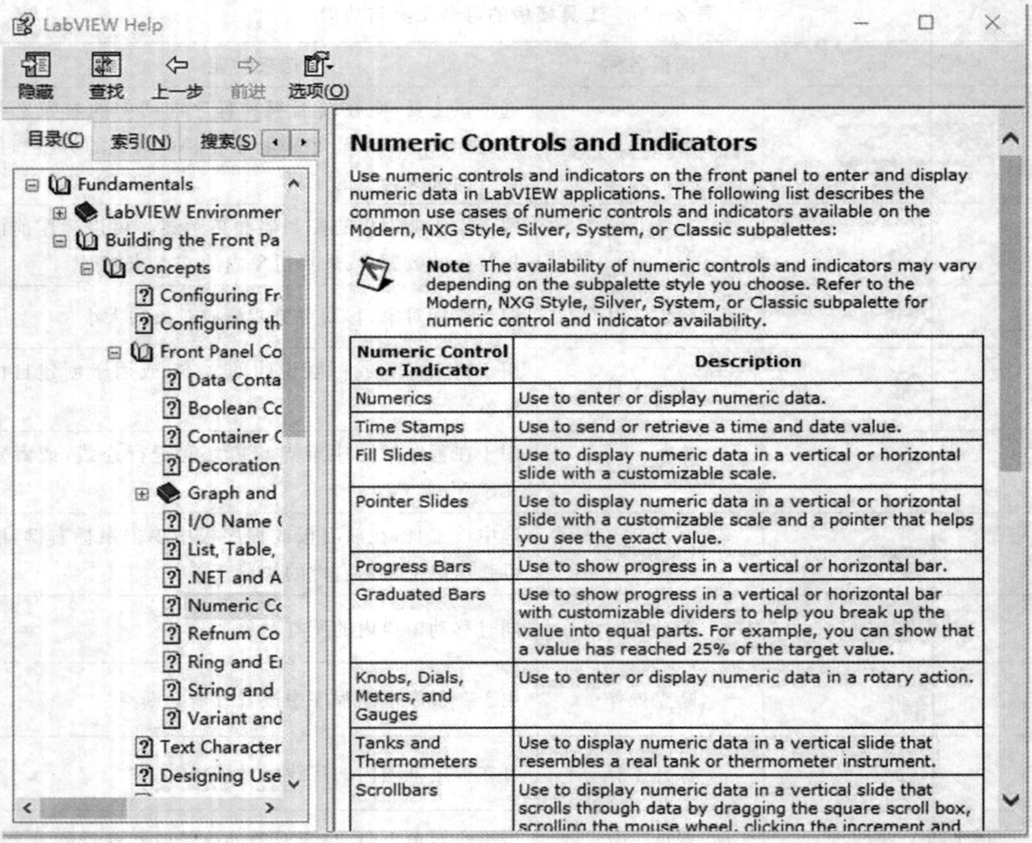

图 2－12　详细的帮助信息窗口

LabVIEW 2020 提供了大量的范例，能够使用户方便、快速地掌握各种功能模块和函数的使用方法。这些范例几乎包含了 LabVIEW 2020 所有功能的应用实例。通过在“Help(帮助)”菜单中选择“Find Examples(查找范例)”选项，可以打开该功能。NI 范例查找器窗口如图 2－13 所示。

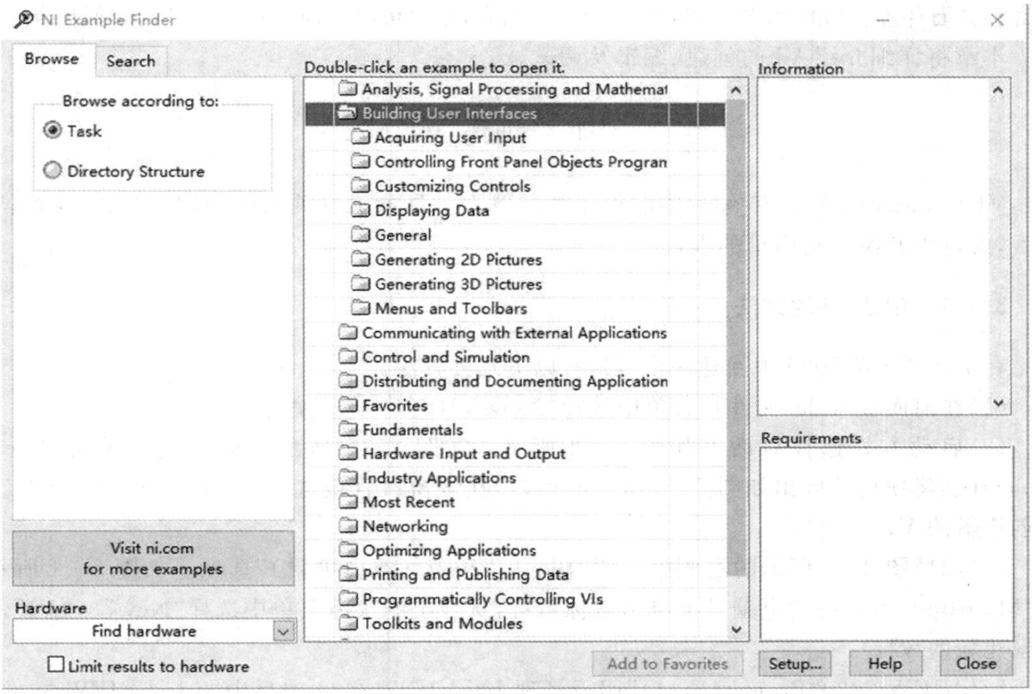

图 2－13　NI 范例查找器窗口

第3章 LabVIEW 2020 VI的操作

LabVIEW 2020 是目前最新、功能最强的图形化软件开发集成环境，是一种图形化的编程语言和开发环境。LabVIEW 2020 的功能十分强大，用户可以方便地建立自己的虚拟仪器。

本章将详细介绍 VI 的创建、编辑及调试。

3.1 创建 VI

VI 是 LabVIEW 2020 编程中的程序基础单元。具备了有关 LabVIEW 2020 的基本知识后，就可以开始编写简单的 VI。

3.1.1 创建 VI 的方法

在 LabVIEW 2020 中新建一个 VI，有以下几种方法。

(1)在前面板“File(文件)”菜单中选择“New VI(新建 VI)”命令。

(2)启动方式选择对话框如图 2－2 所示。在图 2－2 所示界面中直接单击“Create Project(创建项目)”弹出如图 2－3 所示的窗口，在该窗口直接选择“Blank VI(空白 VI)”即可创建新的 VI。

(3)选择图 2－3 所示的右侧第一栏“Blank Project(空白项目)”选项。如图 3－1 所示，在“My Computer(我的电脑)”上单击鼠标右键，从弹出的快捷菜单中选择“New”→“VI”，即可创建新的 VI。

LabVIEW 2020“Project(项目)”用于管理 LabVIEW 2020 项目中的 LabVIEW 文件与非 LabVIEW 文件并创建和生成 .exe 文件。如图 3－2 所示，用户使用项目浏览器可以直观地查看所有项目文件。当保存项目时，LabVIEW 2020 会自动创建一个后缀名为 .lvproj 的项目文件和一个 .aliases 文件。

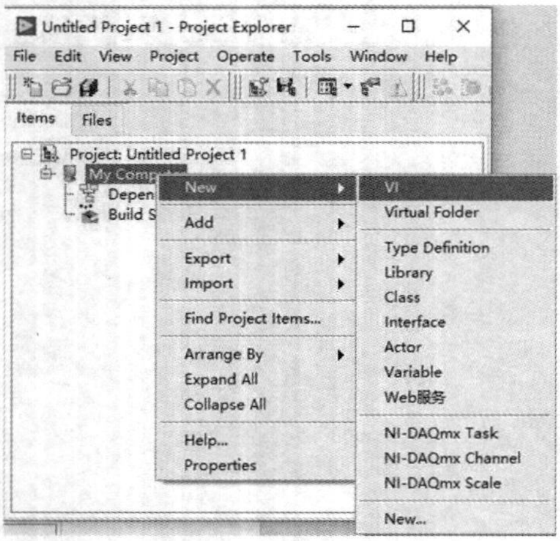

图 3－1 新建 VI

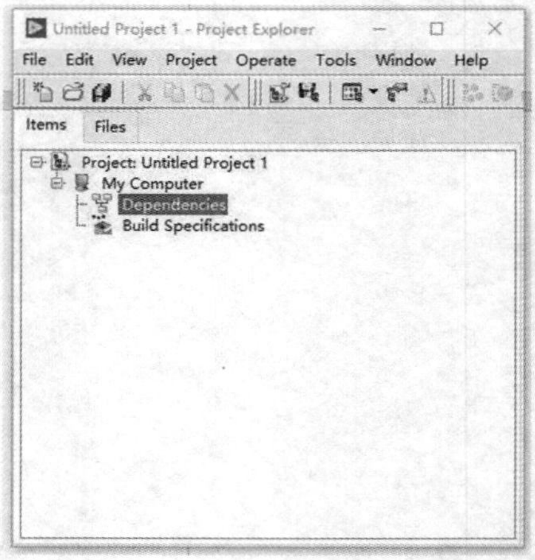

图 3－2 项目浏览器

“Dependencies(依赖关系项)”包含 VI 静态调用的 VI、DLL、LabVIEW 2020 项目库及 MathScript 用户定义函数。使用“Build Specifications(程序生成规范)”可将项目程序打包成独立可执行的应用程序,安装程序并生成动态链接库进行源代码发布和文件压缩。

(4)按图 2-2 所示的启动方式,单击“Create Project(创建项目)”后在弹出的对话框中选择“Templates(模板)”项。用户从如图 3-3 所示的模板选择对话框中选择所需要的模板,并在模板中添加程序,从而大大提高编写程序的效率。

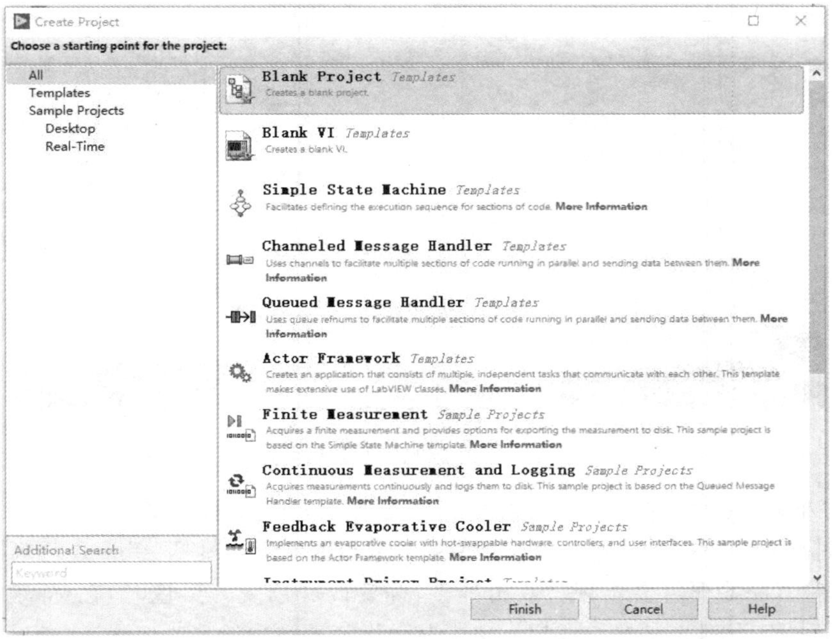

图 3-3 模板选择对话框

3.1.2 创建 VI 的实例

【例 3-1】 创建一个简单的 VI,该 VI 将完成下列任务:

(1)输入两个数字,将它们相减并显示结果。

(2)输入两个相同的数字,将它们相乘并显示结果。

(3)输入两个数字并进行比较,如果数字相等,则 LED 指示灯变亮。

创建此 VI 的步骤如下:

步骤 1:建立新的 VI。从 LabVIEW 2020 的启动界面上单击“Create Project(新建项目)”对话框中的“Blank VI(空白 VI)”,LabVIEW 2020 会自动弹出新的前面板和程序框图,在前面板的“View(查看)”下拉菜单中选择“Tools Palette(工具选板)”和“Controls Palette(控件选板)”,显示两个选板。

步骤 2:创建数字控件和指示器。在前面板创建两个数值输入控件,并使用两个数值显示控件显示输入数字相减和相乘的结果。

① 从控件选板中选择“Numeric(数值)”子选板,从该子选板中选择“Numeric Control

（数值输入控件）”按钮，鼠标左键单击后将其拖动到前面板中合适的位置，松开鼠标左键。如图 3－4 所示为在前面板上放置控件。

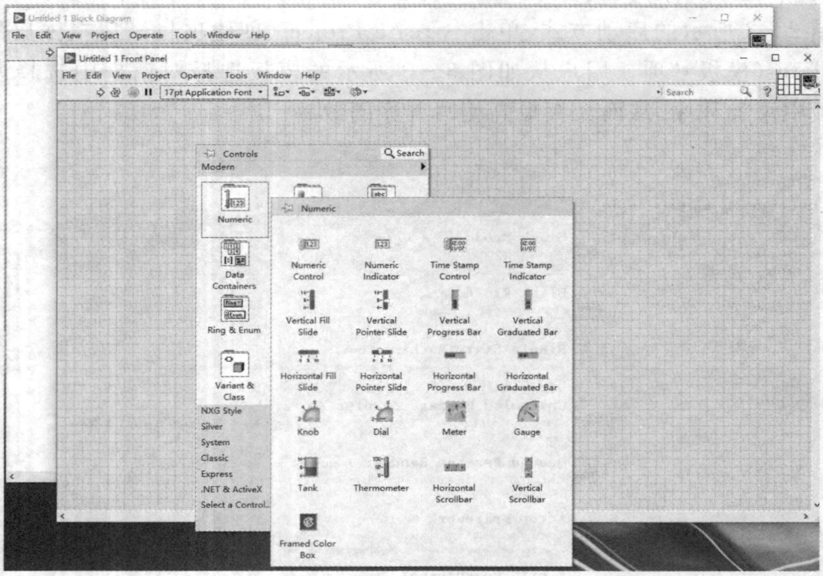

图 3－4　在前面板上放置控件

② 标签框(控件上方)默认显示为“Numeric(数值)”。如果控件或指示器没有标签，可移动光标到控件上并右击，在弹出的快捷菜单中选择菜单命令项“Visible Items(显示项)”→“Label(标签)”，标签框就会出现。双击标签，标签内底色变为黑色时，在标签内输入字母“A”并按前面板工具条上的“√”或鼠标单击前面板其他空白处来改变标签内容。

注意：本书的 LabVIEW 2020 为英文版，该版本控件对象的标签默认为英文，为了使读者更快地掌握软件的使用方法，作者在编写示例时有意将英文标签更改为中文标签。

③ 重复以上两步创建第 2 个数值输入控件和 2 个“Numeric Indicator(数值显示控件)”，并参照上一步更改标签。

步骤 3：创建“Boolean(布尔型)”LED。比较两个输入数字，如果数值相同，则指示器打开；如果数值不同，则指示器关闭。每当创建新的控件或指示时，相应的端子 LabVIEW 2020 都会自动在框图上生成。以图标方式显示时，端子则表示为控件或指示器的图形。

① 从控件选板的“Boolean(布尔)”子选板中选择“Round LED(圆形指示灯)”，按下鼠标左键将其拖动到前面板上合适的位置，然后松开鼠标左键。

② 参照步骤 2 中的②来修改标签。

步骤 4：从“Window(窗口)”下拉菜单中选择“Show Block Diagram(显示程序框图)”或使用快捷键“Ctrl＋E”以切换到程序框图窗口。此时，前几步所创建的控件和指示器的端口会显示在程序框图上。

步骤 5：放置“减”和“乘”的函数。在程序框图“View(查看)”下拉菜单中选择“Functions Palette(函数选板)”或在框图的空白处单击鼠标右键弹出函数选板。从函数选板的

"Numeric(数值)"子选板中选择"Subtract(减)"函数,并用与前面板上创建对象相同的方法将其放置到程序框图窗口,如图 3-5 所示。将"Multiply(乘)"函数按照同样的方法放置到框图上,并显示标签。

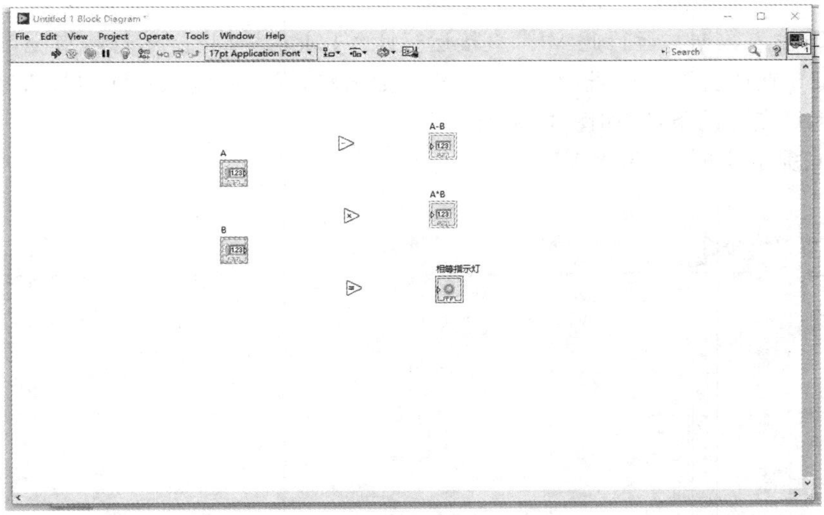

图 3-5 在程序框图上放置函数

步骤 6:从"Functions Palette(函数选板)"的"Comparison(比较)"子选板中选择"Equal?(等于?)"并将其拖放到程序框图上。"等于?"函数会比较两个输入的数值,如果它们相等,函数返回"TRUE";否则,函数返回"FALSE"。

步骤 7:连线。从"Tools Palette(工具选板)"上选择连线工具,用连线工具在一个端口上单击,然后移动光标到另一个端口单击,便完成连线,对于连线端口的前后顺序没有要求。连线后的程序框图如图 3-6 所示。

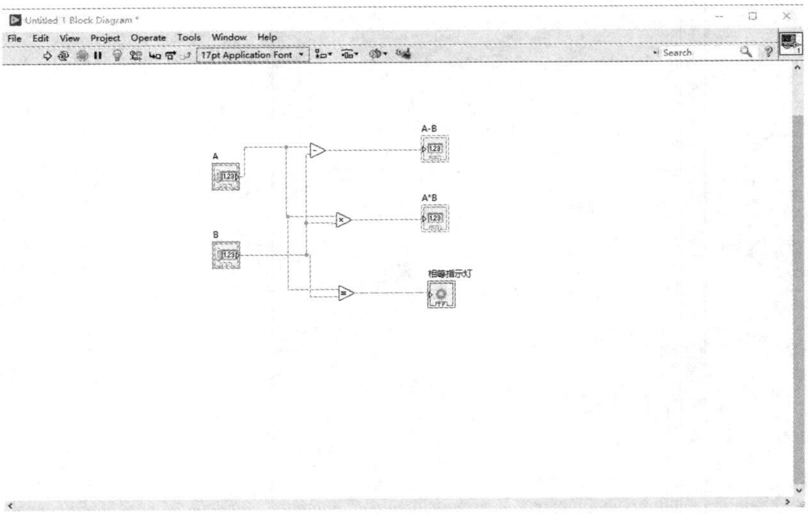

图 3-6 连线后的程序框图

步骤 8：选择“Window(窗口)”下拉菜单的“Show Front Panel(显示前面板)”或单击前面板窗口的任何位置完成前面板窗口的切换。

步骤 9：保存此 VI。从“File(文件)”下拉菜单中选择“Save(保存)”，选择一个路径保存此 VI。

步骤 10：输入数据并运行此 VI。直接运行此 VI，此时 LED 指示灯将点亮，因为数值输入控件 A 和 B 默认值均为 0，此时 A＝B。双击数值输入控件，输入不同的数值进行实验，验证 LED 指示灯点亮的条件，如图 3－7 所示。

步骤 11：完成实验，关闭该 VI。

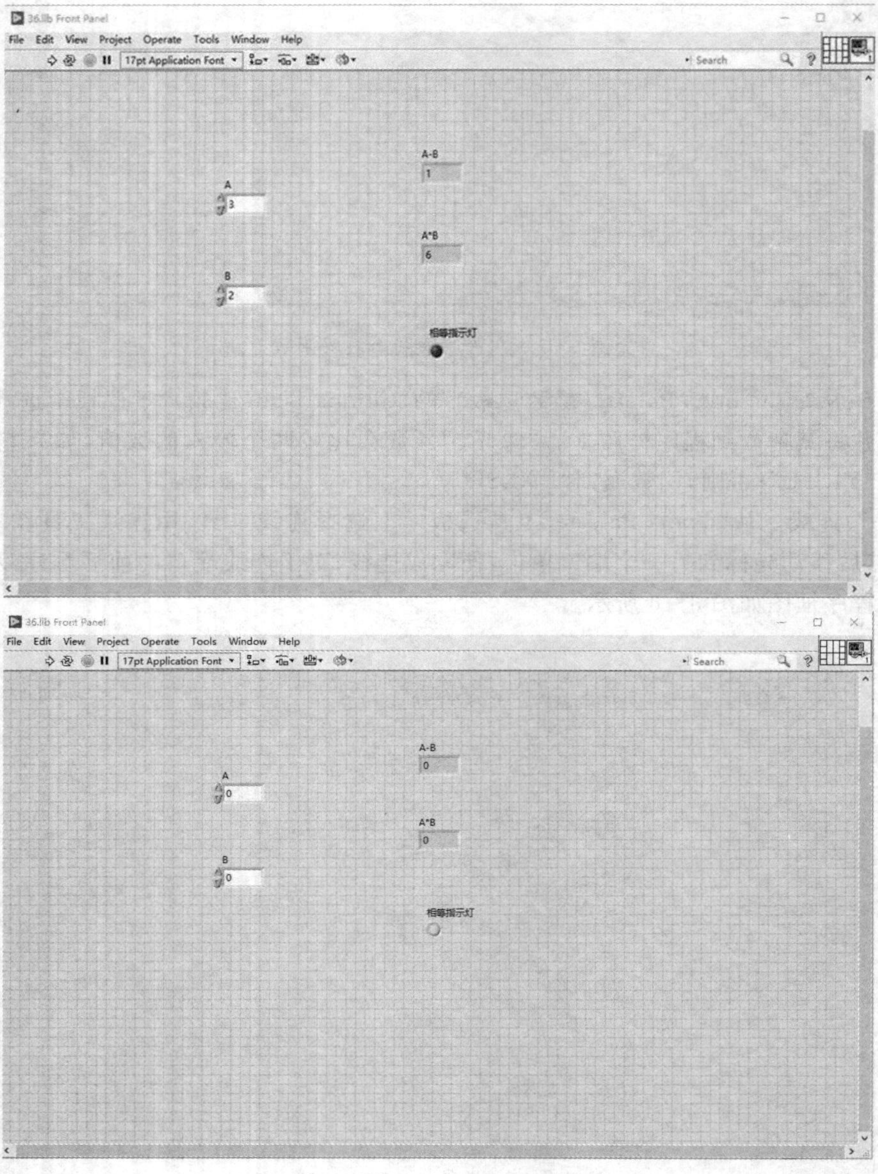

图 3－7　实验及其结果

3.2　编辑 VI

在 VI 程序的编写过程中，需要对前面板进行编辑设计，从而使整个 VI 程序结构简单、布局合理、便于理解。在前面板中添加控件后，程序框图中也会出现相应的控件，它是图形化代码的集合，可以通过它完成对前面板中对象的控制。VI 的编辑操作有对象的放置与选择，对象的移动、复制与删除，对象大小的调整，对象的对齐、分布，控件属性的设置，连线的编辑，对象的着色与字体选择等。

3.2.1　对象的放置与选择操作

对前面板进行编辑时需要用到控件选板，用户可以用鼠标选择控件选板上的对象，并将其拖放到前面板上。该步骤可见上节的创建 VI 范例。在前面板中，用户一般使用定位工具来选择对象。用户选择对象时，一共有三种方式。

方式 1：将定位工具放在准备选择的对象上，按住鼠标左键，此时该对象的轮廓边上会出现流动的虚线，表示对象被选中，如图 3－8(a)所示。

方式 2：用户可以按住“Shift”键不放，并单击多个需要选择的对象，此时可以选择一个以上的对象，如图 3－8(b)所示。

方式 3：使用定位工具，在前面板窗口的空白处按住鼠标左键不放，然后拖曳光标框住所有需要选择的对象。此时松开鼠标，选中对象的轮廓边上同样会出现流动的虚线，表示对象被选中，如图 3－8(c)所示。

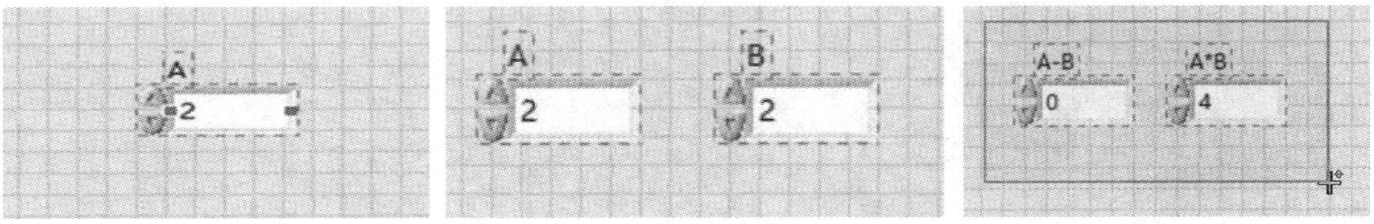

(a) 选择一个对象　　(b) 按住“Shift”键，选择多个对象　　(c) 按住鼠标左键，选择多个对象

图 3－8　使用定位工具选择对象

3.2.2　对象的移动、复制与删除

1. 移动

使用定位工具单击需要移动的对象并按住鼠标左键，然后拖动鼠标可以将该对象移动到窗口的任意位置。

2. 复制

大多数对象都可以复制。用户复制对象时，先用定位工具单击对象，按住鼠标左键不放，然后按住“Ctrl”键不放，拖动鼠标到前面板窗口中任意位置，先松开鼠标，然后松开“Ctrl”键，此时完成选中对象的复制操作，如图 3－9(a)所示；利用“Edit(编辑)”下拉菜单中的“Copy(复制)”和“Paste(粘贴)”功能来复制对象，如图 3－9(b)所示。

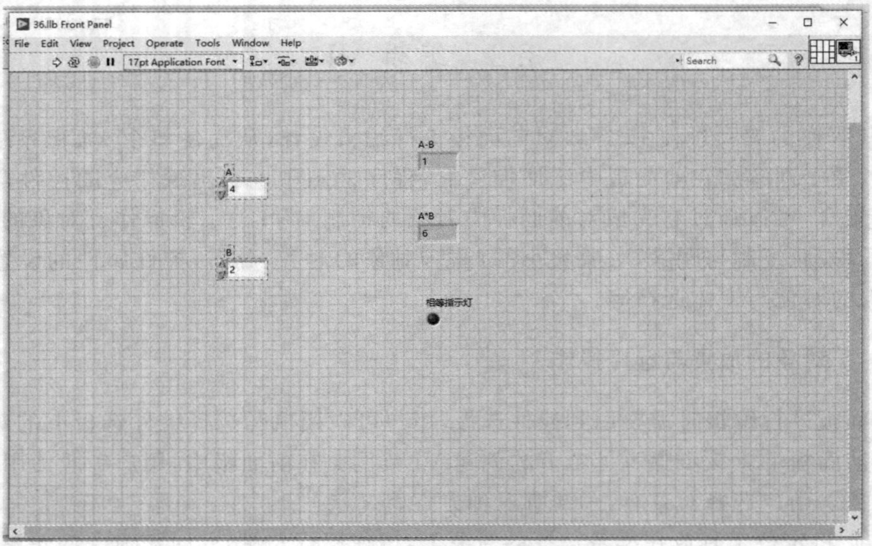

（a）用鼠标拖动实现

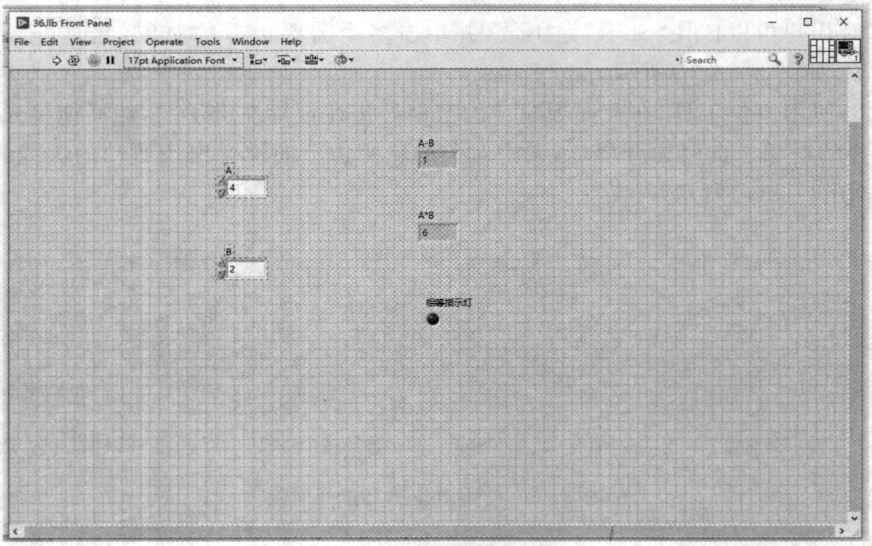

（b）对象复制

图 3 - 9　对象的移动、复制

3. 删除

选中对象后，按“Delete”键即可删除对象。这种方法可以删除大多数对象，但不能删除控件或指示器的某个组件（如标签或数字显示），此时可以采用弹出快捷菜单取消选定“Visible Items（显示项）”中的“Label（标签）”等来隐藏这些组件。

3.2.4　对象大小的调整

一般情况下，控件选板上的对象是以默认的大小被拖放到前面板上的，可以根据具体程序需要对对象大小进行适当调整。

1. 调整操作

当在需要调整大小的对象上移动定位工具时，该对象上出现大小调节句柄，如图 3－10 所示。不同形状的对象调节句柄出现的位置略有差异，在矩形对象上，大小调节句柄出现在对象的各个角上；在圆形对象上，大小调节句柄则出现在圆周上。在大小调节句柄上单击鼠标左键并拖动光标实现对象的放大或缩小。调整过程中，被选对象上会出现一个虚线框。释放鼠标左键时，对象的大小就会发生改变。

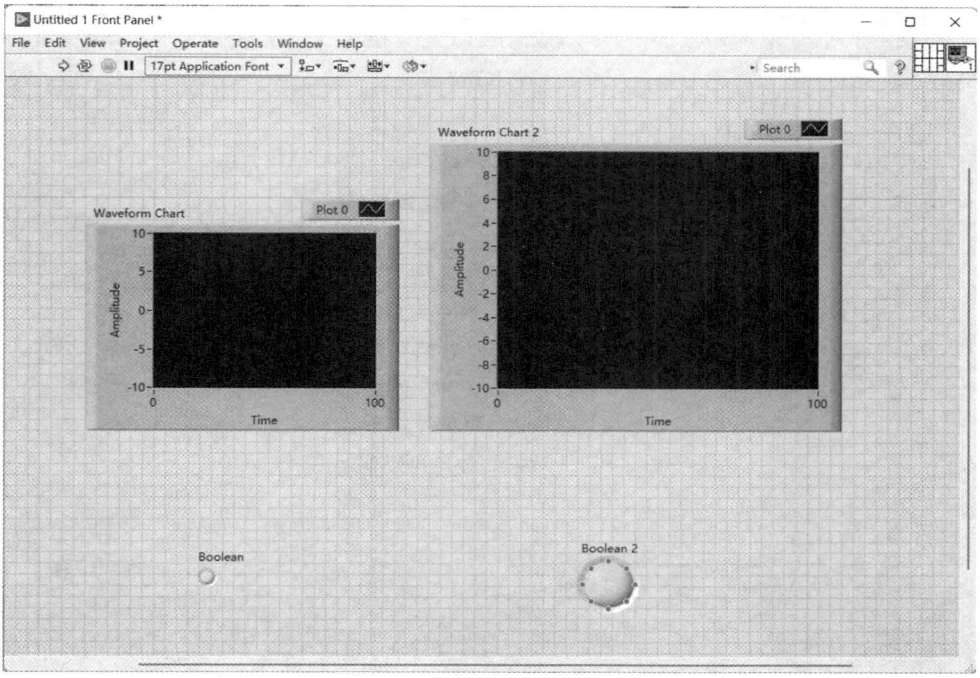

图 3－10　对象大小的调整

2. 取消调整操作

需要取消调整大小操作时，可使用“Edit（编辑）”下拉菜单中的“Undo Resize（撤销）”功能。

3.2.4　对象的对齐、分布

对于已放置在前面板上的对象，如果数量较多，分布凌乱，就会给编程带来许多不便。为此，可以使用前面板窗口工具条上的对象对齐、分布工具，将前面板上的对象快速地按一定方式进行对齐和分布。对象的对齐和分布方式如图 3－11 所示。

光标在工具图标上移动时会出现文字提示，如“Top Edges（上边缘）”“Vertical Centers（垂直中心）”，结合图标的图示和文字可以看出分布与对齐的规则。使用定位工具选取操作的目标对象后，便可以进行对象的对齐、分布。对于各种规则，用户可以去尝试。一种对齐和分布方式的示例结果如图 3－12 所示。

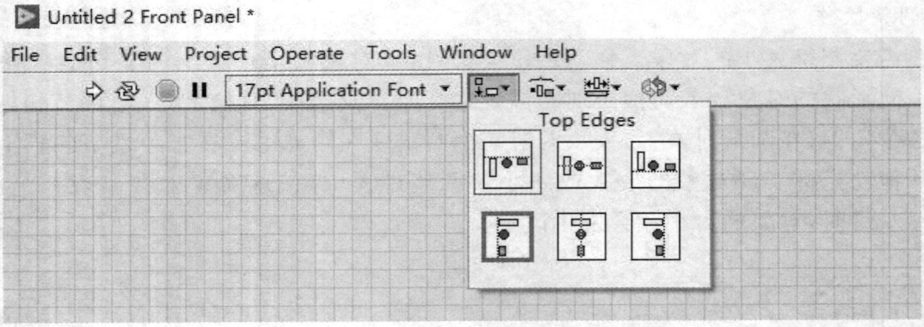

（a）对齐方式

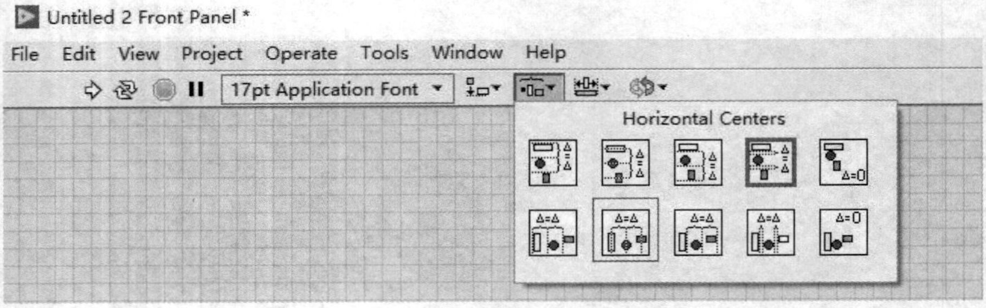

（b）分布方式

图 3－11　对象的对齐和分布方式

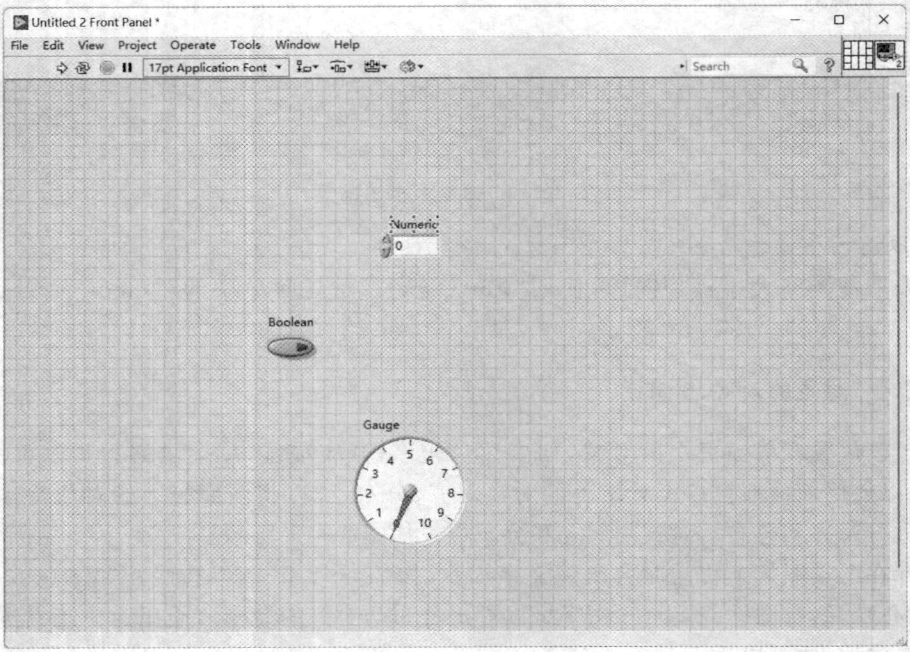

（a）分布方式

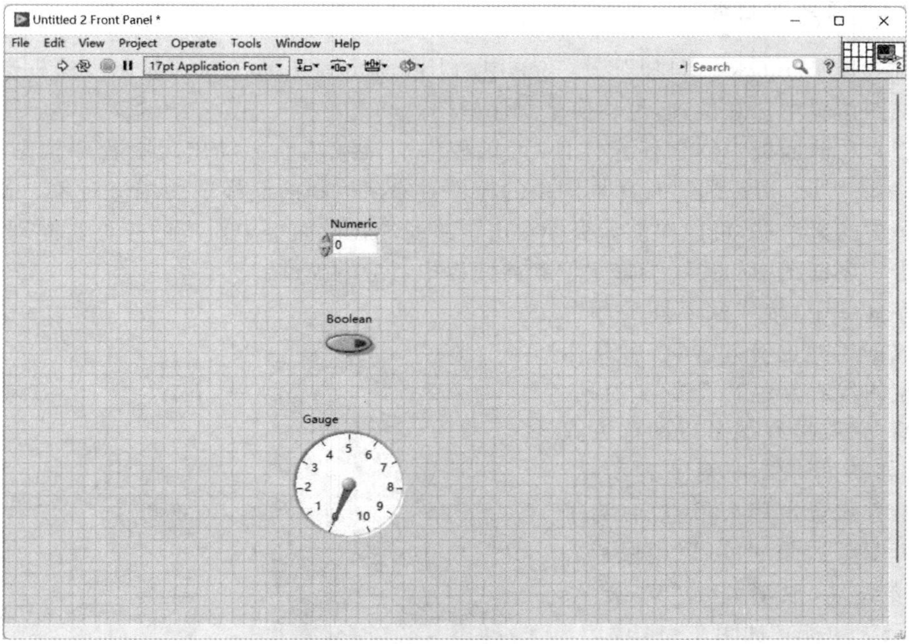

（b）水平居中对齐之后

图 3 - 12　一种对齐和分布方式的示例结果

3.2.5　控件属性的设置

前面板和程序框图上的每个控件都有自己的属性，如大小、字体、颜色、显示模式等。在 LabVIEW 2020 中，对象的许多属性是可以进行编辑的，现以布尔控件为例来说明。鼠标右键单击前面板任意布尔控件，选择位于最底部的“Properties（属性）”选项，弹出控件属性对话框，如图 3 - 13 所示。

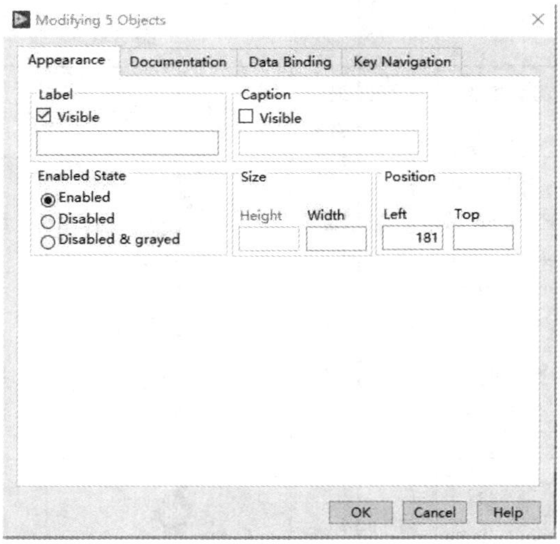

图 3 - 13　控件属性对话框

在控件属性对话框中，操作功能界面包括以下几项内容：

（1）“Appearance（外观）”。设置控件开关时的颜色和文本、标签的显示和隐藏、控件的大小等功能。

（2）“Documentation（操作）”。设置布尔控件的按钮动作。

（3）“Data Binding（数据绑定）”。将该控件与网络上相应的数据源进行绑定。

（4）“Key Navigation（快捷键）”。设置该控件的快捷键。

3.3.6 连线的编辑

通过选择“Window(窗口)”下拉菜单中的“Show Block Diagram(显示程序框图)”或鼠标单击框图窗口中任意位置,可切换至程序框图。

当用户在前面板中创建任意控件后,该控件的接线端会自动出现在程序框图中,如图3－14所示。因此,可以通过程序框图中的控件对象来控制前面板中的相应对象。若需定位程序框图中的接线端,可以在前面板中双击该接线端在前面板中对应的控件。同理,也可以直接双击程序框图中的接线端来定位到前面板中对应的控件。

程序框图中,接线端不同的颜色代表的数据类型也有差异,各种常用数据类型的代表颜色见表3－1所列。在默认情况下,接线端是以图标方式显示的,如图3－14中第2列所示。这种显示方式会占用大量空间,为了使程序框图更加简洁,可以用鼠标右键单击接线端,取消勾选“View As Iron(显示为图标)”如图3－14中第3列所示。

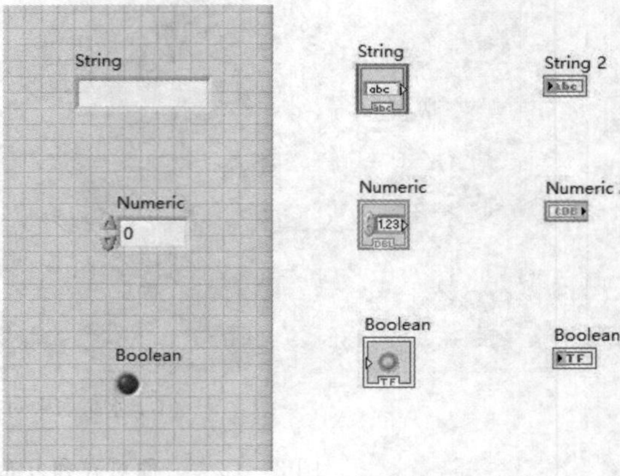

图3－14 程序框图中的控件

默认情况下,输入控件接线端的箭头在图标的右边,显示控件接线端的箭头在图标的左边。因为数据流以输入控件为起点,从左向右流动,直到作为终点的显示控件。同时LabVIEW 2020为了使用户更好地区分输入控件接线端和显示控件接线端,输入控件接线端的边框比显示控件接线端的边框更粗。

表3－1 常用数据类型

数据类型(英文)	数据类型(中文)	端口图标	图标颜色	默认值	简要说明
Boolean	布尔量		绿色	False	存储为8位数值(一个字节),数值0表示F暗绿色,其余数值代表TRUE
String	字符串		粉色	空字符串	存储为一个指针,指向的结构包括一个数值和一个数组。数组每个成员表达一个字符,数值表示数组的长度
Timing	时间标记		棕色	本地日期时间	存储为一个簇,前两个整数用64位表示s的整数部分,后两位整数用64位表示s的小数部分

（续表）

数据类型（英文）	数据类型（中文）	端口图标	图标颜色	默认值	简要说明
Numeric	枚举		蓝色	—	列出所有的可选值，它的数字代表的是无符号整数型
Array	数组	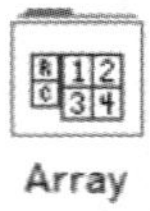	随成员变	—	图标的方括号内包含数组成员的类型，图形的颜色随成员的数据类型改变
Cluster, Class & Variant	变体		紫色	—	可以容纳各种不同的数据类型，存储控件名称、数据类型和数据本身
Structures	路径		浅绿	—	使用标准的 Windows 语法，可以使用相对路径和绝对路径。存储分为路径类型、路径成员数和路径成员
Waveform	波形		棕色	—	簇
Report Generation	报表生成		蓝色	—	用于 LabVIEW 2020 应用程序中的报表的创建及相关操作，也可以使用该选板中的 VI 在术前位置插入文本、图签和图形
Application Control	应用程序控制		棕色	—	包括动态调用 VI、标准可执行程序的功能函数
Graphics & Sound	图形与声音		随成员变	—	包括各种图形与声音程序和函数
Synchronization	同步		随成员变	—	用于同步并行执行的任务并在并行任务间传递数据
Dialog & User Interface	对话框与用户界面		随成员变	—	用于创建提示用户操作的对话框

（续表）

数据类型（英文）	数据类型（中文）	端口图标	图标颜色	默认值	简要说明
File I/O	文件 I/O		随成员变	—	包括处理文件输入/输出的程序和函数
Comparison	比较	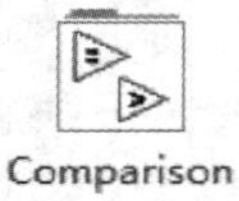	棕色	—	包括各种比较运算函数，如大于、小于、等于
Collection	采集		随成员变	—	即 Map 和 Set 程序集

程序框图中对象间数据的传递依托连线来完成。每根连线的数据源只有一个，但可与多个读取数据的 VI 或函数连接，所有需要连接的控件接线端必须连接，否则 VI 无法运行。

对象连线实现了程序框图中各对象之间的数据传递。连接对象数据类型不同时，连线的颜色、样式及粗细都会不同。对象之间有自动连线和手动连线两种连线方式。

1. 自动连线

自动连线是默认的连线方式。自动连线功能只有在添加了新的节点时才有效。向程序框图中添加新的节点时，若其输入/输出接线端与其他对象的输出/输入端距离较靠近会显示有效的连线方式，这时放开鼠标会完成自动连线，如图 3－15(a)所示。自动连线功能只对数据类型相互匹配的接线端连线，对不匹配的接线端不予连线。在添加节点时，可以使用空格键来切换自动连线功能，如图 3－15(b)所示。

2. 手动连线

(1)连线操作。单击工具选板中的按钮，将光标放在对象的接线端或连线上，此时接线端或连线处于闪烁状态。单击鼠标表示选中该接线端，然后移动鼠标，此时会出现一条虚线随鼠标一起移动。该虚线即为连线的一部分，如图 3－16(a)所示。连线能随着程序框图中连线对象的位置不同自动转折。

(2)转折点控制。转折点是可以控制的，只要在希望的转折点处单击鼠标左键即可。最后，当鼠标移动到该条连线的终点时，目标接线端同样处于闪烁状态，用鼠标左键单击该接线端，即完成一条连线，如图 3－16(b)所示。

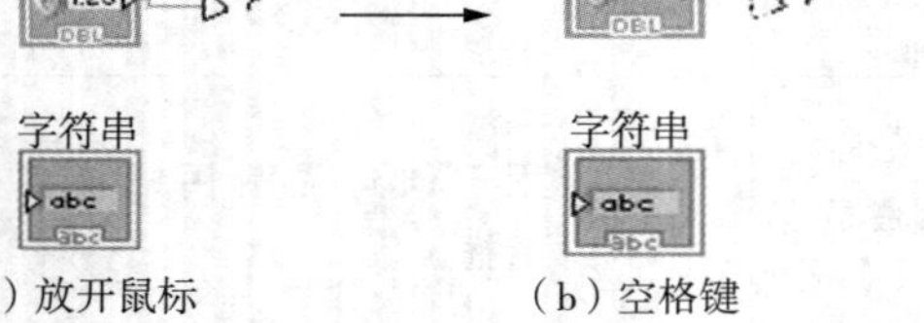

(a) 放开鼠标　　(b) 空格键

图 3－15　自动连线

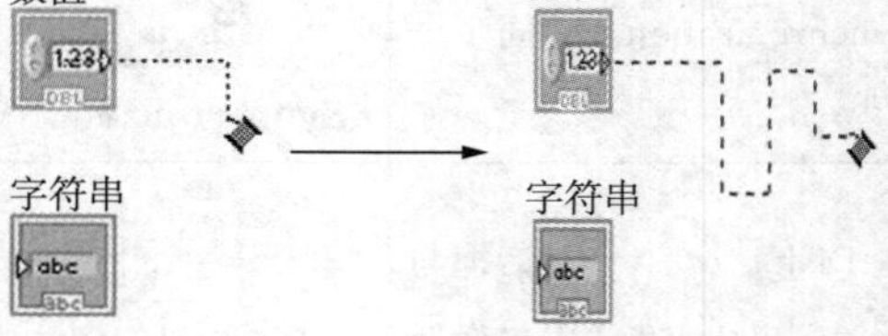

(a) 连线操作　　(b) 转折点控制

图 3－16　手动连线

(3)连线分布。连线只能是水平或垂直的，但为了使代码清晰、可读性强，需要对连线的排列和分布做一定的编辑。调整连线时，必须先选择该目标连线。

(4)连线编辑。编辑包括定位、选中、删除、整理连线。

选择定位工具，鼠标左键单击某段连线表示选中该段，如图 3－17(a)所示；鼠标左键双击某段连线表示选中该连线的一个分支，如图 3－17(b)所示；鼠标左键连续单击三次表示选择全部连线，如图 3－17(c)所示。

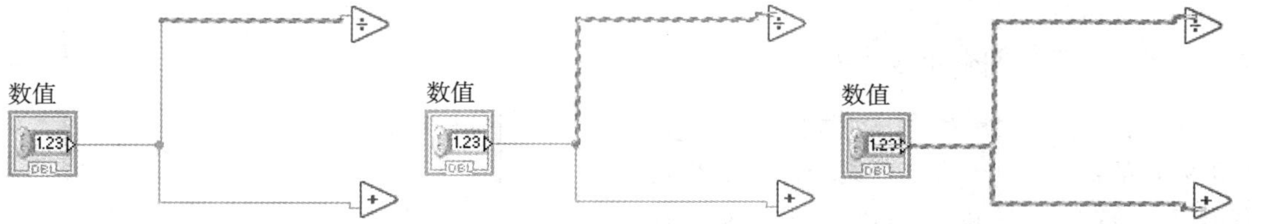

(a) 单击　　(b) 双击　　(c) 三击

图 3－17　连线编辑

选择定位工具，同时按下“Shift”键不放，鼠标左键单击需要选中的多段连线，则表示被单击的对象全部选中，如图 3－18 所示。

按“Backspace”或“Delete”键可以删除被选中的连线或连线段。也可以用鼠标将被选中的连线或连线段拖到新的位置。

如果连线失败或不可用，就会变成断线。VI 中若有断线将无法正常运行。断开的连线在程序框图中显示为黑色的虚线，中间有个红色的“×”和不同颜色的箭头，箭头表明了数据流的方向，它的颜色表明了流过连线的数据类型，如图 3－19～图 3－21 所示。删除相连断线可以通过用定位工具连续三次单击连线并按“Delete”键。右键单击连线，从快捷菜单中可以选择“Delete Wire Branch(删除连线分支)”“Create Wire Branch(创建连线分支)”等选项。

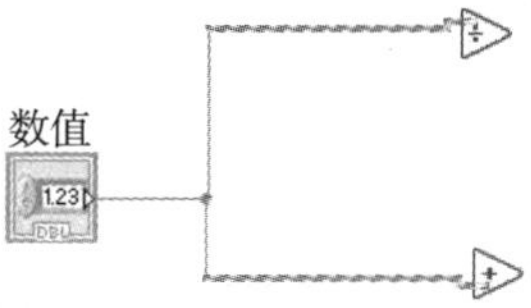

图 3－18　连线的编辑

图 3－19　数据源错误引起的断线

图 3－20　数据类型不兼容引起的断线

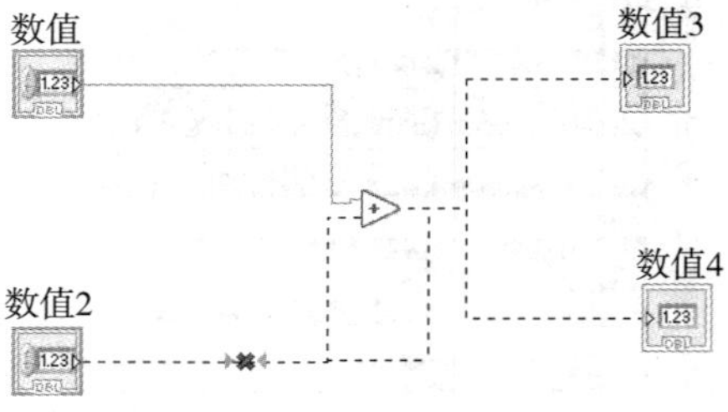

图 3－21　数据回流引起的断线

LabVIEW 2020 还为用户提供了“Clean Up Wire(整理连线)”的功能，如图 3 - 22 所示。使用时先选中需要整理的连线，单击鼠标右键，选择“Clean Up Wire(整理连线)”选项，便可以把程序框图中混杂不清的连线清楚地显示出来，但此功能并不可以纠正程序框图的错误。

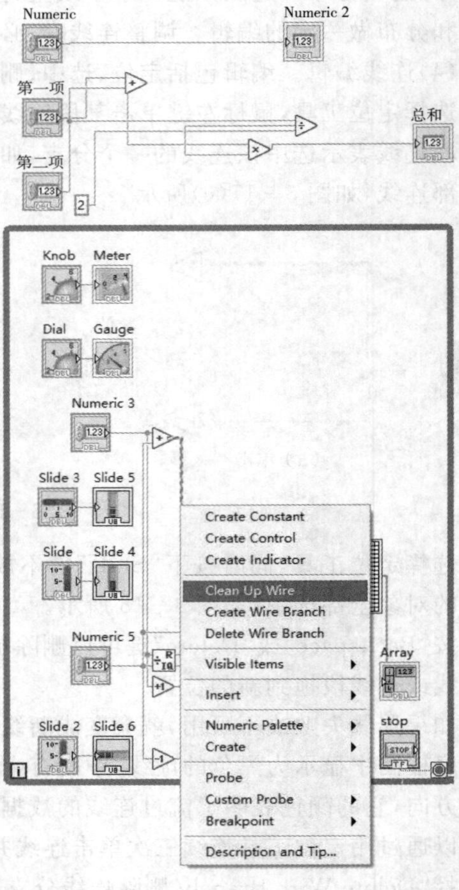

图 3 - 22　使用“整理连线”功能

3.2.7　对象的着色与字体选择

在建立前面板和程序框图对象时，LabVIEW 2020 会自动给对象着色。用户可使用工具选板中提供的颜色工具来编辑控件的颜色。编辑系统风格控件的颜色无法改变，因为系统风格控件的颜色由操作系统决定。

单击位于“Tools Palette(工具选板)”的“Set Color(设置颜色)”，鼠标将变成画笔形状，此时鼠标右键单击需要编辑的对象，弹出颜色面板；在工具选板中的设置颜色中左键单击方框，也可显示颜色面板，如图 3 - 23 所示。

左键单击颜色面板中右下角按钮，弹出颜色对话框，如图 3 - 24 所示。用户可以根据自己的喜好自定义颜色。在选项板中最后显示的颜色为当前色，确定好颜色后，用户使用颜色工具单击对象将对象设置为当前色。

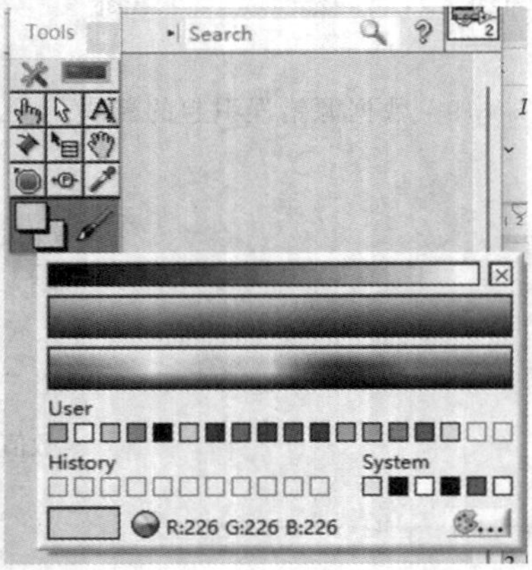

图 3 - 23　颜色面板

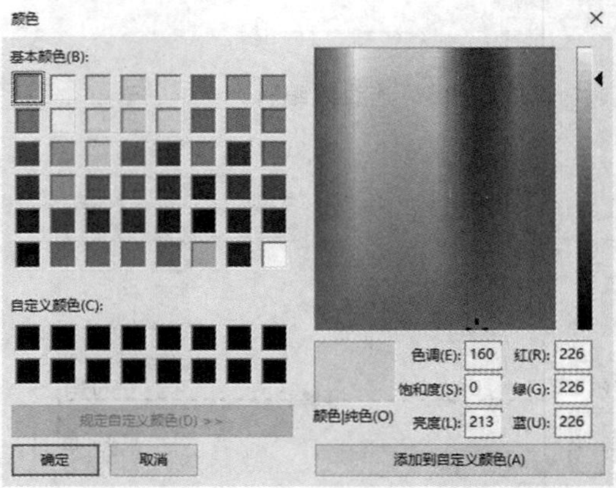

图 3 - 24　颜色对话框

颜色获取工具可以使用户在不使用颜色面板的情况下复制一个对象的颜色并作用到第二个对象上。首先单击“Get Color(颜色获取)”工具，此时光标变成滴管形状，在原对象上单击鼠标左键，然后选择“Set Color(设置颜色)”并单击另一个对象，即可改变它的颜色。

3.3　调试 VI

在完成程序编写工作后，可以通过运行和调试来测试编写的程序能否产生预期的结果，并找出程序中存在的一些错误。LabVIEW 2020 为帮助用户完成程序的调试提供了许多工具。

3.3.1　程序运行

LabVIEW 2020 中 VI 程序的运行包括四个操作：

(1)VI 的运行。单击前面板或程序框图工具栏中的“Run(运行)”按钮，VI 就会运行一次。当 VI 处在运行状态时，运行按钮变为。

(2)VI 的连续运行。单击前面板或程序框图工具栏中的“Run Continuously(连续运行)”按钮，可以连续运行程序，这时按钮变成。此时再次单击连续运行按钮便可使 VI 停止连续运行。

(3)VI 的停止。在程序运行的过程中，单击前面板或程序框图工具栏中的“Abort Execution(中止执行)”按钮，可使程序运行。编辑状态下中止执行按钮为灰色，不可使用。如果调试过程中程序进入了死循环或无法退出，用户可用此按钮强行结束程序的运行。

(4)VI 运行的暂停。单击前面板或程序框图工具栏中的“Pause(暂停)”按钮可以暂停程序的运行。在程序运行过程中单击该按钮，按钮变为红色，再次单击该按钮，程序恢复运行。

3.3.2　错误信息

程序错误一般分为两种：第一种为程序编辑错误或编辑结果不符合语法，导致程序运行时发生错误；第二种为语义和逻辑错误，或者是程序运行时无法满足某种外部条件引起的运行错误，该种错误很难排除。

建立一个 LabVIEW 2020 程序，如图 3－25 所示。

单击工具栏中的“List Errors(列出错误)”按钮即可弹出程序的错误列表，如图 3－26 所示。程序的错误列表清楚地列出了系统给用户的警告信息与错误提示。警告信息是为了让用户了解潜在的问题，但不会禁止程序的执行。可以通过单击图中的“Show Error(显示警告)”按钮获知程序框图出现警告的具体位置。LabVIEW 2020 编辑中最常见的错误有必要连接的函数端子没有连接、数据类型不匹配等。

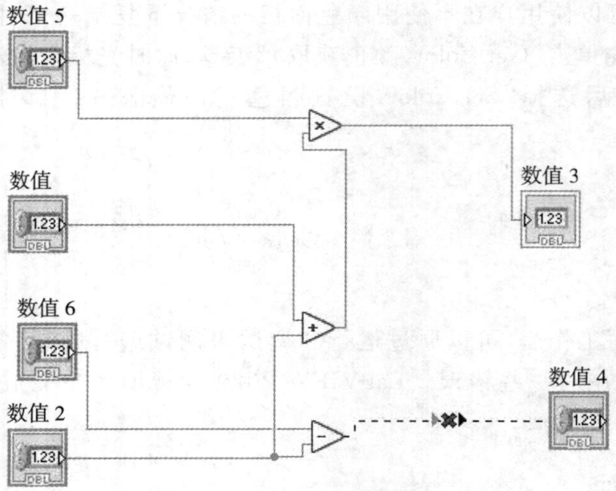

图 3-25　一个 LabVIEW 2020 程序

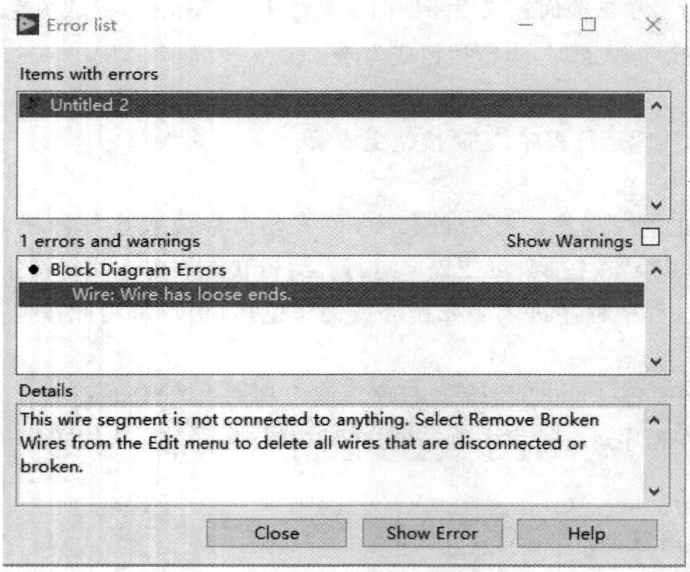

图 3-26　程序的错误列表

3.3.3　程序高亮执行

单击框图窗口工具条上的“Highlight Execution（高亮执行）”按钮，即可打开执行加亮功能，打开时按钮呈黄色。执行高亮时，节点之间的数据流动以在连线上移动的气泡形象表示。为了使用户可以清晰地观察气泡数据线的流动，执行高亮程序时运行速度会大大降低，如图 3-27 所示。

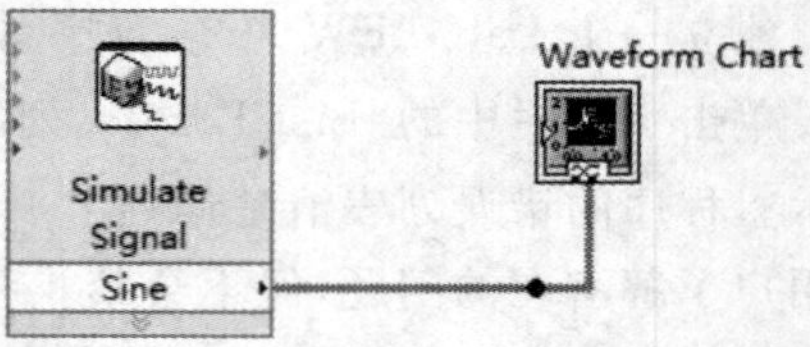

图 3-27　程序的高亮执行

3.3.4　程序单步执行

如果程序的节点较多，则可以采用单步执行。在单步执行时，可以查看各个代码的执行细节。单步执行方式有以下三种：

(1)单击“Start Single Stepping(开始单步执行)”按钮，程序进入单步步入执行方式，VI 会打开一个要执行的程序节点并暂停。再次单击此按钮，程序执行第一次动作，并在下一个子程序或程序结构执行前停止。

(2)单击“Start Single Stepping(开始单步执行)”按钮，程序进入单步步过执行方式，此按钮与第一种按钮功能略有不同，VI 会先执行打开的程序节点，然后停止在下一个节点处。

(3)单击“Step Out(单步步出)”按钮，VI 会结束当前节点的操作并暂停。

通过程序的单步执行，用户可以清晰地了解程序执行顺序和数据流动方向，进而检查程序逻辑是否正确。

3.3.5　设置断点与探针

为了查看程序执行情况，用户往往需要在 VI 的某个位置设置断点。用户单击工具模板上的“Set/Clear Breakpoint(设置/清除断点)”按钮即可为代码中的子 VI、节点和连线添加断点。也可用鼠标右键单击窗口中某个对象或连线，从弹出的菜单中选择“Breakpoint(断点)”→“Set Breakpoint(设置断点)”。程序运行到断点位置时会停止执行，用户可以在断点位置使用单步执行功能。方框表示节点上的断点，圆点表示连线上的断点，如图 3-28 所示。

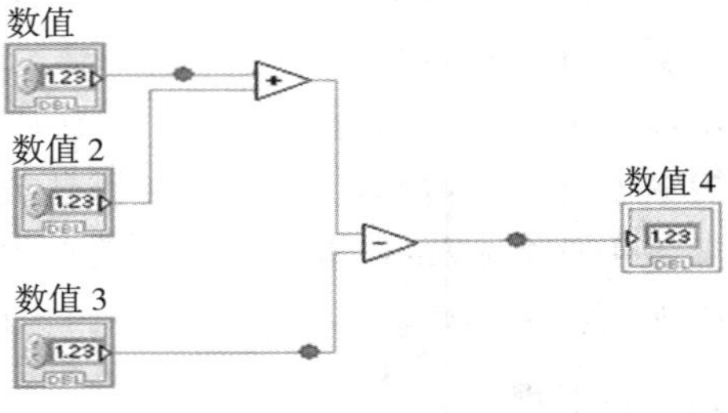

图 3-28　程序中的断点

数据在程序框图连线中流动时，用户可使用探针工具获取 VI 运行的即时数据。探针必须在数据流过之前添加，这样才能正确探测到流过数据线的数据。使用工具模板上的“Probe Data(探针数据)”工具，或者在数据的连线上单击鼠标右键，弹出快捷菜单，选择“Probe(探针)”选项，单击任意数据连线便可为数据线添加探针。探针有编号，添加了探针后会弹出一个与其编号一样的窗口，该窗口会显示运行时通过连线的数值，如图 3-29、图 3-30 所示。

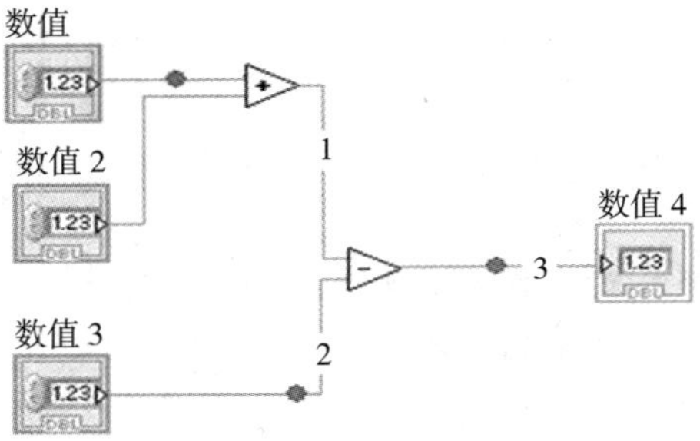

图 3-29　程序中的探针

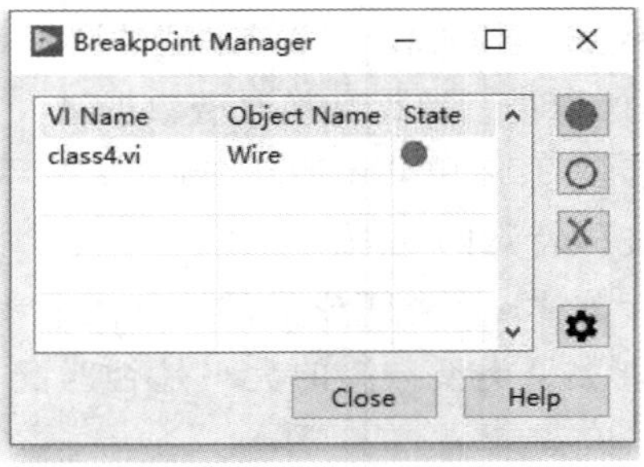

图 3-30　探针窗口

3.3.6 调试 VI 程序技巧

在用户编程过程中，LabVIEW 2020 会进行即时语法检查，当程序中连线不符合语法或必须连接的端子没有连接时，工具栏中的运行按钮将由 变为 。鼠标左键单击 ，LabVIEW 2020 会弹出错误列表对话框，该对话框中完整地列出了 VI 程序中的错误，并在下方提供了错误的原因和改正错误的一些建议。系统能够准确定位错误，这能有效提高测试程序的效率。同时，用户可以通过访问 LabVIEW 2020 的帮助文件来全面了解该程序的有关问题，以便及时纠正。

通常情况下，上述的程序错误是显而易见的，错误改正前程序是无法正常运行的。在大多数情况下，程序虽然可以运行，但是得到的结果却不尽如人意。这种错误虽然一般需要花费很大精力才能发现，但可以通过以下步骤进行查找。

步骤 1：检查线路连接。当连线数量较多、连接杂乱时，可在某条连线上连续单击鼠标左键三次，此时的虚线表示与此连线相连的所有连线，可以通过这种方式检查连线是否存在问题。

步骤 2：使用“Help（帮助）”下拉菜单中的“Show Context Help（显示即时帮助）”功能，鼠标移动到函数或者子程序上时，会即时显示它们的用法介绍和各端口的定义，可以对比当前的连线检查连线是否正确。

步骤 3：检查函数或子程序的端口默认值。当函数或子程序的端口类型可选时，若端口未连接输入，则在运行时程序将使用默认值作为输入参数进行传递。

步骤 4：选择“View（查看）”下拉菜单中的“VI Hierarchy（VI 层次结构）”，查看程序的层次结构来确认子程序是否都已连接。当程序中存在未连线的函数时，运行按钮会变成 ，所以找到并不困难。

步骤 5：使用高亮执行方式、单步执行方式及设置断点等手段来检查程序层次结构是否符合预期。

步骤 6：使用探针工具来获取连线上的即时数据，以此来检查单个函数或子程序输出的正确性。

步骤 7：检查函数或子程序输出的数据是否有意义。在 LabVIEW 2020 中，有两种没有意义的数据：一种是由无效的数学运算得到的 NaN，表示非数字；另一种是由运算产生的浮点数 Inf，表示无穷大。

步骤 8：检查控件和指示器的数据是否溢出。LabVIEW 2020 没有为用户提供数据溢出警告，所以进行数据转换时若数据过大，则存在丢失数据的风险。

步骤 9：使用 For 循环，当 For 循环次数为 0 时，将会产生一个空数组，调用该空数组时需要先做特殊的处理。

步骤 10：检查簇成员的顺序与目标端口是否一致。在编辑状态下 LabVIEW 2020 能够检查数据类型与簇的大小是否匹配，但是无法检查相同数据类型的成员是否能够准确匹配。

步骤 11：检查 VI 子程序是否均已连线。

3.4 创建子 VI

3.4.1 子 VI 的概念

LabVIEW 2020 中子 VI 的概念与其他编程语言中函数的概念类似。在 LabVIEW 2020 中使用子 VI 如同在编程语言中使用函数一样，是构建大程序的基础。若将所有的程序都写进一个 VI 中，会因程序框图太大而不方便布局。为了实现 LabVIEW 2020 的层次化和模块化编程，将复杂的任务分成多个简单任务执行，使程序结构更加清晰、层次更加分明，用户必须熟练地使用子 VI。因此，用户需要将复杂的程序分割成一个个小模块运行，这些小的模块就是子 VI。

3.4.2 连接器和图标

1. 创建和编辑图标

子 VI 在程序框图中以图标的形式出现。与函数类似，子 VI 也需要输入和输出端子完成数据的交换。

在编程过程中，前面板和程序框图右上角的图标是 LabVIEW 2020 为每个程序创建的默认图标，如图 3－31 所示。该图标下方的数字表示本次 LabVIEW 2020 启动后已经打开的新 VI 的数量。

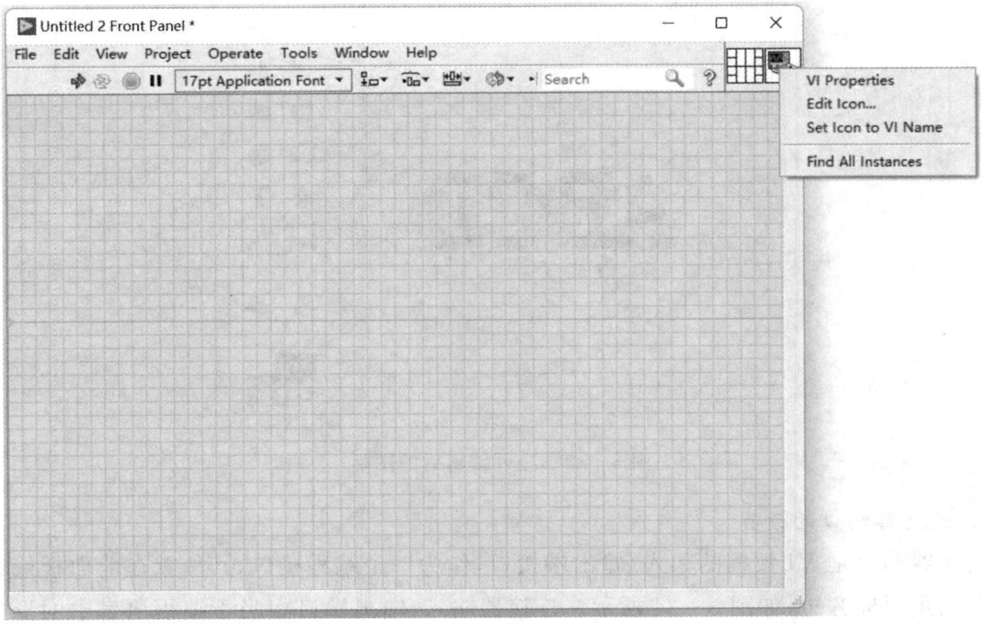

图 3－31 默认图标

用户可以通过鼠标右键点击默认图标，从弹出的快捷菜单中选择“Edit Icon（编辑图标）”选项打开图标编辑窗口，来完成对默认图标的编辑。或者先点击“File（文件）”下拉菜单中的“VI Properties（VI 属性）”选项弹出一个界面，从界面中选择“Edit Icom（编辑图标）”的方法来打开图标编辑窗口。

图标编辑窗口如图 3－32 所示，用户可以使用窗口右侧的各种工具编辑图标的形状。图 3－33 所示为经过编辑后的图标。

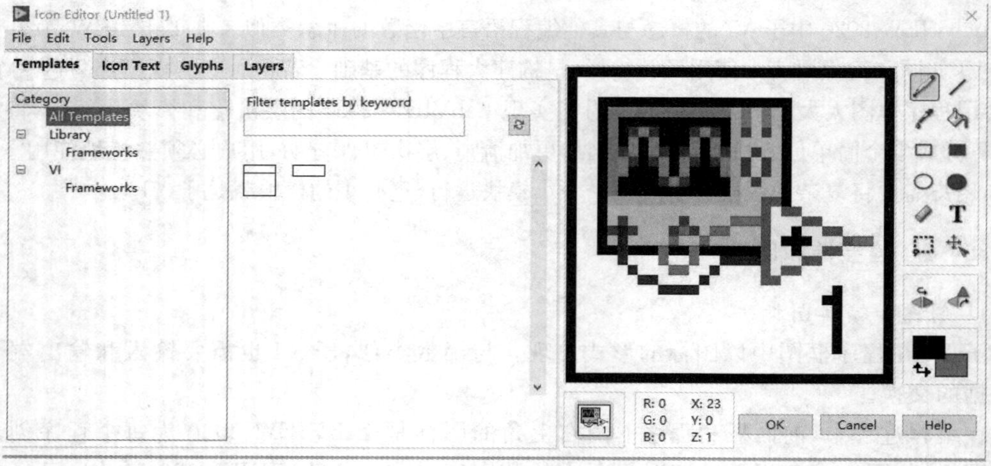

图 3－32　图标编辑窗口

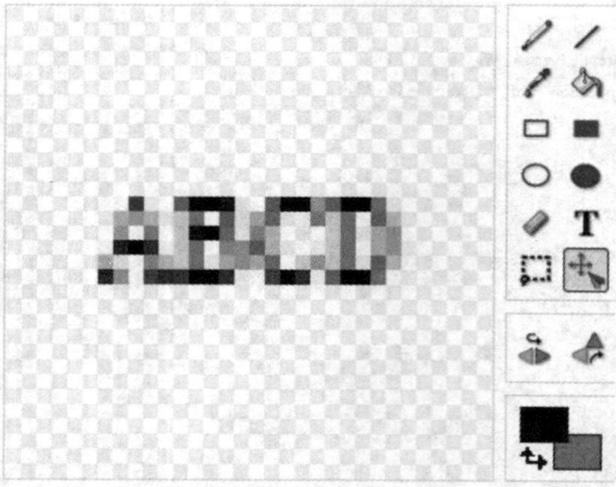

图 3－33　经过编辑后的图标

2. 连接器端口的设置

连接器端口是 VI 数据的输入/输出端接口，作为一个编程接口，其位置在前面板或程序框图右上角图标旁边，如图 3－34 所示。连接器输入/输出端口相当于编程语言中的形式参数和结果返回语句。当调用 VI 节点时，子 VI 工作时首先从连接器输入端口接收外部传输进入子 VI 内部处理的数据，处理完成后从子 VI 输出端口输出给子 VI 外部显示控件或作为输入数据传递给后面的程序。

一般情况下，VI 只有在设置了连接器端口后才能作为子 VI 使用，如果不对其设置，则

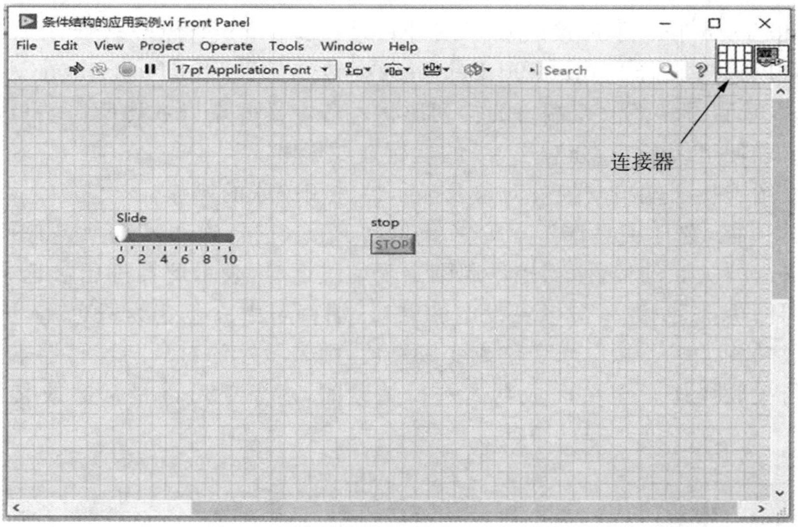

图 3-34　连接器

调用的只是一个独立的 VI 程序，不能改变其输入参数，也不能显示或传输其运行结果。

如果需要对子 VI 节点进行输入/输出，那么就需要在连接器面板中设置相应的连线端子。用户可以通过选择 VI 的端子数，并为每个端子指定对应的前面板控件或指示器来定义连接器。连接器的设置步骤如下。

步骤 1：创建连接器端口，包括定义端口的数目和排列形式。若需要用面板控制对象或者显示对象从子 VI 中输出或者输入数据，这些对象都需要在连接器面板中有一个连接器端子，所以连接器端口的数目取决于子 VI 中控制对象和显示对象的个数。

步骤 2：定义连接器端口与控件及指示器的关联关系，包括建立连接并定义接线端类型。

LabVIEW 2020 为用户提供了多种连接端口布局模式，可以用鼠标右键点击右上角连接端口图标，从弹出的快捷菜单中选择"Patterns(模式)"，如图 3-35 所示，共有 36 种预定

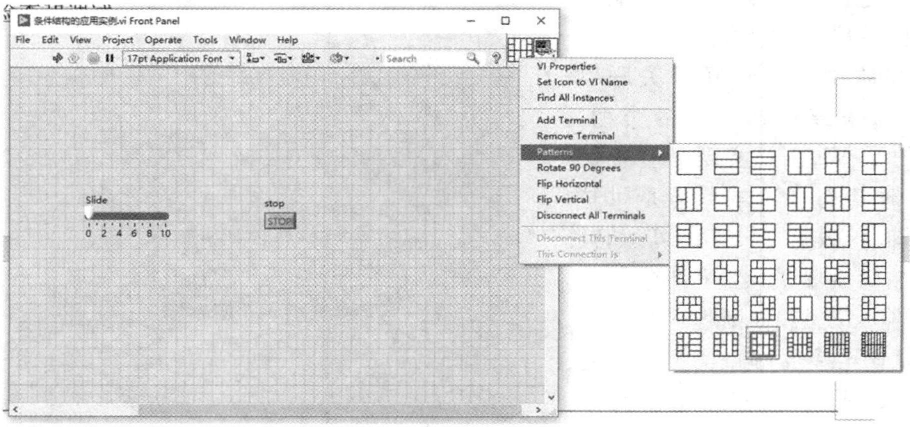

图 3-35　选择连接器的模式定义端口

义的连接端口布局模式可供选择。若这些布局模式仍然无法满足需求，用户可以从快捷菜单中选择“Add Terminal(添加接线端)”或“Remove Terminal(删除接线端)”，直到满足需求。用户还可以通过选择“Rotate 90 Degrees(旋转 90°)”“Flip Horizontal(水平翻转)”和“Flip Vertical(垂直翻转)”改变端口的排列形状。若定义的端口数比所需端口数多，多余的端口不进行关联便可闲置，不会对子 VI 的运行造成影响。

下面将介绍连接器端口与控件对象及显示控件相关联的操作。

打开工具选板，选择工具选板上的“Connect Wire(进行连线)”选项，如图 3 - 36 所示。此时左键单击需要关联的控件，当控件周围出现虚线框时，表示此控件已被选中。此时将鼠标移至连接器图标上，左键单击想要设定的端口，端口若由白色变为橙色，表示控件对象与连接器端口成功相关联。端口未变色或变成黑色，则表示控件对象与连接器端口关联失败，需要再次进行关联操作直至关联成功。进行关联时，对象还可以是常数或其他任何形式。

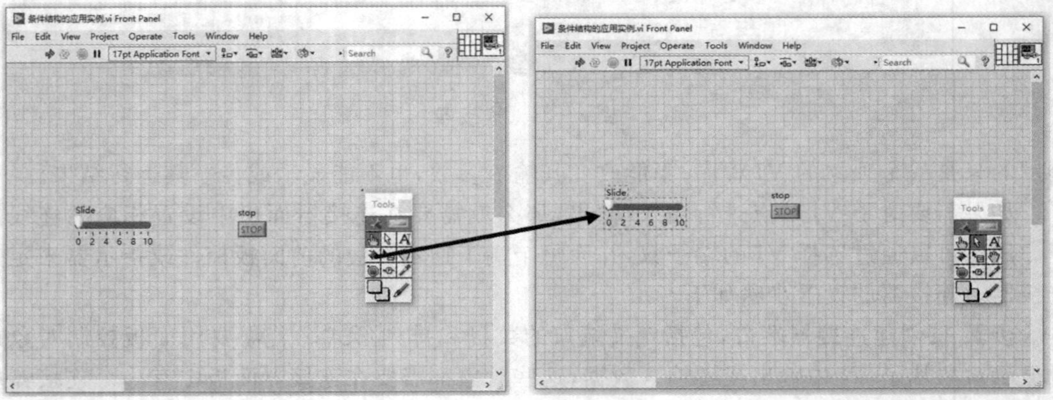

图 3 - 36　建立连接器关联关系

连接器端口的颜色也会根据连接类型不同而改变。在关联时，往往将控件对象与右侧端子相关联，显示对象与左侧端子相关联，便于以后的使用和调试。创建好了关联以后，需要考虑连接器端口的类型。因为有的子 VI 主要实现一些辅助功能，此时其连接器端口应是可选的，即不输入数据子 VI 仍可运行。而有的端口对程序运行起重要作用，必须输入数据，否则程序将无法运行。设置连接器端口类型就很好地解决了这些问题。用鼠标右键单击需要设置的连接器端子，如图 3 - 37 所示，从弹出的快捷菜单中选择

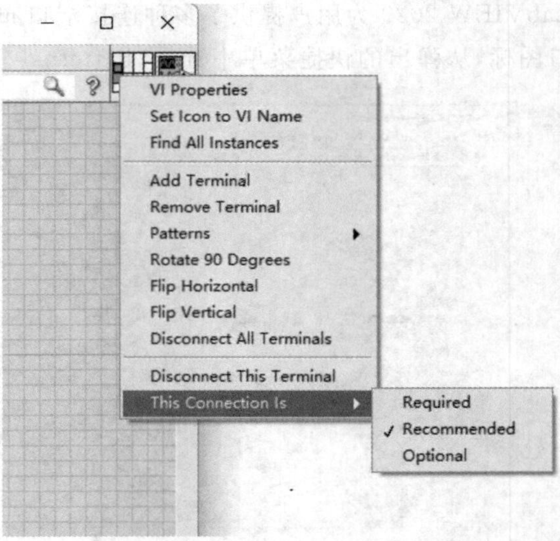

图 3 - 37　设置端口连接类型

底端的"This Connection Is(接线端类型)"选项,则可以看到"Required(必须)""Recommended(推荐)""Optional(可选)"三个选项。设置为必须连接后,端口必须有输入数据和其连接,否则子 VI 将无法运行。设置为可选连接后,端口是否传输数据给端口不影响程序的运行。输入端口默认推荐为必须连接,输出端口默认推荐为可选连接。至此,连接器端口设置完成。

在编程过程中,若端口设置错误或者需对关联对象重新进行设置,可以选择如图 3-37 所示快捷菜单中的"Disconnect All Terminals(断开全部接线端)"选项或"Remove This Terminal(断开连接本接线端)"选项。

3.4.3　创建子 VI 的方式

LabVIEW 2020 提供了两种方式创建子 VI:一种是将现有 VI 整个创建成子 VI;另一种是选择 VI 中的部分程序直接创建成子 VI。后一种方式相较于前一种方式更加灵活。

1. 将现有 VI 创建成子 VI

将现有 VI 创建成子 VI 的关键是将控件对象和显示对象与连接器端口连接起来。当现有 VI 创建了图标和连接器后,就创建了子 VI。

下面就编写一个比较两数大小并输出较大值的程序,并将此 VI 创建成子 VI。

步骤 1:创建一个空白 VI 并在前面板的"Controls Palette(控件选板)"→"Modern(新式)"→"Numeric(数值)"子选板中选择两个"Numeric Control(数值输入控件)"和一个"Numeric Indicator(数值显示控件)"并拖放到前面板中,控件分别命名为 X、Y、Max。

步骤 2:在程序框图的空白处单击鼠标右键,从弹出的函数选板中"Comparison(比较)"内选择"Greater Or Equal?(是大于还是等于?)"函数和"Select(选择)"函数,拖动至程序框图适当位置,并完成如图 3-38 所示的连接。

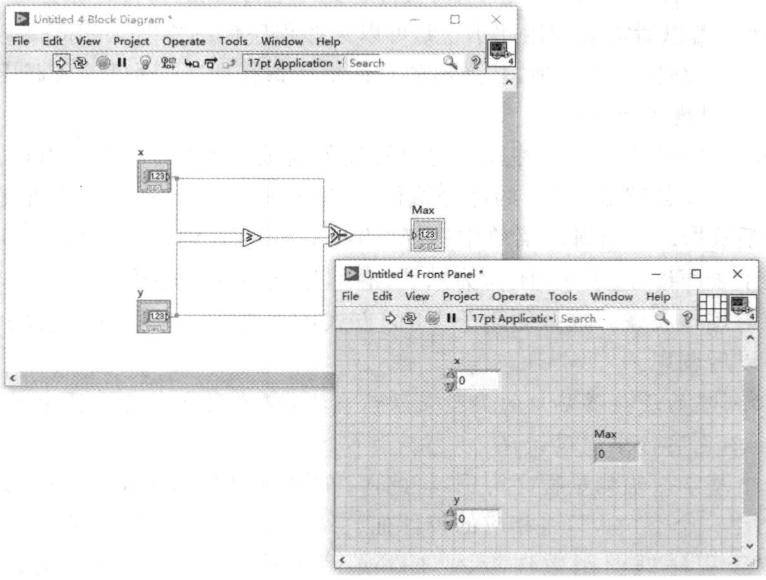

图 3-38　创建 VI 求两数较大值

选择函数从上到下一共有三个输入接口，分别为 t、s、f。其中 s 接口接入布尔型数据。当 s 为 TRUE 时，函数输出连线至 t 的值。s 为 FALSE 时，函数输出连线至 f 的值。

注意：在 t、f 端口要输入同一种数据类型，否则函数将无法执行。

步骤 3：用户可以按照喜好设置图标的样式，在上一节详细介绍过如何编辑图标样式，这里不再赘述。

步骤 4：设置好图标后，切换到前面板，按上一节所示的方法将连接器端口与输入控件、显示控件相关联。选用三个连接器端口将两个输入端口、一个输出端口关联起来，如图 3-39 所示。

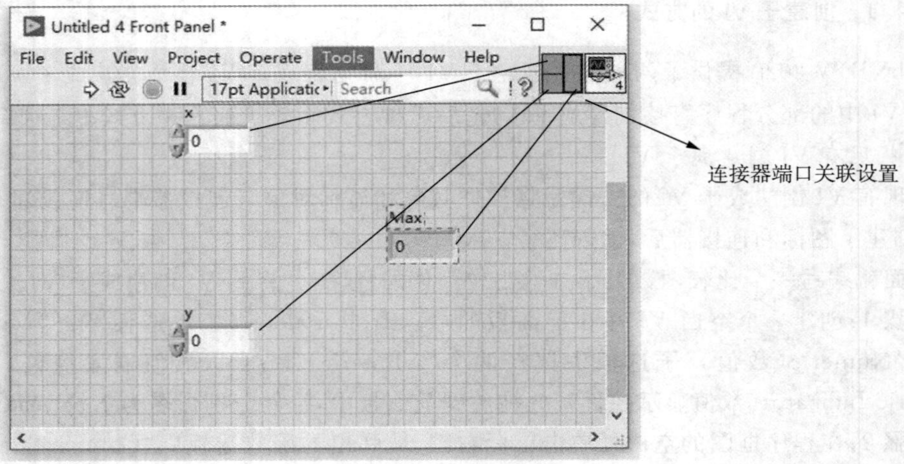

图 3-39　连接器的设置

步骤 5：在前面板或程序框图的“File(文件)”菜单栏中单击“Save(保存)”选项即可完成此子 VI 的创建。若以后需要调用此子 VI，可以选择程序框图中“Functions Palette(函数选板)”下的“Select VI(选择 VI)”项，从弹出的对话框中选择此 VI 即可完成调用。

2. 选定内容创建成子 VI

LabVIEW 2020 还提供了一种选定内容直接创建成子 VI 的方法。用户只需在程序框图中用鼠标框住需要创建成子 VI 的部分控件，此时这些控件的外框会出现虚线，这表示已经被选定。然后在“Edit(编辑)”菜单中选择“Create SubVI(创建子 VI)”选项，所框内容将会自动变成一个子 VI。此子 VI 图标为默认图标，连接器端口会根据框定内容与外部端子连接情况自动与控件关联。这种创建子 VI 的方式可以直接将某段程序模块化以使程序结构清晰或方便以后调用。

注意：自动创建的连接器端口的类型是默认类型，建议用户在连接器中对其端口的连接类型进行定义，以免运行中出现错误。

下面以一个基本振幅测量程序为例，将此 VI 的部分内容创建成子 VI。步骤如下。

步骤 1：创建一个空白 VI，将相应的控件拖放到程序框图中，其中“Simulate Signal(仿真信号)”控件位于程序框图函数选板的“Express”子选板内的“Input(输入)”子选板中，“Amplitude and Level Measurement(幅值和电平测量)”控件位于“Express”选板的“Signal

Analysis(信号分析)”子选板中,“Time Delay”控件位于“Express”选板的“Exec Control(执行过程控制)”选板中。放置好控件后,进行线路连接。VI 运行时输入仿真正弦信号的频率和幅值后,将仿真波形输出到波形图内,并使用幅值和电平检测控件输出信号的均值及均方根。为便于观测波形数据和数值,还添加了一个默认延时为 0.01s 的时间延时节点,正弦信号的测量如图 3-40 所示。

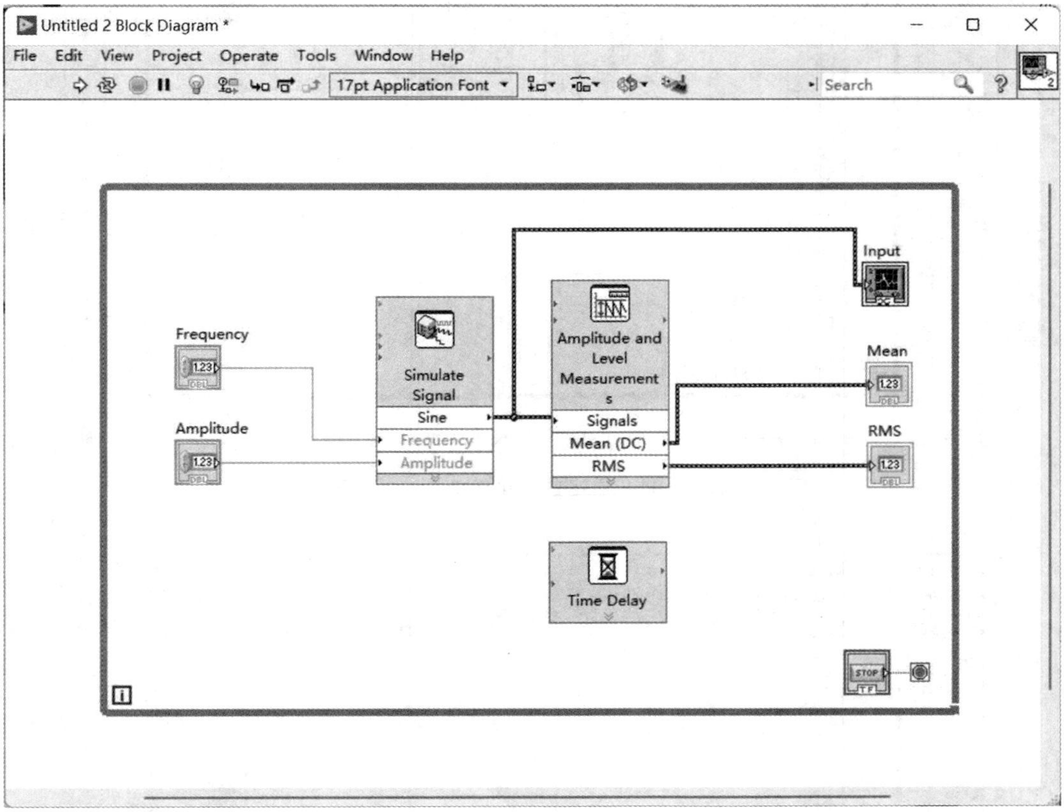

图 3-40 正弦信号的测量

步骤 2:为方便观测,可以给时间延迟创建一个输入控件,用户可以自行输入延迟的时间。但时间延迟不应设计得太长,以免程序运行过慢。

步骤 3:为了成功创建子 VI,按住鼠标左键不放,拖动鼠标将如图 3-41 所示的虚线框部分框起来。若成功选中,控件的外框和端子连线将变成流动的虚线,然后从“Edit(编辑)”下拉菜单中选择“Create SubVI(创建子 VI)”选项,则会出现一个默认图标的子 VI 节点代替选定的框图内容。VI 的其余部分将不会改变,如图 3-42 所示。

步骤 4:编辑默认图标,在前面板框图程序中双击子 VI 节点,打开子 VI。用户可以使用任意 BMP 格式或 JPEG 格式的图片,如图 3-43 所示。用鼠标左键单击该图片,拖动到 LabVIEW 2020 前面板右上角图标窗口中,则图标将直接被该图片替代,最终结果如图 3-44 所示。

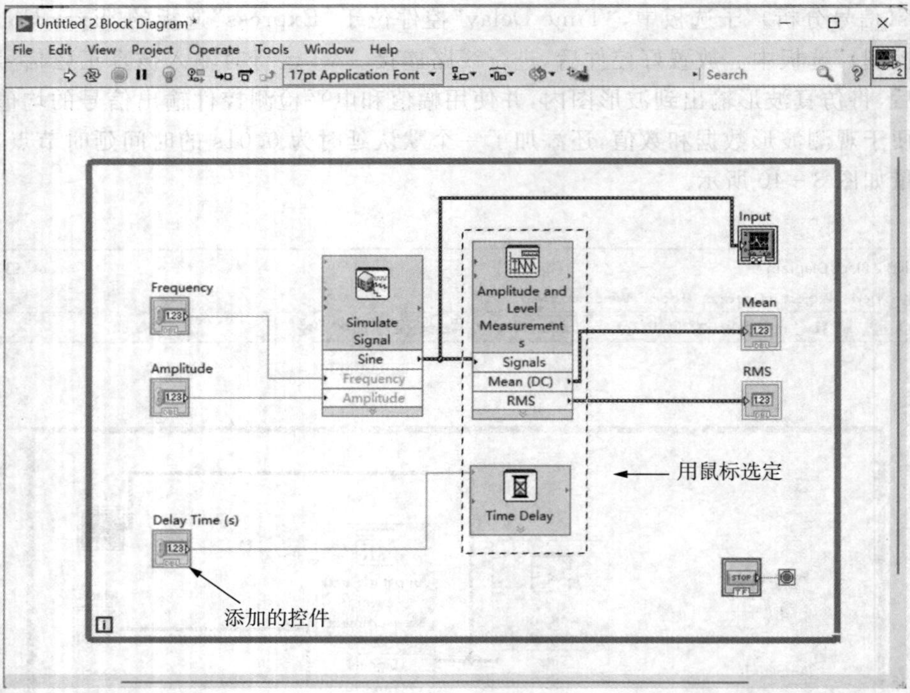

图 3-41　框定要创建成子 VI 的程序

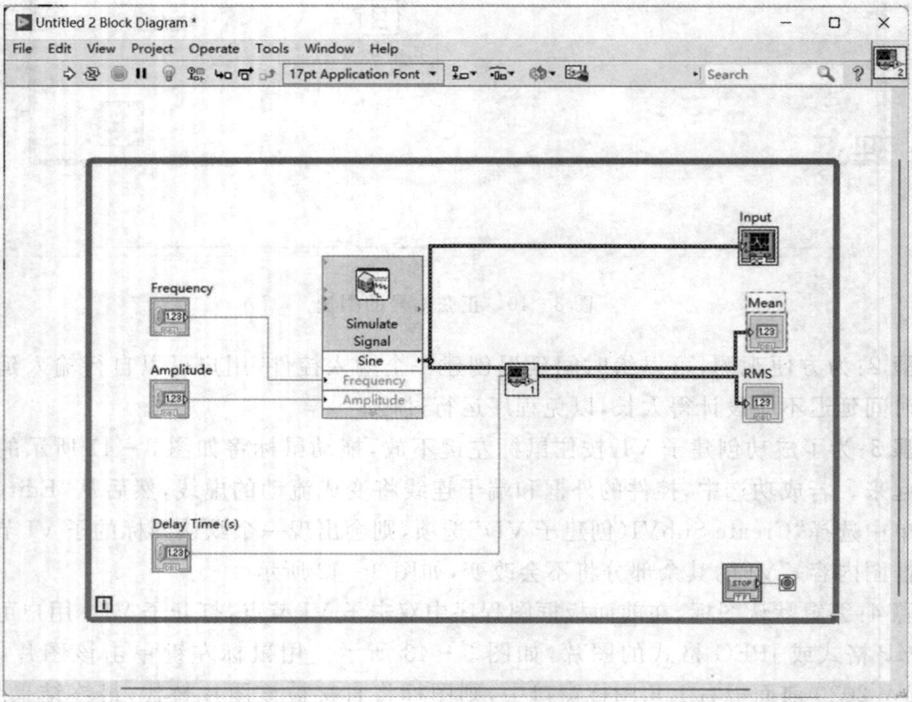

图 3-42　框选的程序被子 VI 图标取代

（a）默认图标　　（b）

图 3-43　对图标进行编辑替换

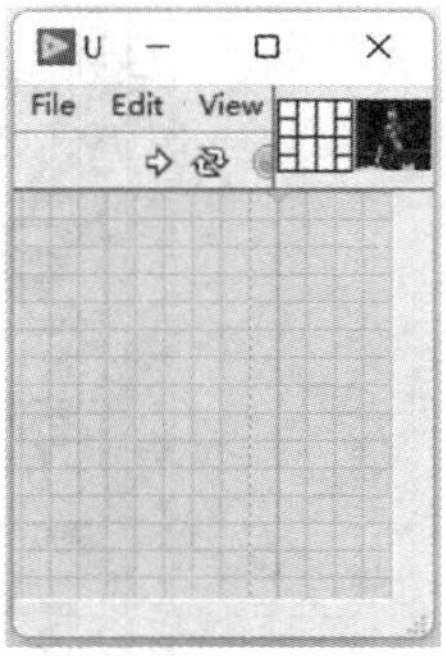

图 3-44　编辑替换结果

步骤 5:在子 VI 前面板上修改 VI 的连线端口类型。

步骤 6:重新命名并保存子 VI。

3.4.4　添加子 VI 至用户库

用户可以将使用频率高的子 VI 添加到函数选板的"User Libraries(用户库)"内的"Express User Libraries(Express 用户库)"中，方便调用。调用时，只需从函数选板的用户库中找到所需的子 VI，拖放至程序框图中即可，具体步骤如下。

步骤 1:打开前面板或程序框图中"Tools(工具)"下拉菜单下"Advanced(高级)"选项中的"Create or Edit(创建或编辑 Express VI)"，从弹出的界面中选择"New(新建)"选项。用户可以选择"Create form a VI(基于 VI)"选项，将已经创建好的子 VI 添加到用户库中，如图 3-45 所示。

步骤 2:点击"Next(下一步)"按钮，按照流程设置连接器端口和子 VI 标签。

步骤 3:完成步骤 2 后 VI 被添加进用户库，可以通过图 3-46 所示的选板调用子 VI。

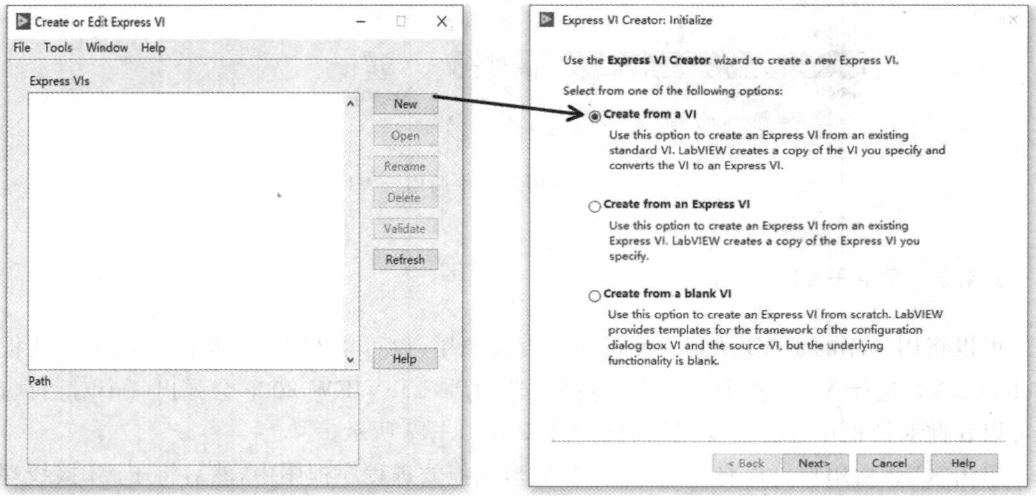

图 3-45　在用户库中插入子 VI

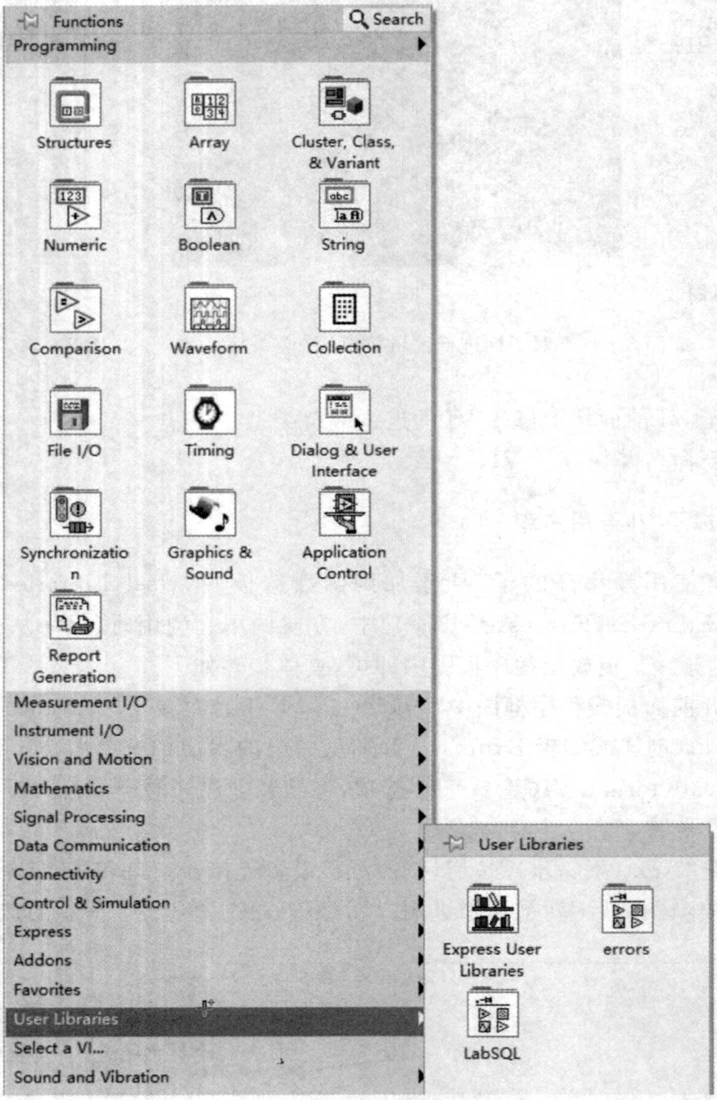

图 3-46　从用户库中调用子 VI

3.4.5　调用子 VI

可以将用户库的子 VI 从用户库选板中直接调用，也可以在主 VI 程序框图函数选板的“Select a VI(选择 VI)”选项中调用。选择该选项后，LabVIEW 2020 会弹出一个对话框，用户可以在此对话框中选择需要使用的子 VI，如图 3-47 所示。

单击“OK”后用户可以将子 VI 以图标的形式拖放进程序框图中，然后将子 VI 接线端口与当前 VI 的其他节点连接起来便成功完成了对子 VI 的调用。

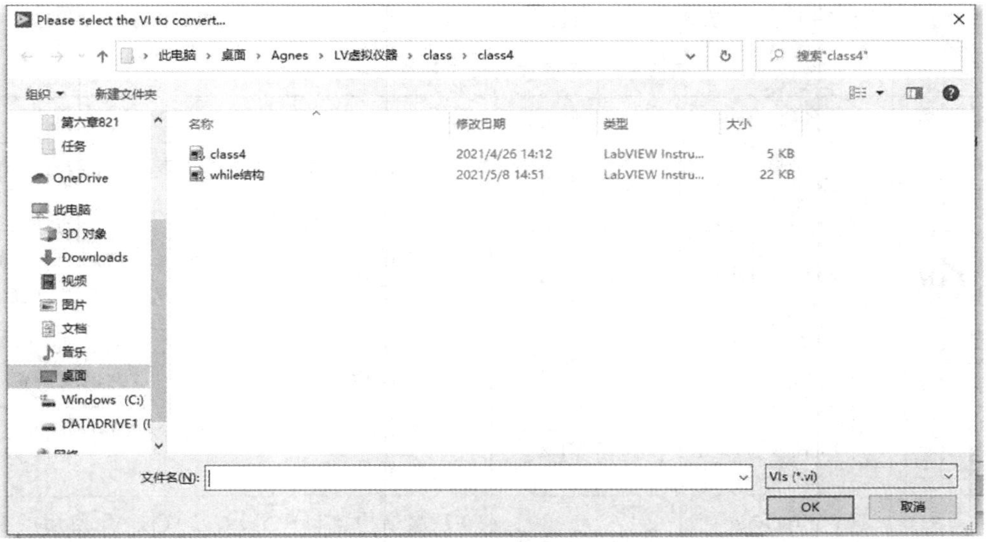

图 3 - 47　选择需要调用的子 VI

3.4.6　VI 的层次结构

需要编写复杂的程序时，用户应该在编写前确定好程序的层次结构以简化程序框图。编写复杂程序时，通常使用类似树状图的自顶向下的编程方式。用户可以通过前面板"View(查看)"下拉菜单中的"VI Hierarchy(VI 层次结构)"，打开层次结构窗口，如图 3 - 48 所示。在层次结构窗口内，用户可以查看内存中包括全局变量和其他自定义类型的所有被调入的 VI 层次结构。内存中的各个项目均会体现在 VI 层次结构窗口显示的顶层节点中，所有终端均位于项目之下。当前 VI 的层次节点处于主应用程序节点正下方，其他打开的 VI 程序则表示在侧支。在 VI 和子 VI 节点上双击，则可以打开相对应的前面板和框图。若新建项目，则其层次结构会显示新的顶层节点。

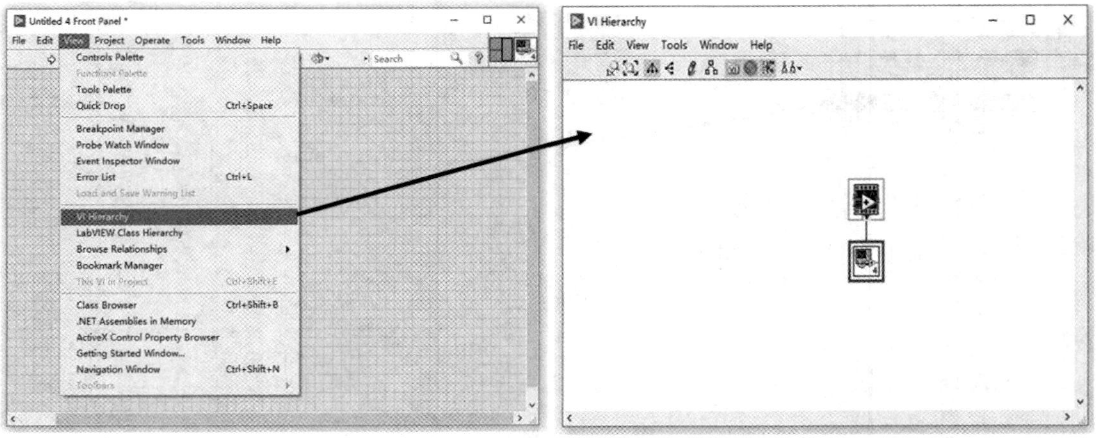

图 3 - 48　VI 层次结构窗口

VI 层次结构窗口的上方有一个工具栏，其按键功能见表 3-2 所列。

表 3-2　VI 层次窗口工具栏按键功能

图　标	名称（英文）	名称（中文）	功能说明
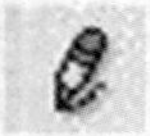	Redo Layout	重做布局	重新安排层次结构节点的位置，使连线交叉情况减少，连线缩短，使层次结构更加清晰
	Vertical Layout	垂直布局	使层次结构窗口中的节点从上到下排列，根节点置于顶部，各子节点位于上一节点下方的位置
	Horizontal Layout	水平布局	使层次结构窗口中的节点从左到右排列，根节点置于左部，各子节点位于上一节点右边的位置
	Include VI Lib	包括 VI 库	在层次结构窗口中显示/隐藏被 VI 使用的 VI 库中的程序
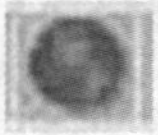	Include Globals	包括全局变量	在层次结构窗口中显示/隐藏被 VI 使用的全局变量
	Include Type Def.	包括自定义类型	在层次结构窗口中显示/隐藏被 VI 使用的自定义类型

在任意子 VI 节点图标的下方都有一个小箭头，单击此箭头可以显示或隐藏其下属的子 VI。箭头呈红色，则表示有子 VI 被隐藏；箭头呈黑色，则表示其下属所有子 VI 均已经显示；箭头呈蓝色，则表示有调用方未显示，此时用户可用鼠标右键单击节点，从弹出的快捷菜单中选择“Show All Callers（显示所有调用方）”选项，查看该节点的所有调用方。

当程序复杂、结构较多时，用户很难在结构窗口中直接找到所需的节点。此时可以在层次结构窗口中打开“Edit（编辑）”菜单的“Find（查找）”选项，如图 3-49 所示。并在窗口的“Select Object（选择对象）”中选择要查找的节点，用户就可以搜索指定节点，与其相匹配的节点会在搜索结果框中显示。

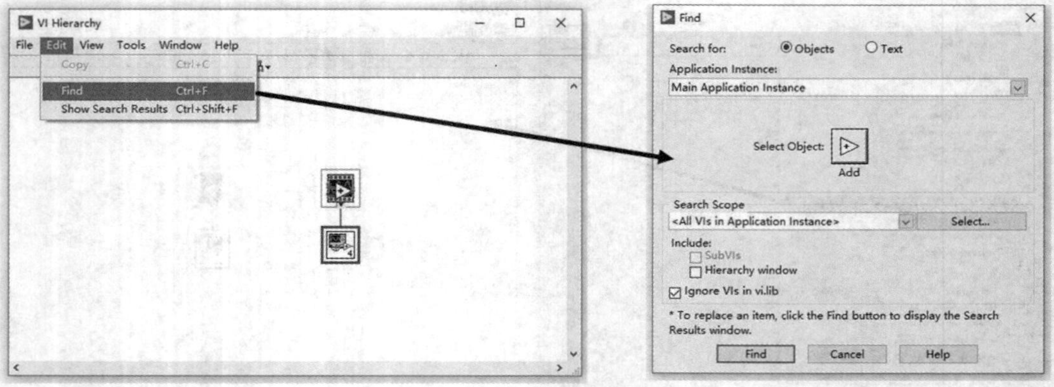

图 3-49　搜索层次

第 4 章　数据类型与程序控制

LabVIEW 2020 是使用数据流的运行方式来控制 VI 程序的。数据流是 LabVIEW 的生命，运行程序的过程就是将所有输入端口上的数据通过一系列节点送到目的端口。LabVIEW 2020 主要的数据类型有：标量类型（单元素），包括数值型、字符型和布尔型；结构类型（一个以上的元素），包括数组和群集。为了便于用户使用，LabVIEW 2020 提供了大量的函数给用户，如数组函数、簇函数和字符串函数。另外，对 LabVIEW 2020 中常用的九种程序结构，包括循环控制（包含 For 循环和 While 循环）、顺序结构、条件结构、事件结构、自动索引、移位寄存器、反馈节点、局部变量和全局变量、公式节点和脚本（包含公式节点、MathScript 节点和 MATLAB 节点）。

4.1　基本数据类型

基本数据类型是使用 LabVIEW 2020 进行编程的基础，也是构成复合数据类型的基础。

4.1.1　数值型

数值型可以分为浮点型、整数型和复数型三种，是 LabVIEW 的一种基本的数据类型，其类型的详细分类见表 4－1 所列。

表 4－1　数值类型表

数值类型	图　标	存储所占位数	数值范围
无符号 64 位整数	U64 To Unsigned Quad Integer	64	0～1 844 674 407 309 551 615
无符号 32 位整数	U32 To Unsigned Long Integer	32	0～4 294 967 295
无符号 16 位整数	U16 To Unsigned Word Integer	16	0～65 535
无符号 8 位整数	U8 To Unsigned Byte Integer	8	0～255
有符号 64 位整数	I64 To Quad Integer	64	－18 446 744 073 709 551 616～＋18 446 744 073 709 551 615

（续表）

数值类型	图　标	存储所占位数	数值范围
有符号 32 位整数	I32 To Long Integer	32	−2 147 483 648～＋2 147 483 647
有符号 16 位整数	I16 To Word Integer	16	−32 768～＋32 767
有符号 8 位整数	I8 To Byte Integer	8	−128～＋127
扩展精度浮点型	EXT To Extended Precision Float	128	最小正数：6,48E−4 966 最大正数：1.19E＋4 932 最小负数：−6.48E−4 966 最大负数：−1.19E＋4 932
单精度浮点型	SGL To Single Precision Float	32	最小正数：1.40E−45 最大正数：3.40E＋38 最小负数：−1.40E−45 最大负数：−3.40E＋38
双精度浮点型	FXP To Fixed-Point	64	最小正数：4.94E−324 最大正数：1.79E＋308 最小负数：−4.94E−324 最大负数：−1.79E＋308
复数扩展精度浮点型	CXT To Extended Precision ...	256	实部和虚部分别与扩展精度浮点型相同
复数双精度浮点型	CDB To Double Precision ...	128	实部和虚部分别与双精度浮点型相同
复数单精度浮点型	CSG To Single Precision ...	64	实部和虚部分别与单精度浮点型相同

从“View(查看)”下拉菜单中选择“Controls Palette(控件选板)”或者在前面板上直接单击鼠标右键，便可弹出控件选板，从控件选板中可以看到各种类型的数值输入控件与显示控件。图 4－1 所示为在“Modern(新式)”显示风格下的数值型数据界面。图 4－2 所示为数值型数据在程序框图中函数选板下的界面。

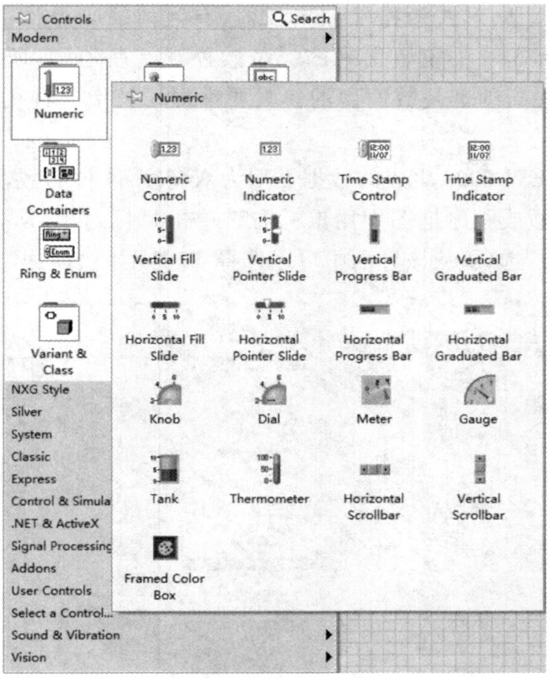

图 4－1　“新式”显示风格下的数值型数据控件界面

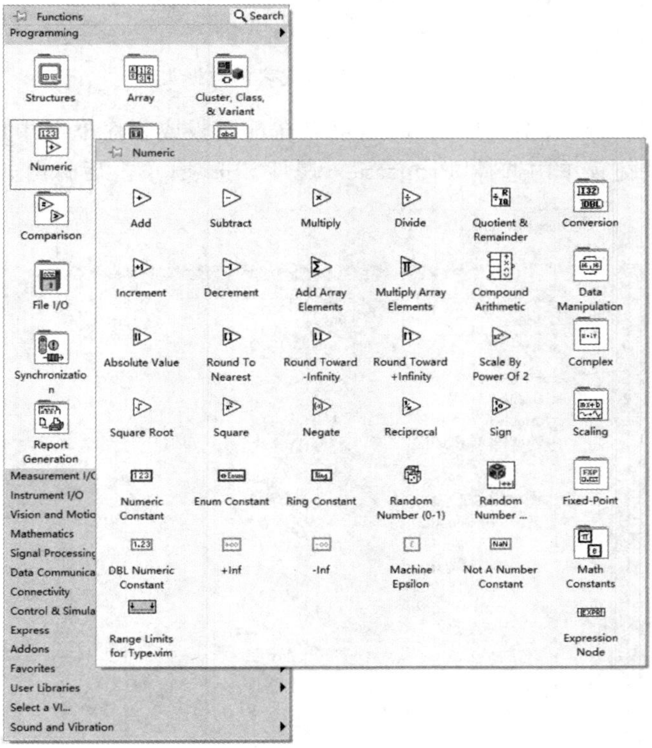

图 4－2　数值型数据在程序框图中函数选板下的界面

数值选板包括多种不同形式的控件和指示器，有数值输入控件、仪表、量表滑动杆等多种形式，它们都是从实际需求中衍生出来的。虽然外观有所不同，所反映的物理量也不同，但基本数据类型是相同的，即都是数值型的。只要掌握了其中一种用法，也就掌握了其他数值对象的用法。

默认情况下，LabVIEW 2020 生成的数据类型为双精度 64 位实数，用户可以根据需要来改变数据的类型。在前面板或程序框图中用鼠标右键单击目标对象，从弹出的快捷菜单中选择"Representation(表示法)"选项，从该界面中可以选择 15 种不同的数据类型，如图 4－3 所示。

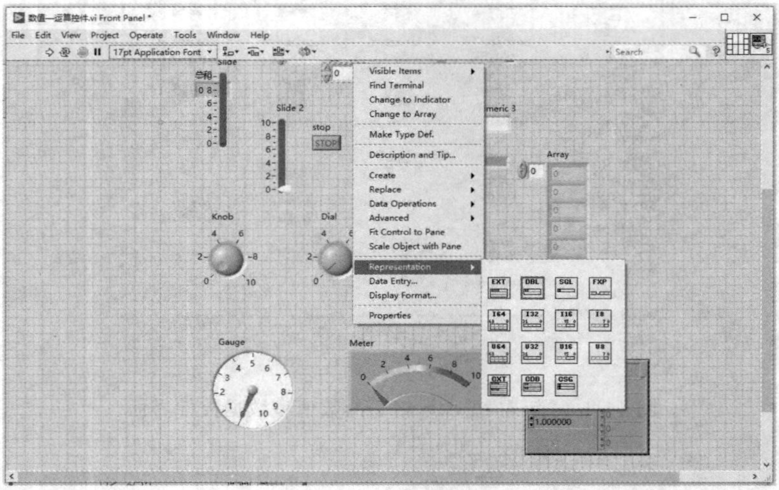

图 4－3　更改控件所代表的数据类型

如果用户想要改变数值型控件的属性，可以在前面板或程序框图中用鼠标右键单击目标对象，从弹出的快捷菜单中选择"Properties(属性)"选项，单击后弹出如图 4－4 所示的对

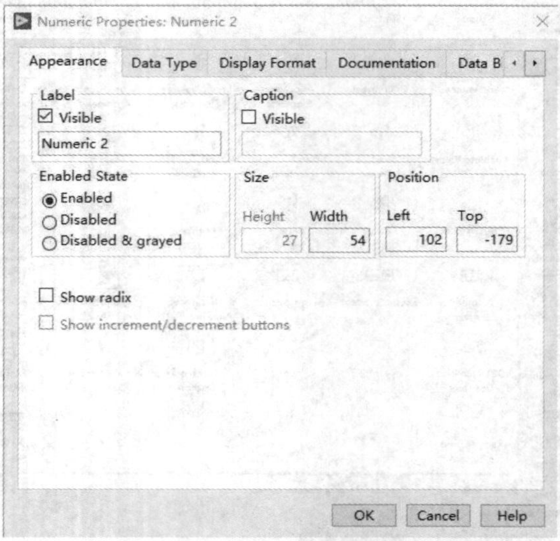

图 4－4　数值型控件的属性对话框

话框。该对话框可以配置七个属性,分别为:"Appearance(外观)""Data Type(数据类型)""Data Entry(数据输入)""Display Format(显示格式)""Documentation(说明信息)""Data Binding(数据选定)"和"Key Navigation(快捷键)"。

下面对前四个常用的属性配置页的功能做简要说明。

1. "Appearance(外观)"页面

此页面用于设置数值控件的外观属性,包括"Label(标签)""Enabled State(启用状态)""Show radix(显示基数)"和"Show increment/decrement buttons(显示增量/减量按钮)"等,不同的控件外观设置页面略有不同,例如,转盘输入控件的外观属性配置页面添加了"Needle(指针)"选项。各选项的功能说明如下。

(1)Label Visible(标签可见)。其标签用于区别前面板和程序框图上的对象。勾上可见选项,可以显示对象的自带标签以供用户对标签进行编辑。

(2)Caption Visible(标题可见)。与标签功能相似,但该选项不可对常量使用。勾选上可见选项,可以显示对象的标题并设置标题文本框可编辑。

(3)Enabled State(启用状态)。设置用户可否对组件进行操作。勾上启用选项,表示用户可操作该对象;勾上禁用选项,表示用户不可对该对象进行操作;勾上选项禁用并变灰,表示用户无法对该对象进行操作,并在前面板窗口中将该对象变灰。

(4)Show radix(显示基数)。显示对象的基数,设置数据显示格式为十进制、十六进制、八进制、二进制或SI符号。

(5)Show increment/decrement buttons(显示增量/减量按钮)。通过此按钮改变对象的值。

(6)Size(大小)。其共有高度、宽度两项。数值输入控件的高度不能更改,只能修改宽度。

2. "Data Type(数据类型)"页面

此页面用于设置数据类型和范围等。用户需要注意设定的数值不能超出该数字类型的最大范围,否则设定将失效。各选项的功能说明如下。

(1)Representation(表示法)。设置数据输入和显示的类型。例如,整数型、双精度浮点型等。用鼠标左键点击页面中的表示法小窗口,弹出如图4-3所示的数据类型选板。各图标对应的数值类型见表4-1所列。

(2)Data Operations(定点配置)。配置定点数据。启用该选项后,将"Representation(表示法)"设置为定点,可配置编码是否带符号、设定编码范围的最大值和最小值。Delta选项用来设置定点数据范围中任何两个数之间的差值。

3. "Data Entry(数据输入)"页面

此页面用于设置数值对象或输出数据的范围。

选中"Use Default Limits(使用默认界限)"选项时,LabVIEW 2020会以所选的数据的"Representation(表示法)"设置默认的最小值、最大值和增量值。取消勾选,用户可自行设定数据的取值范围,包括最大值和最小值;增量用于设置强制增量。页面还包含最大值、最小值和增量对超出界限的值的响应三个选项,该选项用于设置当用户输入的数值超出设定的数据范围时,处理数值的方式。最大值和最小值有效值处理方式包括忽略和强制。增量有效值处理方式包括忽略、强制至最近值、向上强制、向下强制。

4. "Display Format(显示格式)"页面

此页面用于设置数值的格式与精度。

(1) Type（类型）。类型共有“Floating point（浮点）”“Scientific（科学计数法）”“Automatic formatting（自动格式化）”和“SI notation（SI 符号）”四种。其中，选择浮点表示以浮点计数法显示数值对象；选择科学计数法表示以科学计数法显示数值对象；选择自动格式化是以 LabVIEW 2020 自动指定合适的数据格式显示数值对象；选择 SI 表示法是以 SI 表示法显示数值对象，且值后自动出现测量单位。

(2) Absolute time（绝对时间）与 Relative time（相对时间）。绝对时间：显示数值对象从格林尼治标准时间 1904 年 1 月 1 日零点至今经过的秒数，只能通过事件表示控件设置绝对时间。相对时间：数值对象从 0 起经过的秒数、分钟及小时。

(3) Precision Type（精度类型）和 Digits（位数）。精度类型可以设置显示精度位数或有效数字，位数用于指定小数点后显示的数字位数。Hide trailing zeros（隐藏无效零选项）用于删除数字末尾的零，如果数值无小数部分，该选项会将数值精度之外的数值强制归零。

(4) Exponent in multiples of 3（以 3 的整数倍为幂的指数形式）。将数字以工程计数法表示，其中指数幂始终为 3 的整数倍。

(5) Use minimum field width（最小域宽选项）。当数据实际位数小于用户指定的最小域宽时，会用空格或者零填补数据左端或者右端的空白字段空间。

(6) Default editing mode（默认编辑模式）和 Advanced editing mode（高级编辑模式）。它们间的切换完成，默认编辑选项编辑格式和精度的切换。

4.1.2 Boolean（布尔型）

布尔型即逻辑型，其值为 1 或者 0，即 True（真）或者 False（假）。在前面板上单击右键或直接从“View（查看）”下拉菜单中选择“Controls Palette（控件选板）”。“Modern（新式）”风格下的“Boolean（布尔）”选板如图 4－5 所示。

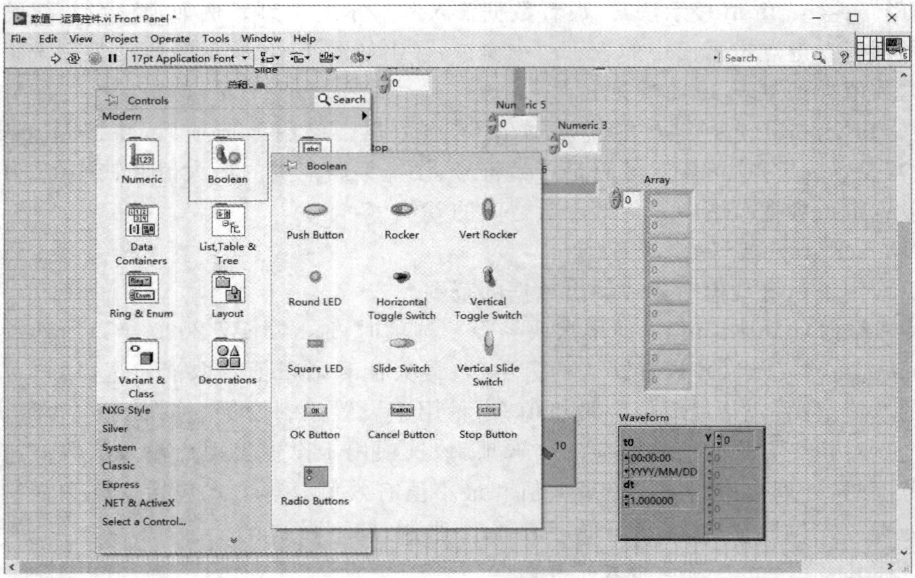

图 4－5 “Modern（新式）”风格下的“Boolean（布尔）”选板

图 4－5 显示 LabVIEW 2020 提供了各种不同的布尔型输入控件与显示控件，如开关、指示灯、按钮等，供用户设计编程时选择使用。布尔控件用于输入并显示布尔值（True/False）。例如，监控一实验的温度时，可在前面板上放置一个布尔警告灯，当温度超过一定数值时，显示灯高亮，即发出警告。在前面板或程序框图上用鼠标右键单击任意布尔控件，从弹出的快捷菜单中选择“Properties（属性）”菜单项，则可打开布尔属性对话框，如图 4－6 所示。本书仅对外观页面及操作页面进行简单扼要的说明。

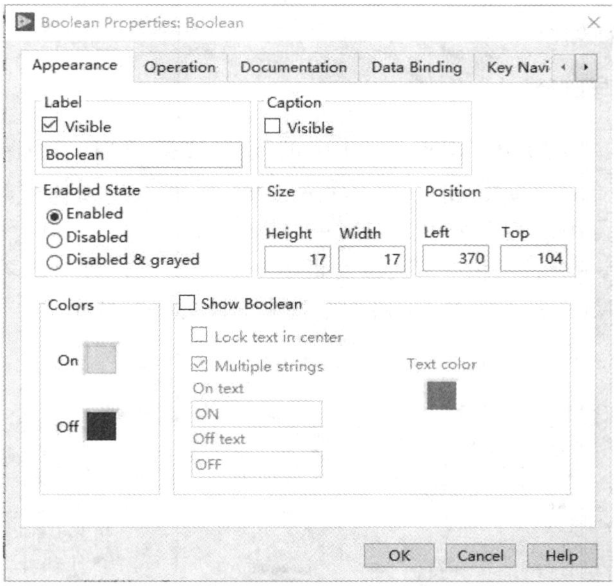

图 4－6　布尔属性对话框

1. Appearance（外观）页面

布尔控件属性配置对话框如图 4－6 所示，此时外观页面配置为系统默认配置，该页面与数值外观配置页面略有不同，在此介绍与数值控件外观配置页面不同选项及其相应功能。

（1）On（开）。设置布尔对象状态在 TRUE 时的颜色。

（2）Off（关）。设置布尔对象状态在 FALSE 时的颜色。

（3）Show Boolean（显示布尔文本）。在布尔对象上显示用于指示布尔对象状态的文本，同时使用户能够编辑开时文本和关时文本。

（4）Lock text in center（文本居中锁定）。将居中显示指示布尔对象状态的文本。

（5）Multiple Strings（多字符串显示）。允许显示指示布尔对象状态的文本。如取消勾选，在布尔对象上仅显示关时文本。

（6）On text（开时文本）。布尔对象状态为 TRUE 时，对象上文本框显示的文本。

（7）Off text（关时文本）。布尔对象状态为 FALSE 时，对象上文本框显示的文本。

（8）Text color（文本颜色）。表明布尔对象状态的文本颜色。

2. Operations（操作）页面

在布尔型变量对象的数据操作中，开关和按钮有一个独特的属性，它们主要是对一些动作的反应，用户可以通过该页面为布尔对象定义按键时的机械动作。该页面包括“Button Behavior(按钮动作)”“Behavior Explanation(动作解释)”“Preview Selected Behavior(所选动作预览)”等选项，各选项的功能如下。

(1)Button Behavior(按钮动作)。设置布尔对象的机械动作，共有六种可供选择，用户可以通过练习或理解动作解释各种动作的不同加以体会。

(2)Behavior Explanation(动作解释)。选中按钮动作的描述。

(3)Preview Selected Behavior(所选动作预览)。所选动作的按钮加以显示，用户可通过单击按钮测试按钮的动作。

4.1.3 字符串与路径

“String(字符串)”是 LabVIEW 2020 中的基本数据类型。所谓字符串就是指一串ASCII码的集合，是一个字符序列。LabVIEW 2020 提供了功能强大的字符串控件和字符串运算功能函数，使得用户实现编程更加简单。

“Path(路径)”是一种特殊的字符串，主要用于处理文件的路径。在前面板单击鼠标右键，弹出控件选板，“Modern(新式)”风格的字符串与路径子选板如图 4－7 所示，字符串快捷菜单部分选项如图 4－8 所示。

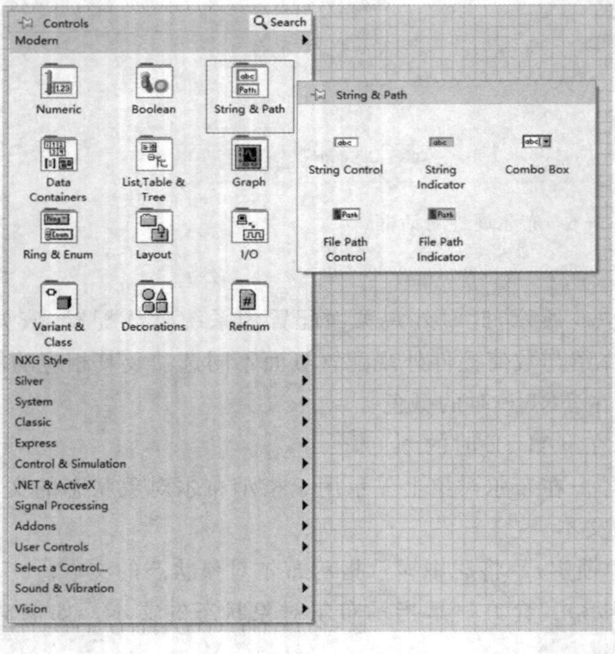

图 4－7 “Modern(新式)”风格的字符串型与路径子选板图

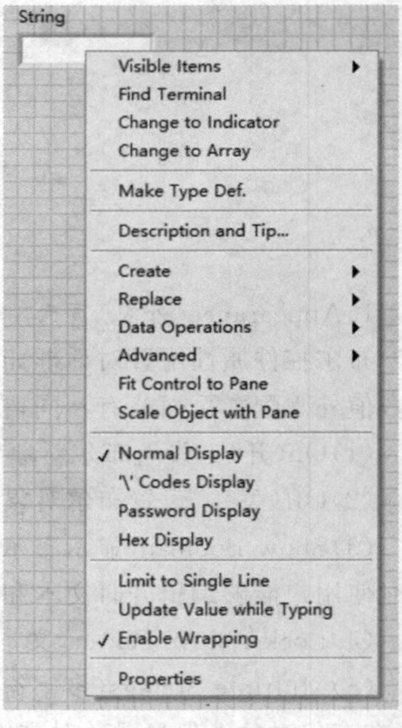

图 4－8 字符串快捷菜单部分选项

字符串型与路径子选板中有三种控件供用户选择：“String Control(字符串输入)/Indicator(显示)”“Combo Box(组合框)”和“File Path Control(文件路径输入)/Indicator(显示)”。可通过字符串和路径控件创建文本输入框与标签、输入或返回文件的地址，组合框可用于选择输入项目。

1. 字符串控件

用户可以在前面板控件选板的“String & Path(字符串与路径)”子选板中找到“String Control(字符串输入)”控件与“String Indicator(字符串显示)”控件,该选板中还包含了“File Path Control(文件路径输入)”控件、“File Path Indicator(文件路径显示)”控件和“Combo Box(组合框)”控件,如图 4-9 所示。

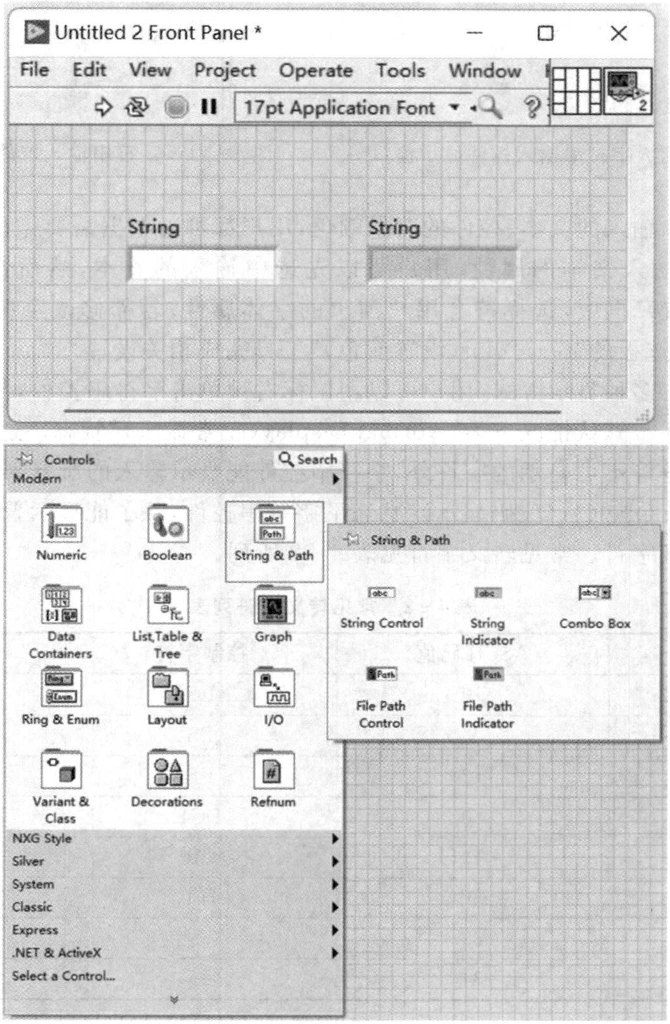

图 4-9　字符串与路径面板

字符串输入控件和字符串显示控件在程序编写过程中会被经常用到。从控件选板上将字符串输入和显示控件拖放到前面板上,此时创建的控件都是单行、长度固定的。若输入的字符串过长,可能无法完全显示在控件显示窗口中,此时用户可以将鼠标移动到控件边框定位点上,向左或向下拖动边框,增大字符串控件的显示窗口,使其与输入的字符串相匹配,如图 4-10所示。用户还可以用鼠标右键单击字符串控件,在弹出快捷菜单的“Visible Items

（显示项）”中选择“Vertical Scrollbar（垂直滚动条）”选项，为字符串显示窗口添加滚动条，从而显示多行字符串，如图 4－11 所示。

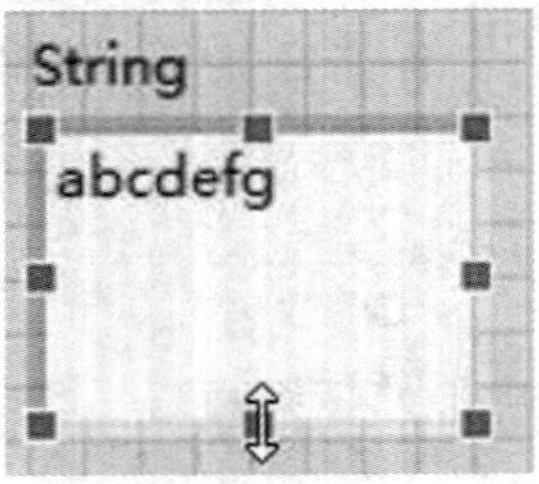

图 4－10　拖动增大字符串输入控件显示窗口

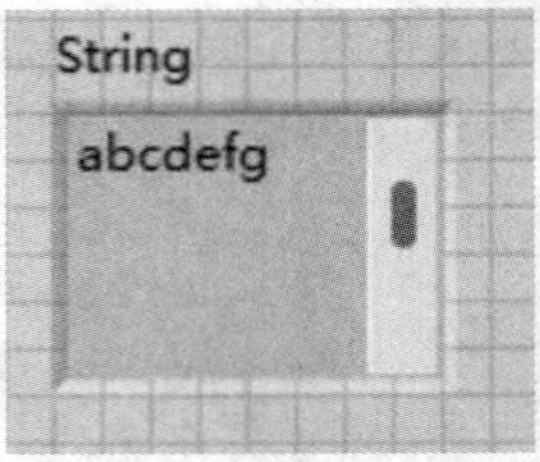

图 4－11　字符串输入控件滚动条的创建

字符串控件内输入的文本、控件的背景颜色，用户都可以根据需要做出相应更改。若需修改字符串控件输入文本的属性，用户可以先选中输入的文本，然后在工具栏的“Text Settings（文本设置）”框中，选择符合用户需求的字体属性；若需修改字符串控件的背景颜色，可以使用工具选板的“Set Color（设置颜色）”工具完成相关设置。

字符串控件有多种显示方式，用户可以用鼠标右键单击字符串控件，从弹出的菜单中选择需要的显示模式。默认情况下为“Normal Display（正常显示）”状态。这种显示模式下，除了如“Esc”、制表符等不可显示的字符外，字符串控件能显示输入的所有字符。

“‘\’Codes Display（‘\’代码显示）”状态下字符串控件，除了能显示普通字符外，还能显示一些特殊的转义字符。常见转义字符见表 4－2 所列。

表 4－2　常见转义字符列表

字　符	ASCII 码值	控制字符	功能涵义
\n	10	LF	换行
\b	8	BS	退格
\f	12	FF	换页
\s	20	DC4	空格
\r	13	CR	回车
\t	9	HT	制表位
\’	39	—	单引号字符
\’’	34	—	双引号字符

“Password Display（密码显示）”选项，通常用于输入的字符串需要保密时，字符串控件会将输入的字符转换为“ * ”。密码输入框如图 4－12 所示。

“Hex Display（16 进制显示）”状态字符串控件，将使用十六进制 ASCII 码显示输入字符。

组合框往往和字符串显示控件一起使用。如图 4－13 所示，组合框中每一个选项都对应了一个字符串。组合框默认只有一项，用户可以在组合框上右键单击鼠标左键，在弹出菜单中选择“Edit Items（编辑项）”选项，用户可以在弹出的编辑项窗口编辑组合框的下拉项。单击窗口右边的“Insert（插入）”选项便可添加下拉项，如图 4－14 所示。

图 4-12　密码输入框

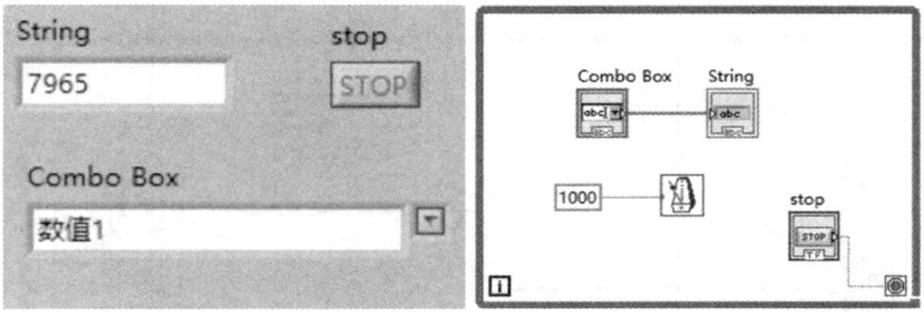

图 4-13　项值对应的设置

默认情况下，下拉项的名称与显示的值相同。用户可以取消勾选“Values match Items（值与项值匹配）”选项，自定义字符串显示控件需要显示的字符。程序运行后，组合框每个下拉项都对应一个不同的字符串，如图 4-14 程序运行窗口所示。

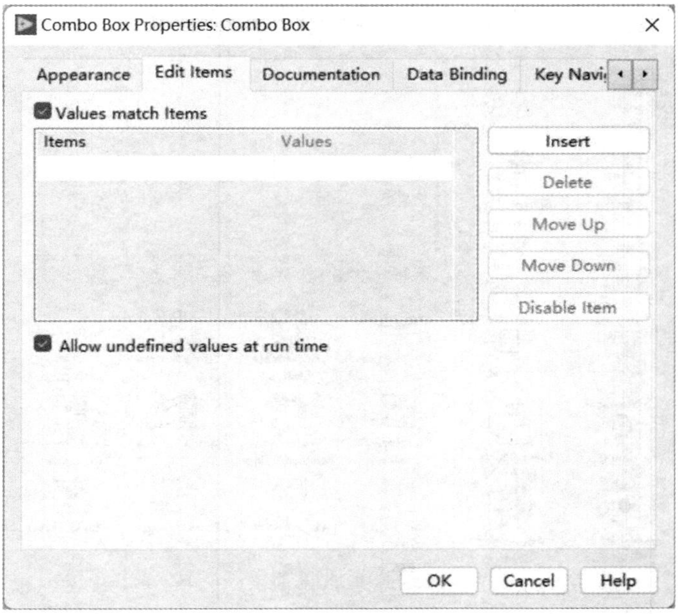

图 4-14　下拉框属性编辑窗口

路径控件用于输入和显示文件及文件夹的路径，也是一种特殊的字符串控件。使用路径控件使文件路径的选择变得更加方便。如图 4-15 所示程序，使用了文件路径输入控件，将创建的波形数据保存到文件路径输入控件指定的地址中。用户可以点击  按钮，直接浏览本地地址，也可以用鼠标右键单击文件路径输入按钮，从弹出的菜单项中取消勾选“Visible Items（显示项）”中的“Browse Button（浏览按钮）”选项，便可隐藏此按钮。

2. 字符串函数

LabVIEW 2020 提供了多种字符串函数，它们都具有强大的功能。用户可以在程序框图函数选板的“String（字符串）”子选板中选用这些函数，如图 4-16 所示。下面将详细介绍这些函数的功能。

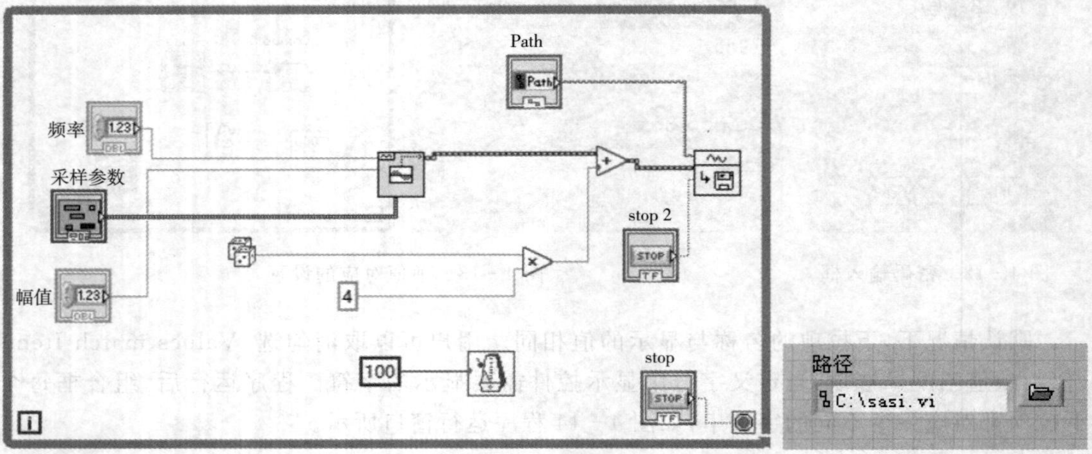

图 4 - 15　文件路径输入控件的使用

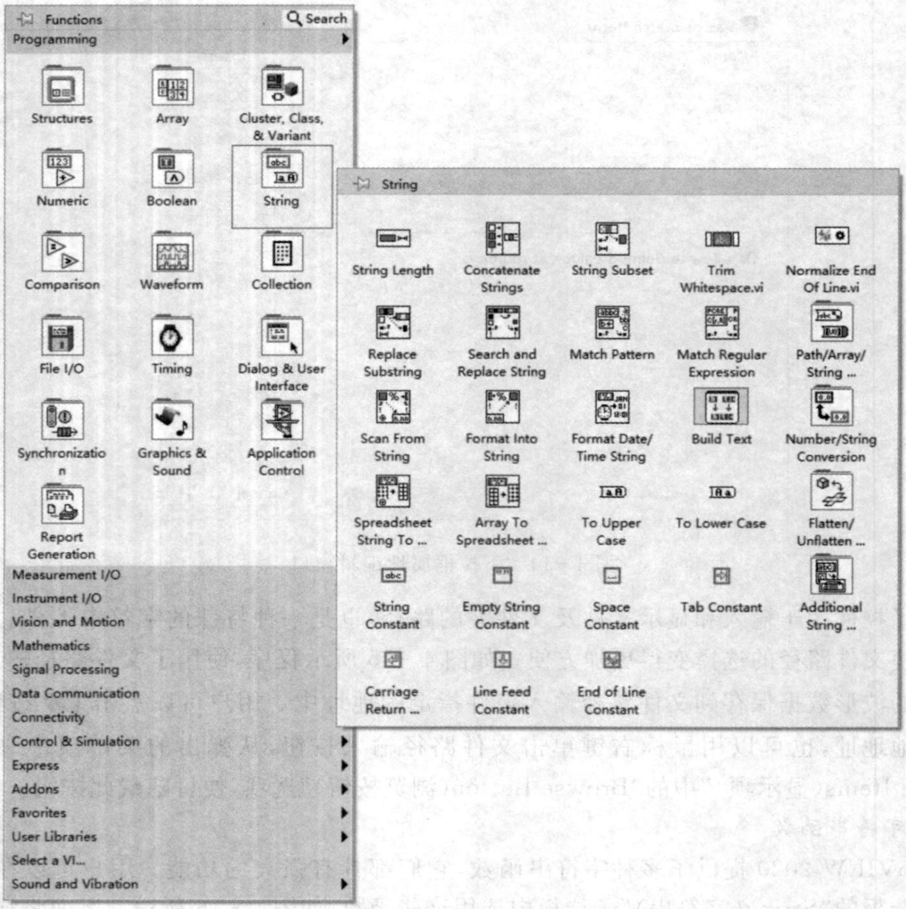

图 4 - 16　程序框图中的字符串函数界面

(1)String Length(字符串长度)。字符串长度函数的功能是返回字符串的字符个数,函数输入可以为一个字符串或者是只包含字符串的数组或簇。其接线端子如图 4－17(a)所示。图中,使用字符串长度函数获取了一个字符串数组的字符个数。

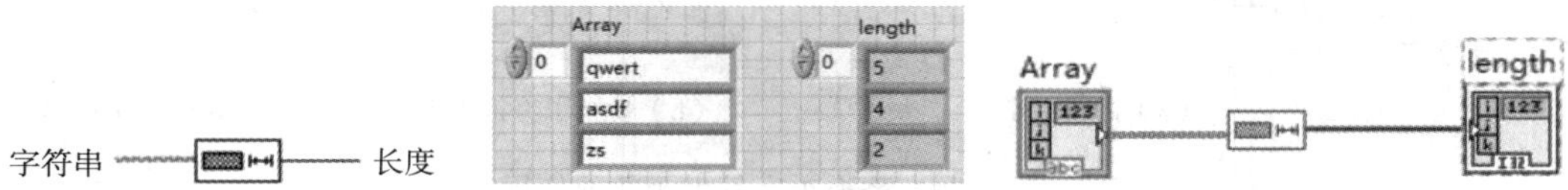

(a) 接线端子　(b) 字符串长度生成界面　(c) 字符串长度生成函数

图 4－17　字符串长度函数的使用

(2)Concatenate Strings(连接字符串)。连接字符串函数的功能是连接输入的两个或多个字符串,并将连接后的字符串输出。若输入的是字符串,则连接该字符串中每个元素。用户可以将鼠标移动到函数上方或者下方的定位点上,按住鼠标左键拖动定位点增加或减少字符串输入端子。其接线端子如图 4－18(a)所示。图 4－18 使用了连接字符串函数将两个字符串前后相连。

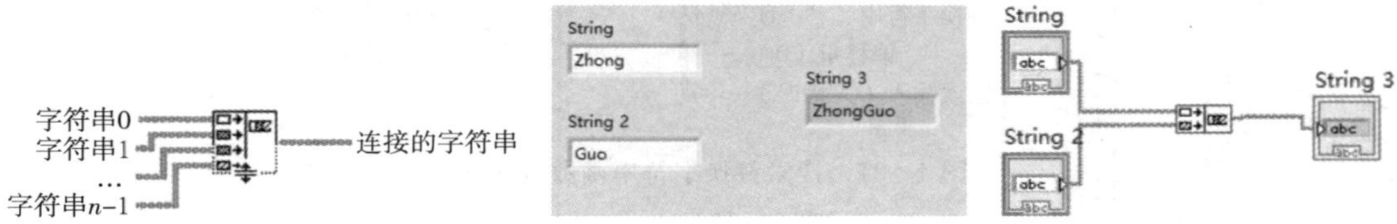

(a) 接线端子　(b) 两个字符串连接界面　(c) 两个字符串连接函数

图 4－18　连接字符串函数的使用

(3)String Subset(截取字符串)。截取字符串函数的功能是从设定的偏移量位置开始返回输入字符串的子字符串,返回的字符个数等于设定的长度值。字符串中第一个字符的偏移量为 0。若偏移量端子未连线,则默认为 0。函数接线端子如图 4－19(a)所示。图 4－19 使用了截取字符串函数获取了输入字符串长度为 3、偏移量为 0 的子字符串。

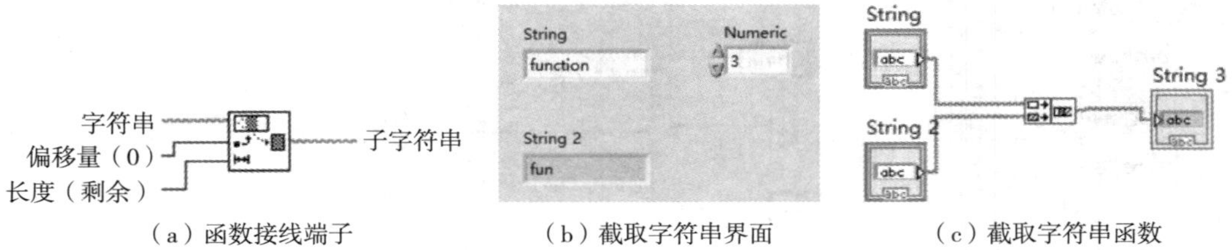

(a) 函数接线端子　(b) 截取字符串界面　(c) 截取字符串函数

图 4－19　截取字符串函数的使用

(4)Replace Substring(替换子字符串)。替换子字符串函数的功能是插入、删除或替换指定位置和长度的子字符串,其接线端子,如图 4－20(a)所示。

图 4－20 将输入字符串的前两个字符替换成子字符串。

(5)Search and Replace String(搜索替换字符串)。搜索替换字符串函数的功能是将一

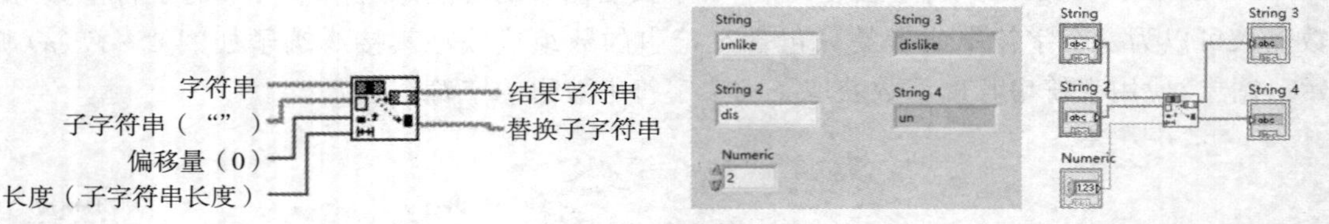

（a）接线端子　（b）替换子字符串界面　（c）替换子字符串函数

图 4－20　替换子字符串函数的使用

个或所有子字符串替换为另一个子字符串。若需使用多行输入端子，则可以启用高级正则表达式搜索，用户可以右击函数，从弹出的菜单中勾选“Regular Expression（正则表达式）”选项。搜索替换字符串函数接线端子如图 4－21 所示。

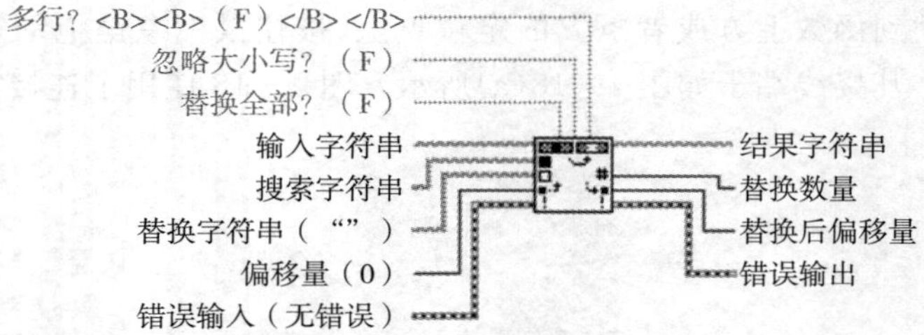

图 4－21　搜索替换字符串函数接线端子

搜索替换字符串函数相较于替换子字符串函数而言，直接搜索字符串内的子字符串进行替换，而不依据长度和偏移量查找替换。所以当字符串内有多个地方需要替换时，搜索替换字符串函数更加方便。图 4－22 分别使用了搜索替换字符串函数和替换子字符串函数，将“China”中的“a”替换为“ese”，可以感受到两个函数使用时的差别。

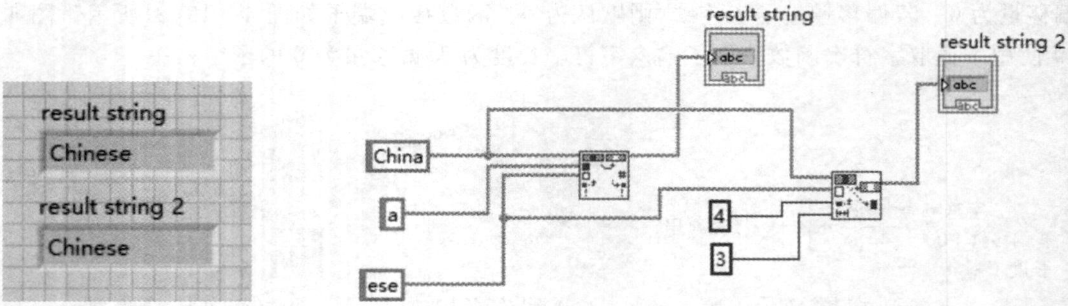

（a）搜索替换字符串界面　（b）替换字符串界面

图 4－22　两种替换子字符串方法的实现

（6）Format Date/Time String（格式化日期/时间字符串）。格式化日期/时间字符串函数的功能是通过时间格式代码指定格式，按照该格式使时间标识的值或数值显示为时间。格式化日期/时间字符串函数接线端子如图 4－23 所示。

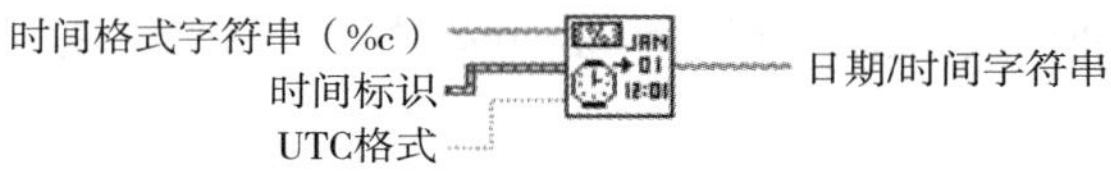

图 4－23　格式化日期/时间字符串函数接线端子

图 4－24 使用了格式化日期/时间字符串函数，获取了当前的日期和时间。其中时间格式字符串端子输入为空，则系统使用默认格式；若想使用不同的格式，则可以输入其他代码，如%d显示输出日期，更多的代码和对应信息可以参照表 4－3。时间标识输入端子可以连接时间标识或者数值，默认为当前日期和时间。UTC 格式端子输入布尔型数据，若输入为 True，则输出格林尼治标准时间；若输入为 False，则输出本机系统时间，端子默认输入为 False。

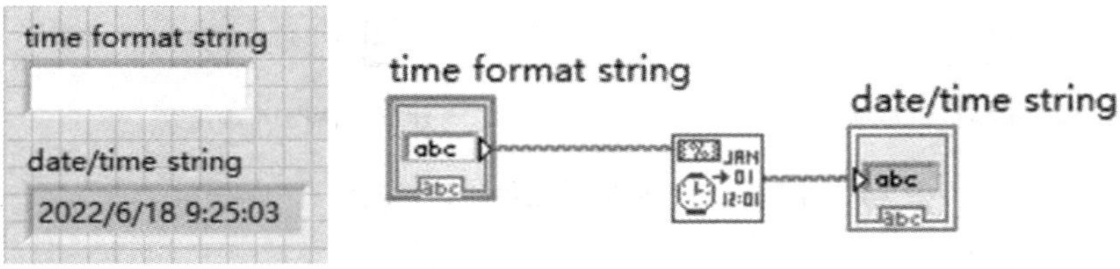

图 4－24　格式化日期/时间字符串函数的使用

表 4－3　时间格式代码列表

输入字符	显示格式	输入字符	显示格式
%a	星期名缩写	%b	月份名缩写
%c	地区日期/时间	%d	日期
%H	时，24 小时制	%I	时，12 小时制
%m	月份	%M	分钟
%p	am/pm 标识	%S	秒
%X	地区日期	%y	两位数年份
%Y	四位数年份	%<digit>u	小数秒，<digit>位精度

(7)Scan From String(扫描字符串)。扫描字符串函数的功能是扫描输入字符串，然后根据输入的格式字符串进行转换。用户可以拖动函数定位端子，在函数下方增加输出、输入端子。格式字符串输入用户需要转换的格式。例如，可以将数字字符串转变为数值。用户可以双击程序框图中的函数，在弹出的窗口中设置字符串格式。扫描字符串函数接线端子如图 4－25 所示。

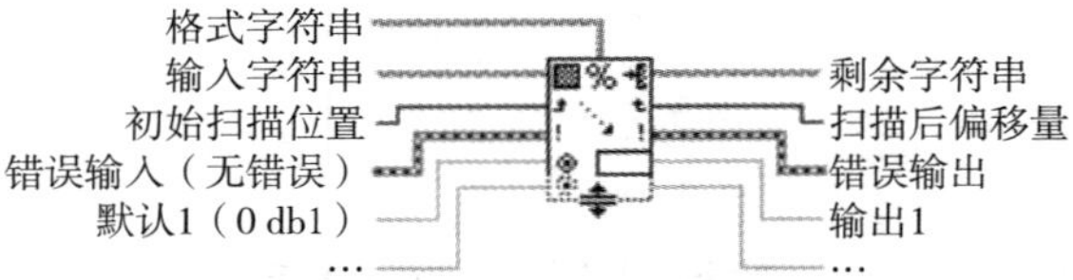

图 4－25　扫描字符串函数接线端子

图 4－26 使用了截取和扫描字符串函数，分别截取、扫描了输入“LabVIEW 2020”的“2020”。

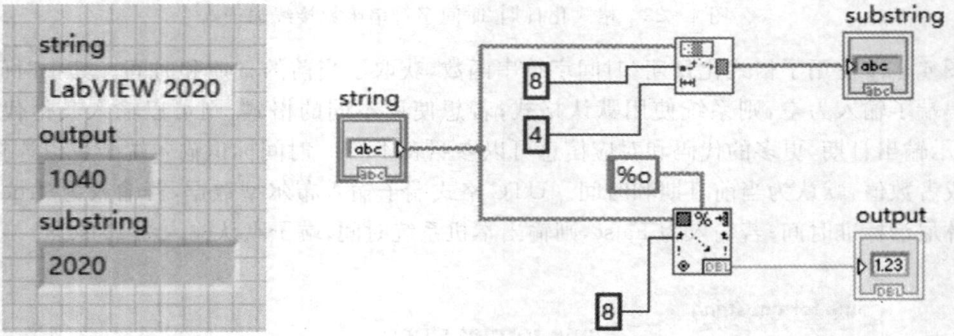

（a）截取和扫描字符串界面　　（b）截取和扫描字符串函数

图 4－26　截取和扫描字符串函数

（8）Number To Fractional String（数值至小数字符串转换）。数值至小数字符串函数的功能是使数字转换成小数格式的浮点型字符串，至少为宽度个字符，还可根据需要加宽。用户可以在“Number/String Conversion（数值/字符串转换）”选板下找到此函数，该选板下还有其他转换函数，可以实现各种格式的数值与字符串的相互转换。数值至小数字符串转换函数接线端子如图 4－27 所示。

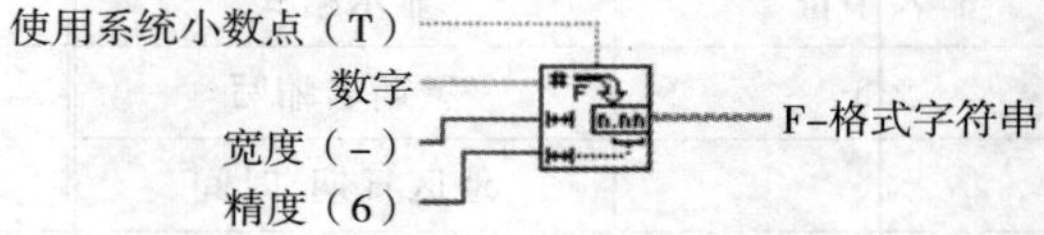

图 4－27　数值至小数字符串转换函数接线端子

图 4－28 中精度输入端子未连接，默认精度为 6，则设置的宽度不够，函数自动增加宽度满足需要。

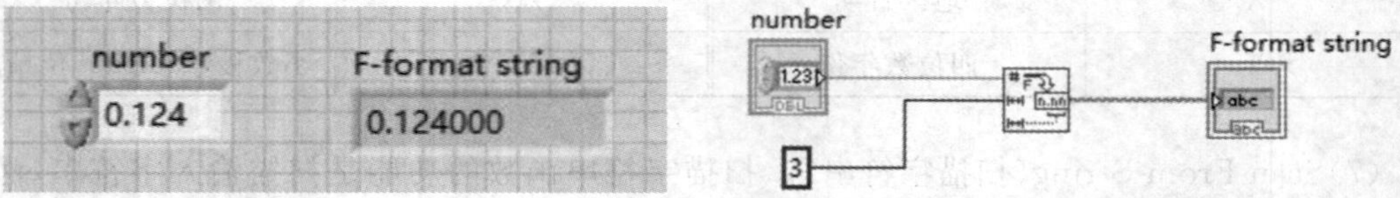

（a）数值至小数字符串转换函数界面　　（b）数值至小数字符串转换函数

图 4－28　数值至小数字符串转换函数的使用

4.2　数据结构

4.2.1　数组

在 LabVIEW 2020 中，“Array（数组）”的概念与其他程序设计语言中数组相同，即是由相同类型元素组成的大小可变的集合，是一种常用的数据结构。不同的元素和维度组成不同的数组。组成数组的数据称为元素，数组的长度、高度或深度称为维度。大多数数组是一维数组，是一行或者一列数据；二维数组由若干行数据和若干列数据组成，即一个矩阵；三维数组由若干页组成，一个二维数组构成三维数组的一页。

对每个数组成员的访问可以通过索引数值实现。数组中的每一个元素都有唯一的索引数值，索引的范围是 $0\sim n-1$，其中 n 表示数组成员的个数。

1. 创建数组

LabVIEW 2020 中创建数组的方法有多种，用户可以在前面板或程序框图中创建数组，可以创建数值、布尔、字符串等各种数据类型的数组。现以在前面板上创建数组为例加以说明。

在控件选板中选择“Modern(新式)”显示风格下的“Data Containers(数据容器)”子选板，该选板中包含数组、矩阵与簇控件，找到“Array(数组)”控件，单击左键选择并将其放置到前面板中，如图 4 - 29 所示。此时创建的数组仅仅是个框架，不包含任何内容。用户可以根据需要选择一个指定数据类型对象放入数组内，如可以将一个字符串输入控件拖入数组中。可以从控件选板中选择对象放入数组或直接将前面板上已有的对象拖入数组内。

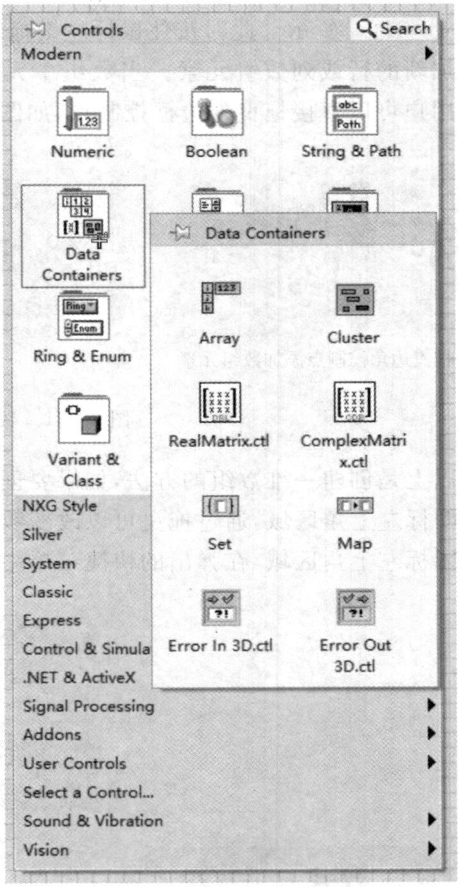

图 4 - 29　在前面板上创建数组

图 4 - 30 所示为在数组内放了一个数值型控件，这是一个数值型一维数组。

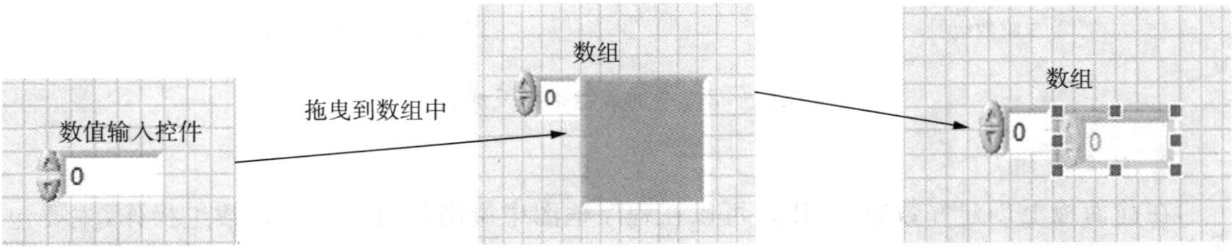

图 4 - 30　创建的数值型一维数组

空数组的图标在程序框图中默认是黑色，在数组中放入数据后数组图标由黑色变成与数组中数据类型一致的颜色。默认情况下，创建后的数组只有一个元素。用户可以按照以下操作添加数组元素。

当数组仅有一个元素时，将鼠标移动到数组边框右下角，此时数组框四周出现控制点，如图 4－31(a)所示。此时按住鼠标左键拖动边角控制点可以横向或纵向拖动数组框，则对应添加新的行或列数组元素。当数组中元素不止一个时，则数组框不会出现边角控制点。此时用户可以直接拖曳外边框控制点，如图 4－31(b)所示，这种方法更加常用。

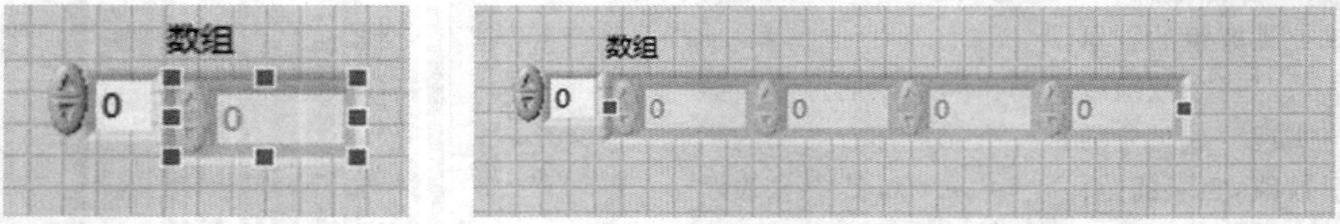

（a）拖曳边角控制点添加数组元素　　（b）拖曳外边框控制点添加数组元素

图 4－31　数组元素的添加方式

以上是创建一维数组的方法，如果要创建二维及二维以上的数组，可以将鼠标指针放在数组图标左上角区域，通过拖曳可以改变数组维数，如图 4－32 所示。或者用鼠标右键点击数组图标左上角区域，在弹出的快捷菜单中选择“Add Dimension(增加维数)”。

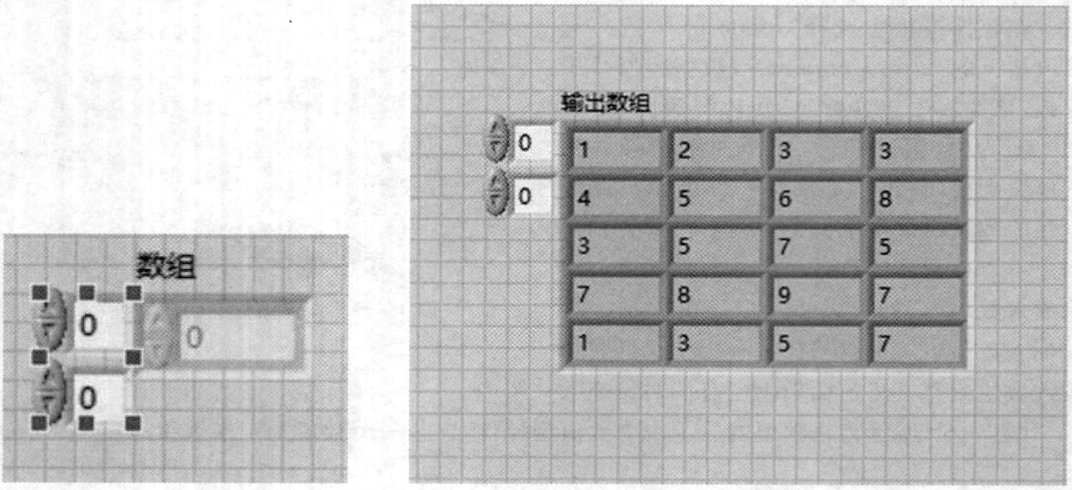

（a）二维数组　　（b）显示更多的数组成员

图 4－32　增加数组维数及成员

2. 使用数组

在前面板上创建好数组后，用户可以在程序框图中调用数组函数进行数组操作，主要包括“Array Size(数组大小)”“Index Array(索引数组)”等各种运算。LabVIEW 2020 的函数选板中有大量的数组函数，可以完成对数组的各种操作。LabVIEW 2020 以功能函数节点的形式来表示函数。现通过一些实例来介绍常用的数组函数并说明函数的使用方法。

单击程序框图内“Functions Palette(函数选板)”下“Programming(编程)”子选板中的“Array(数组)”选板，便可打开数组函数，如图 4－33 所示。

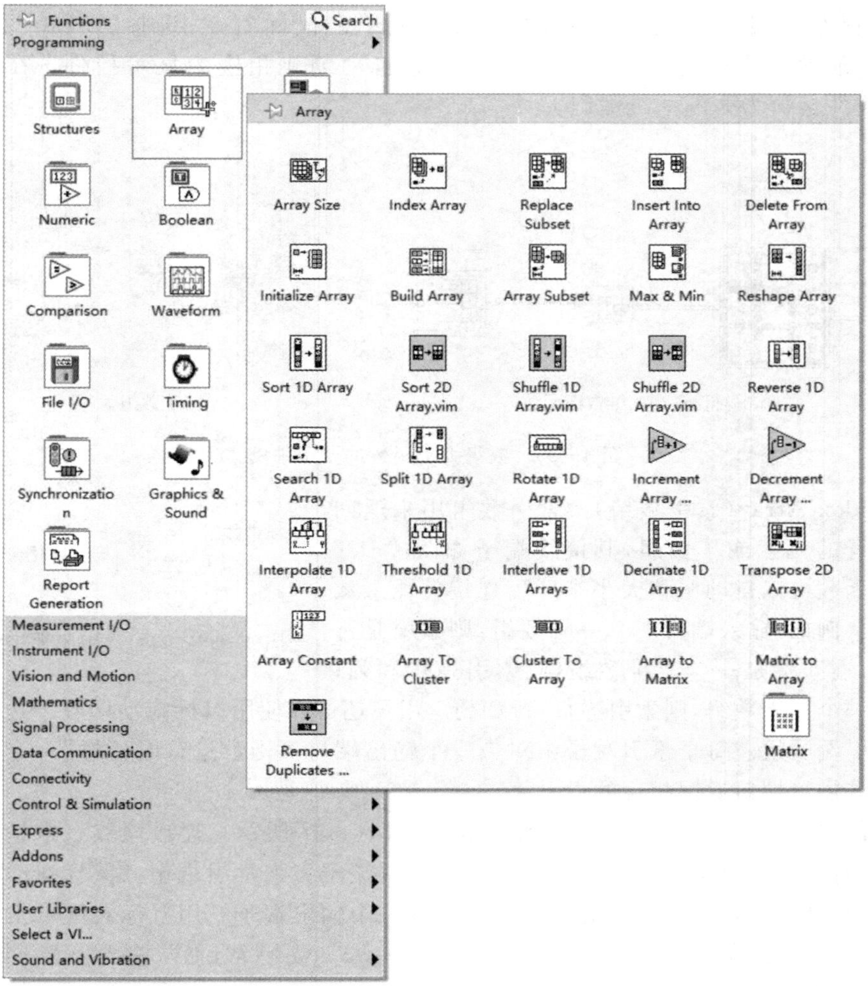

图 4 - 33　数组函数选板

(1) Array Size(数组大小)。数组大小函数可以提供该数组各维的长度,数组大小函数接线端子如图 4 - 34 所示。数组大小函数会输出数组的维数。若输入为一个一维数组,则输出一个 32 位整数值;若输入为一个多维数组,则输出一个 32 位一维整型数组。例如,节点输入为一个 n 维数组。当 $n=1$ 时,输出为该数组元素的个数,是一个标量;当 $n>1$ 时,输出为一个一维数组,该数组的元素对应输入数组中每一维元素的个数。

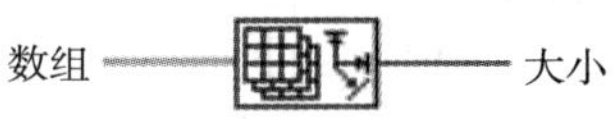

图 4 - 34　数组大小函数接线端子

首先,在程序框图中创建一个数组常量。打开图 4 - 33 所示的"Array(数组)"子选板,放置其中的"Array Constant(数组常量)"到程序框图中,再打开"Functions Palette(函数选板)"内"Programming(编程)"子选板下的"Numeric(数值)"选板,找到"Numeric Constant(数值常量)"并将其拖曳到数组常量框格中生成一维数组,按照前文中添加数组元素的方法，生成如图 4－35 所示的 3 行 3 列的二维数组函数。完成后连接数组常量和数组大小函数的端子，在数组大小输出端子上单击鼠标右键，选择“Create（创建）”→“Indicator（显示控件）”选项，LabVIEW 2020 会自动创建相应的显示控件。在图 4－35 中，显示控件是值为 3 的一维数组。

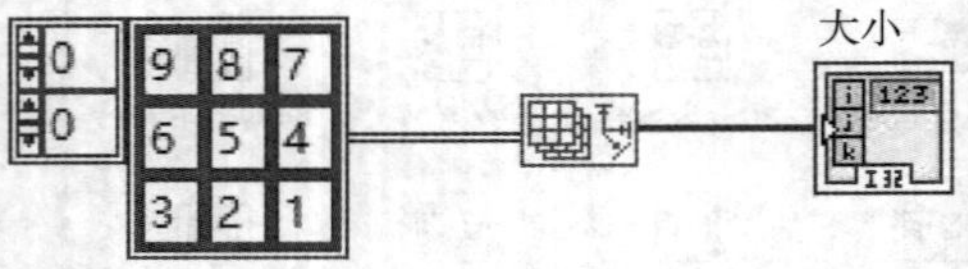

（a）3行3列的二维数组函数

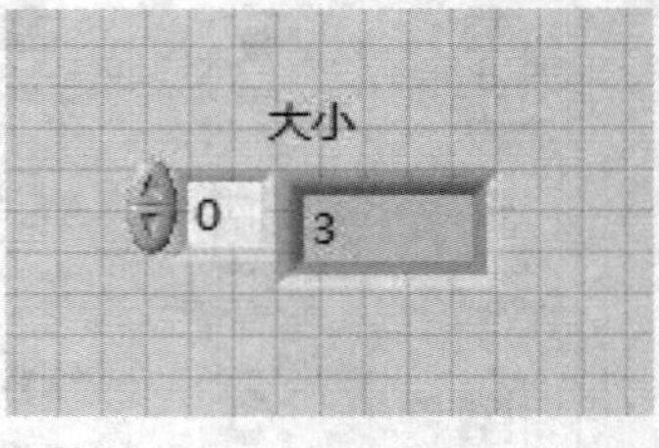

（b）数组大小

图 4－35　数组大小函数的使用举例

（2）Index Array（索引数组）。索引数组用来返回在索引位置的元素或子数组，其接线端子如图 4－36 所示。此函数可以自动调整大小来匹配连接的输入数组的维数。例如，输入端为一个一维数组，则索引是行或者是列；输入端是一个二维数组，则索引是行和列；输入端为一个三维数组，则索引为页、行和列。用户还可以使用鼠标拖动函数下边缘增加新的输入索引端子组。每个索引端子组对应一个输出端口。函数运行时，对同一个输入数组多次索引。输出端口返回相应的索引值。

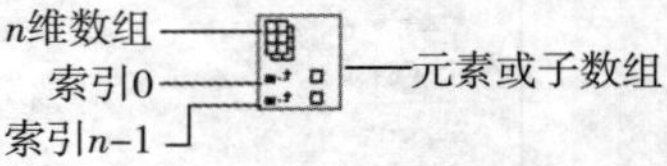

图 4－36　索引数组函数接线端子

按照前文的方法创建一个二维数组常量，如图 4－37 所示。连接该数组常量与索引数组函数，此时索引数组函数会自动生成一对行索引端子和列索引端子。鼠标拖动函数下边缘额外添加一组索引端子，每一对索引端子对应一个输出端子。用鼠标右键单击索引函数行索引端子，从快捷菜单中选择“Create（创建）”→“Constant（常量）”，输入值 2，同理索引列输入值 3，此时表示索引的值为数组第 2 行第 3 列的元素。第二组索引端子，在索引列端子添加数值 2，则表示索引的值为数组的第 2 列元素。在索引数组函数右端创建显示控件，显示控件自动创建为单个元素和一维数组，运行程序前面板显示如图 4－37 所示。

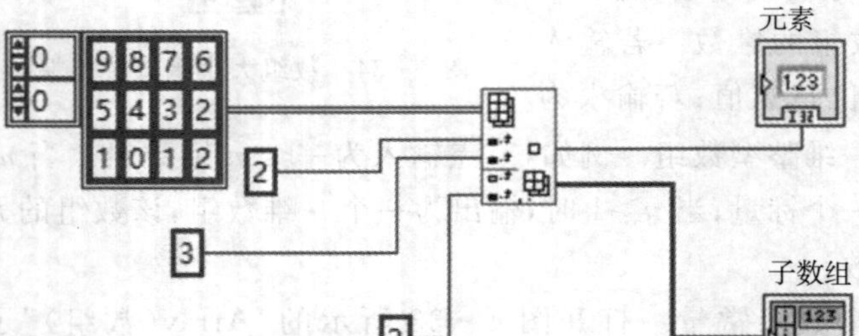

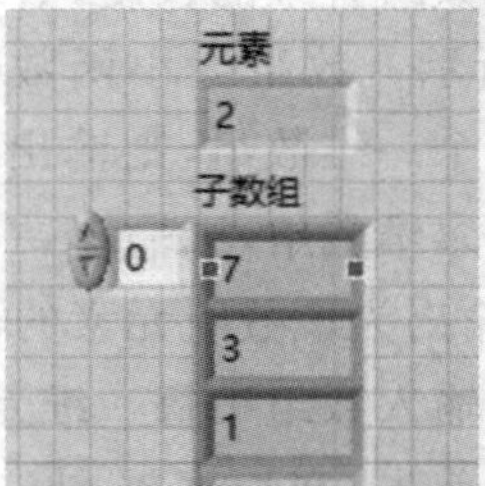

图 4－37　使用索引数组函数索引数组中的元素和指定列

(3)Replace Array Subset(替换数组子集)。替换数组子集函数的功能是从索引中指定的位置开始替换数组中的某个元素或子数组。替换数组子集函数接线端子如图 4－38 所示。鼠标拖动替换数组子集函数的下边框可以增加新的替换索引。

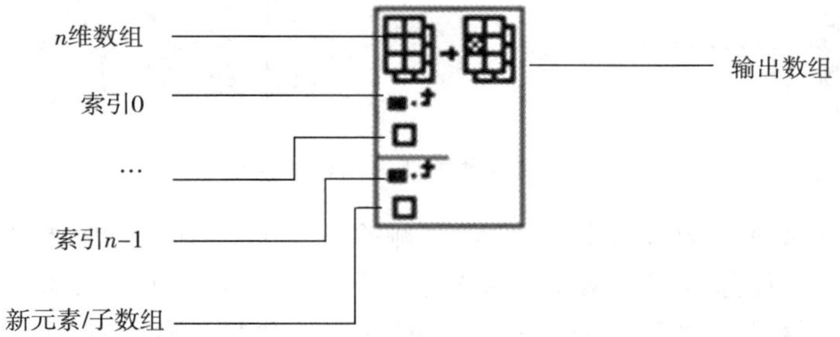

图 4－38　替换数组子集函数接线端子

图 4－39 所示的程序将数组的第 1 行替换成值为 1、2、3、4 的新列。

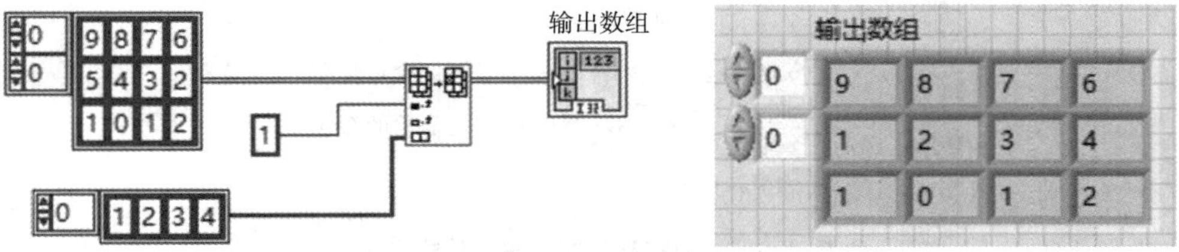

图 4－39　替换数组子集函数的使用

(4)Insert Into Array(数组插入)。数组插入函数的功能是向 n 维数组的索引指定位置中插入新的元素或子数组。数组插入函数接线端子如图 4－40 所示。n 维数组即要插入元素、行、列或页的数组。索引 0 到 $n-1$ 端子即指定数组中要插入元素、行、列或页的位置。图中的 n 或($n-1$)维数组端子表示要插入 n 维数组的元素、行、列或页。

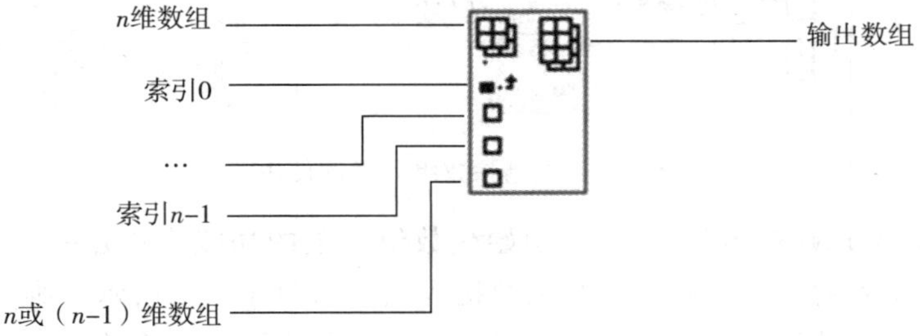

图 4－40　数组插入函数接线端子

数组插入函数不能同时插入行和列,因此,只能连接一个行索引或列索引。插入行,就连接行索引,此时列索引会自动变成禁用状态。同理,连接列索引时,行索引会自动变成禁用状态。图 4－41 所示的程序在原数组的第 0 列前添加一列新的数组,添加的数组元素分别为 1、2、3。

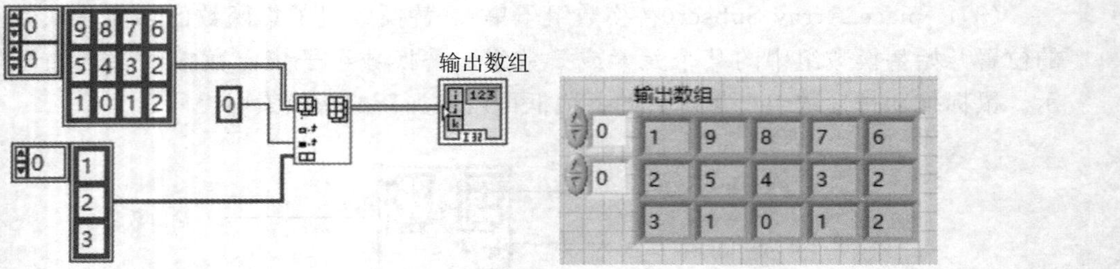

图 4－41　数组插入函数的使用

(5)Delete From Array(删除数组元素)。删除数组元素函数的功能是从数组中删除单个元素或者子数组。删除数组元素函数接线端子如图 4－42 所示。索引的值决定删除元素的位置长度端子的值确定要删除的元素、行、列或页的数量。索引端子的值确定要删除的行、列或元素的位置。对二维及二维以上数组，不能删除单个元素，只有一维数组允许删除指定元素。

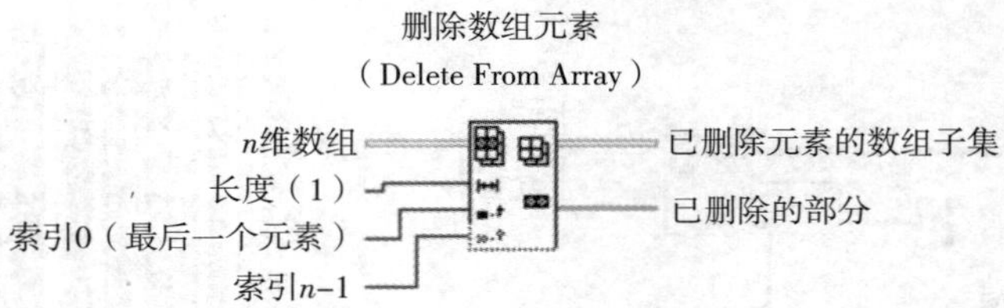

图 4－42　删除数组元素函数接线端子

图 4－43 所示的程序功能是删除行元素，从第 1 行开始删除，共删除 2 行元素。删除数组元素函数的输出端可以显示已删除元素的数组子集和已删除的部分。

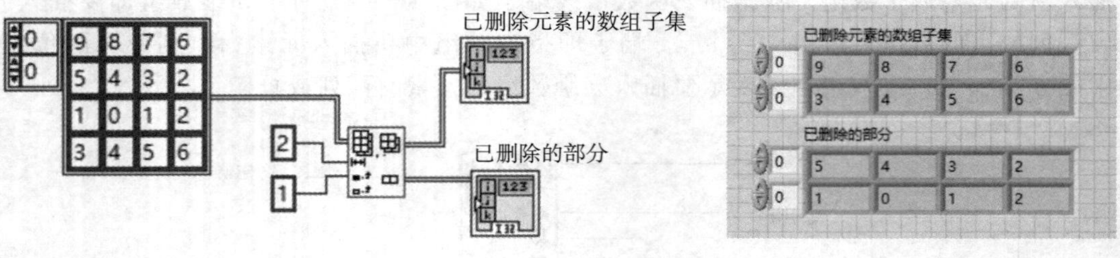

图 4－43　删除数组元素的使用

(6)Initialize Array(初始化数组)。初始化数组函数的功能为创建一个 n 维数组，每个元素都初始化为输入的值。初始化数组函数接线端子如图 4－44 所示。维数大小接线端决定了每一维的长度。默认创建的是一维数组。用户可以使用鼠标拖动初始化数组函数的下边缘，增加新的维数大小接线端，从而增加维数。

如图 4－45 所示，将数值 6 输入初始化数组的元素端子中，即给定数组中所有的元素初始化值都为 6。拖动初始化数组下边框，创建两个维数大小端子，指定初始化数组为二维数组。给两个维数大小端子分别赋数值 3 和 4，即创建一个 3 行 4 列的二维数组。最后程序在前面板上运行的结果如图 4－45 所示，成功初始化了一个元素为 6、3 行 4 列的二维数组。

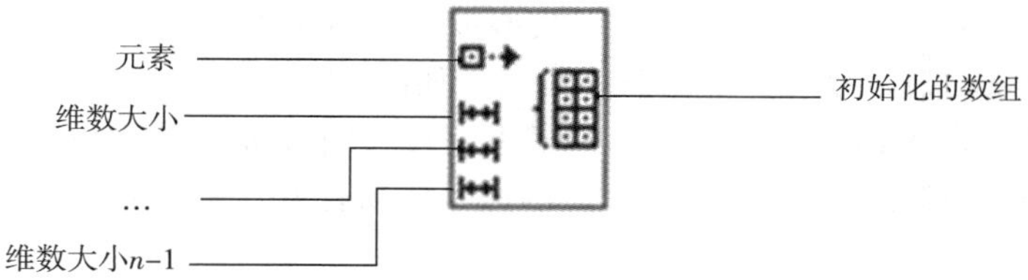

图 4 - 44　初始化数组函数接线端子

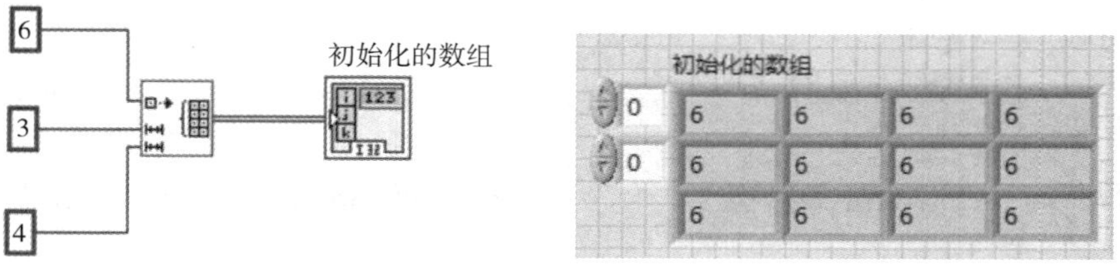

图 4 - 45　初始化数组函数的使用

(7)Build Array(创建数组)。创建数组函数的功能是连接多个数组或向 n 维数组添加元素。创建数组函数接线端子如图 4 - 46 所示。此函数可以输入数组或单值元素。默认情况下,创建数组函数只有一个标量输入。若用户要添加更多的输入,可以在函数上单击鼠标右键弹出菜单,从中选择“Add Input(增加输入)”,或者将鼠标放置在函数的上边框或下边框拖动来增加输入。此函数会按照输入的顺序从顶部到底部合并元素和数组。

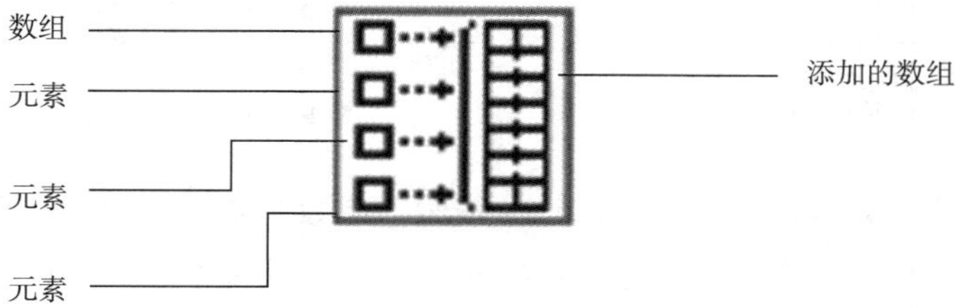

图 4 - 46　创建数组函数接线端子

创建三个一维数组,数组元素个数分别为 4、4、5,如图 4 - 47 所示。拖动创建数组函数下边框,创建三个输入端,分别将三个一维数组连接到函数输入端。创建函数输出显示控件后运行程序。在前面板上可以看到成功创建了一个 3 行 5 列的数组。因为三个数组元素个数不一致,LabVIEW 2020 会自动按照最长的数组元素个数,给其他较短数组添 0 直到所有数组元素个数吻合。

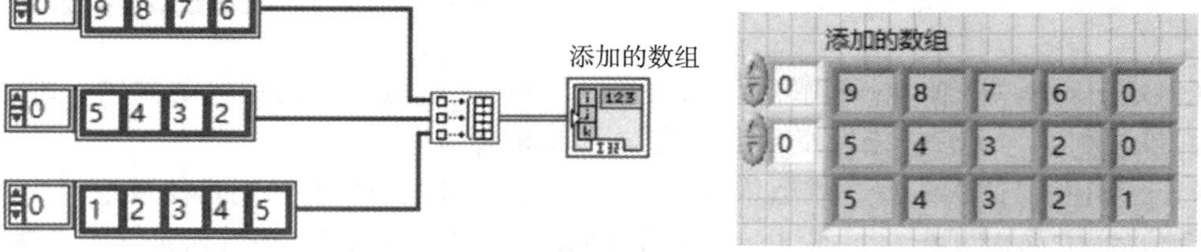

图 4 - 47　创建数组函数的使用

(8)Array Subset(数组子集)。数组子集函数的功能是返回数组中从索引处开始的长度为设定长度的部分元素。数组子集函数接线端子如图 4-48 所示。

(9)Array Max & Min(数组的最大值和最小值)。数组的最大值和最小值函数的功能是返回数组中的最大值和最小值及其索引。数组的最大值和最小值函数接线端子如图 4-49 所示。

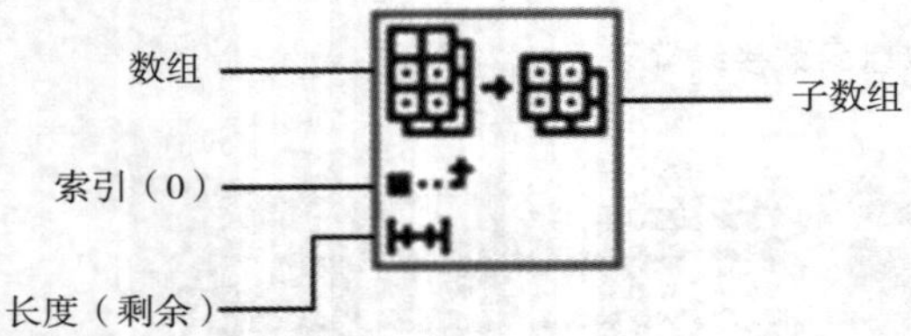

图 4-48　数组子集函数接线端子

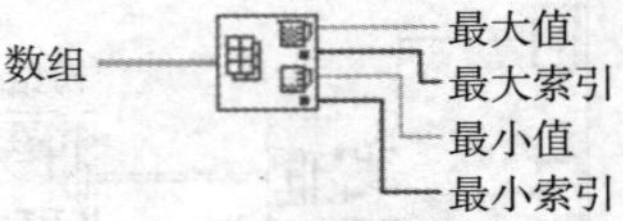

图 4-49　数组的最大值和最小值函数接线端子

(10)Reshape Array(重排数组维数)。重排数组维数函数的功能是任意类型的 n 维数组,依据维数大小 0 到 $m-1$ 的值,改变数组的维数,并输出。重排数组维数函数接线端子如图 4-50 所示。

(11)Sort 1D Array(一维数组排序)。一维数组排序函数的功能是返回数组元素按照升序排列的数组。一维数组排序函数接线端子如图 4-51 所示。

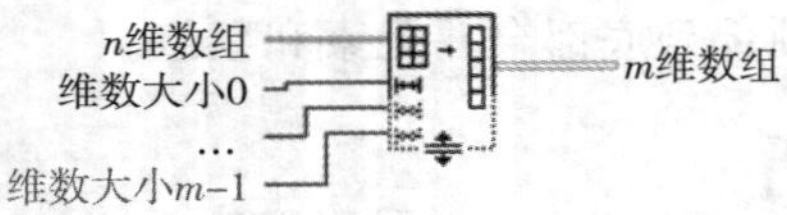

图 4-50　重排数组维数函数接线端子

图 4-51　一维数组排序函数接线端子

(12)Search 1D Array(搜索一维数组)。搜索一维数组函数的功能是在一维数组中从开始索引处开始搜索值与设定元素值相等的元素。如果成功搜索到该元素,函数返回索引值;如果未搜索到该元素,函数返回－1。搜索一维数组函数接线端子如图 4-52 所示。

(13)Split 1D Array(拆分一维数组)。拆分一维数组函数的接线端子如图 4-53 所示。其功能是根据索引值把一维数组分为两个部分。第 0 个元素至第"索引值－1"个元素在第一个子数组中返回,其余的在第二个子数组中返回。

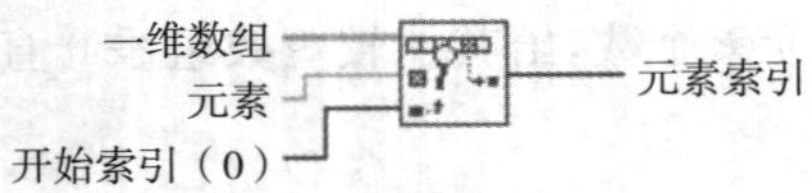

图 4-52　搜索一维数组函数接线端子

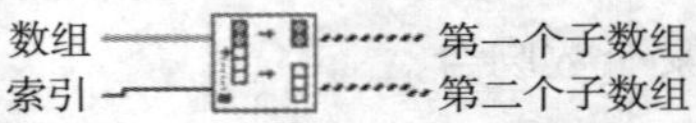

图 4-53　拆分一维数组函数接线端子

(14)Reverse 1D Array(反转一维数组)。反转一维数组函数的功能是颠倒一维数组中的元素排列顺序。反转一维数组函数接线端子如图 4-54 所示。

(15)Rotate 1D Array(一维数组移位)。一维数组移位函数的功能是使数组中的元素移向多个位置,方向由 n 指定。如果 n 为正数,则元素循环右移 n 个位置;如果 n 为负数,则元素循环左移 n 个位置。一维数组移位函数接线端子如图 4-55 所示。

图 4 - 54　反转一维数组函数接线端子

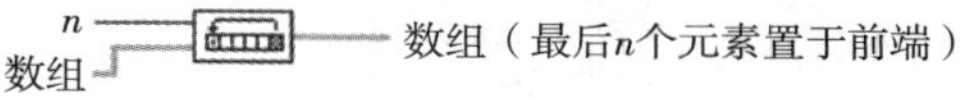

图 4 - 55　一维数组移位函数接线端子

(16) Interpolate 1D Array(一维数组差值)。一维数组差值函数的功能是使用分数索引或 x 值,线性插入一个来自数字或点的数组中的 y 值。一维数组差值函数接线端子如图 4 - 56 所示。

(17) Threshold 1D Array(以阈值插值一维数组)。以阈值插值一维数组函数的功能是在二维非降序排列图形的一维数组中插入点。该函数比较过阈值的 y 与数字或点的数组、数组中开始索引位置以后的值,直至找到一对连续的元素,阈值的 y 大于等于第一个元素,小于等于第二个元素。以阈值插值一维数组函数接线端子如图 4 - 57 所示。

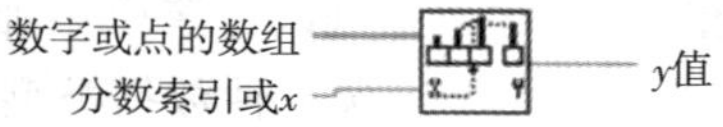

图 4 - 56　一维数组差值函数接线端子

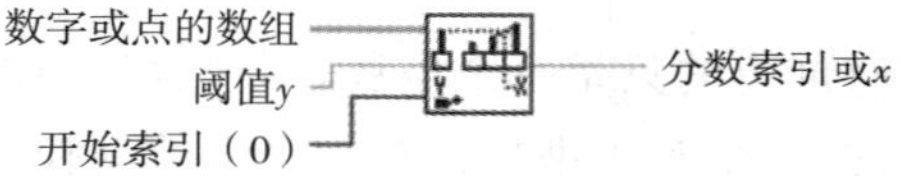

图 4 - 57　以阈值插值一维数组函数接线端子

(18) Interleave 1D Array(交织一维数组)。交织一维数组函数的功能是交织输出数组中的相应元素,形成输出数组。交织一维数组函数接线端子如图 4 - 58 所示。

(19) Decimate 1D Array(抽取一维数组)。抽取一维数组函数的功能是将数组的元素分成若干输出数组,依次输出元素,并舍弃所有使输出数组长度不同的元素。抽取一维数组函数接线端子如图 4 - 59 所示。

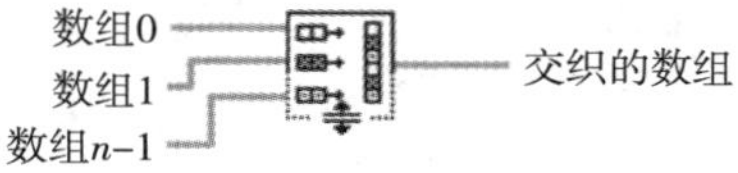

图 4 - 58　交织一维数组函数接线端子

图 4 - 59　抽取一维数组函数接线端子

4.2.2　簇

簇是一种与数组类似的复合类型数据,与 C 语言等文本编程语言中的结构体变量类似。簇与数组有两个重要区别:一是簇可以同时包含数值型、布尔型、字符串型等数据类型的集合。例如,统计某一个班级学生的姓名、学号、年龄、成绩是否合格等数据项,其中就含有数值型、字符串型和布尔型的数据,只能使用簇来实现。是簇具有固定的大小,程序运行时不能添加元素,而数组的长度在程序运行时可以自由改变。

1. 创建簇

簇的创建方法与数组类似,既可以在前面板上创建簇,也可以在程序框图上创建簇。以前面板中创建簇为例,簇控件位于控件选板中"Modern(新式)"下的"Data Containers(数据容器)"数组、矩阵与簇子选板中,选择"Cluster(簇)"的图标后,放置到前面板中适当位置,如图 4 - 60 所示。

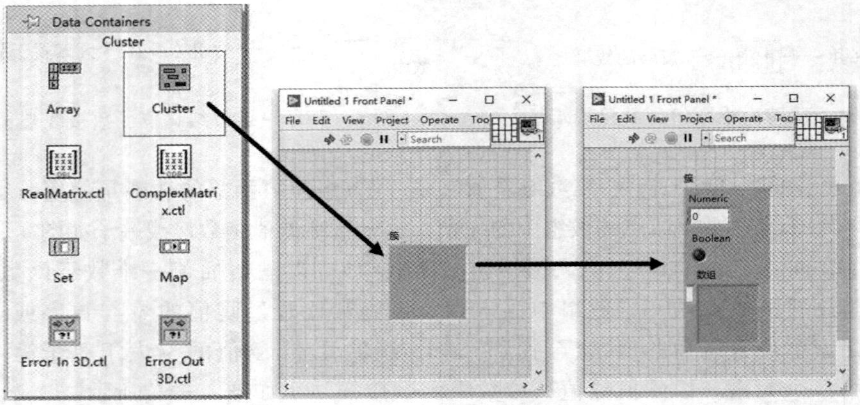

图 4－60　在前面板上创建簇

此时创建的只是一个空簇，不包含任何内容。如图 4－61 右侧所示，在簇中添加一个数值型控件、一个布尔型控件和一个字符型控件，便成功创建了一个包含三种数据类型的簇。

程序框图中创建簇的方法与前面板中创建簇的方法类似，这里不再赘述。

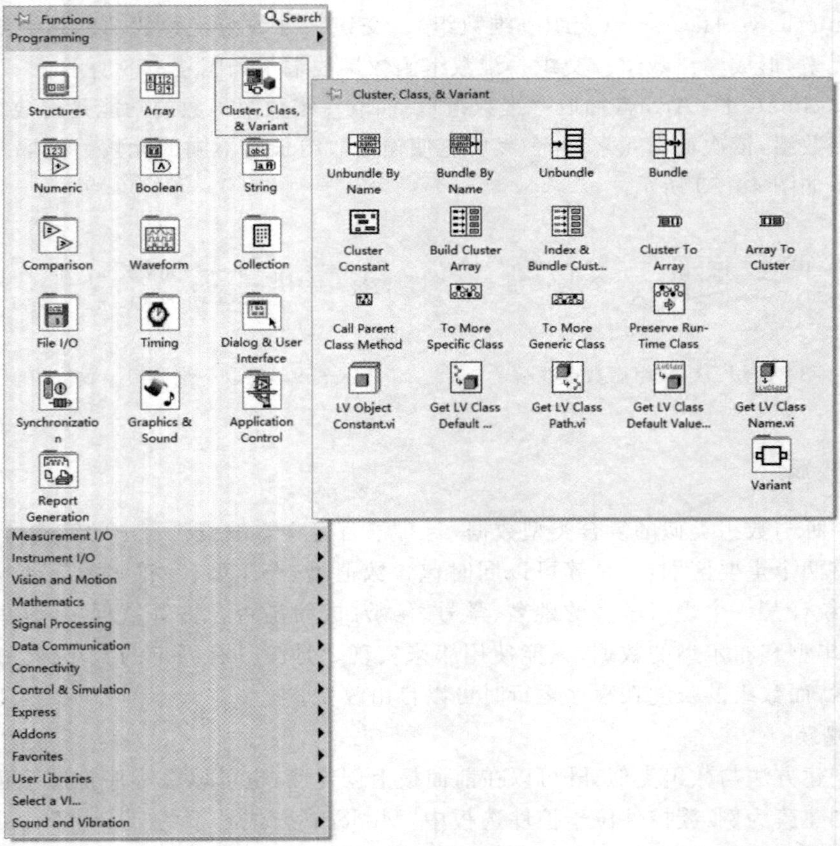

图 4－61　簇函数选板

2. 簇函数的使用

簇函数位于程序框图函数选板下“Programming(编程)”子选板下的“Cluster, Class&Variant(簇、类与变体)”选板内如图 4-61 所示。

现对部分常用簇函数的功能及其接线端子进行简单介绍。

(1)Unbundle By Name(按名称解除捆绑)。按名称解除捆绑函数的功能是返回指定名称的簇元素。按名称解除捆绑函数接线端子,如图 4-62 所示。

在前面板中创建一个簇,簇中包含数值、布尔和字符串三个数据类型,如图 4-63 所示,此时程序框图会自动生成相应的簇控件。将“Unbundle By Name(按名称解除捆绑)”函数放置到程序框图中,连接簇与该函数,默认情况下只有一个输出接线端,类型为簇中第一个数据类型。用户可下拉函数图标边框添加输出端口,同时解绑原簇中的几个值,或者用鼠标左键单击该端口选择需要解绑的数据类型。

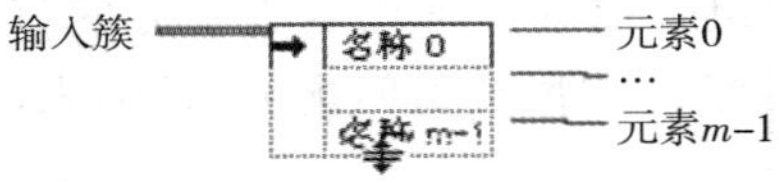

图 4-62　按名称解除捆绑函数接线端子

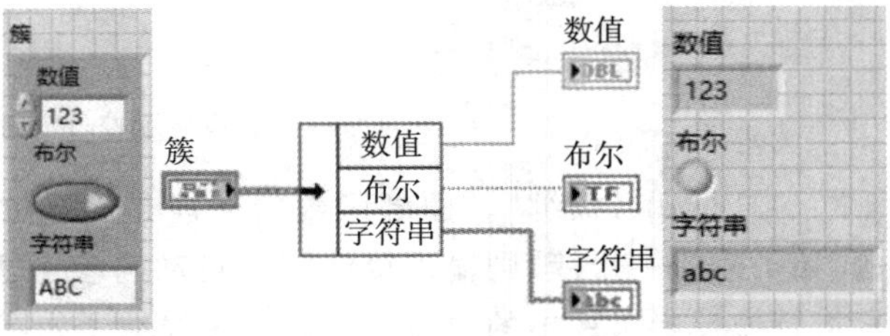

图 4-63　按名称解除捆绑函数的使用

(2)Bundle By Name(按名称捆绑)。按名称捆绑函数的功能是替换一个或多个簇元素,依据名称而非簇中元素的位置引用簇元素。按名称捆绑函数接线端子如图 4-64 所示。

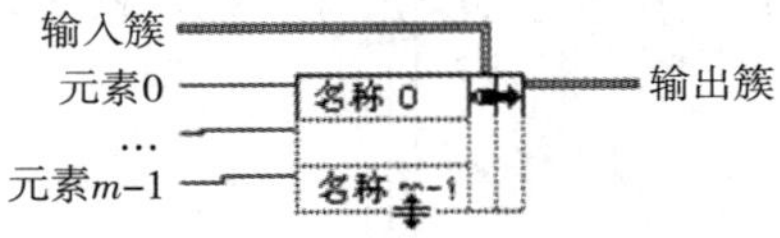

图 4-64　按名称捆绑函数接线端子

与按名称解除捆绑函数类似,在前面板上创建有数值、字符串和布尔三种数据类型的簇控件,如图 4-65 所示。将“Bundle By Name(按名称捆绑)”函数放置到程序框图中时,函数默认只有一个输入接线端,将簇与函数输入簇端口相连时,左侧的接线端口默认为第一个簇数据类型。用户可以通过鼠标下拉函数图标增加输入端口数量来同时对原簇数据中的几个值进行替换,或者单击该端口选择需要替换的数据类型并创建输入控件键入替换值。如图 4-46 所示的程序同时对数值型数据、布尔型数据和字符串数据进行了替换。

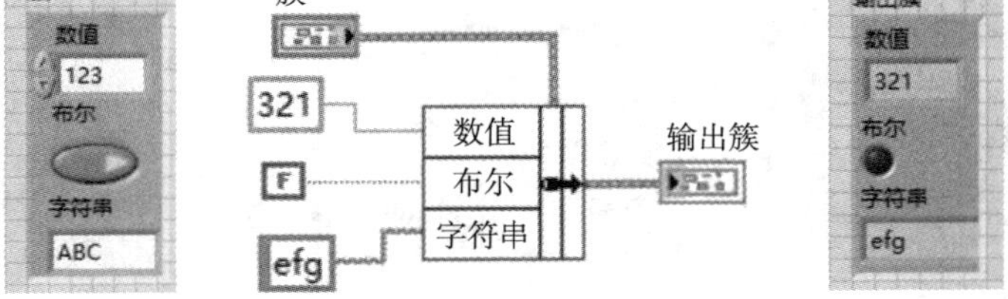

图 4-65　按名称捆绑函数的使用

(3)Unbundle(解除捆绑)。解除捆绑函数的功能是将簇分解为独立的元素，接线端子如图 4-66 所示。

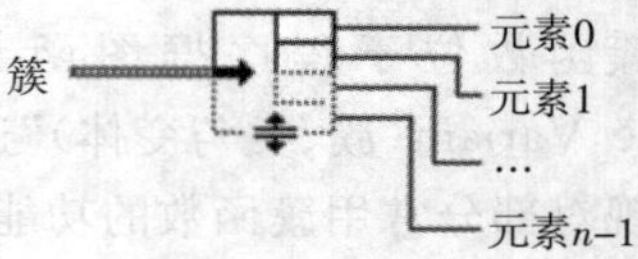

图 4-66　解除捆绑函数接线端子

在前面板中创建含三种数据类型簇控件后，将该簇与解除捆绑函数输入端相连，如图 4-67 所示。此时函数输出端会自动显示簇中含有的数据类型，顺序与簇中元素的数据类型顺序一致。创建显示控件后前面板上运行结果如图 4-67 所示。

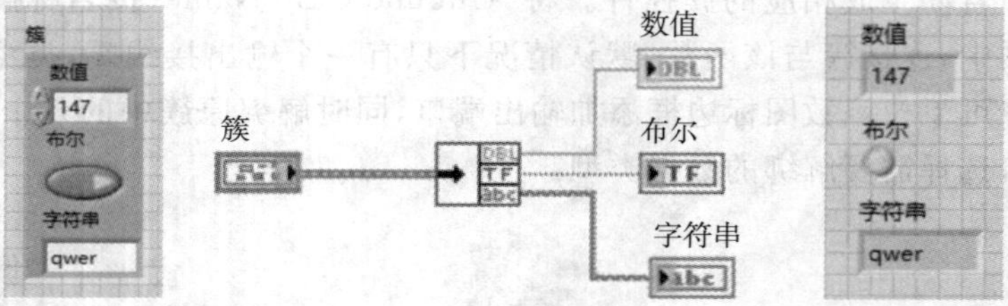

图 4-67　创建显示控件后前面板上运行结果

(4)Bundle(捆绑)。捆绑函数的功能是将独立元素组合成簇。若在函数上方的“簇参数”端子连接一个簇，则输入接线端将自动与参考簇中元素的数据类型匹配，而且输入的元素将替换掉参考簇中的对应元素。其接线端子如图 4-68 所示。

如图 4-69 所示，在前面板上创建数值型、布尔型、字符串型输入控件。在程序框图中，用捆绑函数连接三个不同的数据类型并捆绑成簇。用户可以根据需要来增减捆绑函数输入接线端的数量。此时，“簇参数”端子没有连接数据。

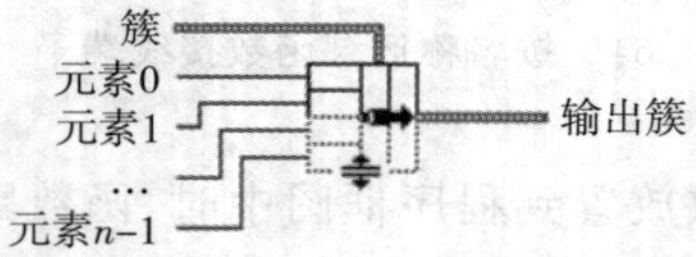

图 4-68　捆绑函数接线端子

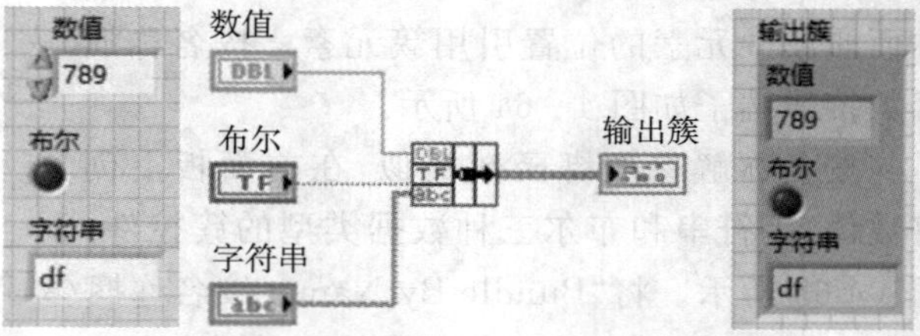

图 4-69　将三个不同的数据类型捆绑成簇

在“簇参数”端子添加如图 4-70 所示的簇数据，并在函数输入接线端口连接数值和字符串数据，运行程序在前面板中得到输出簇。输入的数据会替换掉参考簇中对应数据类型的元素，没有

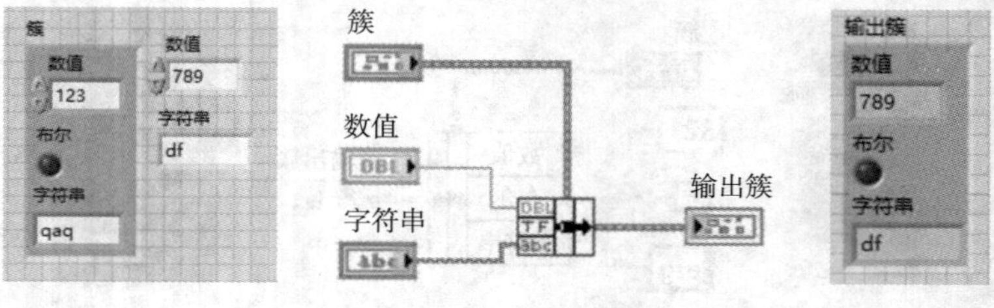

图 4-70　簇数据与端口输入数据捆绑成簇

连线的数据类型端口则不会被替换。“捆绑”函数的这一功能类似于“按名称捆绑”函数。

(5)Build Cluster Array(创建簇数组)。创建簇数组函数的功能是使每个元素输入捆绑成簇,并使所有元素簇组成以簇为元素的数组。创建簇数组函数接线端子如图 4-71 所示。

如图 4-72 所示,将两个一维数组连接到函数输入端。函数会自动将输入的一维数组转成簇数据,然后将簇数据组成一个一维簇数组并输出。生成的簇数组中有两个元素,每个元素均为簇,而每个簇则含有一个一维数组。输入数据类型必须一致才能使用簇数组。

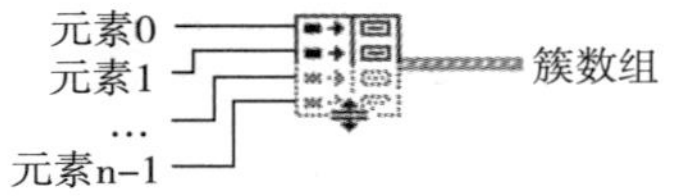

图 4-71　创建簇数组函数接线端子

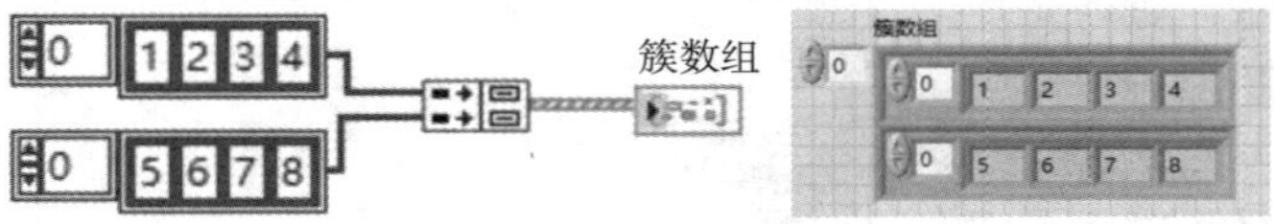

图 4-72　创建簇数组函数的使用

(6)Cluster To Array/Array To Cluster(簇至数组转换/数组至簇转换)。簇至数组转换函数的功能是将相同数据类型元素组成的簇转换为数据类型相同的一维数组;数组至簇转换函数的功能是转换一维数组为簇,簇元素和一维数组元素的数据类型相同。用鼠标右键单击函数,可以在快捷菜单中选择簇大小,设置簇中元素的数量。簇与数组转换函数接线端子如图 4-73 所示。

图 4-73　簇与数组转换函数接线端子

簇中元素数量默认值为 9。在使用数组至簇转换函数时,若输入数组的值不足 9 个,则簇会默认剩余的元素值为 0。用户可以通过鼠标右键单击“数组至簇转换”函数图标,选择“Cluster Size(簇大小)”选项更改簇元素的个数,最大值为 256。在使用簇至数组转换函数时,要求簇中元素的数据类型必须一致。簇与数组转换函数的使用如图 4-74 所示。

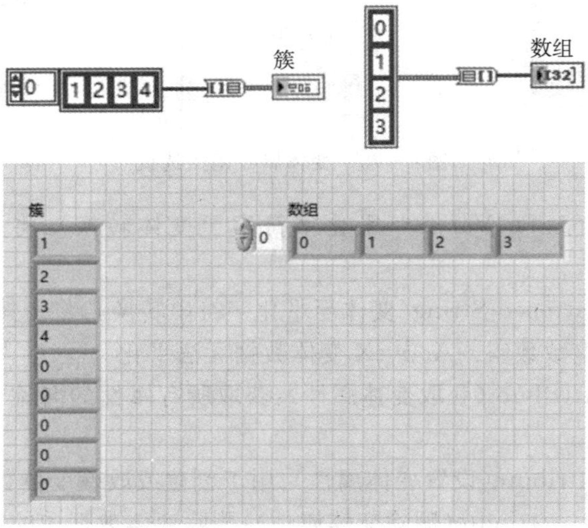

图 4-74　簇与数组转换函数的使用

(7)Variant(变体)。在簇函数选板的右下角有一个变体属性函数,如图 4－75 所示。其功能是添加、获取和删除 LabVIEW 2020 变体的属性,对 LabVIEW 2020 变体进行各项操作,以及获取变体的数据类型。变体属性函数中常用子函数的主要功能简述如下。

① To Variant(转换为变体):转换任意 LabVIEW 2020 数据为变体数据,也可将 ActiveX 数据转换为变体数据。

② Variant To Data(变体至数据转换):转换变体数据为 LabVIEW 2020 可显示或处理的 LabVIEW 2020 数据类型,也可用于使变体数据转换为 ActiveX 数据。

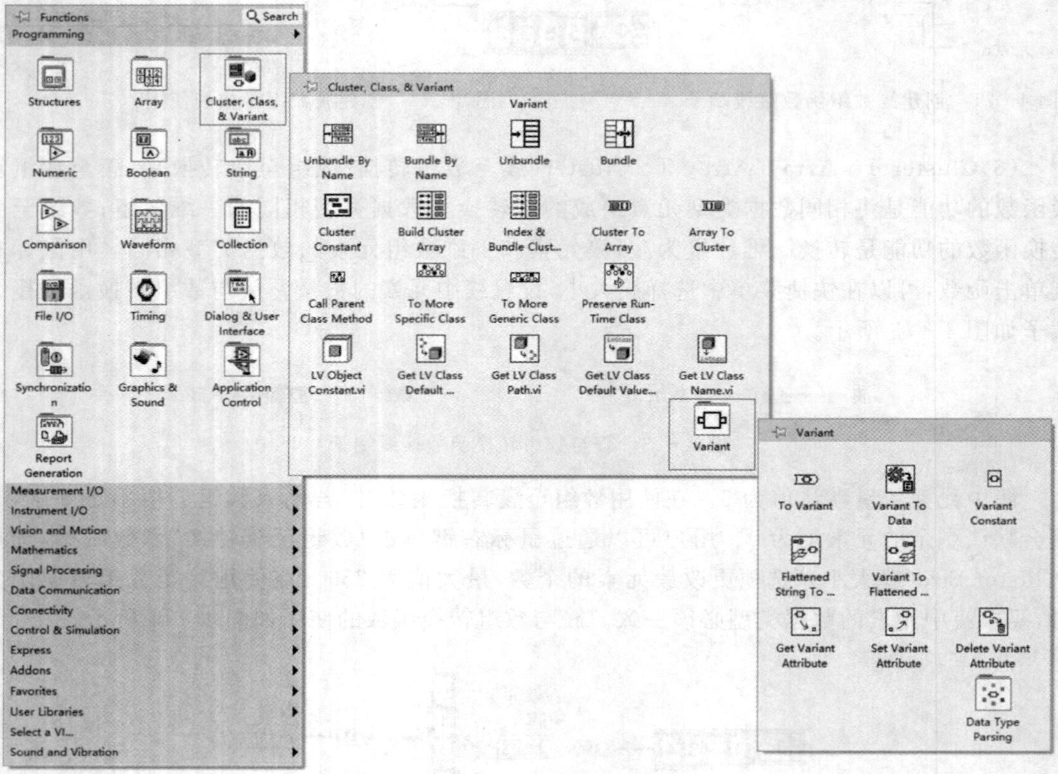

图 4－75　变体属性函数选板

③ Flattened String To Variant(平化字符串至变体转换):将平化数据转换为变体数据。

④ Variant To Flattened String(变体至平化字符串转换):将变体数据转换为平化字符串和表示数据类型的整数数组。ActiveX 变体数据无法平化。

⑤ Get Variant Attribute(获取变体属性):获取所有属性的名称和值,如连接了名称参数,则返回该属性的值。

⑥ Set Variant Attribute(设置变体属性):用于创建或改变变体数据的属性或值。

⑦ Delete Variant Attribute(删除变体属性):删除变体数据中的某个属性或值。

4.3 程序控制

程序控制是程序设计中一个十分重要的环节，直接关系到程序执行的效率和质量，LabVIEW 2020 为用户提供了多种程序控制的方式。例如，循环结构（For 循环、While 循环、定时循环），条件结构，顺序结构等。除此之外，还有一些特殊的程序结构。例如，事件结构、公式节点等。这些程序结构极大地方便了程序设计的实现，使用户可以方便快捷地实现复杂的程序。

LabVIEW 2020 中循环与结构位于程序框图“Functions Palette（函数选板）”下的“Structures（结构）”子选板中，如图 4－76 所示。

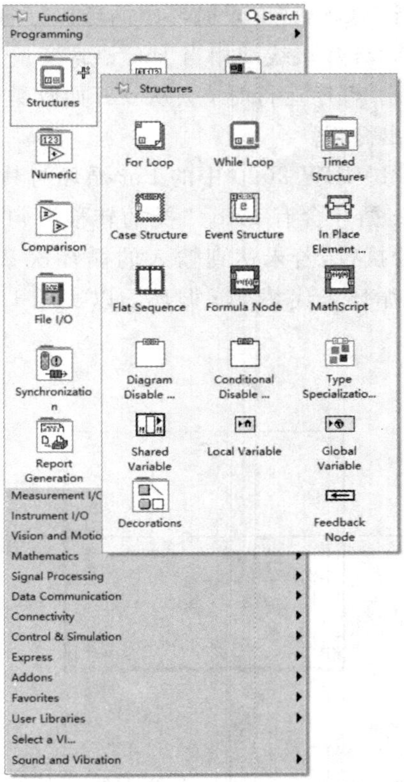

图 4－76　“结构”子选板

4.3.1　循环控制

1. For 循环结构

在结构子选板中找到“For Loop（For 循环）”，用鼠标左键单击 For 循环后鼠标箭头变成一个表示 For 循环的小图标，此时用户可以拖放一个任意大小的 For 循环边框到程序框图上，如图 4－77 所示。

For 循环是一种先判断条件后执行的循环结构，不符合条件就不执行代码。条件满足的情况下，For 循环会在内部执行 N 次代码后自动退出循环。其相当于 C 语言中的下列程序代码。

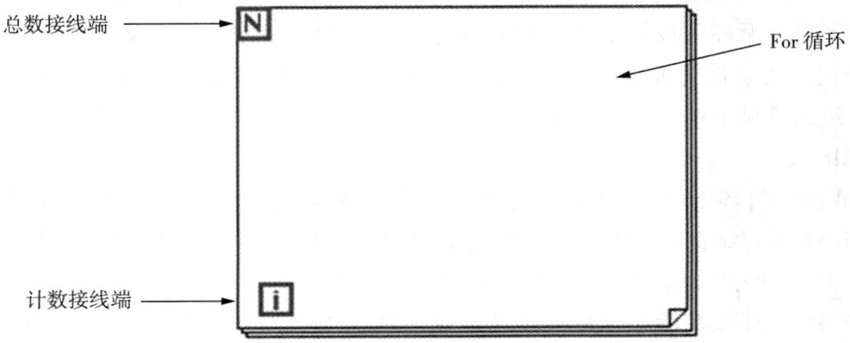

图 4－77　For 循环框

```
for(i=0;i<N;i++)
{…
}
```

循环框架、总数接线端、计数接线端组成了最基本的 For 循环。其中，循环框架内的程序相当于 C 语言 For 循环中循环执行的程序，总数接线端相当于 C 语言 For 循环中的计数变量 N，计数接线端相当于 C 语言变量 For 循环中的 i。程序执行前需给 N 赋值，默认为整型数字。程序运行时 i 会从 0 开始计数，每次循环递增步长为 1，一直到 $N-1$ 程序执行完毕，跳出循环。

LabVIEW 2020 中的 For 循环与其他语言相比具有一些独特之处。在其他编程语言中，For 循环含有 goto 之类的转移语句，但 LabVIEW 2020 中没有类似语句。一旦 For 循环开始执行，若未达到输入的循环次数循环不会终止运行。为了避免这种情况，可以用 While 循环来代替 For 循环。以实现 1 到 3 的累乘为例，图 4-78 创建了一个简单的 For 循环。

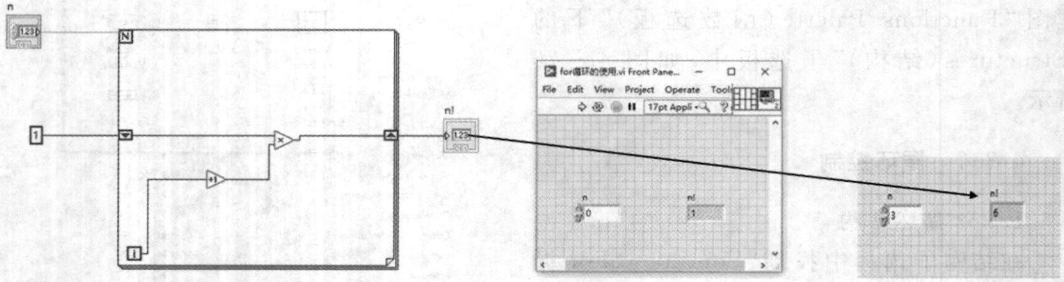

图 4-78　简单的 For 循环

在前面板上添加一个数值输入控件和数值显示控件，程序框图中出现对应的对象。在程序框图中将总数接线端与数值输入控件相连接。用鼠标右键点击程序框图空白处，弹出函数选板，放置“Numeric(数值)”选板内的“Increment(加 1)”控件和“Multiple(乘)”控件。用鼠标右键单击 For 循环框图，从快捷菜单中选择“Add Shift Register(添加移位寄存器)”，For 循环框图两侧将会出现不同方向的箭头，即移位寄存器，它是循环结构中的一个附加对象，功能是将当前循环完成的某个数据传递给下一个循环开始。将计数接线端和加 1 函数输入端子相连，其余连线如图 4-78 所示。连线完成后，数值输入控件输入数值 3，运行程序，可以看到数值显示控件结果为 6。

2. While 循环

创建 While 循环的方法与 For 循环的类似。在图 4-76 所示的界面中找到“While Loop(While 循环)”结构后，用鼠标左键单击 While 循环，拖曳到程序面板上，按住鼠标左键拖动到合适的大小松开，就创建完成了一个 While 循环，如图 4-79 所示。

循环框架、条件接线端和计数接线端组成了最基本的 While 循环，While 循环是一种先执行后判断条件的循环程序。与 For 循环不同，它没有固定的循环次数，只有当满足给定的条件时，才会停止循环的执行；否则，它将一直执行包含在循环框架内的程序。

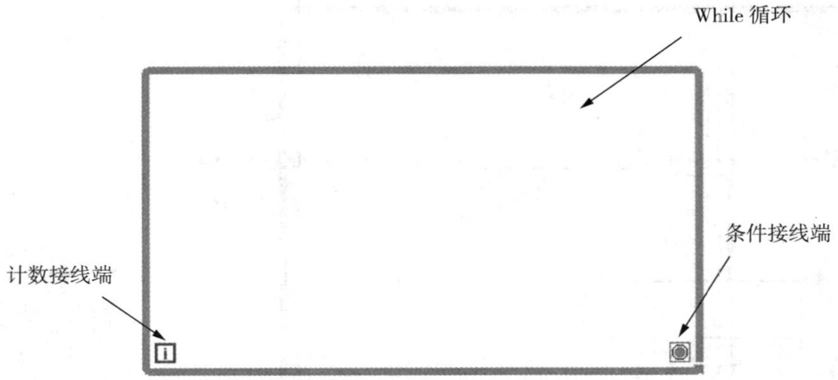

图 4－79　While 循环界面

While 循环的计数接线端与 For 循环的类似，输出的是循环已执行次数。While 循环的条件接线端是一个布尔变量，用于控制循环是否继续执行，在条件接线端的快捷菜单上有两种接线方式：默认状态的条件接线端属性为“Stop if Turn[真(T)时停止]”，此时的图标是一个绿色方框包住一个实心红色圆点，如图 4－79 右下角所示，这表明当条件为真时退出循环。若在快捷菜单中选择“Continue if Turn[真(T)时继续]”，则图标如图 4－80 右下角所示，此时表示当条件为真时继续执行循环。当每完成一次循环后，条件端口会自动检测通过数据连线输入的布尔值和其使用状态决定是否继续执行循环。所以，While 循环至少执行一次。

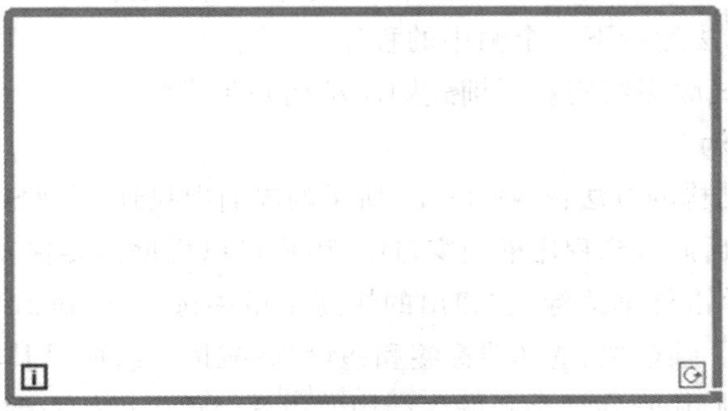

图 4－80　条件端子变换后的 While 循环

以计算 1＋2＋3＋…＋100 为例，其程序框图如图 4－81 所示。程序创建方法与 1 到 3 累乘类似，额外使用了“Greater Or Equal?（大于或等于?）”控件，用户可以在函数选板下“Comparison(比较)”子选板中找到该控件。程序运行时，$i=0$，执行第 1 次循环，此时移位寄存器的存储数据为 0。i 的值与 100 在比较函数中进行比较，当 i 小于 100 时，循环继续执行。直到当 $i=100$ 时，比较函数成立，循环停止执行。此时前面板得出的结果如图 4－81 所示。

For 循环和 While 循环中经常遇到下一个循环需要使用上一个循环产生的结果的情况，这时可以使用移位寄存器和反馈节点来实现。

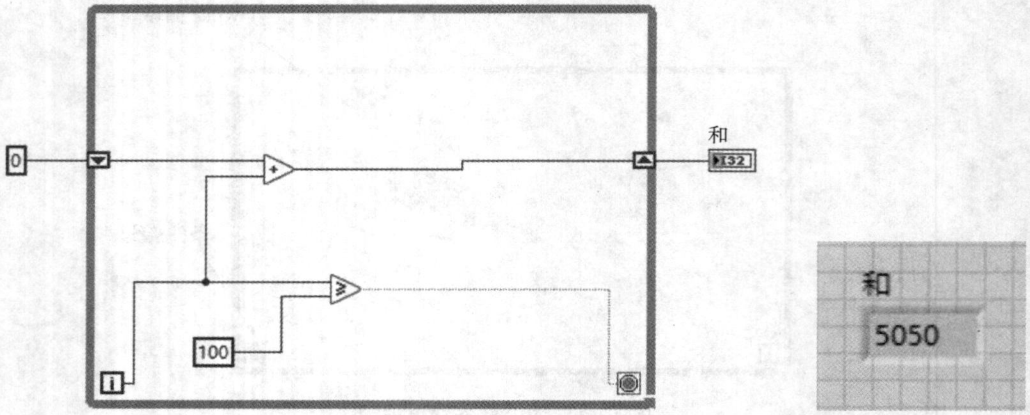

图 4－81　简单 While 循环程序框图

4.3.2　顺序结构

传统编程语言与 LabVIEW 2020 程序执行方式有所不同。传统编程语言中程序按照它们所写的先后顺序执行；LabVIEW 2020 以图形语言的形式编写程序，程序以数据流的方式运行。当一个节点获得所有输入端的数据时，这个节点便可以执行。所以 LabVIEW 2020 可以同时运行多个程序。如果需要按顺序一个一个执行程序，便可以通过顺序结构来完成。顺序结构包含多个代码子框架，从框架 0 到框架 n，每个框架都称为帧，首先执行的是放在 0 帧中的程序，然后执行的是 1 帧中的程序，依次执行下去。在程序运行时，如果上一帧中的程序运行未结束，则无法运行下一个帧中的程序。

顺序结构有层叠式顺序结构和平铺式顺序结构两种类型。

1. *层叠式顺序结构*

创建层叠式顺序结构的方法：在图 4－76 所示的界面中找到“Flat Sequence Structure（平铺式顺序结构）”图标，然后放置到程序框图窗口中，用户可以根据需要拖动边框改变结构框图的大小。使用鼠标右键单击外框边缘，在弹出的快捷菜单中选择“Replace with Stacked Sequence（替换成层叠式顺序）”。帧框架、选择器标签和递增/递减按钮组成最基本的层叠式顺序结构。此时顺序结构只有一帧，用户在层叠式顺序结构的边框上单击鼠标右键，从弹出的快捷菜单中选择“Add Frame After（在后面添加帧）”菜单项就可以添加新的帧。用鼠标右键单击递增/递减按钮可将顺序结构的当前帧切换到前一帧或者后一帧。用鼠标右键单击选择器标签，用户可从弹出的下拉菜单中选择切换到任一编号对应的帧，如图 4－82 所示。

在层叠式顺序结构中，数据要通过顺序局部变量来传递。用户可以用鼠标右键单击帧框架，从弹出的快捷菜单中选择“Add Sequence Local（添加顺序局部变量）”选项，便成功创建了一个顺序局部变量，如图 4－83(a)所示，用户可以将其拖曳到边框上的任意位置。将数据连接到局部变量端子上后，淡黄色方框内将会出现一个指向外的箭头且颜色与数据类型相符，表明顺序局部变量内已储存有数据，如图 4－83(b)所示。连接在局部变量上的数据只能在其后各帧使用，而在创建局部变量所在帧之前的帧无法使用。在之后的帧中，该局部变

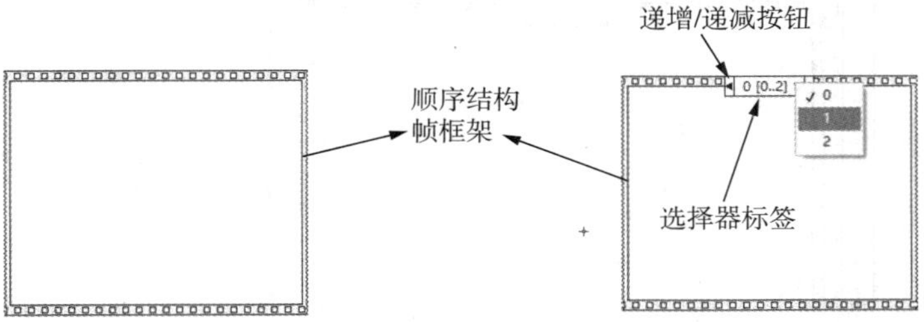

图 4 - 82　层叠式顺序结构界面

量端子则包含一个向内指的箭头，表示它们可以为当前帧提供数据，如图 4 - 83(c)所示。

使用顺序局部变量，将 3 帧结构的层叠顺序结构第 1 帧的数据传递到第 2 帧，如图 4 - 83 所示。通过输入控件在第 1 帧中为顺序局部变量赋给值，第 2 帧的顺序局部变量接收到第 1 帧传递过来的数据，并将它赋值给数值显示控件。给局部变量赋值是在第 2 帧中进行的，所以位于它之前的第 0 帧无法访问这个数据。最后结果如图 4 - 83(d)所示。

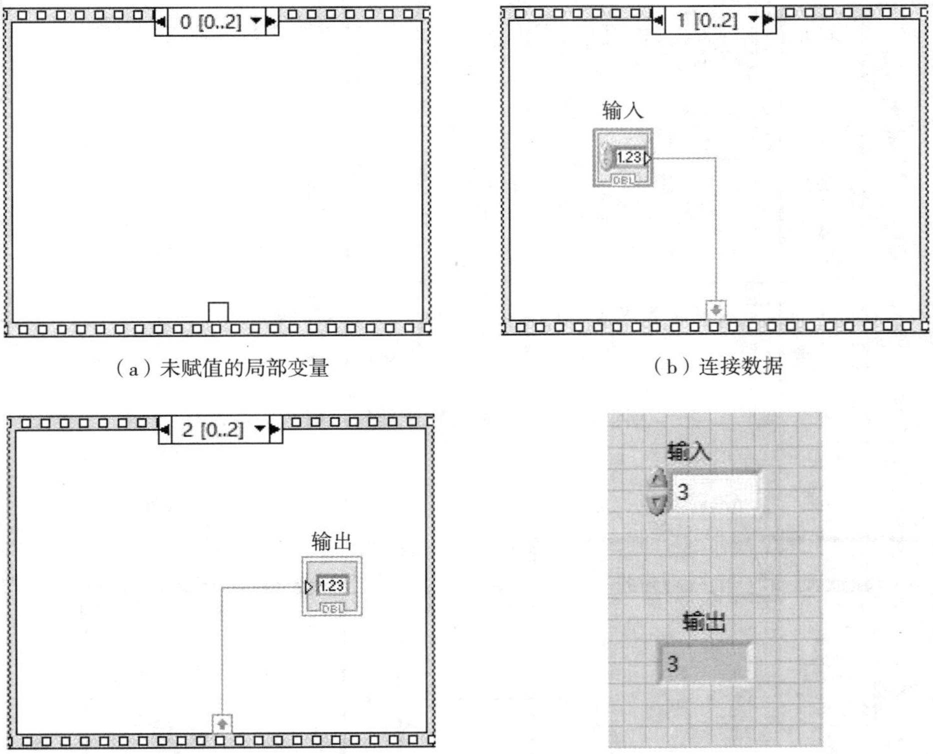

(a) 未赋值的局部变量　(b) 连接数据　(c) 赋值后的局部变量　(d) 结果

图 4 - 83　顺序局部变量的创建与使用

若用户需要将帧中的数据输出到层叠式顺序结构外，可以将数据通过连线直接连接到帧框架上，LabVIEW 2020 会自动创建一个隧道即结构上的数据出入口，以矩形框的形式出现在结构的边框上。但层叠式顺序结构中的隧道无法在帧间传递数据，如图 4 - 84 所示。

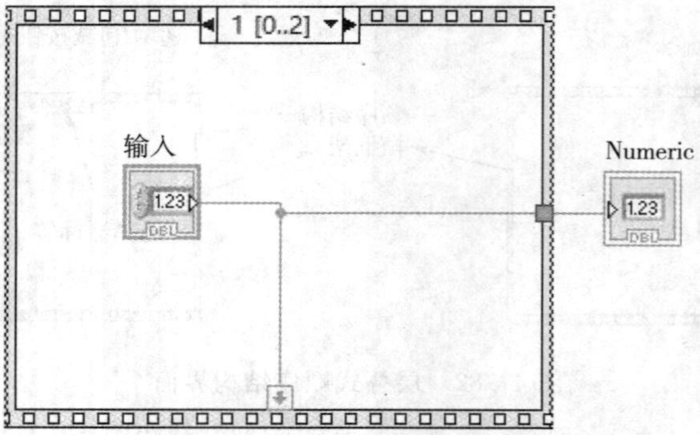

图 4 - 84　顺序结构中的数据通道

图 4 - 85 所示是一个$(x+y)\times 2$层叠式顺序结构实现的例子，用以实现首先计算两数相加，再将结果乘以 2。其内部数据通道如图 4 - 86 所示，执行结果如图 4 - 87 所示。

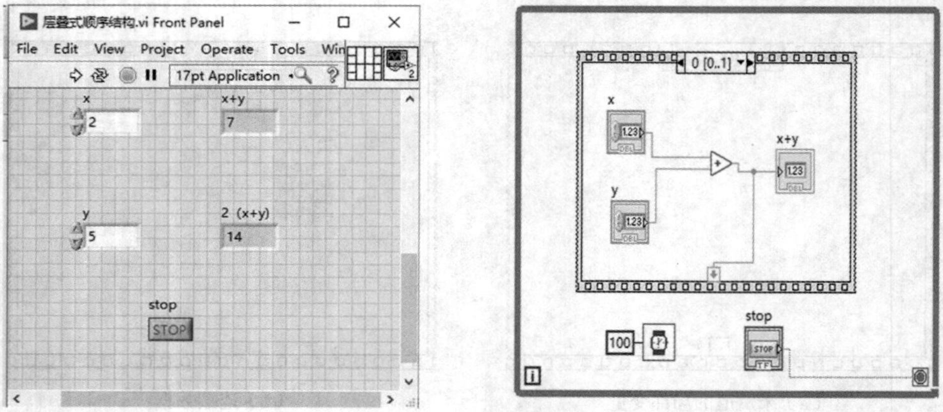

图 4 - 85　层叠式顺序结构示例

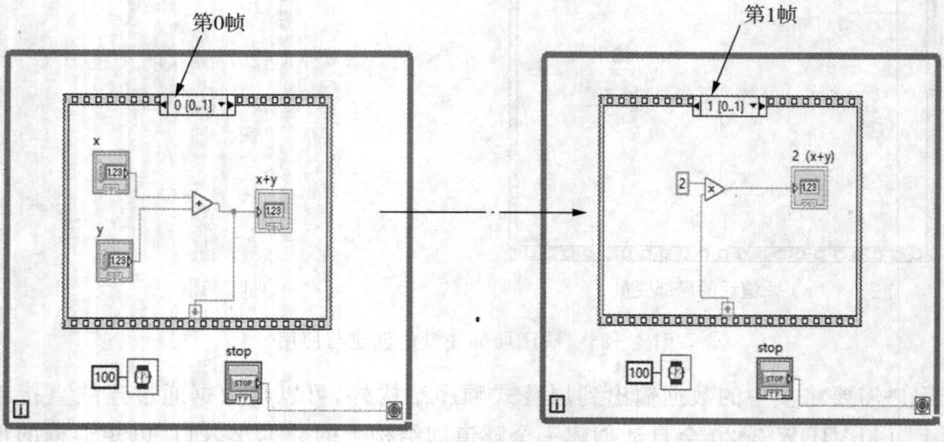

图 4 - 86　内部数据通道

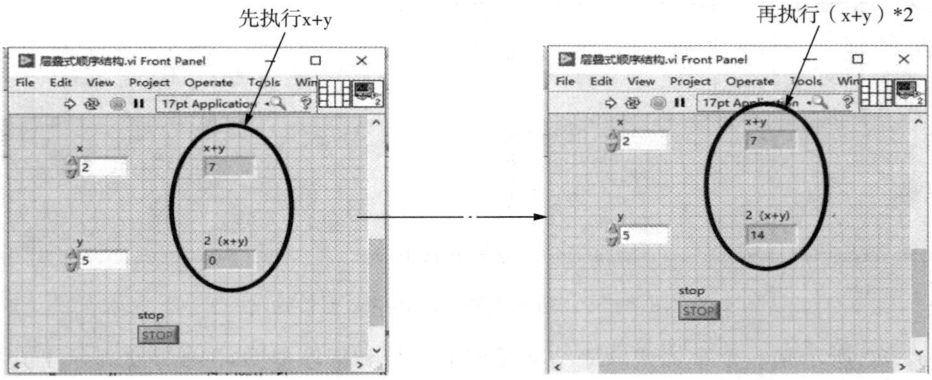

图 4-87　$(x+y)\times 2$ 层叠式顺序结构的执行结果

2. 平铺式顺序结构

创建平铺式顺序结构相比于创建层叠式顺序结构更加简单，在图 4-76 中找到“Flat Sequence Structure（平铺式顺序结构）”图标后直接拖放到程序框图中即可。从外观上来说，平铺式顺序结构与层叠式顺序结构在单帧情况下完全一致。但多框架结构与层叠式顺序结构不同，多框架平铺式顺序结构不是层叠在一起，而是自左向右平铺，并按从左至右的顺序执行，如图 4-88 所示。

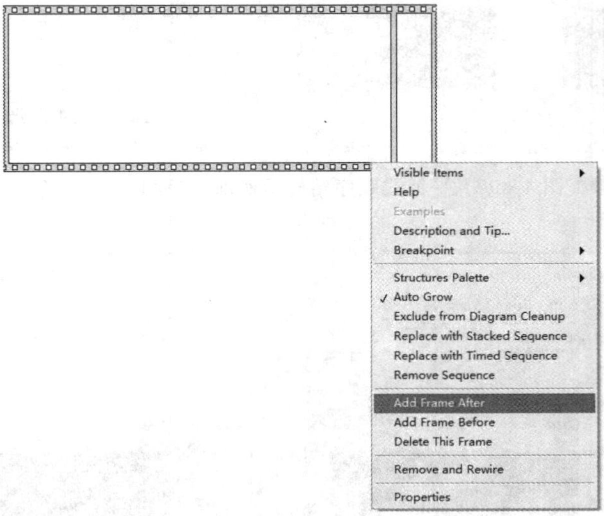

图 4-88　平铺式顺序结构界面

在当前帧单击鼠标右键，并在快捷菜单中选择“Add Frame After（在后面添加帧）”或“Add Frame Before（在前面添加帧）”，用户可以在当前帧后或前创建新的帧。层叠式顺序结构与平铺式顺序结构的功能完全相同，区别在于平铺式顺序结构的所有框架在一个平面上，视觉上较为直观，不需要用户在框架之间进行切换；层叠式顺序结构所有帧层叠在一起，使框图中程序更加简洁。人们在编写程序时，往往会选用层叠式顺序结构。

平铺式顺序结构各帧之间传输数据相比于层叠式顺序结构更加简单和直观，只需直接在两帧间连线就可以自动创建一个隧道传输数据，如图 4-89 所示。

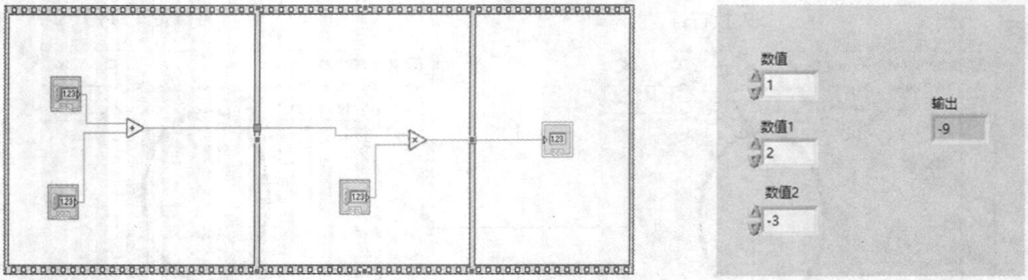

图 4－89　平铺式顺序结构的数据传输

图 4－90 所示是一个平铺式顺序结构示例前面板和程序框图，图 4－91 显示了其执行结果。此程序运行后，只有在前面板上点击“Ok Button（确定按钮）”“Waveform Chart2（波形图表 2）”上才会出现图形。因为在顺序结构中，下一帧中的程序只有在上一帧中的程序运行完成后才会运行。点击“Ok Button（确定按钮）”后，前面帧的 While 循环结束，程序完成，后面帧程序开始运行。

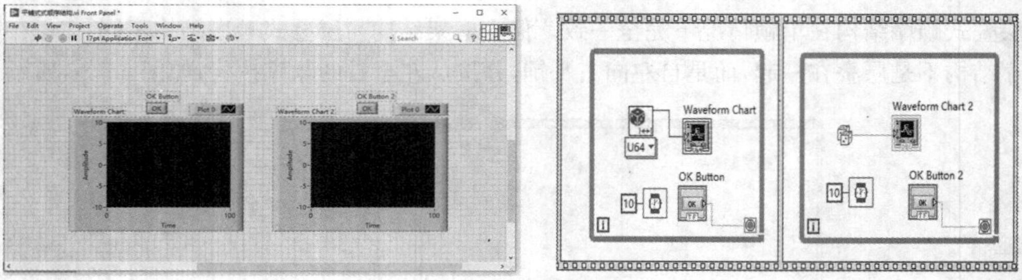

图 4－90　平铺式顺序结构示例前面板和程序框图

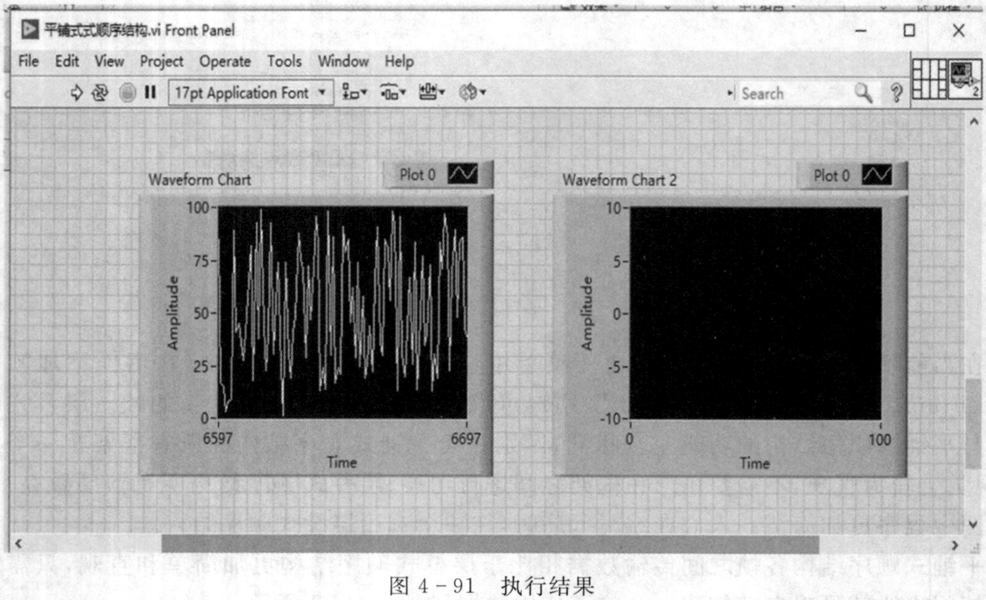

图 4－91　执行结果

4.3.3 条件结构

与创建循环的方法类似，用户可以从程序框图中函数选板下结构子选板内选择“Case Structure(条件结构)”，放置在程序框图上任意位置，可用鼠标拖动条件结构框右下角改变大小结构框架、条件选择端口、选择器标签及递增/递减按钮组成基本条件结构，如图 4－92 所示。图中左边的数据端口是条件选择端口，连接进该端口的值可以为布尔型、字符串型、整数型或枚举型或错误簇，默认情况下为布尔型。条件结构通过判断连接到调节选择端口中的条件来选择执行哪个子程序框图。用户可以根据需要增减选择器标签的个数，首先将鼠标移动到选择器标签上，然后单击右键从弹出的快捷菜单中选择“Add Case Before/Add Case After(在前面/后面添加分支)”来增加选择器标签的个数，或者通过选择“Delete This Case”来删除选择器标签，如图 4－93 所示。

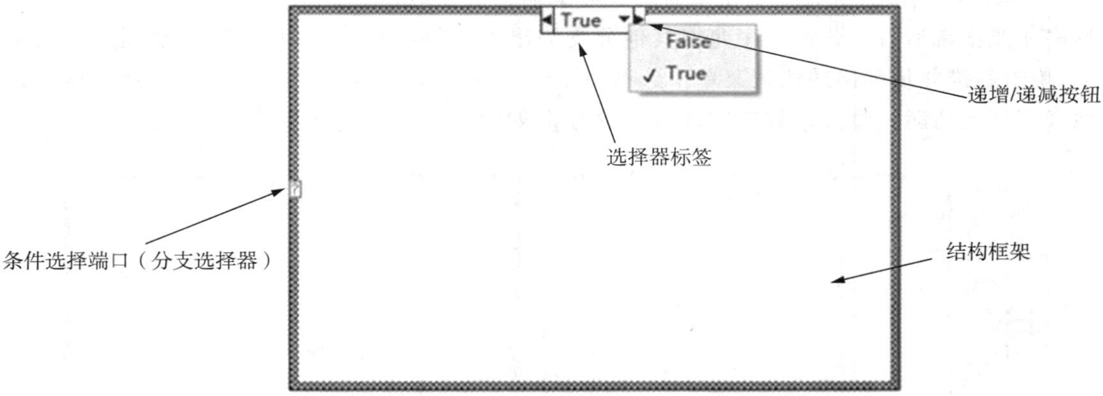

图 4－92　条件结构界面

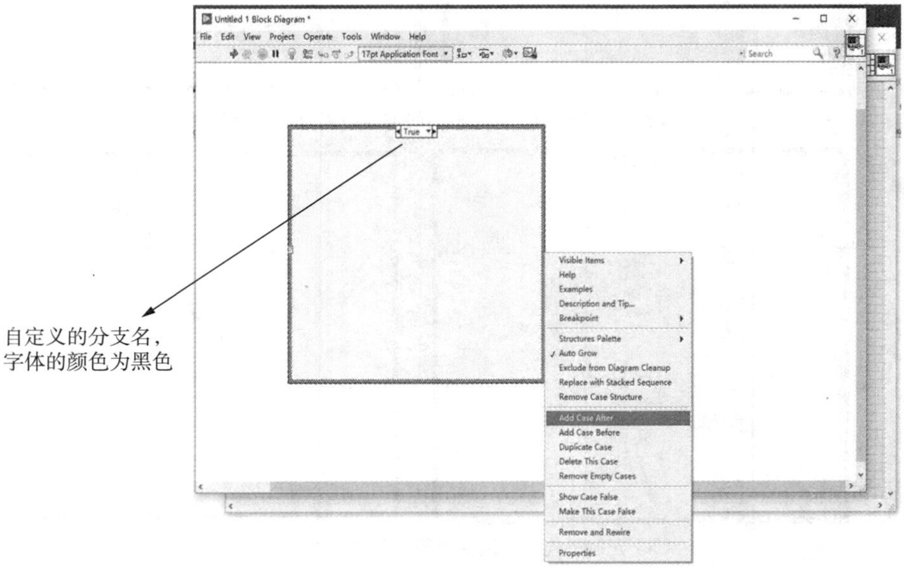

图 4－93　分支的添加

若条件选择端口接入的是布尔型数据，则该条件结构含有真和假两个条件分支；若接入的是字符串型、整数型或者枚举型数据，则该条件结构可以有任意条分支。将条件选择器端口数据类型从数字型改成布尔型，若之前存在 n 个分支 0，1，…，n，则需要删除除 0，1 外的多余分支，否则条件结构将会出错。若只有 0，1 分支，则分支 0，1 会自动变成假和真。

除了输入单个值外，选择器标签中也可以输入数值列或数值范围。输入一个数值列时，数值之间需要用逗号隔开，如 1，2，5；输入一个数值范围时，用 1..5 来表示从 1 到 5 之间的所有数字（包含 1 和 5），..5 表示所有小于等于 5 的数，5.. 表示所有大于等于 5 的数。

所有分支都可以通过连线使用条件结构所有输入端子（包括隧道和选择端子）的数据。分支可以不使用输入数据或提供输出数据，但若任一分支有输出数据，则其他所有的分支也必须在该数据通道有数据输出，否则程序将无法正确运行。因为当有一个分支有数据输出时，就会创建一个数据通道（隧道），其他分支也会在同一位置出现一个中空的数据通道，如图 4－94(a)所示；当所有分支在该通道有数据输出时，该数据通道才会变成实心状态，此时程序才能正常运行。若该程序允许其他分支输出默认值，用户可以将鼠标移动到数据通道上，单击右键并从弹出的快捷菜单中选择“Use Default If Unwired（未选择时选择默认）”选项来实现此功能。整数型数据默认值一般为 0，如图 4－94(b)所示。

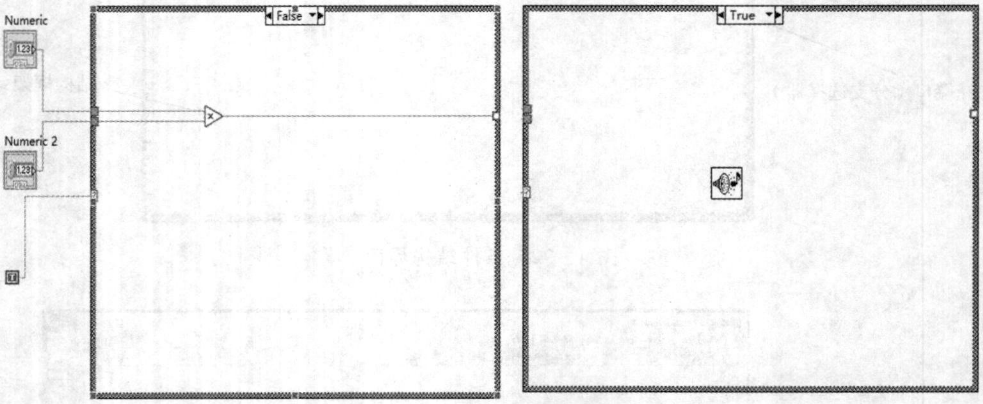

（a）不正确的连接：边框上的数据通道为中空状态

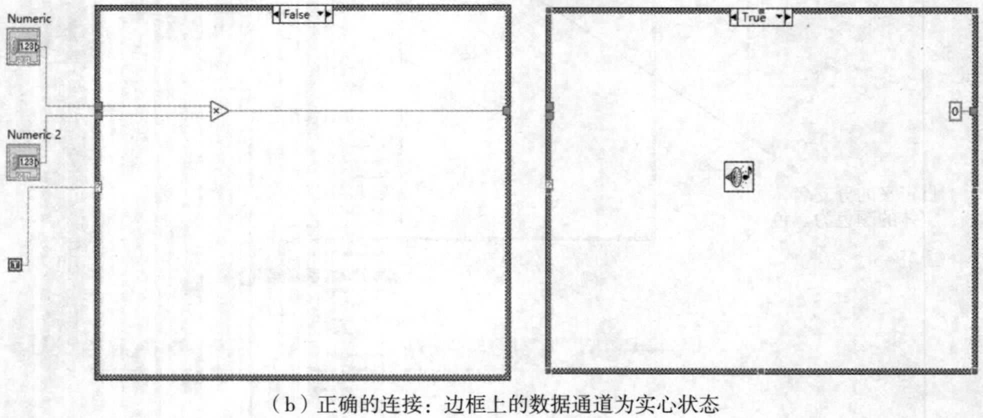

（b）正确的连接：边框上的数据通道为实心状态

图 4－94　连接数据的输入与输出

4.3.4 条件结构示例

如图 4－95 所示，“Square Root(开方)”函数位于“Numeric(数值)”子选板中，“Beep. vi(蜂鸣程序)”位于“Graphics & Sound(图形与声音)”子选板中。当输入一个数值时，程序首先判断该数值是否大于 0，若输入数值大于 0，则执行开方操作，并输出开方后的结果；若输入数值小于等于 0，则蜂鸣程序产生蜂鸣声并输出 0。输入－4 和 9 的结果，如图 4－95 所示。

图 4－96 所示是一个模拟温度报警器的程序。例中，用户可以在温度刻度框上设定温度值。当温度大于或等于 5℃时，温度报警器提示灯点亮；当温度低于 5℃时，温度报警器提示灯熄灭。

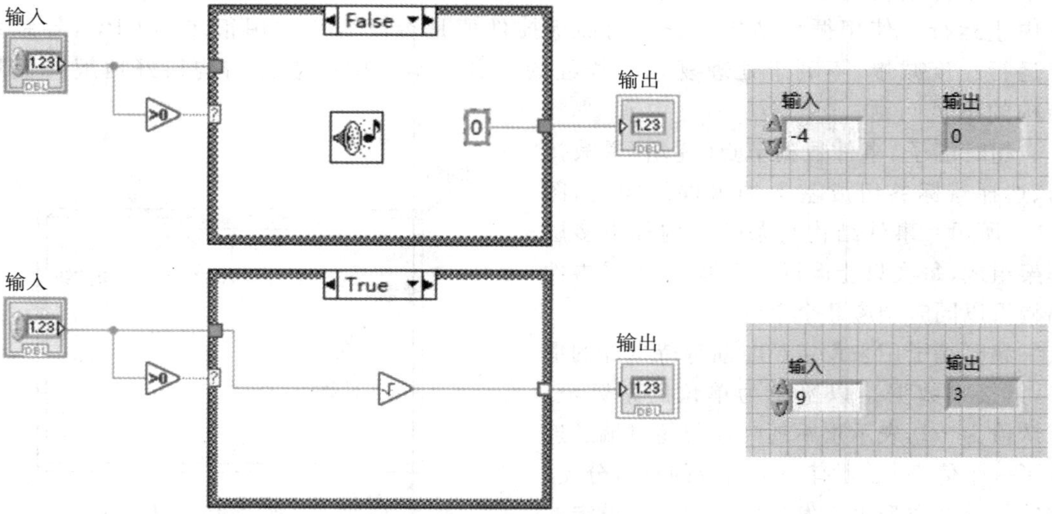

图 4－95 执行两个数相乘或相加运算的 case 条件结构示例

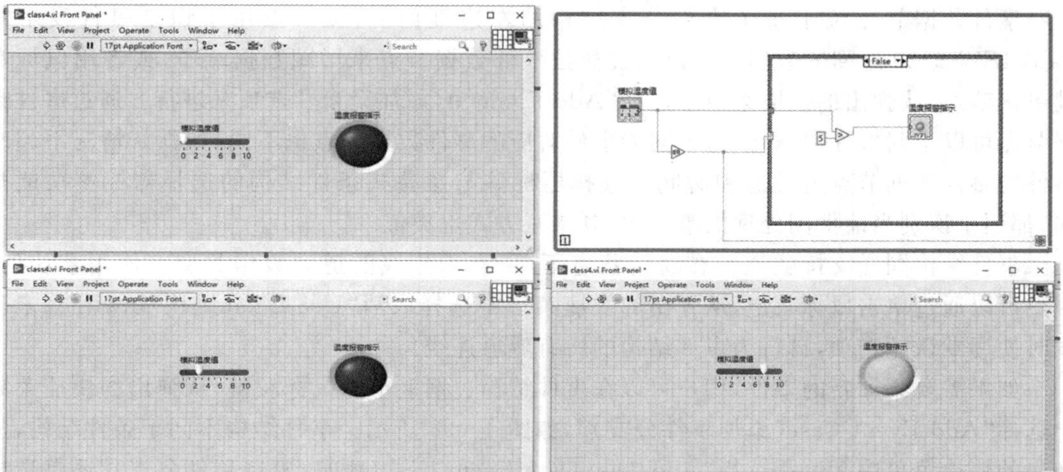

图 4－96 模拟温度报警器条件结构示例

4.3.5 事件结构

事件结构，即当某一指定事件发生时，就会执行相应框图中的程序。这里的事件可以是用户在编写程序时常遇见的一些事情，如鼠标双击或单击、使用键盘、关闭窗口、密码登录等。事件结构包含一个或多个子程序框图或事件分支。

事件结构可以改变 LabVIEW 2020 中数据流的执行方式，实现了用户在前面板的操作(事件)与程序执行的互动。当事件结构执行时，仅有一个子程序框图或分支正在运行，事件结构会一直等待相应的事件发生，并执行对应的条件分支来处理该事件，只要某一事件结构被触发，当这个事件所在的框架中程序运行结束后，事件结构就会退出并中止运行。使用循环结构来查询前面板控件值是否改变会占用很多的 CPU，导致系统运行速度减慢，不利于处理复杂多线程的问题。本节中的事件结构很好地解决循环结构的不足问题。

超时端子、事件数据节点、递增/递减按钮、选择器标签组成基本的事件结构，如图 4－97所示。事件结构与条件结构都由多层框架组成，每次只能运行一个框图，但是事件结构可以同时响应几个事件，

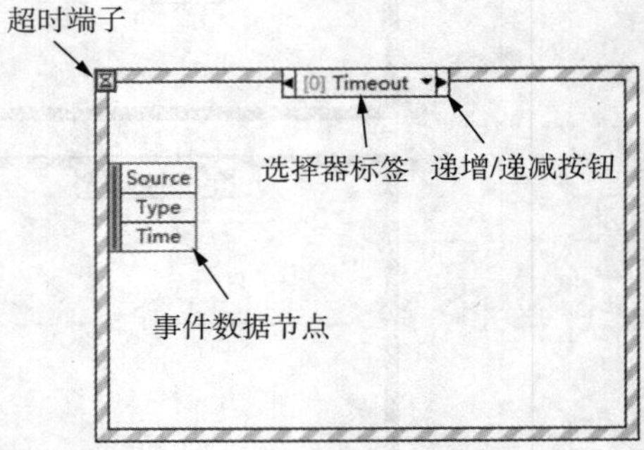

图 4－97　事件结构的基本构成

超时端子用来设定超时前等待事件的世界，其接入数据是以毫秒为单位的整数值。默认值为－1，表示永不超时。若超时端子连接了一个值，则必须有一个响应的超时分支。在等待其他类型事件发生的时间超过设定的值后，将自动触发超时分支内的程序，然后事件结构停止运行。

事件数据节点位于每个事件分支结构的左边框内侧，该节点用于识别事件发生时 LabVIEW 2020 返回的数据。可以通过拖拉事件数据节点来增减数据端子，或者用鼠标右键单击节点，从弹出的快捷菜单中选择“Add Element(添加元素)”选项来进行。通过事件数据节点可以访问事件数据元素，不同的事件对应的事件数据节点也不同，如默认情况下超时事件的事件数据节点为类型和时间。选择器标签与层叠式条件结构的选择器标签功能相同，都用于识别当前框图处理的事件源，其增减方式也类似。

事件结构同样支持隧道。在默认状态下，所有未连线隧道的数据类型将使用默认值。用户可以通过单击鼠标右键，从弹出的快捷菜单中选择取消“Use Default If Unwired(未连线时使用默认)”选项，自行为事件结构的所有隧道连线。

如果需要添加新的事件，用户可以在事件结构边框上单击鼠标右键，从弹出的快捷菜单中选择“Add Event Case(添加事件分支)”，如图 4－98 所示。事件结构不同于条件结构，从弹出的快捷菜单中无论是选择“Add/Duplicate Event Case(添加/复制事件分支)”还是选择“Edit Events Handled by This Case(编辑本分支所处理的事件)”，都将先打开编辑事件对话框，如图 4－99 所示。

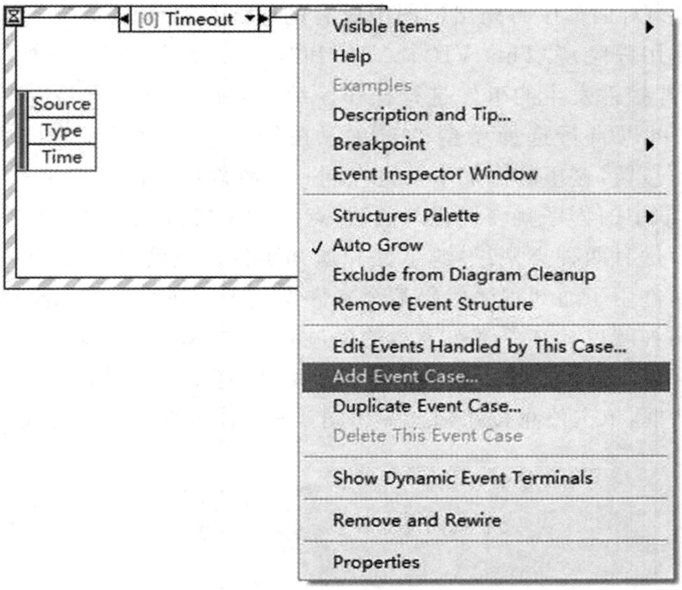

图 4－98　添加事件分支

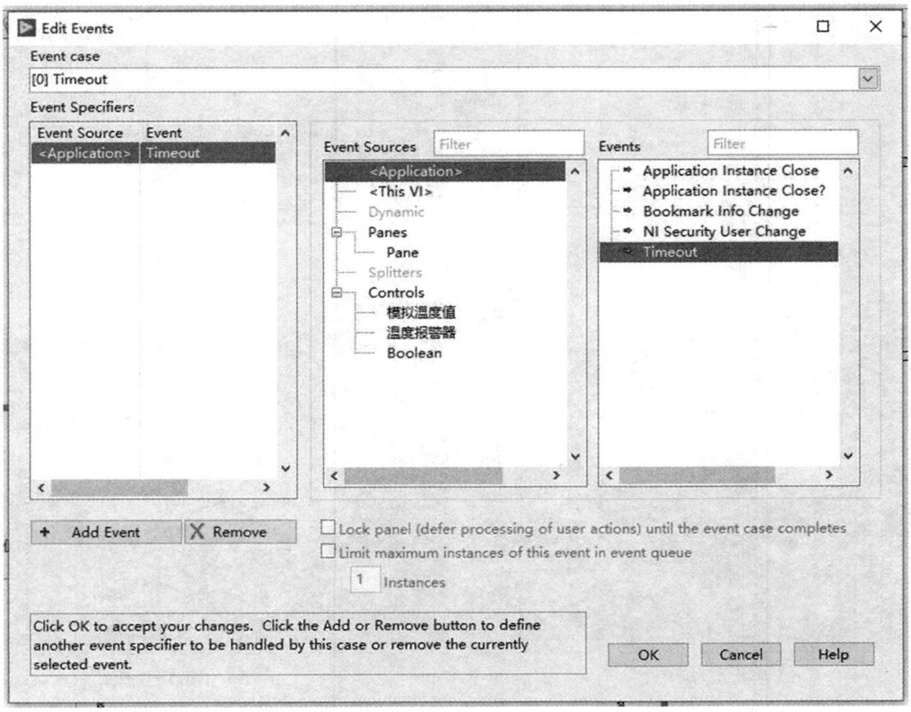

图 4－99　编辑事件对话框

编辑一个事件，首先要选择该事件的“Event case（事件分支）”作为对象，然后在“Event Sources（事件源）”中选择满足用户需求的事件源。若使用“Controls（控件）”事件源，在

图 4－99中可以看到对话框中将列出框图中所有的输入控件和显示控件。事件源也可以选择“Application(应用程序)”“This VI(本 VI)”和“Panes(窗格)”等，它们主要对前面板、鼠标、窗格和菜单等非控件发生的事件进行操作。编辑对话框将列出对应事件源中所有可以发生的事件，用户可以自行选择希望的选项。在编辑事件对话框左下角还有一个“Add Event(添加事件)”按钮，这里的添加事件是在同一个事件框中添加多个事件，其中任意一个事件触发，则事件框中的程序就会运行。最后，点击 OK 按钮，事件便创建完成。

事件结构的事件有两种类型：过滤事件和通知事件。过滤事件用于过滤掉该事件将触发的操作。通知事件用于通知程序代码某个事件发生了。在编辑对话框中事件项左侧的箭头有红色和绿色两种颜色。红色箭头表示的是过滤事件，绿色箭头表示的是通知事件。

图 4－100 创建了一个事件结构，程序运行后，在前面板上单击滑动杆则会弹出图 4－100(c)所示的对话框，单击停止按钮则会弹出图 4－100(d)所示的对话框。

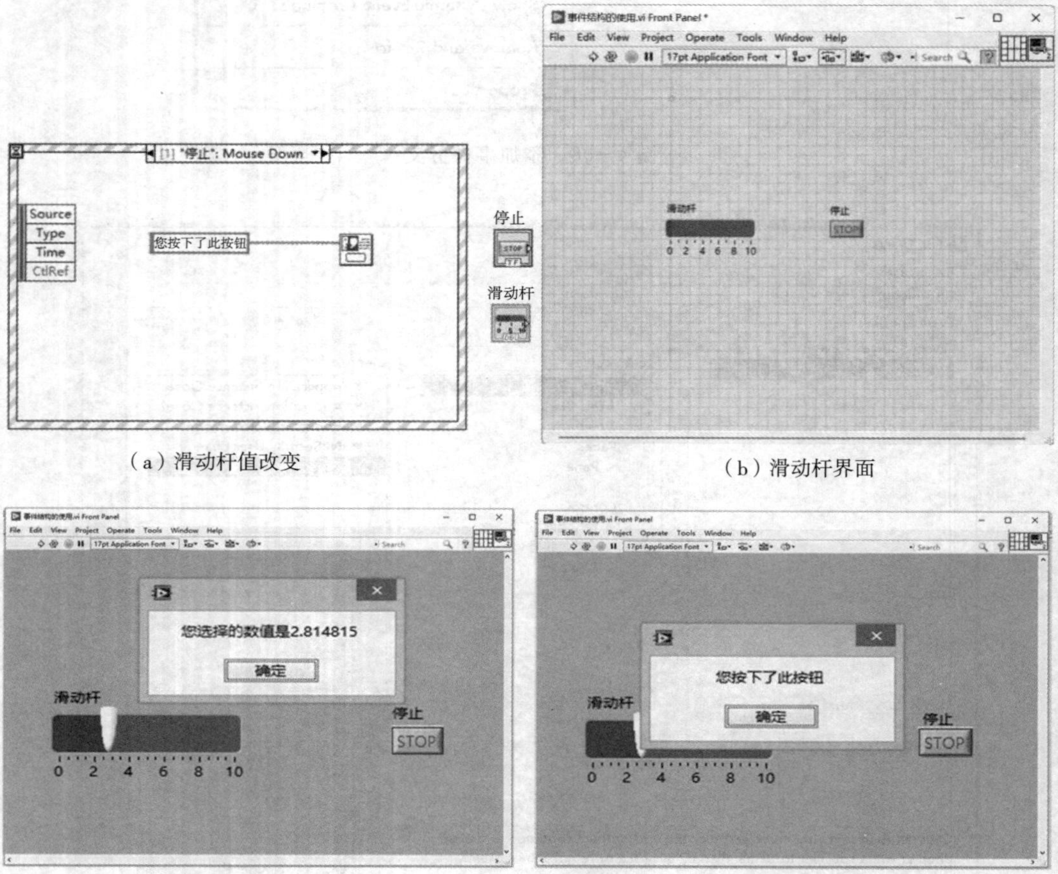

（a）滑动杆值改变　　（b）滑动杆界面

（c）单击滑动杆　　（d）单击停止按钮

图 4－100　事件结构示例

实际使用时，事件结构需要嵌套在 While 循环中执行，否则执行一次就会结束。与条件选择分支不同，While 循环不再作为轮询使用，而仅在一个事件结束后刹那使用，使事件结构再次开始处于等待事件发生状态。

【例 4－1】 图 4－101 中事件框 0 是一个鼠标按下过滤事件，其中“Two Button Dialog（双按钮对话框）”位于程序框图函数选板下的编程子选板内的“Dialog & User Interface（对话框与用户界面）”中，“Not（非）”函数位于“Boolean（布尔）”选板下。此时，鼠标按下“加法运算开始”布尔控件时事件还没触发，但会弹出一个内容为“是否开始计算”的对话框。如果选择是，则根据逻辑判断，输入放弃节点的消息为假，说明取消放弃，鼠标按下事件得以发生；如果选择否，则鼠标按下事件被过滤，框 1 中的程序不运行。

此程序用事件框 0 中的过滤事件决定事件框 1 中事件是否可以发生，事件框 1 为一个通知事件。若在图 4－101 中双按钮对话框选择否，则事件框 1 运行，实现加法运算，如图 4－102 所示。

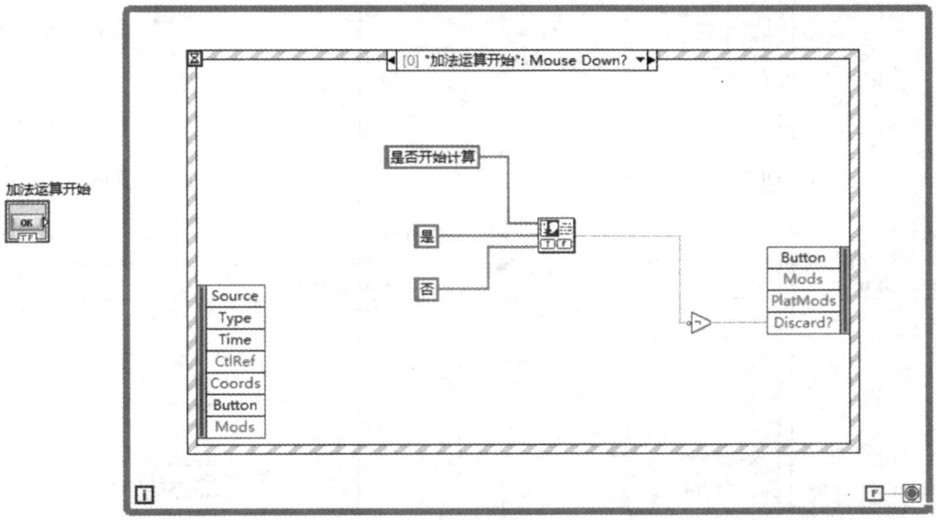

图 4－101　事件结构框架 0（过滤事件）

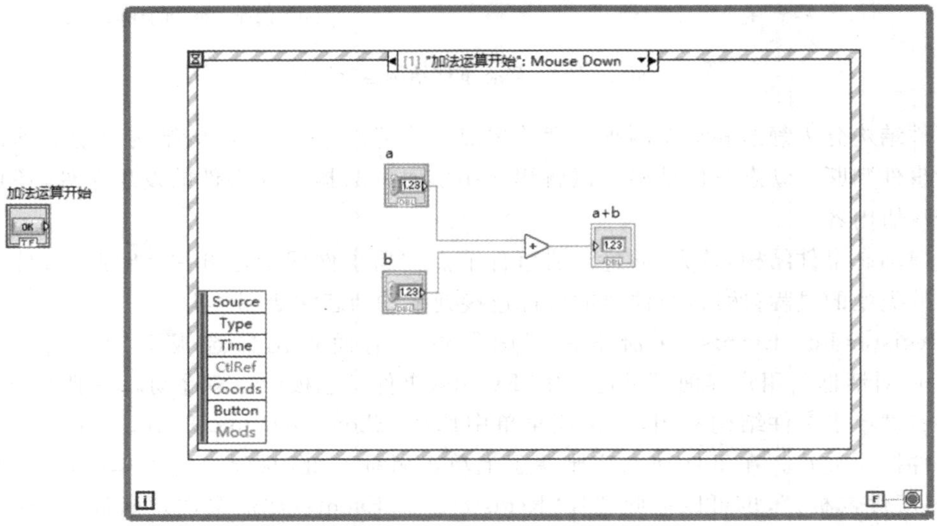

图 4－102　事件结构框架 1（通知时间）

图 4－103 显示了上面程序的运行结果。程序运行后，将 a 和 b 分别赋值 5 和 6，按下“OK”按钮，前面板将自动弹出“是否开始计算”对话框，若选择是，则执行 a 加 b，得出结果为 11；若选择否，则加法程序将被过滤而不执行。

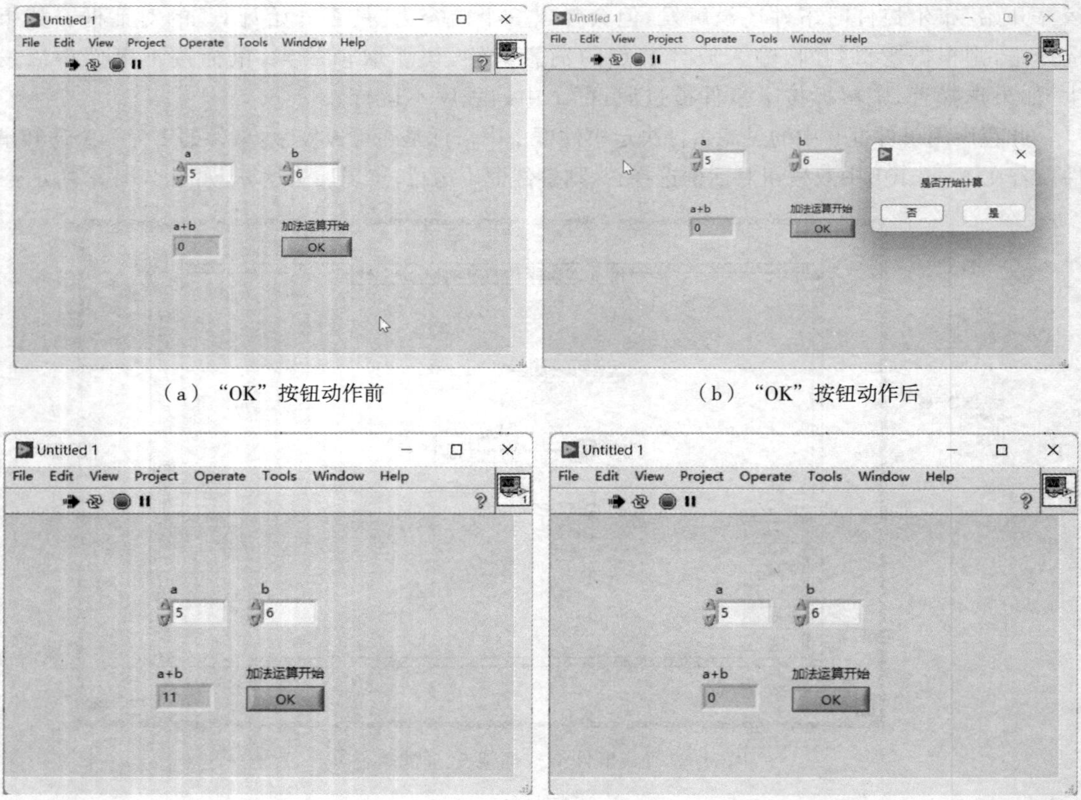

（a）“OK”按钮动作前　（b）“OK”按钮动作后

（c）选择“是”的计算结果　（d）选择“否”的计算结果

图 4－103　静态事件结构运行结果

事件结构分为静态和动态两种。默认情况下为静态事件结构，该结构只能对前面板对象进行事件判断。动态事件结构可以将程序中实时的数据作为事件的发生条件，还可以实时改变注册内容。

创建动态事件结构，首先，通过注册事件节点注册事件即指定事件，结构中事件的事件源和事件类型的过程；然后，将注册的事件连接到事件动态注册端子上。

“Register For Events（注册事件）”函数位于前面板函数选板下“Dialog & User Interface（对话框与用户界面）”子选板中“Events（事件）”选板中。事件动态注册端子可以通过鼠标右键单击事件结构框图，从快捷菜单中选择“Show Dynamic Event Terminals（显示动态事件接线端）”。在事件动态注册端子上单击鼠标右键，从弹出的菜单中选择“Events Palette（事件选板）”，也可以在此选择“Register For Events（注册事件）”函数，如图 4－104 所示。

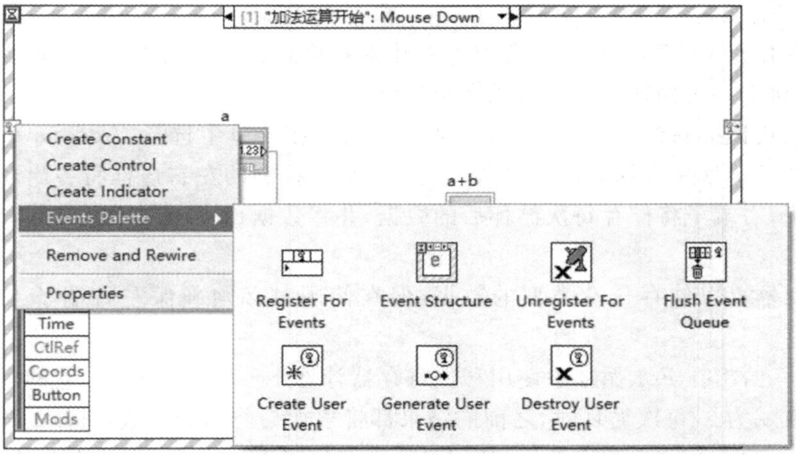

图 4 - 104　事件函数选板

4.3.6　自动索引、移位寄存器和反馈节点

1. 自动索引

在 LabVIEW 2020 中，当把一个数组接到循环结构上时，或将循环结构内的数据累积成一个数组输出时，循环结构会对数据进行自动索引。例如，当一个二维数组连接到循环框架外的输入通道时，循环结构将自动从二维数组中索引出一维数组，再从一维数组中索引出单个成员；当循环内的数据输出到循环外时，单个元素被累积成一维数组，一维数组累积成二维数组。

以 For 循环为例，默认情况下，数组接到 For 循环外边框时会启动自动索引，此时隧道的图标为空心框。用户可通过鼠标右键单击循环边框的隧道，弹出快捷菜单中的“Tunnel Mode(隧道模式)”选项来选择其他模式。例如，选择“Last Value(最终值)”模式时，隧道图标将变成实心框，循环结构将直接输出最终数值。

图 4 - 105 所示是一个自动索引示例，例中使用两个 For 循环进行嵌套。首先，内层的 For 循环通过自动索引将 3 次执行时的循环数累积成一个一维数组 0～2 输出。外层的 For 循环再将一维数组输出的数值加外层 For 循环当前循环数，最后 5 次循环产生的 5 个一维数组通过自动索引累积成一个二维数组输出，如图 4 - 105 右侧的前面板中所示。

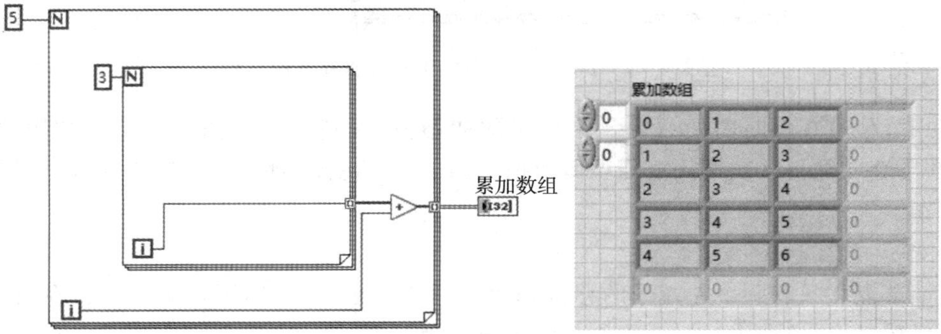

图 4 - 105　For 循环自动索引示例

2. 移位寄存器

移位寄存器是 LabVIEW 2020 循环结构中对程序运行时的数据进行临时保存的一种方式，其功能是将上一次循环的一个值或多个值传递至下一次循环。

用户可以用鼠标右键单击循环框图，从弹出的快捷菜单中选择"Add Shift Register(添加移位寄存器)"选项来添加移位寄存器。成功添加后框图的左右边框将各出现一个箭头方向相反的端子，右端子将储存每次循环后的数据，并将数据在下一次循环开始时移动到左端子上。

移动寄存器可以储存任意类型的数据，但在使用时必须确保左右端子上的数据类型相同。

图 4-106 给出在 For 循环中使用移位寄存器计算 1＋2＋3＋…＋100 的示例。将移位寄存器的初值赋为 0，每次循环时，之前的结果都将累加当前的循环值，具体的程序框图和计算结果如图 4-106 所示。若不加移位寄存器，则结果将不会累积，最终结果只会输出 $N-1$ 即 100，这种情况如图 4-107 所示。

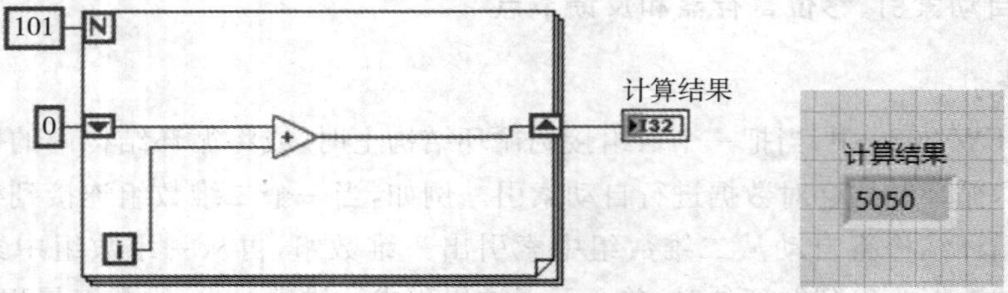

图 4-106　For 循环中移位寄存器示例

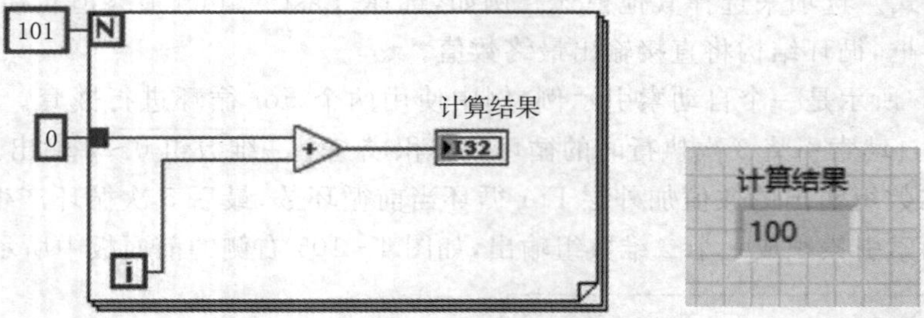

图 4-107　For 循环中不添加移位寄存器的结果

使用移位寄存器时需要设定一个明确的初始值，否则在多次调用含循环结构的子 VI 时，左端子会在循环多次调用之间保留数据。如果不考虑此种情况，循环多次调用时结果会出现错误。

3. 反馈节点

反馈节点和只有一个左端子的移位寄存器功能完全相同，即用来实现数据在前后两次循环中的传递，反馈节点是一种更简单的表达方式。

创建反馈节点可以通过在函数选板上编程子选板内"Structures(结构)"选板中选择

“Feedback Node(反馈节点)”图标。或者循环中连线构成反馈,LabVIEW 2020 也会自动生成反馈节点控件。

反馈节点图标由两部分构成,上方为反馈节点箭头,下方为初始化端子。反馈节点箭头表示连线上的数据流动方向,用户可以在节点上单击鼠标右键,从弹出的菜单中选择“Change Direction(改变方向)”来调整反馈节点方向。用户可以在循环体内或外对初始化端子赋值。默认在循环体内赋值,用户可以通过选择节点上弹出菜单的“Move Initializer One Loop Out(将初始化器移除一层循环)”选项,便可在循环体外为初始化端子赋值。与自动索引类似,使用反馈节点时需要给初始化端子赋值,否则多次执行循环结构时,只有第一次执行时反馈节点的初始值为默认值,后面执行程序时反馈节点的初始值是其前次执行 VI 时的最终值。

图 4－108 给出了在 For 循环中使用反馈节点计算 1＋2＋3＋…＋100 的示例。

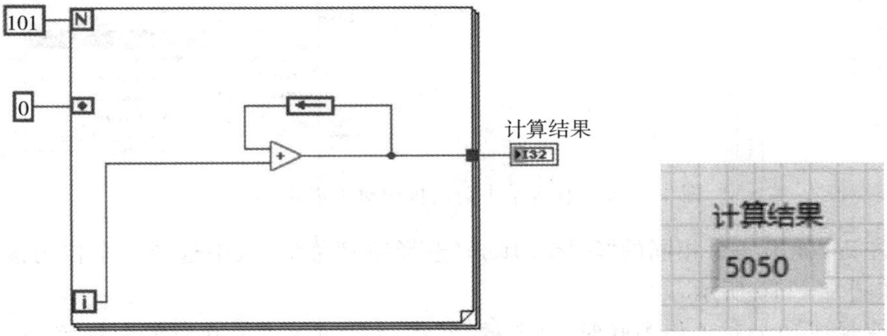

图 4－108　For 循环中使用反馈节点示例

4.3.7　局部变量与全局变量

1. 局部变量

局部变量是对某个前面板控件数据的引用,可以同时在多个位置读写该控件的数据。使用局部变量,不需要连线便可实现数据在框图中的传递。可以为一个数据同时创建多个局部变量,向其中任意一个局部变量写入数据,都会改变控件本身和其他所有局部变量内的数据。

局部变量的创建方式有以下两种。

(1)鼠标选中需要创建局部变量的对象,右键单击该变量,从弹出的快捷菜单中选择“Create(创建)”选项下的“Local Variable(局部变量)”选项,便可为该对象创建一个局部变量,如图 4－109 所示。

(2)直接从程序框图函数选板内“Structures(结构)”子选板中选择“Local Variable(局部变量)”,将其拖放到程序框图上任意位置。此时局部变量的图标上带有一个“?”,这是因为局部变量节点还未与一个对象相关联。用户可以在创建的局部变量上单击鼠标右键,可从弹出的快捷菜单中的“Select Item(选择项)”下看见前面板中可与局部变量相关联对象的菜单,用户可以从中选择一个满足需求的对象关联。用户也可以直接在未定义的局部变量上

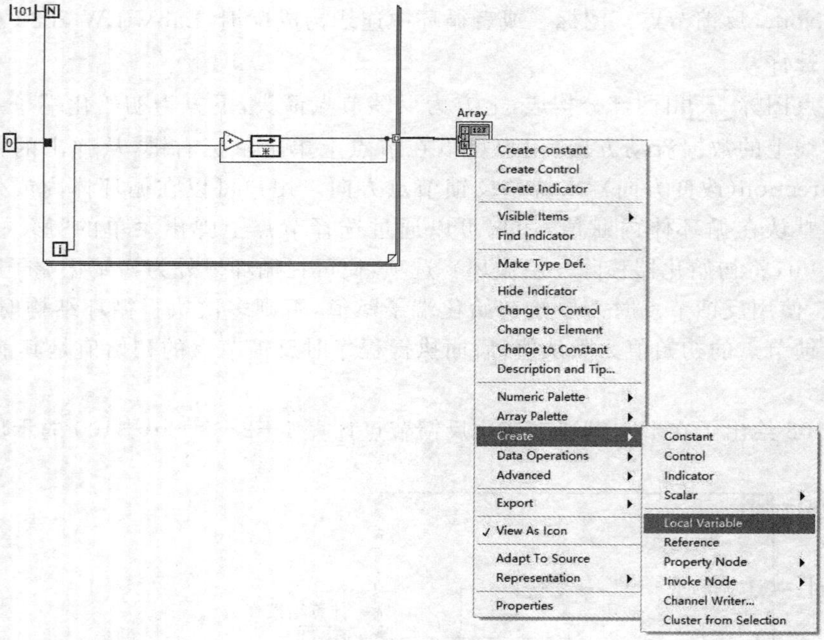

图 4－109　直接单击前面板中对象创建局部变量

单击鼠标左键，弹出一个相同的“Select Item(选择项)”菜单，从中选择一个作为该局部变量的定义，如图 4－110 所示。

局部变量成功与对象相关联时，之前的“?”将会自动变成关联对象的标签，如图 4－111 所示，局部变量与结果 1 控件相关联后，“?”变成了结果 1。局部变量有读和写两种属性：读属性可以从该变量中读取数据，写属性可以给局部变量赋值。用户可在局部变量图标上单击鼠标右键，从弹出的快捷菜单中选择“Change To Read(转换为读取)”或“Change To Write(转换为写入)”，如图 4－111 所示。

图 4－110　通过“函数选板”创建局部变量

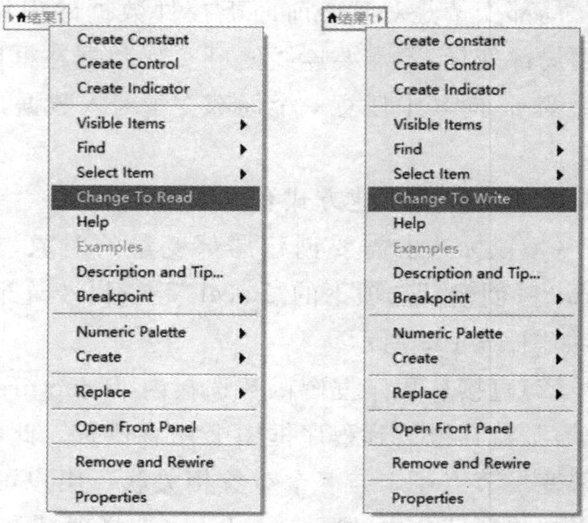

图 4－111　局部变量“读/写”属性的切换

【例 4-2】 一个使用了局部变量的示例程序框图如图 4-112 所示。程序中当调节“调压旋钮”时，对应的“调压表”会显示相应的数据；当数据达到设定值 8 以后，上限灯就会点亮。程序运行结果如图 4-113 所示。

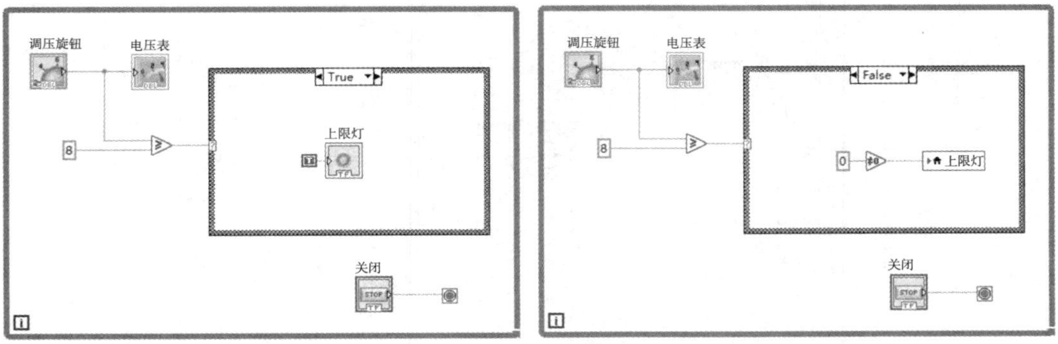

图 4-112　一个使用了局部变量的示例程序框图

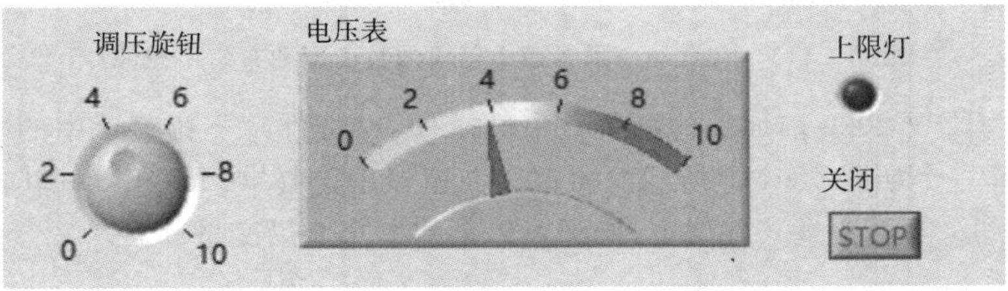

（a）电压表指针所示值未达上限

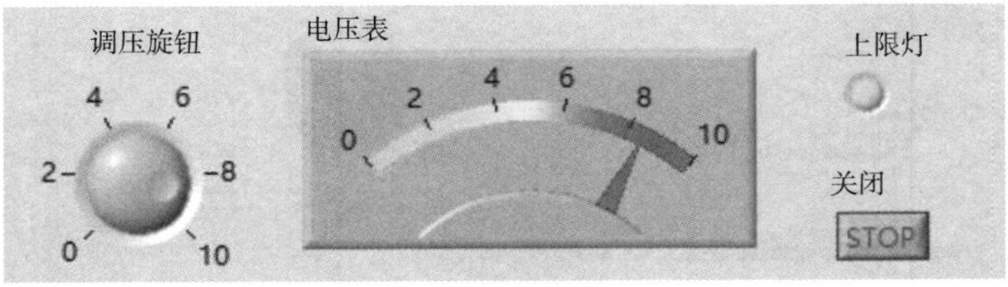

（b）电压表指针所示值达上限

图 4-113　程序运行结果

2. 全局变量

全局变量是 LabVIEW 2020 中的一个对象，通过全局变量，可以在不同的 VI 直接传递数据。局部变量只能在 VI 内部传递数据，这是它们最大的不同点。

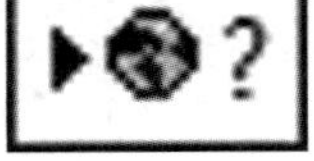

图 4-114　全局变量图标

若要创建一个全局变量，可以从程序框图“Structures（结构）”子选板中选择“Global Variable（全局变量）”，并将其拖放到程序框图上，得到如图 4-114 所示的全局变量图标。此时全局变量没有任何内容，是一个空的全局变量，双击该图标，会弹出全局变量的前面板，可在该前面板中按照需要放置不同数据类型的控件。图 4-115 所示为在全局变量界面中创建的数值型和布尔型控件。

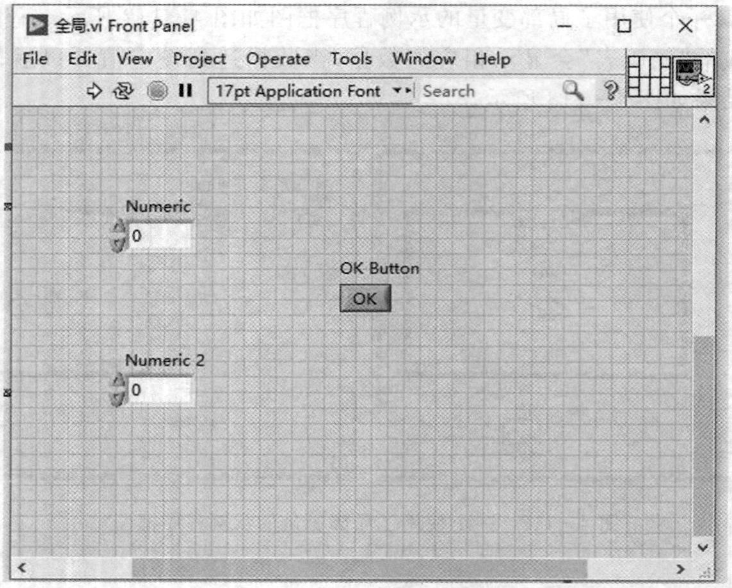

图 4-115　在全局变量界面中创建的数值型和布尔型控件

通过 LabVIEW 2020 前面板的菜单栏中选择“File(文件)”下拉菜单中的“New(新建)”选项，则将打开一个如图 4-116 所示的窗口。在窗口中选择“Other Files(其他文件)”中的“Global Variable(全局变量)”并确定，同样可以创建一个全局变量界面。

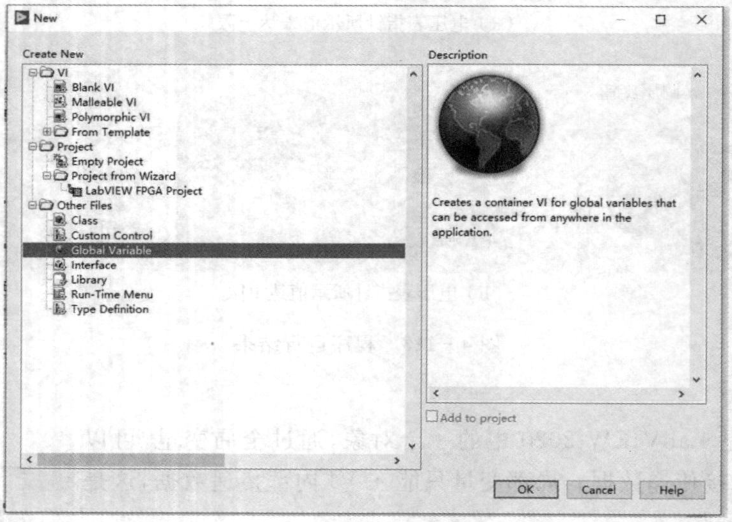

图 4-116　从“文件”下拉菜单中创建全局变量

若用户在全局变量前面板中按需要创建完成了对象，可以从全局变量前面板“File(文件)”下拉菜单中选择“Save(保存)”后退出并返回主程序框图。让全局变量与需要指向的对象关联起来的方法与局部变量相同。用户可用鼠标右键单击该全局变量图标，并从弹出的快捷菜单下的“Select Item(选择项)”中选择需要指向的对象，如图 4-117(a)所示。或者用鼠标左键单击全局变量的图标，直接从列表中选择需要指向的对象，如图 4 - 117(b)所示。如果要在程序中调用这个全局变量，则在“Functions Palette(函数选板)”中的“Select a VI(选择 VI)”子选板中选择用户程序对话框，从中选择已保存的全局变量。

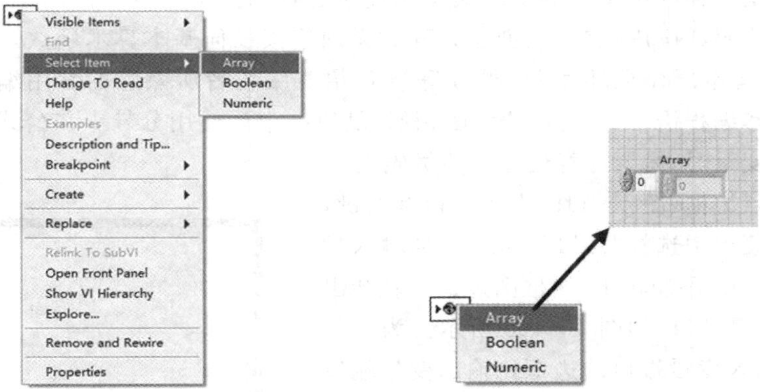

（a）从“Select Item（选择项）”中选择需要指向的对象　　（b）用鼠标左键单关联全局变量

图 4 - 117　全局变量的关联方式

【例 4 - 3】　图 4 - 118 所示是使用全局变量在不同 VI 之间传递波形数据。在 VI - 1 中生成一个信号类型可选的波形，并用“直接产生的信号波形”进行显示。通过“波形”全局变量将此波形数据传递给 VI - 2，用“通过全局变量传递的波形”进行显示。程序运行之后，就可以在 VI - 2 中看到从 VI - 1 中传递过来的波形数据。

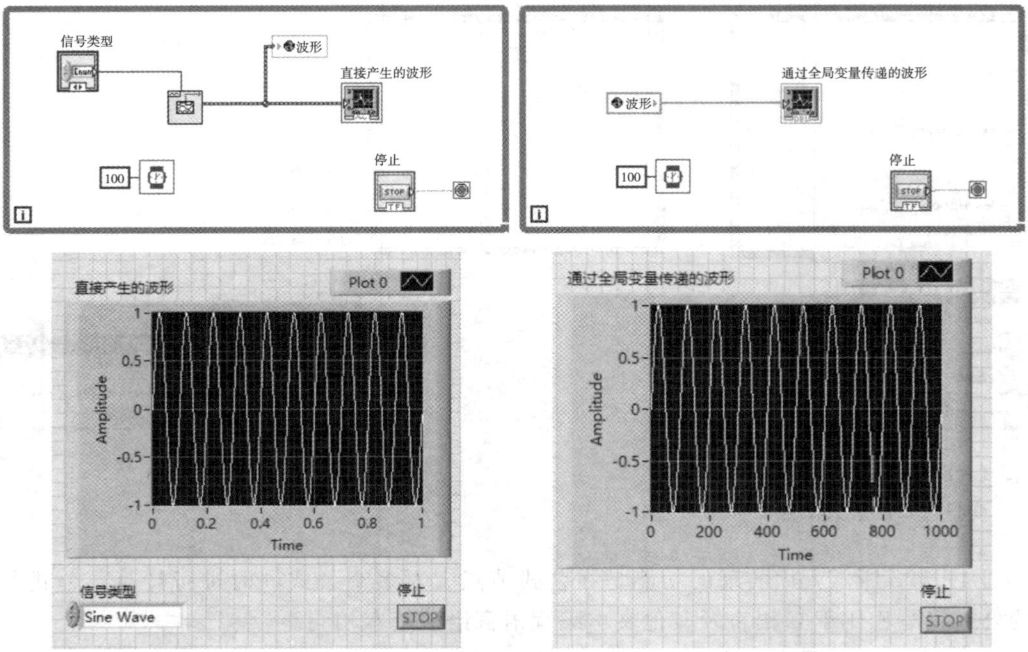

图 4 - 118　程序运行过程与结果

4.3.8 公式节点与脚本

1. 公式节点

公式节点是一种利用文本编辑形式实现程序逻辑的文本节点。使用工具节点时，用户无须使用外部代码或应用程序，且创建方程时无须连接任何基本算术函数。公式节点兼容If语句、While循环、For循环和Do循环等被C语言编程者所熟悉的常用编程语言。公式节点语法与文本编程语言、C语言的语法相似，赋值结束后使用分号。在公式节点中使用作用域规则声明变量时，需要注意运算符的优先级。

在公式节点边框(图4-119)上单击鼠标右键，从弹出的快捷菜单中选择“Add Input(添加输入)”或者“Add Output(添加输出)”，框图边框上就会出现输入/输出变量端口，如图4-120所示。为了便于用户分辨，输入变量端口的边框比输出变量端口的边框更细。用户可以在输入端口和输出端口上双击鼠标左键，往端口中输入相应的标签。

图4-119 公式节点边框

创建好输入端口和输出端口后，用户可以直接创建数值输入控件和数值输出控件。将鼠标移动至输入或输出端口后单击鼠标右键，从弹出的快捷菜单中选择“Create(创建)”，如图4-121所示，就可以选择窗和端口相连接的“Constant(常量)”“Control(输入控件)”或者“Indicator(显示控件)”。

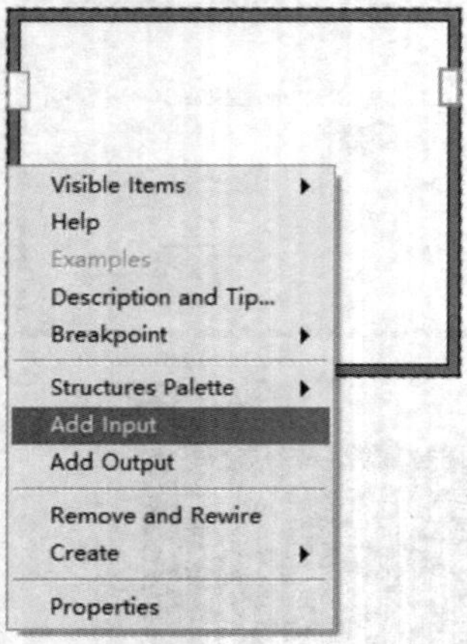

图4-120 带有输入/输出变量端口的公式节点

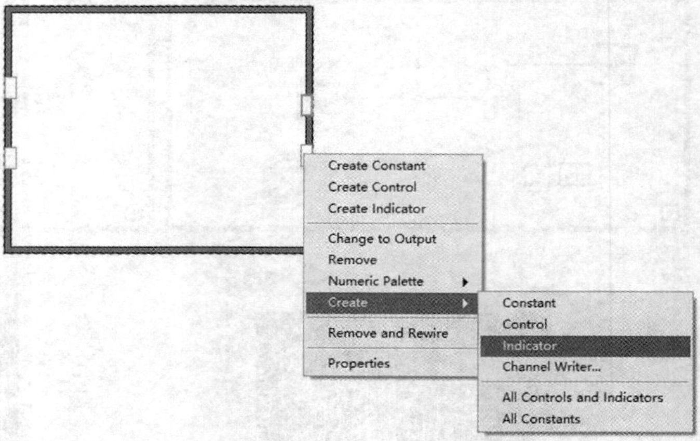

图4-121 创建显示控件

图4-122所示程序实现的功能是在公式节点上对多个公式同时进行计算。公式节点中的公式编写相比于C语言及其他文本编程语言语法基本相同。

图4-123所示程序实现的功能是if-else语句。此程序在运行过程中 y 和 z 的值会一直覆盖前次的值，而不会自动清零。

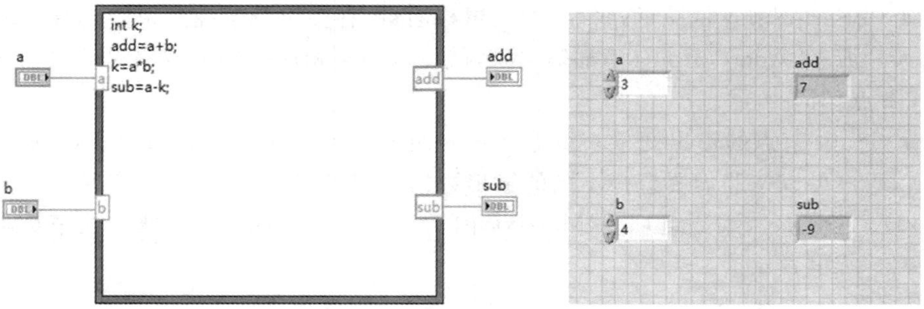

图 4－122　在公式节点中实现多个计算公式

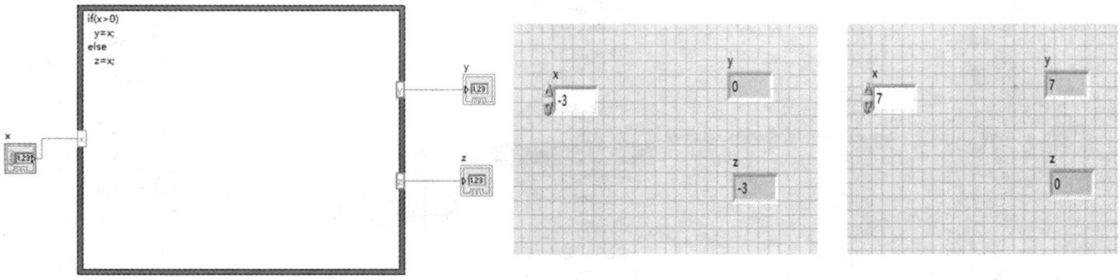

图 4－123　在公式节点中实现 if-else 功能

2. Math Script 节点

LabVIEW 2020 中 Math Script 是一种高级文本编辑语言，具有强大的信号处理、分析和数学计算功能，使用前需要确保 LabVIEW 2020 安装了“Math Script RT 模块”。Math Script 节点可以完美兼容 MATLAB 语法编写的大部分脚本，但不支持某些 MATLAB 软件所支持的函数。

创建 Math Script 节点的方法有两种：①用户可以直接在“Structures(结构)”选板中选择“Math Script Node(Math Script 节点)”并拖放到程序框图中；②在程序框图的函数选板中选择“Mathematics(数学)”子选板内“Scripts & Formulas(脚本与公式)”选板中的“Math Script Node(Math Script 节点)”并拖放到程序框图中，如图 4－124 所示。

图 4－124　Math Script 节点界面

在 Math Script 节点框图的边框上单击鼠标右键，在弹出的快捷菜单中选择“Add Input（添加输入）”或者“Add Output（添加输出）”，就可以得到相应的输入或输出端口。方法和原理与公式节点相同。

Math Script 节点的输出变量右键菜单中额外有一个“Choose Data Type（选择数据类型）”选项，用户可以按照需要选择不同的输出数据类型，如“Scalar（标量）”“1D－Array（一维数组）”“2D－Array（二维数组）”或“Matrix（矩阵）”。Math Script 节点框图程序及运行结界如图 4－125 所示。

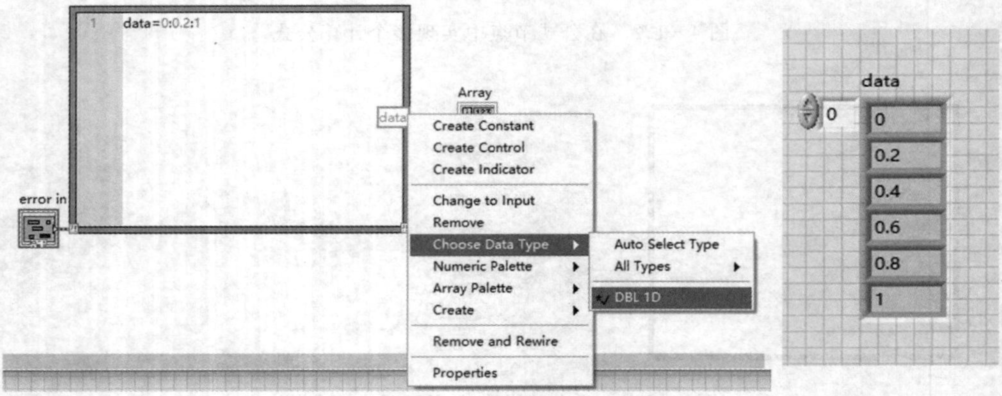

图 4－125　Math Script 节点框图程序及运行结果

【例 4－4】 使用 Math Script 节点绘制极坐标曲线，即

$$\rho=7\sin(5\theta/3),0\leqslant\theta\leqslant6\pi \tag{4-1}$$

使用图 4－126 所示的 Math Script 节点框图表示式（4－1），θ 用变量 theta 表示，幅值 ρ 用 rho 表示。程序使用了极坐标显示控件绘制极坐标图，用户可以通过前面板控件选板中

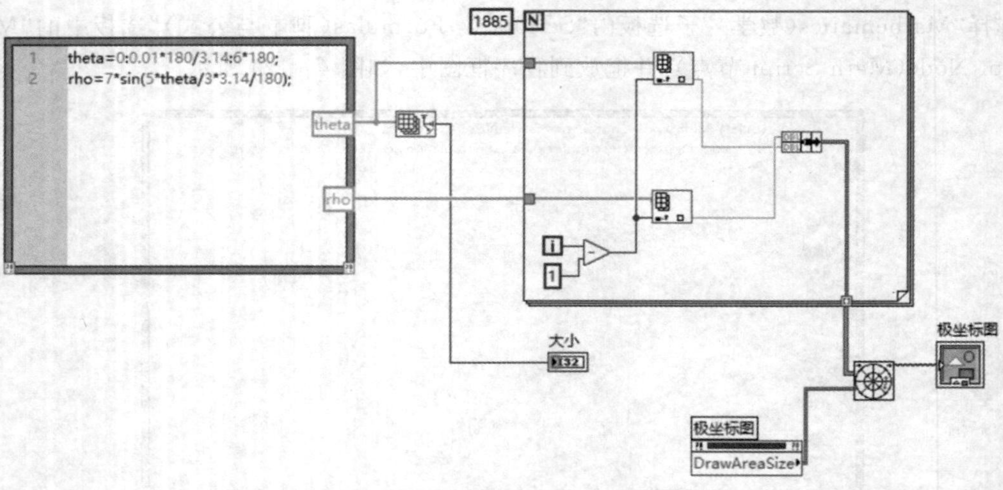

图 4－126　Math Script 节点框图程序

"Modern(新式)"选板内"Graph(图形)"选板中"Controls(控件)"子选板里的"Polar Plot Indicator(极坐标显示控件)",来完成极坐标图形的绘制。将其拖放到前面板中,程序框图会自动添加相应的控件。要想成功生成该公式的极坐标曲线,必须将幅度和相位(度为单位)组成的簇连接到极坐标显示控件的"data array[mag,phase(deg)](数据数组[大小,相位(度)])"。其中幅度表示点与圆心的直线距离;相位表示 x 轴正向与圆心两点之间直线的夹角,单位是度。关闭隧道索引如图 4－127 所示。

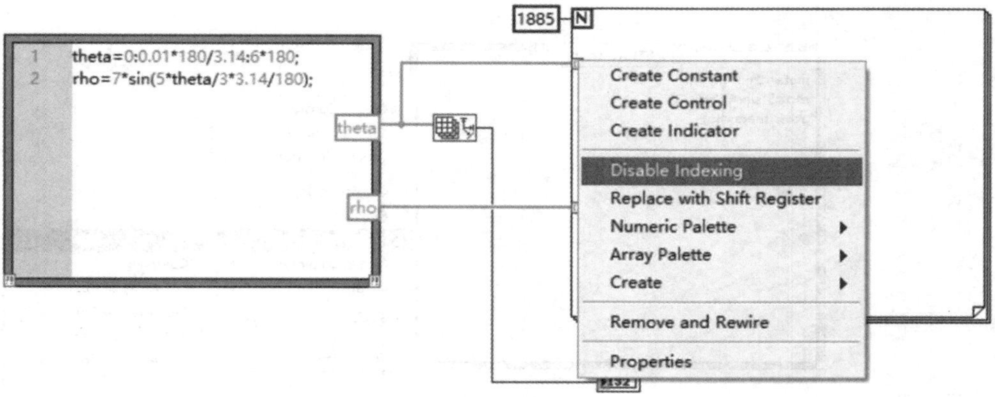

图 4－127　关闭隧道索引

程序运行前,需要使用如图 4－125 所示的方法将输出数据类型转换为"一维数组 DBL 1D"形式。使用"Array Size(数组大小)"函数获取 MathScript 节点运行的步数,这个步数就是输出数组的大小,得到步数为 1885。以 1885 为 For 循环的总线计数次数。特别注意,将节点数据通过隧道传递给 For 循环时,默认情况下会开启自动索引,需要右键点击隧道,从菜单栏中选择"Disable Indexing(关闭索引)",这样才能成功使用"Index Array(索引数组)"函数按索引号索引。最后使用"Bundle(捆绑)"函数将每一组索引的幅值和角度值捆绑并将数组簇传递到极坐标图中的"data array[mag,phase(deg)](数据数组[大小,相位(度)])"端子。Math Script 节点框图程序的运行结果如图 4－128 所示。

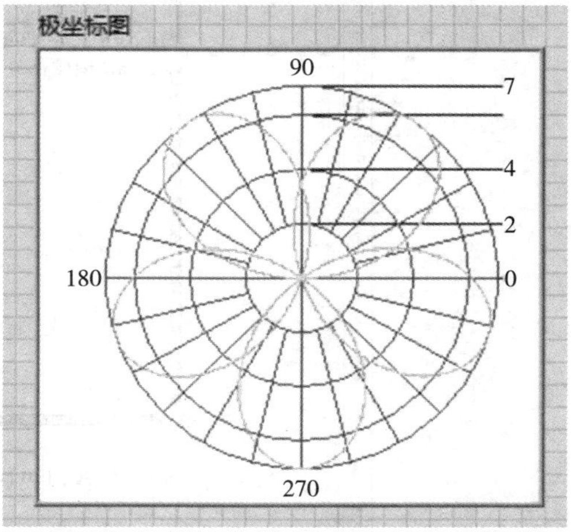

图 4－128　Math Script 节点框图程序的运行结果

3. MATLAB 脚本节点

LabVIEW 2020 中还提供了 MATLAB 节点,用户可以通过程序框图函数选板的"Mathematics(数学)"子选板内"Scripts & Formulas(脚本与公式)"选板中选择"MATLAB

Script(MATLAB 脚本节点)”并拖放到程序框图中来创建一个 MATLAB 脚本节点。MATLAB 脚本节点和 Math Script 节点的框图与结构很相似，使用方法也基本相同。

使用 Math Script 节点时，运行结果将直接显示到 VI 中。但使用 MATLAB 脚本节点运行的结果需要调用 MATLAB 软件来显示。这就意味着，使用 MATLAB 脚本节点必须在计算机中装有 MATLAB 软件。如果 MATLAB 软件没有打开，用户在运行相应 VI 时 LabVIEW 2020 软件会启动 MATLAB。MATLAB 脚本节点框图与 MATLAB 脚本节点的程序框图分别如图 4－129、图 4－130 所示。

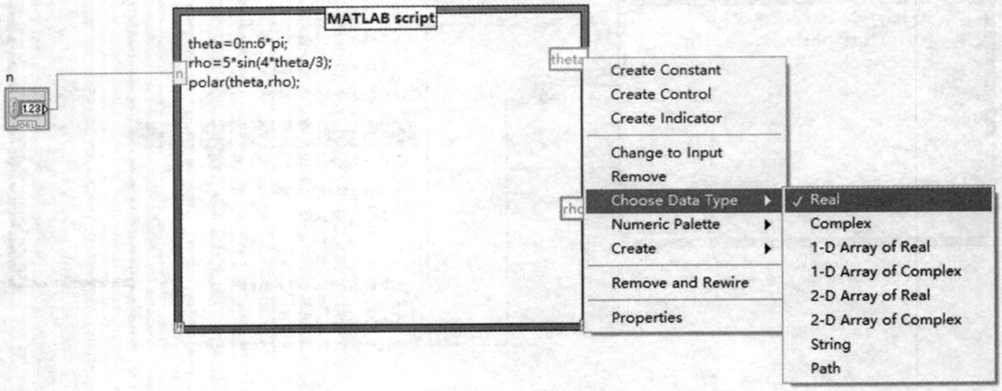

图 4－129　MATLAB 脚本节点框图

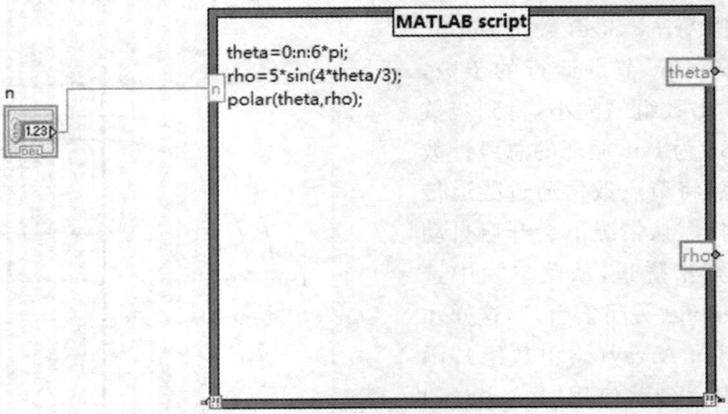

图 4－130　MATLAB 脚本节点的程序框图

4.3.9　列表与表格控件

“List，Table & Tree(列表、表格和树)”选板位于前面板控件选板中，其中包含了“Listbox(列表框)”“Multicolumn Listbox(多列列表框)”“Table(表格)”“Tree(树形)”和“Express Table(Express 表格)”控件，如图 4－131 所示。

表格中每个单元格都是一个字符串，实际上是一个二维字符串数组。使用表格可以记录、存储、汇总大量数据。默认情况下，表格是不含行首和列首的，用户可以用鼠标右键单击表格，在弹出的快捷菜单中勾选“Visible Items(显示项)”下的“Row Headers(行首)”和“Column Headers(列首)”选项,便可显示行首和列首。用户可以在行首和列首中添加表格各行各列的说明或序号等,如图 4-132 所示单元格,行首添加的是各行的序号,列首添加的是每列的说明。用户可以用鼠标左键单击单元格输入字符,但是左上角第一个单元格无法输入数据,用户可以通过工具选板的“Edit Text(编辑文字)”工具为其添加标签,从而得到输入字符的效果。

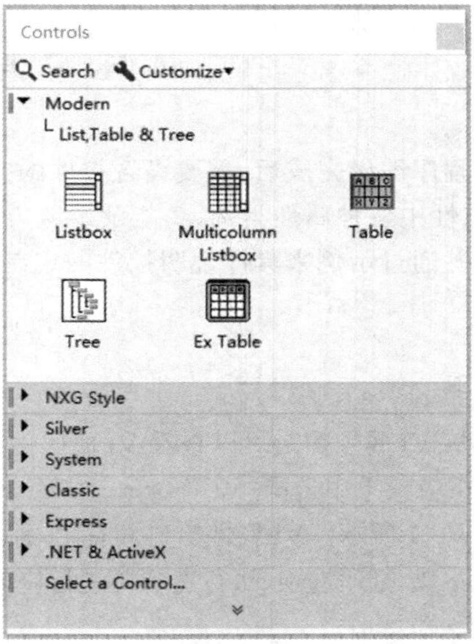

图 4-131　列表与表格

使用 Express 表格控件可以帮助用户简单便捷地构建一个新表格。图 4-132 所示的程序和前面板,实现了使用 Express 表格记录添加的随机数,并将添加随机数的时间和编号也一起记录进表格中。前面板添加 Express 表格控件以后,Table 程序框图中会出现对应的“Build Table(创建表格)”函数,双击该函数,在弹出的窗口中选择“Include time data(包含时间数据)”选项,则在表格中会自动添加每次数据输入表格时的系统时间。For 循环结构每循环一次,就会通过属性节点为表格创建对应的行编号。数值输入控件可以为表格设定添加随机数的个数。

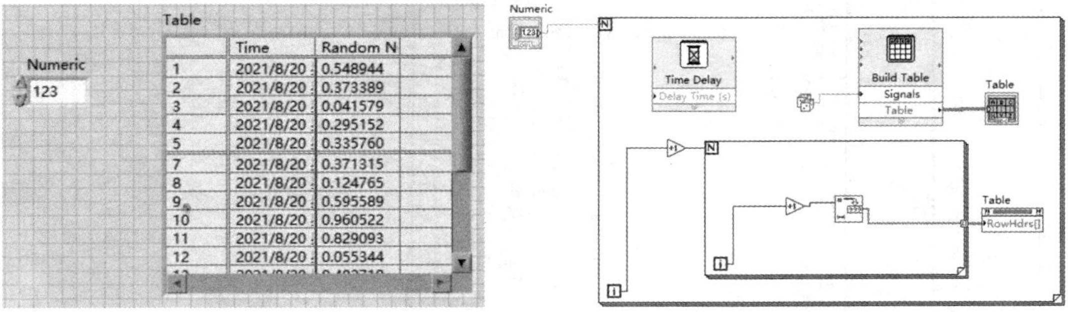

（a）单元格　　　　（b）程序内部的结构

图 4-132　表格控件及在表格中添加字符串的功能框图

树形控件用于向用户提供一个可供选择的层次列表,可以输入多个项并进行组织,分为若干组项或若干组节点。树形控件默认显示列首,第一列用作树形目录菜单,第二列可以添加说明。用户可以直接单击树形控件框格输入多个项,然后在控件上单击鼠标右键,在弹出的快捷菜单中选择“Indent Item(缩进项)”或“Outdent Item(移出项)”创建项的结构层次,若输入错误还可选择“Delete Item(删除项)”删除错误项。若选择“Edit Items(编辑项)”选项,则会弹出编辑项窗口,用户可以在该窗口为树形控件内输入的项设置标识符,还可在该窗口禁用指定项。列表框控件与多列列表框控件只能输入长整型的数据类型。其使用方法与表格类似。

第5章　操作界面

程序编译完成后，需要设置控件的一些属性及VI的属性以实现特定功能。本章将介绍VI属性中各种属性类别、功能及设置方法，最后将介绍菜单的编辑方法和属性节点的相关知识并通过示例来具体说明控件的定制方法。

5.1　设置VI属性

从VI属性窗口可以查看VI的属性并进行设置，用户可以在前面板或程序框图的“File(文件)”下拉菜单中选择“VI Properties(VI属性)”选项或按Ctrl＋I组合键可以打开VI属性窗口，如图5－1所示。VI属性窗口共有11种不同的属性类别选项，通过这些属性可以对VI窗口大小和外观、打印选项、执行选项等进行修改。下面将对这11种属性类别进行详细介绍。

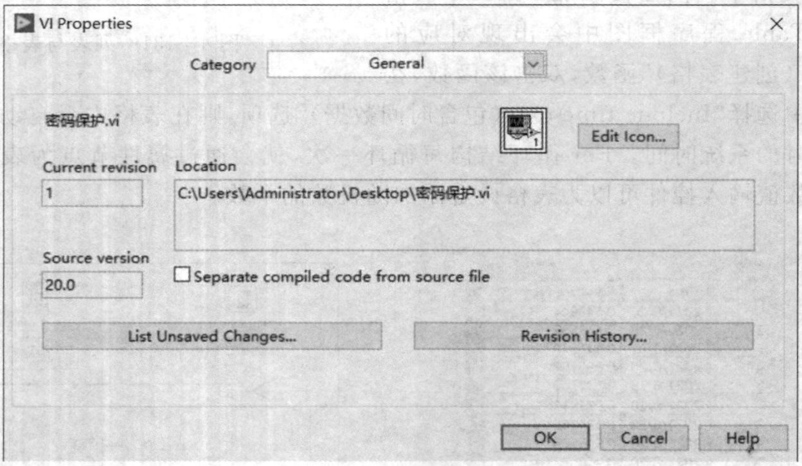

图5－1　VI属性窗口

5.1.1　常规属性页

常规属性页用于显示图标、VI所在位置和修订信息。在VI Properties(属性)窗口的“Category(类别)”下拉菜单中选择“General(常规)”选项，窗口就开始显示常规属性页，如图5－1所示。

(1)Edit Icon(编辑图标按钮)。单击后打开图标编辑器对话框，图标编辑框可以设置VI被调用时显示的图标，在创建子VI中已做详细介绍，在此不再赘述。

(2)Current revision(当前修订版)。显示该VI最新的修订号。

(3)Location(位置)。显示保存VI的当前路径。

(4)List Unsaved Changes(列出未保存的改动)。显示上次保存后对VI所作的修改。

单击弹出解释改动对话框，上面列出了 VI 每个未保存的改动和这些改动的详细信息。

(5)Revision History(修订历史)。单击弹出对话框，显示与该 VI 同时保存的注释历史。

5.1.2　内存属性页

内存属性页用于显示 VI 使用的磁盘和系统内存，用户可以在类别中选择“Memory Usage(内存使用)”来打开此页面。页面显示了 VI 使用内存的详细情况，但是不反映子 VI 的内存占用情况。每个 VI 根据程序的大小和复杂程度占用不同大小的内存。用户可以保存 VI 并关闭程序框图，释放占用的内存。内存属性页如图 5－2 所示。

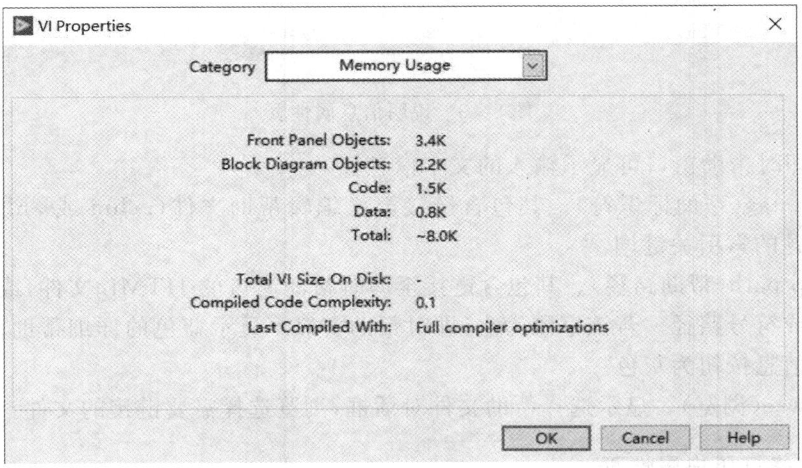

图 5－2　内存属性页

(1)Front Panel Objects(前面板对象)。显示该 VI 前面板对象使用的内存容量，以 kB 为单位。

(2)Block Diagram Objects(程序框图对象)。显示该 VI 程序框图对象使用的内存容量。

(3)Code(代码)。显示该 VI 已编辑代码的字节数。

(4)Data(数据)。显示该 VI 数据空间的字节数。

(5)Total(总计)。显示该 VI 占用的内存总容量。

(6)Total VI Size On Disk(磁盘中 VI 大小总计)。显示该 VI 文件的总文件大小。

(7)Compiled Code Complexity(已编译代码复杂度)。根据选项对话框环境页的编译器优化的位置，指定被引用 VI 的复杂度。

(8)Last Compiled With(最近一次编译)。表示最近一次编译 VI 时编译器的优化程度。

5.1.3　说明信息属性页

说明信息属性页用于设置 VI 说明，以及在 VI 和 HTML 或已编译帮助文档之间建立链接，用户可以在类别中选择“Documentation(说明信息)”来打开此页面，如图 5－3 所示。

(1)VI description(VI 说明)。在 VI 说明窗口输入 VI 的描述信息，完成后当光标移至

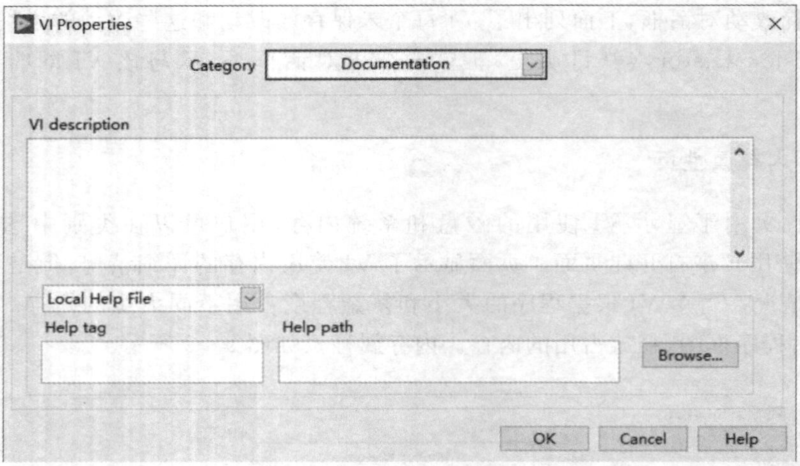

图 5-3　说明信息属性页

VI 图标时，即时帮助窗口可显示输入的文本信息。

(2)Help tag(帮助标识符)。其包含链接至已编辑帮助文件(.chm 或 .hlp)的 HTML 文件名或主题的索引关键词。

(3)Help path(帮助路径)。其包含链接至即时帮助窗口的 HTML 文件，或已编译帮助文件的路径或符号路径。若该字段为空，即时帮助窗口不显示蓝色的详细帮助信息链接，并且详细帮助信息按钮为灰色。

(4)Browse(浏览)。显示选择帮助文件对话框，浏览选择需要链接的文件。

5.1.4　修订历史属性页

修订历史属性页用于设置当前 VI 的修订历史，用户可以在类别中选择“Revision History(修订历史)”来打开此页面，如图 5-4 所示。

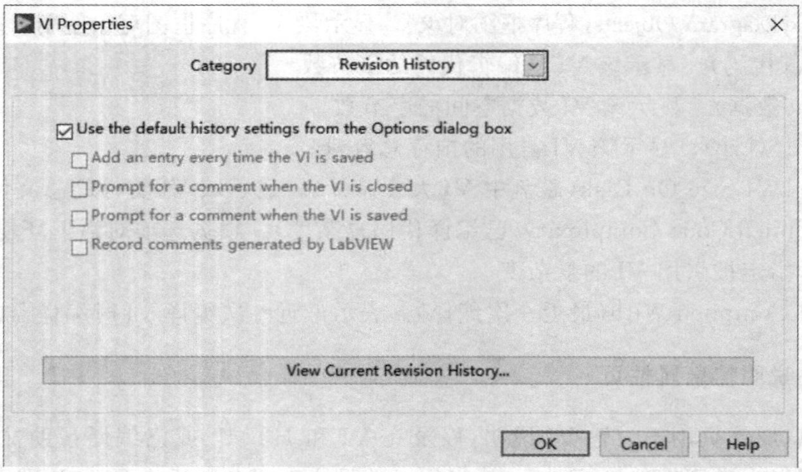

图 5-4　修订历史属性页

(1)Use the default history settings from the options dialog box(使用选项对话框中的默认历史设置)。选中时使用系统默认的设置查看当前 VI 修订历史,此时下方的四个选项无法选取。取消时,可自定义查看历史设置。

① Add an entry every time the VI is saved(每次保存 VI 时添加注释):改动 VI 后保存该 VI,可在历史窗口中自动生成注释。

② Prompt for a comment when the VI is closed(关闭 VI 时提示输入注释):如果 VI 打开后已被修改,即使已保存这些改动,LabVIEW 2020 也将在关闭 VI 时提示在历史窗口中添加注释。

③ Prompt for a comment when the VI is saved(保存 VI 时提示输入注释):如果在上次保存后对 VI 进行任何改动,LabVIEW 2020 将提示用户向历史窗口中添加注释。

④ Record comments generated by LabVIEW 2020(记录由 LabVIEW 生成的注释):如果 LabVIEW 2020 对 VI 进行自动修改,保存 VI 时 LabVIEW 可在历史窗口中自动生成注释。

(2)View Current Revision History(查看当前修订历史):显示与该 VI 同时保存的注释历史。

5.1.5　编辑器选项属性页

编辑器选项属性页用于设置对齐网格的大小,还可设置创建输入控件/显示控件的控件样式,用户可以在类别中选择"Editor Options(编辑器选项)"来打开此页面,如图 5-5 所示。

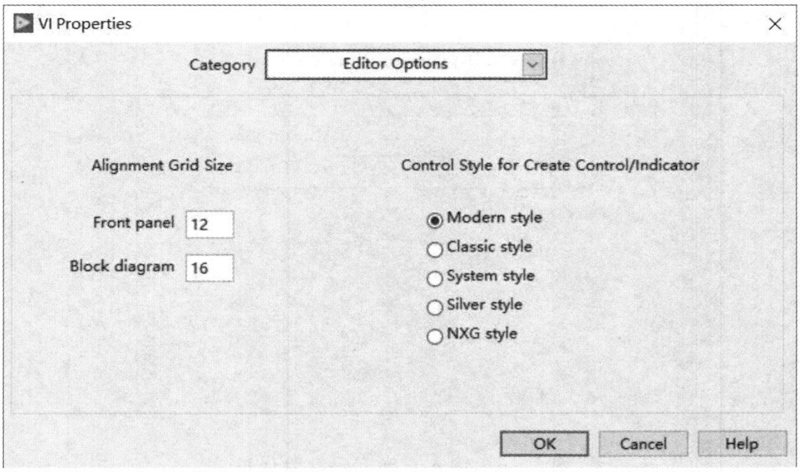

图 5-5　编辑器选项属性页

(1)Alignment Grid Size(对齐网格大小)。指定当前 VI 前面板和程序框图对齐网格单位的大小,单位为像素。

(2)Control Style for Create Control/Indicator(创建输入控件/显示控件的控件样式)。用户可以自己设置创建输入控件/显示控件的控件样式。设置的是鼠标右键接线端创建控件的样式。

5.1.6 保护属性页

保护属性页用于设置受密码保护的 VI 选项，用户可以在类别中选择“Protection（保护）”来打开此页面。用户可以在此页面为自己的 VI 设置密码，以免源代码泄露。

(1)Unlocked(no password)(未锁定)(无密码)。选择后任何用户都可以查看并编辑 VI 的前面板和程序框图。

(2)locked(no password)(已锁定)(无密码)。选择后 LabVIEW 2020 将锁定 VI，用户可以在此页面解锁。

(3)Password-protected(密码保护)。选择后将给 VI 设置保护密码。选中后弹出输入密码对话框，用户可以在此设置新密码保护 VI。当打开设置了密码保护的 VI 后，用户无法编辑 VI 或查看程序框图。单击前面板“Window”菜单的“Show Block Diagram(显示程序框图)”选项，会弹出密码输入对话框，如图 5－6 所示。若密码输入正确，则可以查看程序框图并进行编辑。

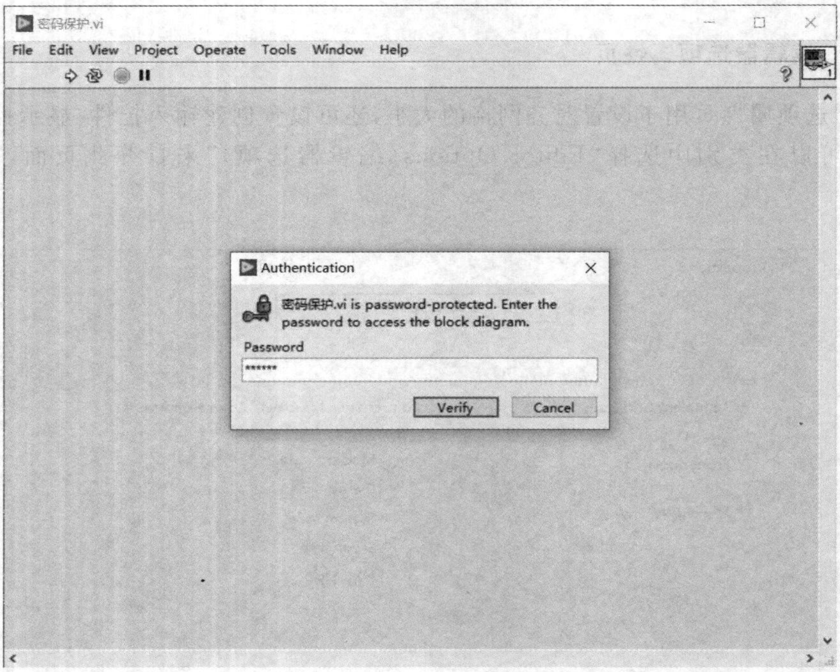

图 5－6　输入正确密码解除保护

(4)Change Password(更改密码)：用户可以在此更改已设置的密码。

5.1.7 窗口外观属性页

窗口外观属性页用于自定义 VI 窗口外观，用户可以在类别中选择“Window Appearance(窗口外观)”来打开此页面，如图 5－7 所示。

(1)窗口标题。显示 VI 运行时窗口的标题。默认时窗口标题与 VI 名称相同，用户可以

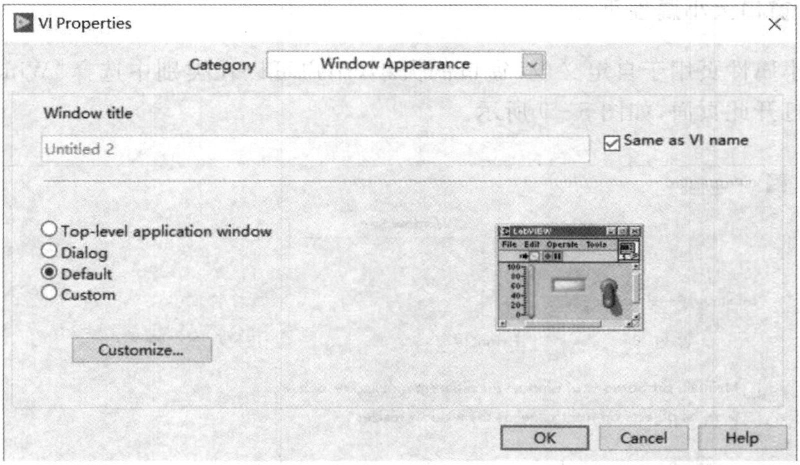

图 5－7　窗口外观属性页

取消勾选自定义标题。

(2)窗口样式。LabVIEW 2020 提供三种设计好的窗口样式和可以自定义的窗口样式。在窗口外观属性页面右端可以看到窗口样式效果图。

① Top-level application window(顶层应用程序窗口):显示标题栏和菜单栏,隐藏滚动条和工具栏,不允许调整窗口大小,可以关闭和最小化窗口。

② Dialog(对话框):该样式没有菜单栏,也无法最小化窗口,只允许关闭窗口。运行时用户无法打开其他的 VI 窗口。

③ Default(默认):该样式和编辑调试 VI 时窗口样式相同。

④ Custom(自定义):使用自定义窗口模式。下方有个自定义按钮,单击它,系统会弹出自定义窗口外观对话框,如图 5－8 所示,用户可以在此设置符合需求的窗口外观。

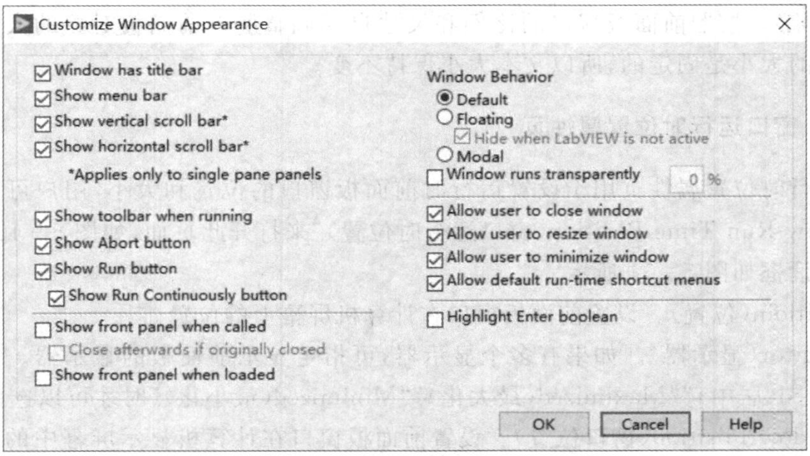

图 5－8　窗口样式自定义对话框

5.1.8 窗口大小属性页

窗口大小属性页用于自定义 VI 窗口的大小，用户可以在类别中选择“Window Size(窗口大小)”来打开此页面，如图 5-9 所示。

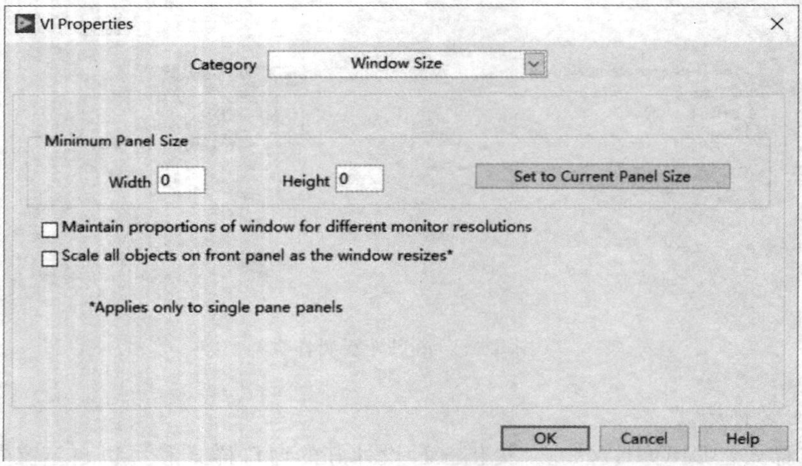

图 5-9 窗口大小属性页

(1)Minimum Panel Size(前面板最小尺寸)。设置前面板的最小尺寸，但窗口的长和宽均不能少于 1 像素。可以点击“Set to Current Panel Size(设置为当前前面板大小)”按钮，前面的“Width(宽度)”和“Height(高度)”将自动显示当前前面板的宽度和高度。

(2)Maintain proportions of window for different monitor resolutions(使用不同分辨率显示器时保持窗口比例)。在不同显示器分辨率的计算机上打开 VI 时，VI 能自动调整窗口比例，使占用的屏幕空间大小基本一致。

(3)Scale all objects on front panel as the window resizers(调整窗口大小时缩放前面板上的所有对象)。按照前面板窗口的比例和尺寸自动调整所有前面板对象的大小。需要注意的是字体的大小是固定的，所以文本大小保持不变。

5.1.9 窗口运行时位置属性页

窗口运行时位置属性页用于设置运行时前面板窗口的位置和大小，用户可以在类别中选择“Window Run-Time Position(窗口运行时位置)”来打开此页面，如图 5-10 所示，窗口运行位置对话框如图 5-11 所示。

(1)Positioin(位置)。设置前面板窗口在计算机屏幕上的位置。

(2)Monitor(显示器)。如果有多个显示器，可指定显示前面板的显示器。当位置选项选为“Centered(居中)”“Maximized(最大化)”“Minimized(最小化)”时才可以选择该选项。

(3)Window Position(窗口位置)。设置前面板窗口在计算机显示屏幕中的位置。当位置选项选为“Custom(自定义)”时才可进行设置。可以使用当前位置或自定义位置。

(4)Panel Size(前面板大小)。设置前面板的大小，当位置选项选为“Centered(居中)”或

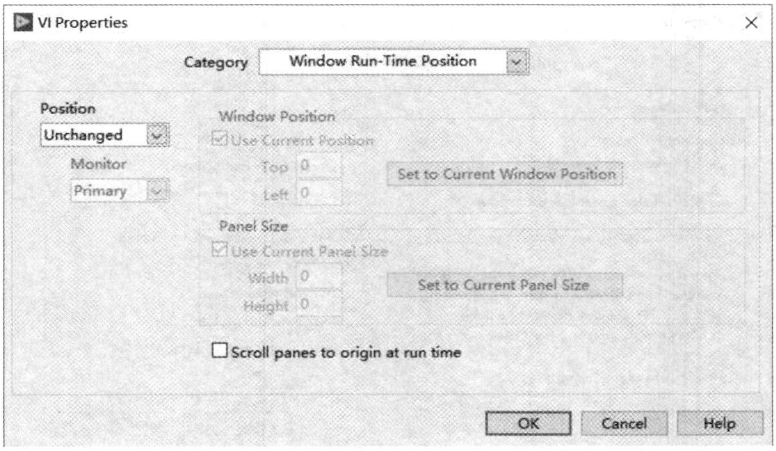

图 5 - 10　窗口运行时位置属性页

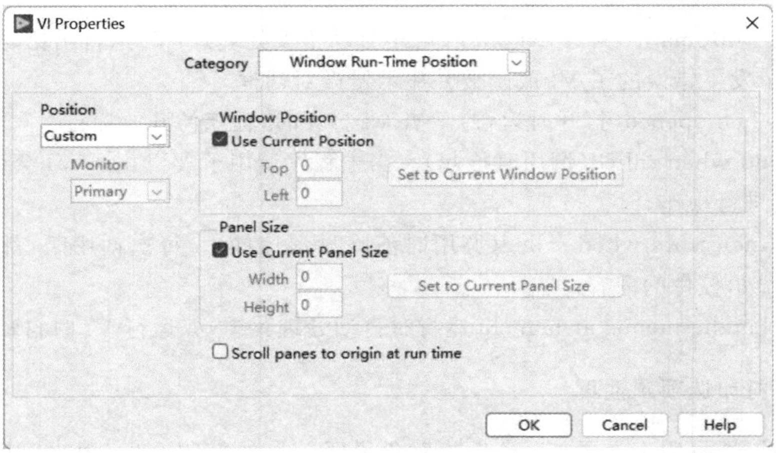

图 5 - 11　窗口运行位置对话框

者“Custom(自定义)”时才可使用。可以使用当前大小或自定义大小。

5.1.10　执行属性页

执行属性页用于设置执行时的相关选项,用户可以在类别中选择“Execution(执行)”来打开此页面,如图 5 - 12 所示。

(1)Priority(优先级)。其用来设置 VI 在 LabVIEW 2020 执行系统中运行的优先顺序。程序设置时,用户可以将重要的 VI 优先级设置高一点。但需要注意,若 VI1 运行需要输入 VI2 的输出,则 VI1 的优先级不能设定得比 VI2 高,否则程序将无法运行。

(2)Allow debugging(允许调试)。允许调试 VI,如设置断点、创建探针、启用高亮显示执行过程和单步执行等。

(3)Reentrancy(重入执行)。设置 VI 能否被多个调用方同时调用。

(4)Preferred Execution System(首选执行系统)。设置用户首选的执行系统。LabVIEW 2020 支持多个同步执行系统。

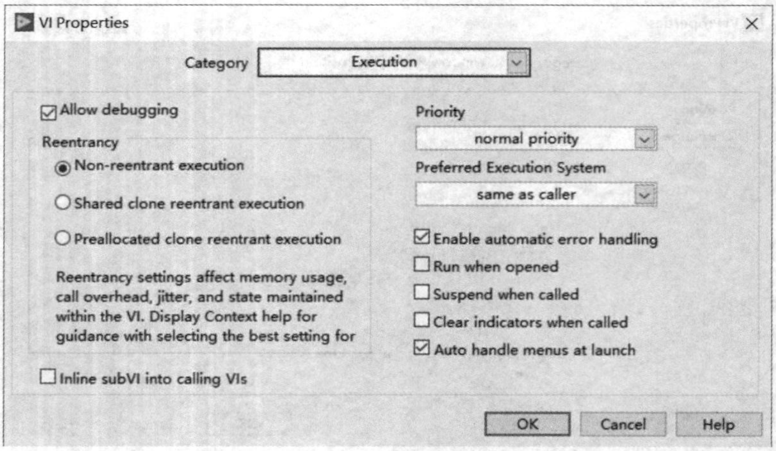

图 5－12　执行属性页

(5)Enable automatic error handling(启用自动错误处理)。VI 运行出错时，会自动中止执行，高亮显示发生错误的子 VI 或函数并显示错误对话框。

(6)Run when opened(打开时运行)。当 VI 打开时，程序便开始运行。

(7)Suspend when called(调用时挂起)。当主程序调用子 VI 时，子 VI 会弹出前面板并等待用户对其进行操作。

(8)Clear indicators when called(调用时清除显示控件)。每次调用时，都会清空本 VI 和下属子 VI 显示控件的内容。

(9)Auto handle menus at launch(运行时自动处理菜单)。运行 VI 时自动处理菜单。

5.1.11　打印选项属性页

打印选项属性页用于设置 VI、模板或对象说明信息的打印选项，用户可以在类别中选择“Print Options(打印选项)”来打开此页面，如图 5－13 所示。

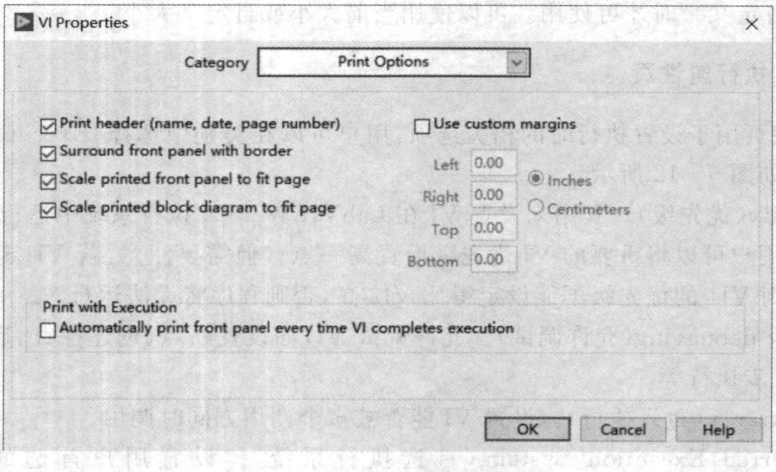

图 5－13　打印选项属性页

(1)Print header(打印页眉)。在每页顶部打印页眉,包括 VI 名称、最后修改 VI 的日期和页码。

(2)Surround front panel with border(使用边框包围前面板)。在前面板周围打印边框。

(3)Scale printed front panel to fit page(缩放要打印的前面板以匹配页面)。按照打印页的大小调整前面板的尺寸。

(4)Scale printed block diagram to fit page(缩放要打印的程序框图以匹配页面)。按照打印页的大小调整程序框图的尺寸。

(5)Use custom margins(使用自定义页边距)。设置前面板打印的自定义页边距,可以设置单位为英寸或厘米。

(6)Print with Execution(每次 VI 执行结束时自动打印前面板)。VI 运行结束后自动打印前面板。

5.2　用户菜单

菜单项是用户界面必不可少的组成部分。用户可以使用菜单编辑器或者菜单函数选板自定义或编辑前面板菜单项。

5.2.1　菜单编辑器

菜单编辑器可以使用方便快捷的设计程序菜单。在前面板“Edit(编辑)”选项的下拉菜单中单击“Run-Time Menu(运行时菜单)”选项,LabVIEW 2020 会自动弹出菜单编辑器窗口,如图 5－14 所示。

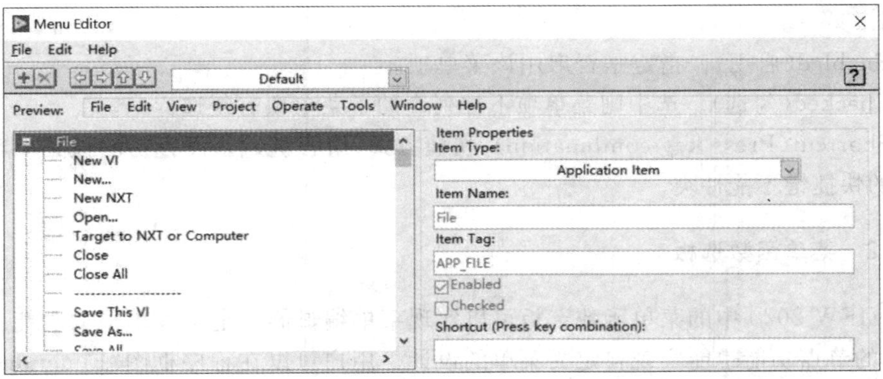

图 5－14　菜单编辑器窗口

菜单编辑器提供了“Default(默认)”“Minimal(最小化)”“Custom(自定义)”三种菜单类型。其中,默认类型显示的是未做任何改变的标准菜单。最小化类型显示只包括常用项的标准菜单。自定义类型显示用户自定义创建、编辑和保存的菜单。用户可以在菜单类型下拉栏中选择三种类型中的一种。

LabVIEW 2020 为创建菜单项并指定其顺序位置提供了相应的工具栏,位置在菜单类型栏左侧。工具栏按钮的详细功能如图 5－15 所示。

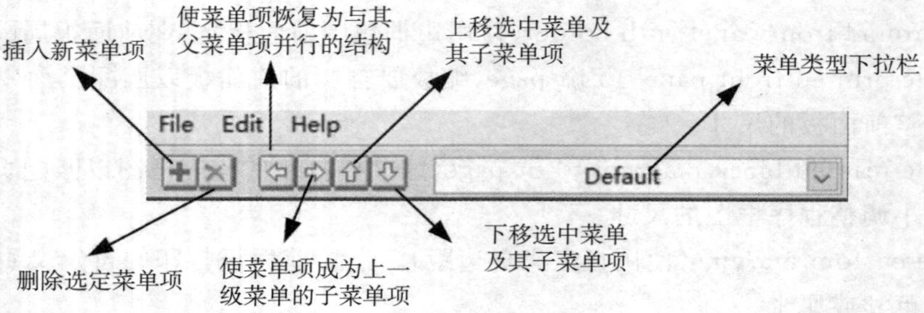

图 5－15 工具栏按钮的详细功能

工具栏下方为“Preview(预览)”窗口，用户可以在此看到当前创建的菜单项，单击这些菜单项还可以看到其相应的下拉子菜单。在自定义模式下，选中这些菜单项并在右边的“Item Properties(菜单项属性)”对话框中设置其属性，便可完成菜单项的编辑。菜单项属性对话框可设置如下属性。

(1)Item Type(菜单项类型)。菜单项共有“User Item(用户项)”“Separator(分隔符)”和“Application Item(应用程序项)”三种类型可供选择。用户项用于用户创建新的菜单项，若想实现其功能则需要在程序框图中编写相应的菜单应用程序。分隔符用于在菜单中插入分隔符，可以将不同功能的菜单项分隔开。应用程序项用于选择默认菜单项，这些菜单项功能均已定义完成，用户将其插入自定义菜单中即可使用。

(2)Item Name(菜单项名称)。显示自定义菜单的名称。

(3)Item Tag(菜单项标识符)。显示自定义菜单项唯一的标识符，默认情况下和菜单项名称相同。

(4)Enabled(启用)。指定是否启用该菜单项。

(5)Checked(勾选)。选中则菜单项下拉列表的子菜单项有复选标记。

(6)Shortcut(Press key combination)[快捷方式(组合键)]。设置访问该菜单项的快捷键，设置的快捷键不能冲突。

5.2.2 菜单函数选板

LabVIEW 2020 中的菜单函数选板可以实现菜单编辑器自定义菜单项的功能。同时菜单模板上的节点功能也能实现自定义菜单的设计。用户可以在程序框图“Functions Palette(函数选板)”下“Dialog & User Interface(对话框与用户界面)”选板中找到“Menu(菜单)”选板。常用的菜单函数如下。

(1)Current VI's Menubar(当前 VI 菜单栏)。当前 VI 菜单栏函数的功能是获取当前 VI 的菜单引用句柄。菜单引用指向的是当前 VI 的菜单栏，可以与其他菜单函数结合使用。当前 VI 菜单栏函数接线端子如图 5－16 所示。

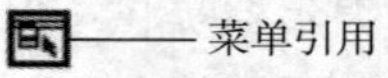

图 5－16 当前 VI 菜单栏函数接线端子

(2)Get Menu Selection(获取所选菜单项)。获取所选菜单项函数的功能是获取最后选中的菜单项的项标签，设置等待时间。其接线端子如图 5－17 所示。

毫秒超时端子输入等待用户操作菜单的时间，默认输入值为 200，单位为毫秒。若用户未在设置的时间内对菜单项进行操作，则程序运行结束。可以设置毫秒输入端子输入值为－1，表示永不超时。禁用菜单端子输入默认为 False，表示启用菜单追踪，可以对菜单项进行操作。如果输入为 True，则暂时关闭菜单追踪。项标识符输出用户选择的菜单项，通过连线至条件结构选择器可处理菜单选择。项路径输出选择项在菜单层级结构中的位置。

(3)Insert Menu Items(插入菜单项)。插入菜单项函数的功能是在指定菜单或子菜单中插入项名称或项标识符指定的新菜单项。插入菜单项函数接线端子如图 5－18 所示。

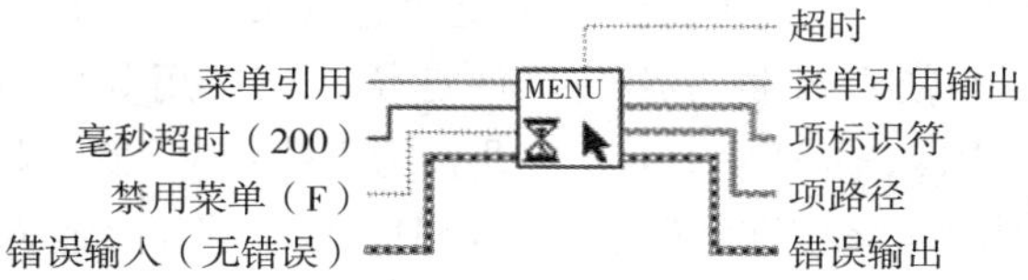

图 5－17　获取所选菜单项函数接线端子

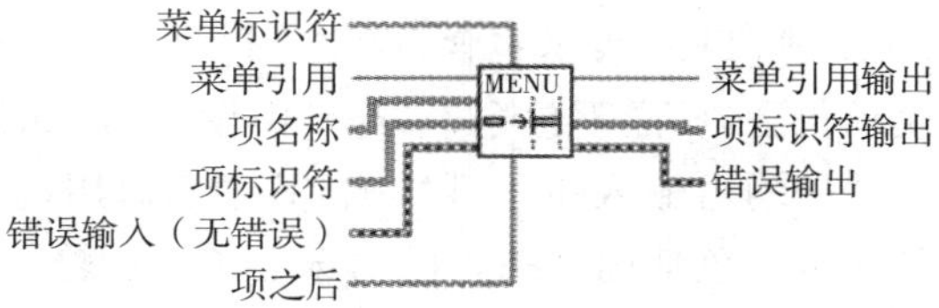

图 5－18　插入菜单项函数接线端子

菜单标识符端子输入的是插入位置的上一级菜单的名称。若该端子无输入，则默认插入顶层菜单项。项名称和项标识符端子确定要插入菜单的项，可以输入单个字符串或数组型字符串。若项标识符和项名称相同，可以只对两者中任一个进行名称定义。项之后端子可以指定要插入项的位置，可以输入已有项的标识符(字符串)或菜单上的位置索引(从 0 开始的整数)，位置索引默认从 0 开始。若需在菜单起始处插入，可在项之后端子输入小于 0 的整数；若需在菜单底部插入，可在项之后端子输入大于项目数的整数。项标识符输出端子用输出插入项的项标识符。

(4)Delete Menu Items(删除菜单项)。删除菜单项函数的功能是删除菜单或子菜单中的菜单项，删除菜单项函数接线端子如图 5－19 所示。菜单标识符端口输入指定要删除的子菜单中的项，如果未指定菜单标识符，函数将删除菜单中的所有菜单项。项输入端子可以输入项标识字符串或字符串数组，也可以是位置索引。

(5)Enable Menu Tracking(启用菜单追踪)。启用菜单追踪函数的功能是启用或禁用菜单追踪，它通常和获取所选菜单项配合使用。当启用端子输入 True 时，则打开追踪；当启用端子输入为 False 时，则关闭追踪。启用端子默认情况下输入为 True。启用菜单追踪函数接线端子如图 5－20 所示。

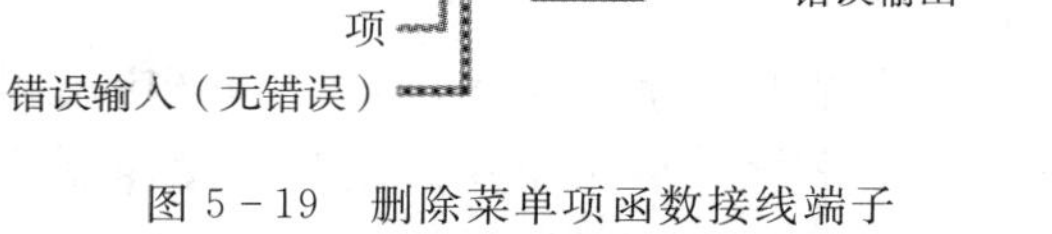

图 5－19　删除菜单项函数接线端子

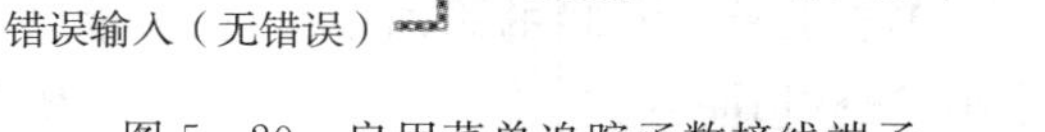

图 5－20　启用菜单追踪函数接线端子

(6)Get Menu Item Info(获取菜单项信息)。获取菜单项信息函数的功能是获取输入项标识符菜单项的各项属性。各端子涵义和设置菜单选项信息函数相同，常用其获取快捷方式。获取菜单项信息函数接线端子如图 5－21 所示。

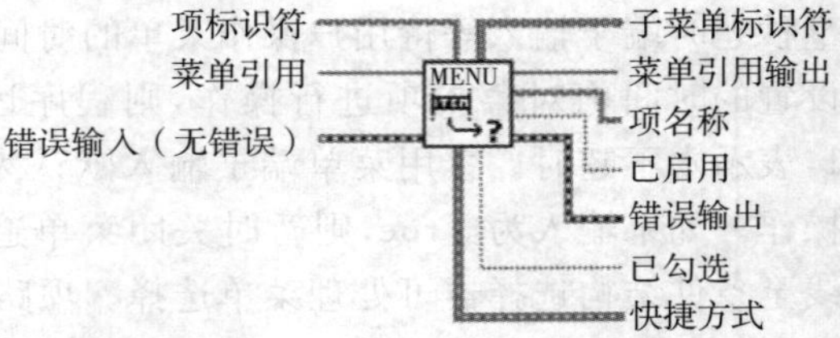

图 5－21　获取菜单项信息函数接线端子

(7) Set Menu Item Info（设置菜单项信息）。设置菜单项信息函数的功能是设置菜单项或菜单栏的属性，未连线的属性不会改变。项标识符指定需要设置属性的菜单项。快捷方式用于设置菜单项的快捷方式，用户输入的是一个包含两个布尔类型、一个字符串的簇。第一个布尔类型定义快捷键中是否包含 Shift 键，True 表示包含，反之不包含；第二个布尔类型定义快捷键中是否包含 Ctrl 键，True 表示包含，反之不包含；字符串中设置与 Shift 键或 Ctrl 键一起使用的键位。已启用与已检查端子均需输入布尔型数据，其中已启用端子默认输入为 True，当设置为 False 时，相应菜单项呈灰色禁用状态。已勾选端子默认输入为 False，当设置为 True，相应菜单项前会有对号标记。设置菜单项信息函数接线端子如图 5－22 所示。

(8) Get Menu Short Cut Info（获取快捷菜单信息）。获取快捷菜单信息函数的功能是输出与所输入的快捷方式相同的菜单项项标识符和项路径。获取快捷菜单信息函数接线端子如图 5－23 所示。

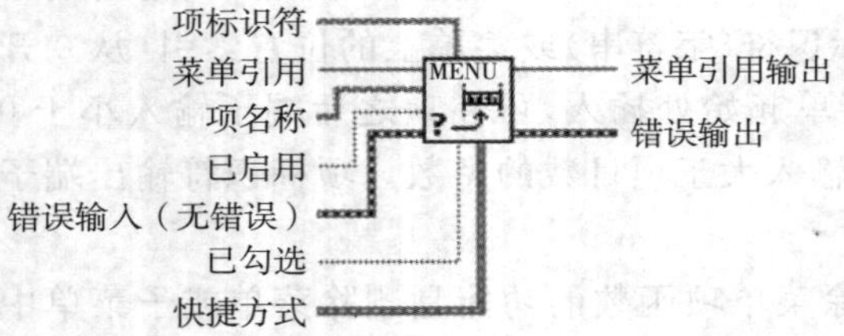

图 5－22　设置菜单项信息函数接线端子

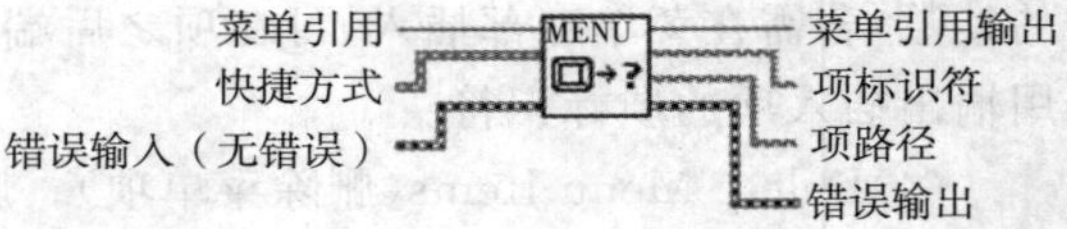

图 5－23　获取快捷菜单信息函数接线端子

5.2.3　用户菜单编程

本节举两个例子，进一步说明用户菜单编程方法。

【例 5－1】　使用菜单编辑器自定义菜单。

首先，在前面板“Edit（编辑）”选项的下拉菜单中单击“Run-Time Menu（运行时菜单）”选项打开菜单编辑器，在工具栏右侧的菜单类型选择“Custom（自定义）”选项。然后，在“Item Properties（菜单项属性）”对话框中的“Item Type（菜单项类型）”下拉菜单中选择“User Item（用户项）”，并将此菜单项命名为“文件”。

单击菜单工具栏的添加按钮，在菜单项类型下拉菜单中选择“Application Item（应用程序项）”→“File（文件）”→“Save As（另存为）”，创建一个系统默认菜单项。重复此操作创建另一个“Exit（关闭）”菜单项。单击菜单工具栏中的右箭头，把另存为项和关闭项设定为文件菜单的子菜单。

添加四个新的空白菜单项，菜单项类型均选择为“User Item（用户项）”，将它们分别命名为“显示”“早上好”“晚上好”和“弹出对话框”,并将“早上好”“晚上好”设为“显示”菜单下的子菜单项。选择“早上好”菜单项,在 Shortcut(Press key combination)[快捷方式(组合键)]中键入 Ctrl+P,为此菜单项创建快捷键。

图 5-24 所示为完成编辑后的菜单编辑器。单击关闭按钮,在弹出的对话框中单击“Yes”,保存菜单编辑器设置,如图 5-25 所示。

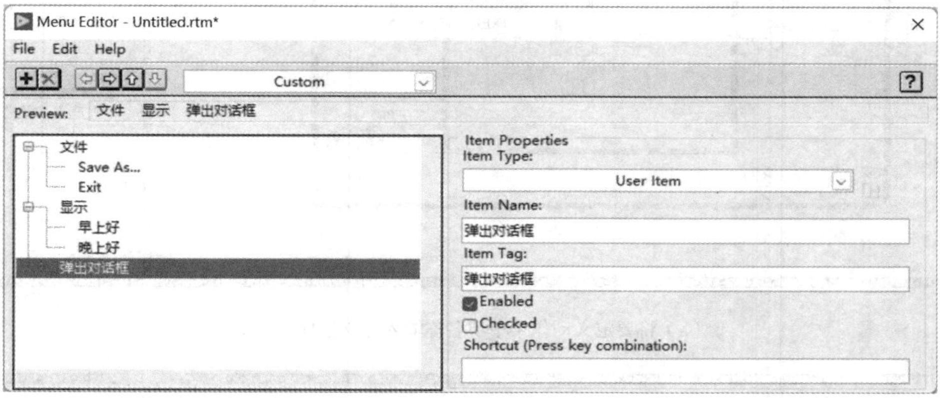

图 5-24　完成编辑后的菜单编辑器

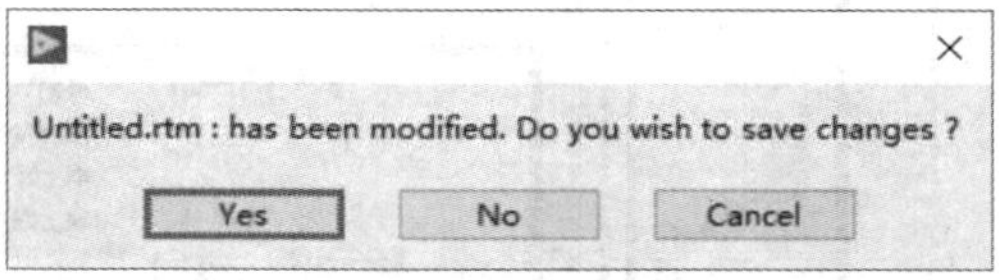

图 5-25　保存菜单编辑器设置

菜单项设计完成后,用户项类型的菜单项需要在程序框图中编写程序以实现其功能操作。应用程序项类型的菜单项则不需要编写程序,因为是直接调用系统默认菜单项,功能操作可直接实现。

打开程序框图并在框图中放置一个 While 循环,并在条件端子处创建布尔输入控件。再在“Dialog & User Interface(对话框与用户界面)”中选择 Get Menu Selection(获取所选菜单项)函数和 Current VI's Menubar(当前 VI 菜单栏)函数拖放在框图中,将获取所选菜单项节点放置于循环内,可以避免等待用户进行操作时发生超时。然后创建一个条件结构,连接获取所选菜单项节点的项标识符输出端子和条件结构选择器端子。将要定义的菜单项名称和“其他”标签输入分支选择器标签中,并将“其他”标签设置为默认标签,如图 5-26(a)所示。

在前面板放置两字符串显示控件,将标签改为早上好、晚上好,并输入字符串常量“早上好”“晚上好”。将字符串显示控件和输入的字符串常量分别放置到相应的条件结构中,如图 5-26(a)所示。

同时,在“Dialog & User Interface(对话框与用户界面)”中选择“One Button Dialog(单按钮对话框)”函数放置于条件结构中的“弹出对话框分支中”,并输入字符串常量“对话框”,如图 5-26(b)所示。

为了使程序每次结束后字符串显示控件的内容恢复为空白,需要使用调用节点。在框图中创建平铺式顺序结构并添加第二帧,将刚才创建的 While 结构和当前 VI 菜单栏函数拖入第一帧。在“早上好”和“晚上好”字符串显示控件上单击鼠标右键,在弹出菜单中选择

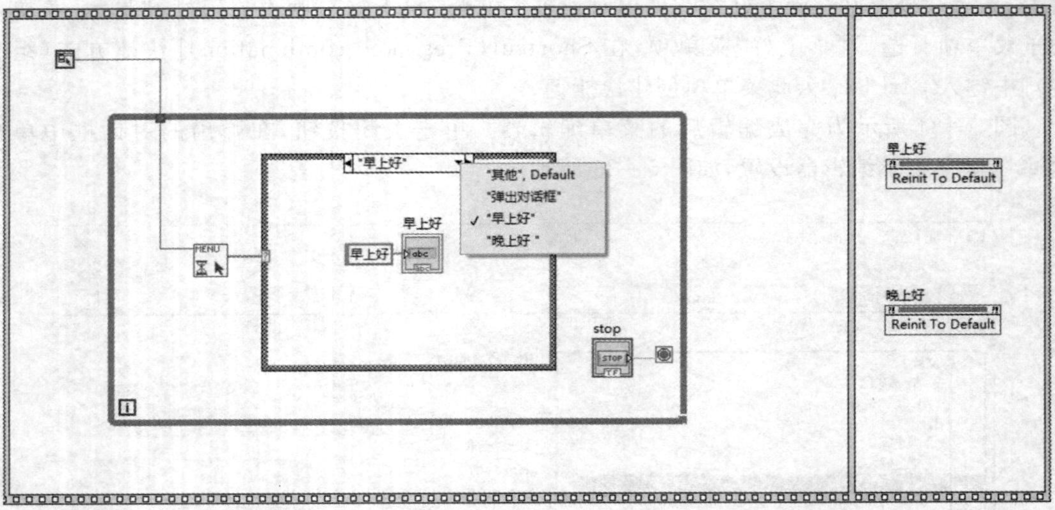

（a）将要定义动作菜单项名称输入分支选择器标签

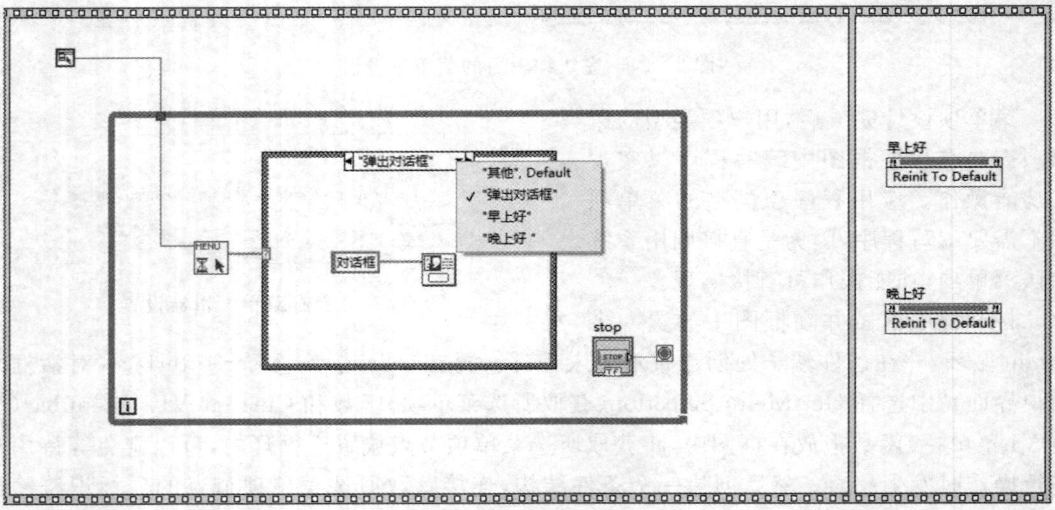

（b）条件结构中的弹出对话框分支

图 5－26　菜单项功能实现

“Create(创建)”→“Invoke Node(调用节点)”→“Reinitialize To Default”重新初始化为默认值选项，将生成的两个调用节点拖入第二帧框。在顺序结构第一帧完成后，即当单击 While 循环中的停止按钮时，开始运行第二帧中的调用节点。调用节点的功能是在运行后删除显示控件上的字符串，将显示控件重置为空白状态。

保存并运行程序，运行结果如图 5－27 所示。程序运行时若使用“Ctrl＋P”快捷键，可以直接打开并运行“早上好”菜单项。程序运行停止后，字符串显示框恢复为空白状态。例 5－1 使用了菜单编辑器创建编辑菜单，省去了用程序编写前面板菜单的过程，大大减少了编程的工作量。

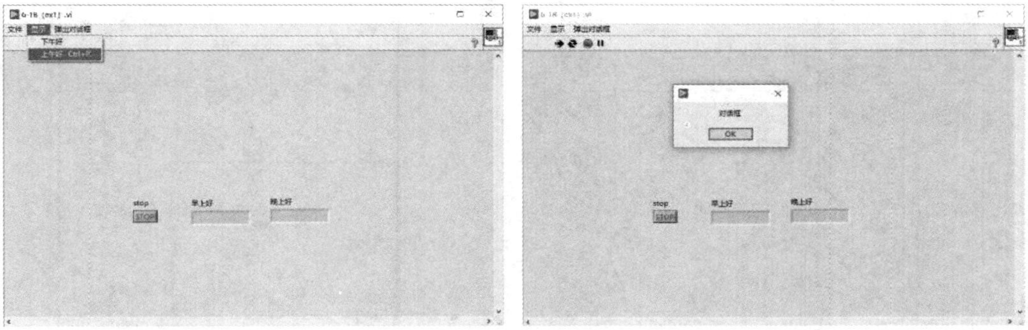

图 5-27　菜单编辑器创建编辑菜单实例运行结果

【例 5-2】　使用菜单函数模板中的函数自定义菜单。

具体程序如图 5-28 所示，首先需要用菜单选板提供的函数创建前面板菜单，然后在条件结构内编写与各菜单项功能相对应的程序，实现前面板菜单项功能。例 5-2 与例 5-1 相比，多了用程序创建前面板菜单的过程。

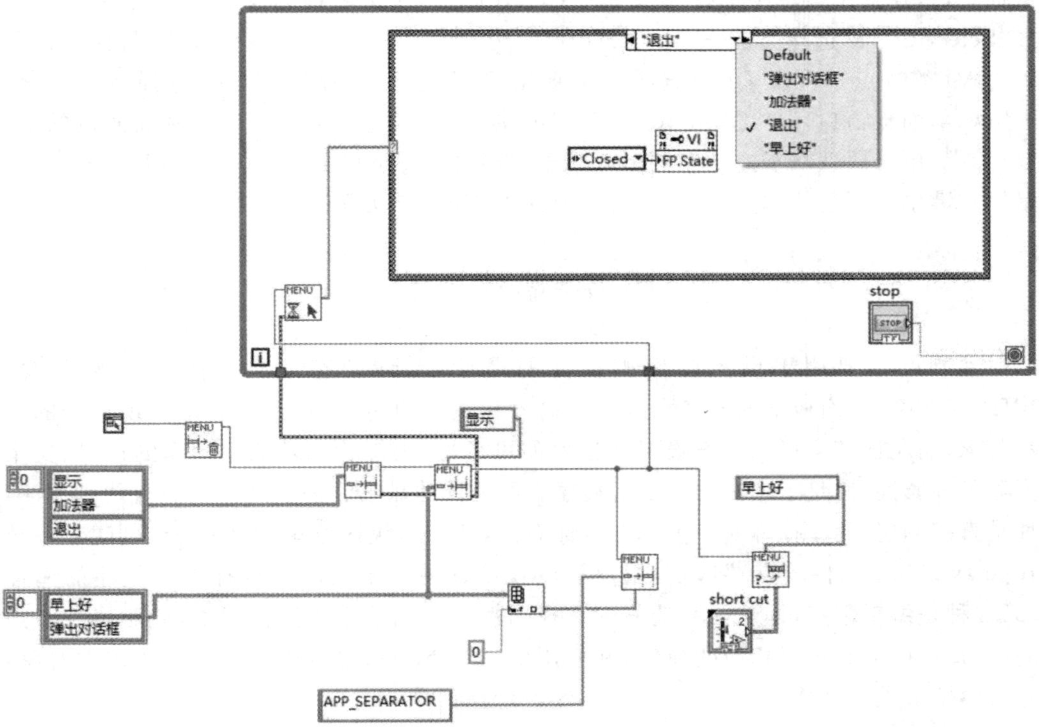

图 5-28　使用菜单函数制作自定义菜单

While 循环外是创建前面板菜单的过程。条件结构中的“弹出对话框”分支和“早上好”分支的程序代码与例 5-1 中的相同。“加法器”分支放置了一个实现加法器功能的子 VI，该子 VI 的前面板和程序框图如图 5-29 所示。程序运行到加法器分支时，子 VI 被调用并等待用户操作，单击停止按钮退出子 VI，回到主菜单界面。

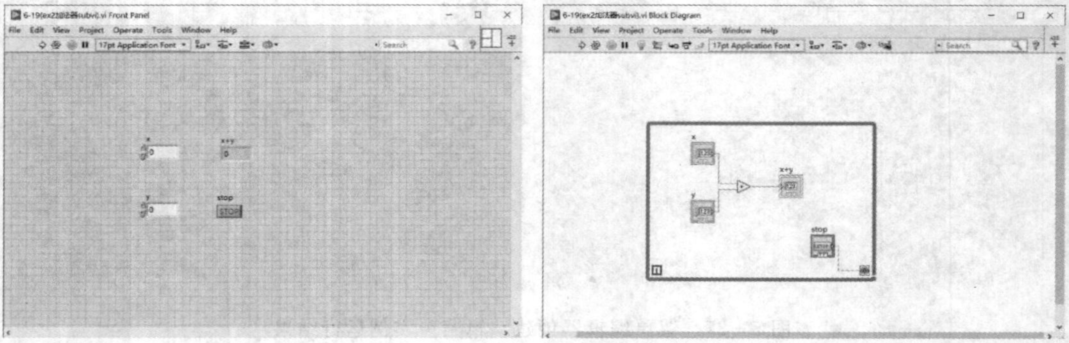

图 5－29　加法器子 VI 的创建

“退出”分支使用了属性节点，可以使程序运行到退出分支时自动关闭前面板，下面将介绍属性节点的设置方式。首先，在函数选板的“Application Control（应用程序控制）”中选择“Property Node（属性节点）”函数，并拖放至条件结构“退出”分支内。其次，在其图标上单击鼠标右键，在弹出菜单中选择“Change All To Read（全部转换为写入）”选项，并在该菜单选择“Select Class（选择类）”→“VI Server（VI 服务器）”→“VI”→“VI”选项，将该属性节点设置为 VI 类节点。再次，在节点图标上单击鼠标左键，在弹出菜单中选择“Front Panel Window（前面板窗口）”中的“State（状态）”选项，“状态”选项主要用于控制前面板的动作。用鼠标右键单击属性端子左下角的输入端子，选择“Create Constant（创建常量）”选项，然后用鼠标左键单击创建的常量，在下拉菜单中选择“Closed（关闭）”，属性节点便设置完成。

5.3　属性节点

属性节点主要用于设置前面板控件的属性，允许动态地对其进行调整和改变。LabVIEW 2020 前面板中的控件默认只有输入和显示功能，往往无法满足实现最佳的界面展示需求，而属性节点可以动态设置如控件的可见性、闪烁状态及数据操作的边界、文本的宽度等各种属性，满足了用户可以丰富程序界面设计的需求。创建属性节点有两种方法：第一种是直接创建，即在控件对象上单击鼠标右键，从弹出快捷菜单的“Create（创建）”中选择“Property Node（属性节点）”选项，用户可以在该选项的子菜单中选择需要创建的属性节点；第二种是编辑创建，即从函数选板中选择属性节点函数拖放至框图中，此时属性节点是空的，用户可以为其设置相应的属性，并使用引用节点去指定需要配置属性的控件对象，从而完成属性节点的创建。

5.3.1　直接创建法

直接创建法指在控件对象上单击鼠标右键，从弹出快捷菜单的“Create（创建）”中选择“Property Node（属性节点）”选项，在子菜单中选择需要创建的属性节点。直接创建的属性节点，其标签名与控件相同，默认为读取状态。属性节点上部有错误输入、错误输出端子，下部显示属性名称，右边的三角符号表示现在为读取状态，可以输出当前的属性，如图 5－30 所示。用户可以用鼠标右键单击属性节点，在弹出的菜单中选择“Change All To Write(全部转换为写入)”，将默认的读取状态转换为写入状态，这样便可以设置控件的相关属性。写入状态下的三角符号在节点下部左侧，指向节点内部。可以将其他控件连接写入端子，用户便可使用这些外部控件来设置当前控件的相关属性。

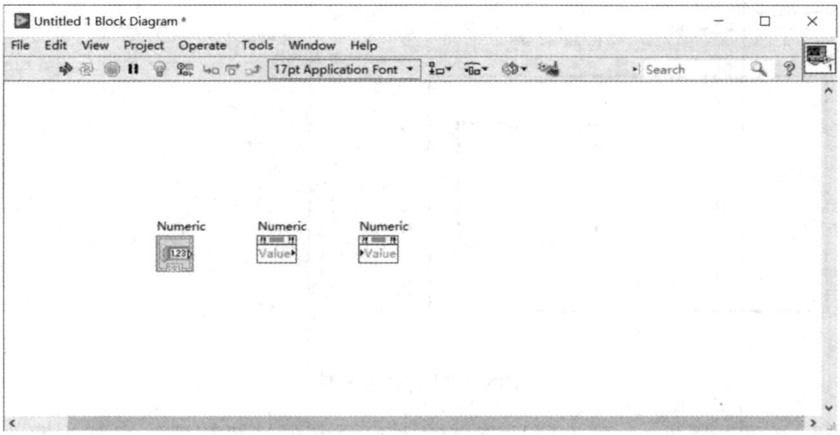

图 5－30　属性节点的创建

下面介绍几种常用的属性节点及其使用方法。

(1)KeyFocus(键选中属性)。键选中属性节点输出和输入布尔型数据。当属性节点为输出状态时，鼠标单击对应的前面板控件，键选中属性节点输出 True；当鼠标未选中前面板控件时，键选中属性节点输出 False。键选中属性节点作为输出时常与条件结构一起使用。当属性节点转换为输入状态时，输入为 True，表示开启按键选中监测功能；输入为 False 则表示取消按键选中监测功能。

如图 5－31 所示程序，当鼠标单击对应的前面板控件时，键选中属性节点输出 True，则条件结构运行真分支程序，弹出对应的对话框。为了持续不断判断控件属性状态，属性节点外往往都要套上 While 循环。

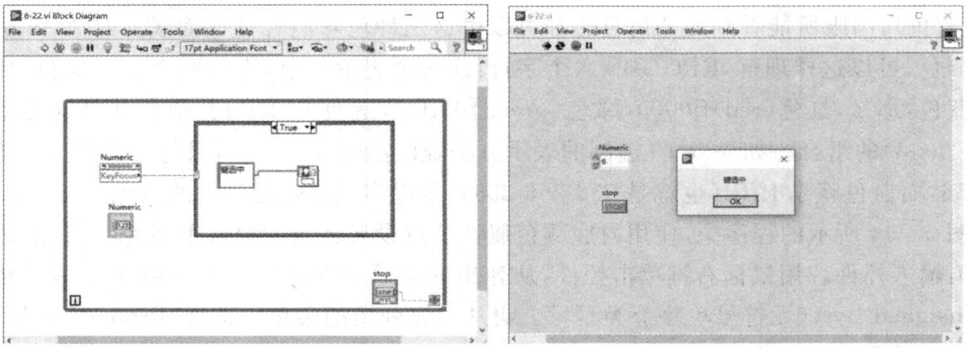

图 5－31　键选中属性

(2) Disabled(禁用属性)。禁用属性节点用作输出时，显示对应的控件的可操作程度；禁用属性节点转换成写入时，可以设置对应控件的禁用属性。节点只能输入整数 0、1、2，其中，0 表示控件可以操作，1 表示禁止操作控件，2 表示禁止操作控件并使控件在前面板上显示为灰色。

图 5-32 所示的程序中，While 循环重复执行，直到 501 次时，条件结构输入为 True，前面板数值控件呈灰色禁用状态。

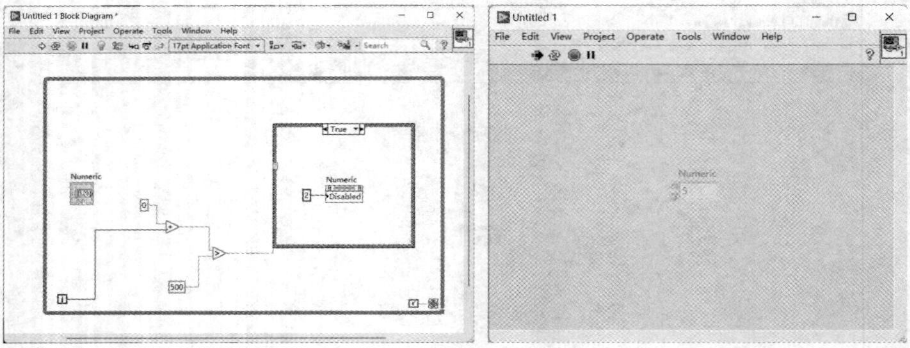

图 5-32　禁用属性

(3) Visible(可见属性)。可见属性节点输入和输出布尔型数据。当其为写入状态时，若节点输入为 True，则表示显示对应前面板控件；当节点为 False 时，表示隐藏该控件。

图 5-33 所示的程序中，使用读取 PNG 文件、绘制平化像素图两个函数来读取 PNG 格式的文件。可以在函数选板中的编程子选板内选择“Graphics & Sound(图形与声音)”选板找到这两个函数，在该选板内的“Graphics Formats(图片格式)”和“Graphics Functions(图片函数)”可以分别找到“Read PNG File. vi(读取 PNG 文件)”函数和“Draw Flattened Pixmap. vi(绘制平滑像素图)”函数。当 True 输入可见属性节点时，显示读取的图片文件；当 False 输入可见属性节点时，隐藏读取的图片文件。

(4) Housing Color(衬底颜色属性)。衬底颜色属性节点可以改变旋钮、滑动杆、转盘等控件的衬底颜色，其中衬底颜色属性分背景色和前景色。当属性节点为输入类型时，可以输入颜色盒常量或 RRGGBB 形式的 16 进制数。

RGB 色彩就是常说的光学三原色，R 代表 Red(红色)，G 代表 Green(绿色)，B 代表 Blue(蓝色)，肉眼所能看到的任何色彩都可以由这三种色彩混合叠加而成。对于 16 进制编码的颜色，可以这样理解，RRGGBB 六个字符：前两个表示红色，中间两个表示绿色，后两个表示蓝色，那么，红色(red)ff0000，绿色(green)00ff00，蓝色 0000ff；其他色就是这几个字符(0～9，a～f)的组合。如果以 10 进制的表示方法，红色就是 256 0 0，绿色是 0 256 0，蓝色是 0 0 256，而白色就是 ffffff(也就是 256 256 256)，所以白色是强度最大的颜色。

图 5-34 所示的程序中，使用衬底颜色属性节点设置转盘的衬底前景色。首先，创建三个数值输入控件。用鼠标右键单击控件，从弹出的菜单中选择“Representation(表示法)”中的“Unsigned Byte(无符号单字节类型)”。再从右键弹出的菜单中选择“Properties(属性)”，在属性对话框的“Display Format(显示格式)”对话框中选择“Hexadecimal(16 进制)”类型。为了输入 RRGGBB 型的数据，使用“Number To Hexadecimal Sring(数值至 16 进制字符串

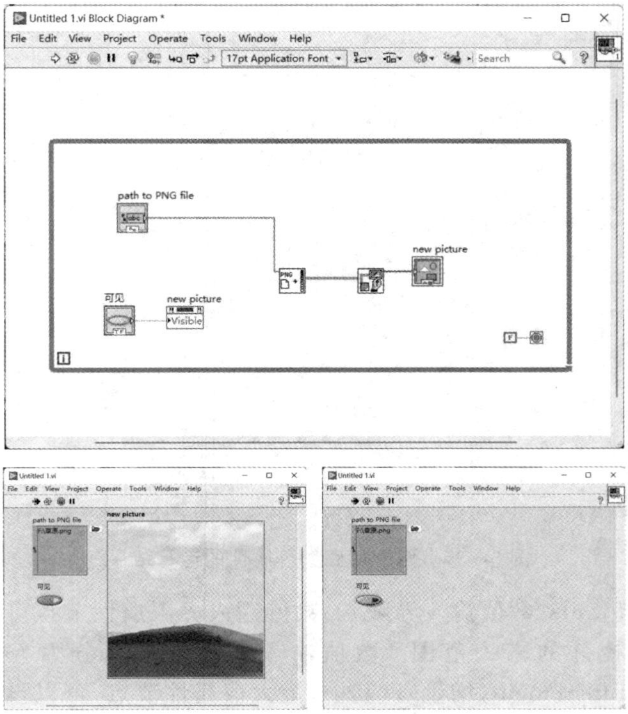

图 5－33　可见属性

转换)"函数转换输入数据，再通过连接字符串节点将三个字符型数据连接起来，再次通过"Hexadecimal String To Number(16 进制字符串转换至数值)"函数将字符串转换为 RRGGBB 型数据。该程序还使用了颜色盒设置颜色属性，如图 5－34 所示，单击颜色盒，用户可以在弹出的窗口中设置满足要求的颜色。图 5－35 所示是修改衬底颜色属性的运行结果。

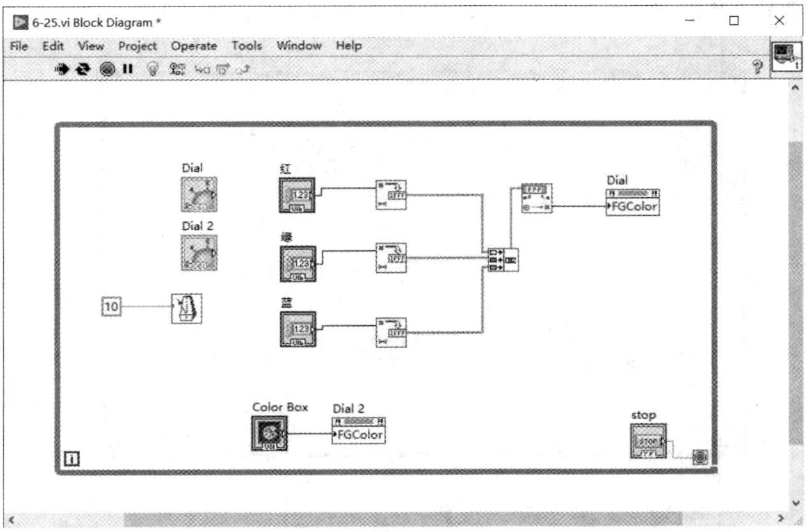

图 5－34　衬底颜色属性

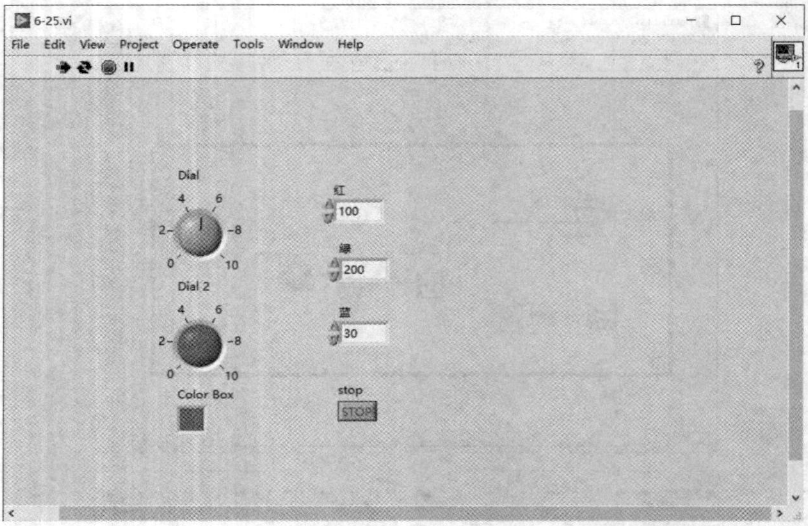

图 5－35　修改衬底颜色属性的运行结果

(5)Data Entry Limits(数值输入界限)。数值输入界限属性节点可以设定数值输入控件、旋钮、滑动杆等控件的输入范围。数值输入界限属性又分为 Maximun(最大值)、Minimun(最小值)和 Increment(增量)。其中,最大值属性节点,可以设定控件输入最大值的大小;最小值属性节点,可以设定控件输入最小值的大小;增量属性节点,可以设定控件输入数值增量的大小。图 5－36 所示的程序,分别为数值输入控件创建了最大值属性节点和增量属性节点。将最大值设定为 10,增量设定为 0.5,则程序运行时按增量按钮,数值以 0.5 为单位增加,直到输入 10 时,数值不再改变。

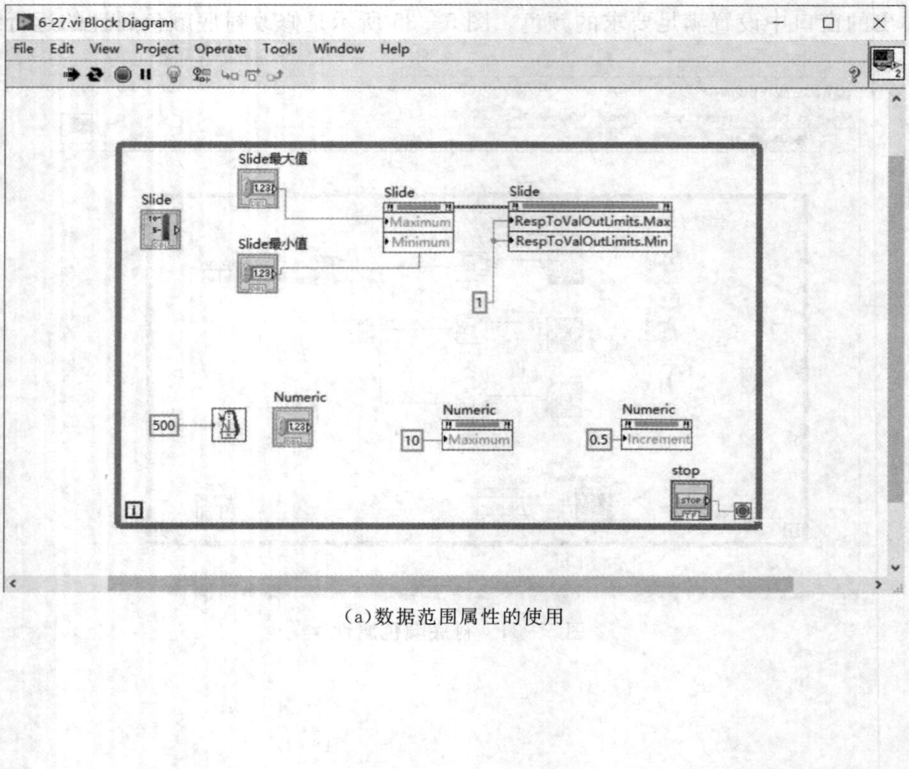

(a)数据范围属性的使用

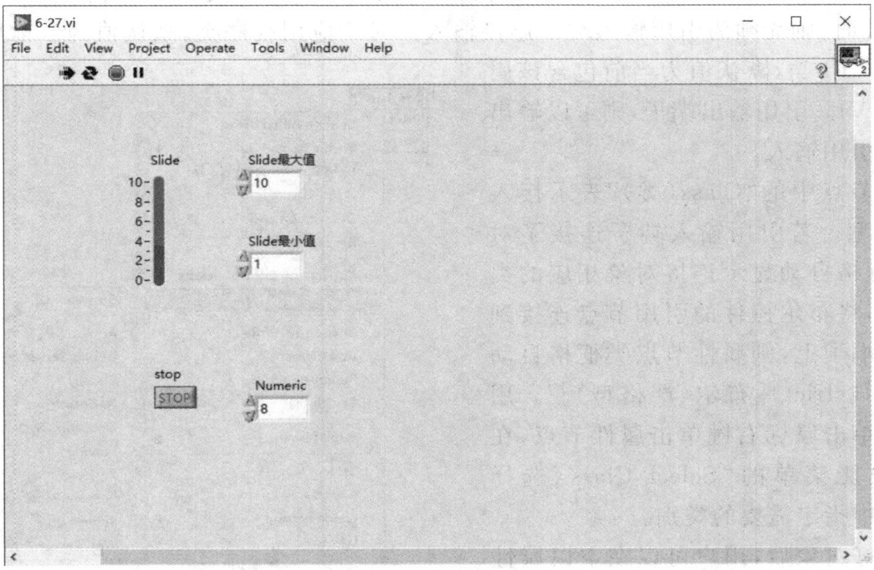

（b）程序运行结果

图 5－36　数据范围属性

使用最大值、最小值属性节点限定滑动杆控件的范围时，还要使用“Response to Value Outside Limits（对超出界限值的响应）”属性节点设置滑动杆超出界限后是否允许用户继续操作。对超出界限值属性节点只能输入整数 0 和 1，默认输入为 0，表示用户输入数值超出最值时，仍然允许用户操作滑动杆；当输入为 1 时，表示用户输入数值超出最值时禁止用户继续操作滑动杆。

将鼠标移动到属性节点下端端子上，并向下拖曳，此时会创建一个新的属性端子。在新的属性端子上单击鼠标左键，在弹出菜单中选择需要的属性就可以完成多个属性端子的创建。同一个属性节点内的属性端子可以任意设置输入或输出，如图 5－37 所示。

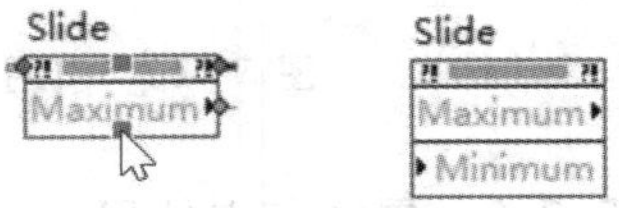

图 5－37　多属性节点端子的创建

5.3.2　编程创建法

用编程方法创建属性节点，即从函数选板中的“Application Control（应用控制）”子选板中选择“Property Node（属性节点）”函数拖放至框图中，此时属性节点是空的，用户可以为其设置相应的属性，并使用引用节点去指定需要配置属性的控件对象，从而完成属性节点的创建。如图 5－38 所示，属性节点顶端有一对引用输入和引用输出端子。控件对象通过创建引用节点，并连接到引用输入端子，与属性节点创建关联。这样该属性节点便成功获取了控件对

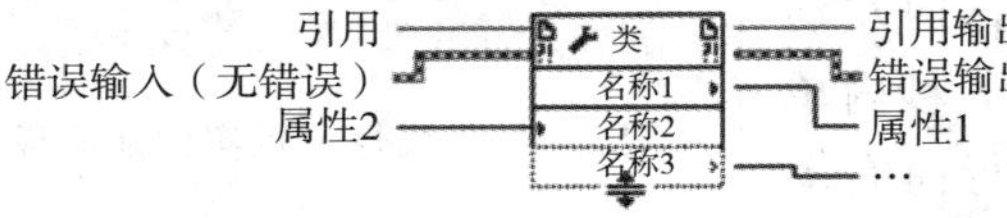

图 5－38　属性节点接线端子

象的属性，便可以选择需要设置的属性。当属性节点的“Class(类)”为“Application(应用程序)”或 VI 时，则无须为引用输入端子连接输入。对于应用程序类，默认值为当前应用程序实例；对于 VI 类，默认值为当前包含该属性节点的 VI。引用输出端子，则可以输出无改变的引用输入。

属性节点中的“Class(类)”表示接入对象的类型。若引用输入端子连接了对象，则类框格自动显示连接对象相应的类别。例如，将布尔控件的引用节点连接到引用输入端子上，则属性节点类框格自动显示“Bool(strict)[布尔(严格型)]”。用户也可以单击鼠标右键单击属性节点，在弹出的快捷菜单的“Select Class(选择类)”选项中指定需要的类别。

连接好对象后，用户可以在空白属性节点的名称窗格上单击鼠标右键，在弹出的快捷菜单中选择“Select Property(选择属性)”选项，可以在提供的属性中指定需要的属性，如图 5-39 所示。

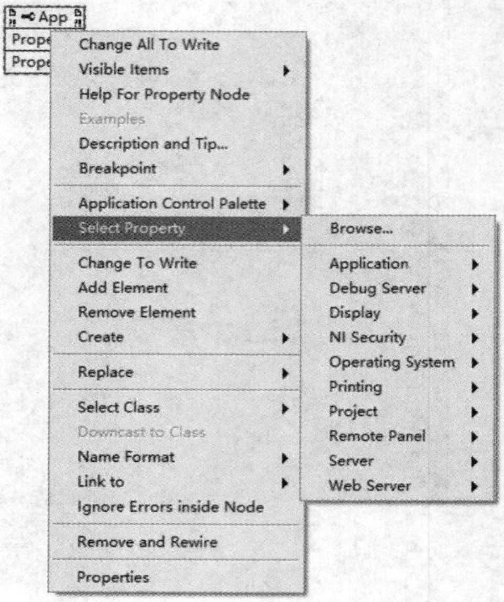

图 5-39　属性列表清单

使用编程方法创建属性节点时，首先要创建对应控件的引用节点，再将引用节点与引用输入端口连接。用户可以将鼠标移动到相应的控件上单击鼠标右键，在弹出的快捷菜单中选择“Create(创建)”项内的“Reference(引用)”选项，便可完成引用节点的创建，如图 5-40 所示。

图 5-40　引用节点

5.3.3　属性节点使用

本节通过一个实例，来进一步说明属性节点的使用。这个实例主要使用了编程法配置属性节点并与其他节点一起使用，以实现对前面板控件属性的控制。

本例的前面板如图 5-41 所示，有一个水平摇杆控件，一个“Stop”停止按钮和“Cancel”取消按钮。实现的功能是通过摇杆选择关闭前面板或使前面板透明化。水平摇杆可以向左或者向右，当摇杆执行向左动作时，程序执行关闭前面板操作，但是用户在 5 秒内单击取消按钮可以取消关闭前面板；当摇杆执行向右动作时，程序执行使前面板透明化操作，此时会弹出一个子 VI，判断用户是否同时按下键盘上的 C 和 L 键。若是，则前面板取消透明化；若否，则前面板继续执行透明化操作。停止按钮

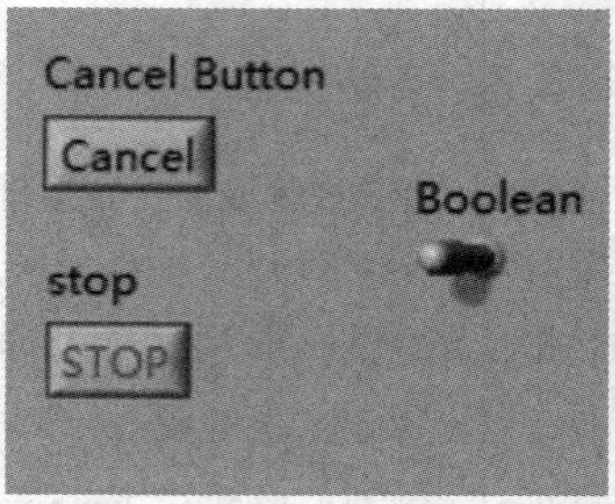

图 5-41　属性节点实例前面板

用来终止程序的运行。

属性节点实例程序框图如图 5－42 所示。为了实现关闭前面板的操作，属性节点的对象应该选择本 VI，即将属性节点类改为 VI。用户可以用鼠标右键单击节点上方框格，从弹出的菜单中选择“Select Class(选择类)”→“VI Server(VI 服务器)”→“VI”→“VI”。上一节已经介绍过，当类为 VI 时，无须为引用输入端子添加输入。为了控制前面板属性，用户需要设置前面板属性。用鼠标左键单击节点下方框格，从弹出的菜单中选择“Front Panel Window(前面板窗口)”→“State(状态)”，属性节点便编辑创建完成。当此属性节点为写入状态时，只能输入整数 1、2、3。输入为 1 时，前面板正常显示；输入为 2 时，前面板关闭；输入为 3 时，前面板透明化。

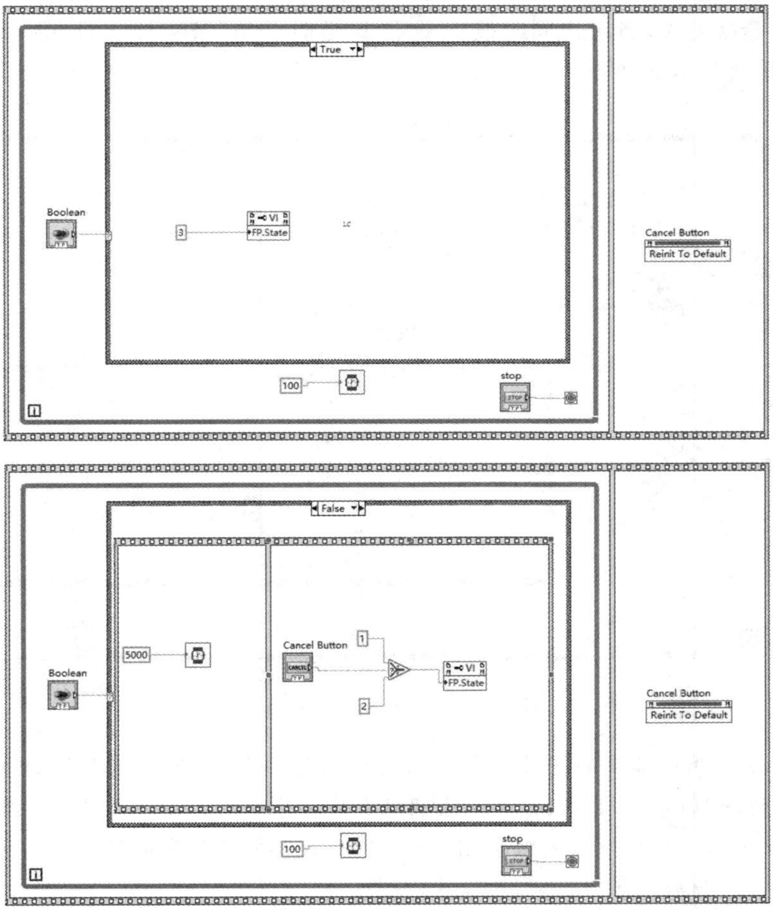

图 5－42　属性节点实例程序框图

程序使用平铺式顺序结构。其中，第一帧内为程序主体，第二帧内为取消按钮的调用节点，该节点的作用是将取消按钮重新初始化为默认值，恢复为操作前状态。用户可以用鼠标右键单击取消按钮，从弹出的快捷菜单中选择“Create(创建)”→“Invoke Node(调用节点)”→“Reinitialize To Default(重新初始化为默认值)”。为了使程序每次运行结束前将取消按钮重新初始化，用户结束程序前一定要按停止按钮，这样顺序结构才会运行第二帧的内容。

当水平摇杆开关向左时，条件结构运行“False”分支。运行顺序结构第一帧内的等待函数，用户可以在 5s 内决定是否取消关闭前面板命令取消按钮默认为低电平。

当水平摇杆开关向右时，条件结构运行“True”分支，将整数“3”输入前面板状态属性节，使前面板透明化，同时子 VI 被调用，判断用户是否按下 C 和 L 键，若满足则将前面板从隐藏状态切换为正常显示状态。

图 5-43 所示为子 VI 的程序框图。用户可以在函数选板下的“Connectivity(互连接口)”子选板中的“Input Device Control(输入设备控制)”选板中找到“Initialize Keyboard. vi(初始化键盘)”节点和“Acquire Input Data. vi(输入数据采集)”节点。输入数据采集节点可以采集键盘按键动作，当用户按下多个按键时，则输出数组。使用索引数组函数分离键盘输入数组并判断键盘输入，当用户同时按下 C 和 L 键时，“与”节点输出 True，条件结构运行“True”分支，重新显示前面板。

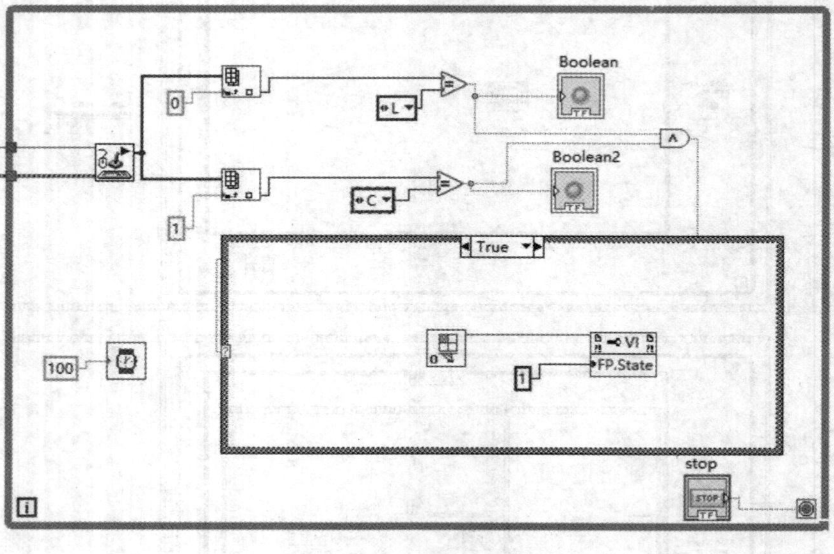

图 5-43　子 VI 的程序框图

注意：子 VI 中属性节点的操作对象应该是主 VI 前面板，而不是默认的子 VI 前面板，所以额外需要使用“Open VI Reference(打开 VI 引用)”节点为属性节点指定需要操作的主 VI 路径。该节点位于函数选板的“Application Control(应用程序控制)”子选板中。

5.4　控件定制方法

用户在编程过程中，可以使用 LabVIEW 2020 提供的各种前面板控件选板，但这些控件的功能比较简单。为了提高用户的使用体验，LabVIEW 2020 提供了控件定制的功能，用户可以结合原有的前面板控件重新定制新控件，也可以通过属性节点设置控件的各种属性为原有控件创造新功能。现通过实例介绍控件的定制方法。

【例 5－3】 需要在前面板分别定制电源、电阻、开关控件，并创建一个简单电路图，其中电源幅值和电阻阻值都可控。该程序还能实现以下功能：单击开关图标能够实现开关的断开和闭合，当开关断开时电路停止运行，并弹出对话框提醒用户闭合开关；单击电源图标能显示或隐藏电源波形图表；单击电阻图标能显示电阻的电压值。电路图和其运行界面如图5－44所示。

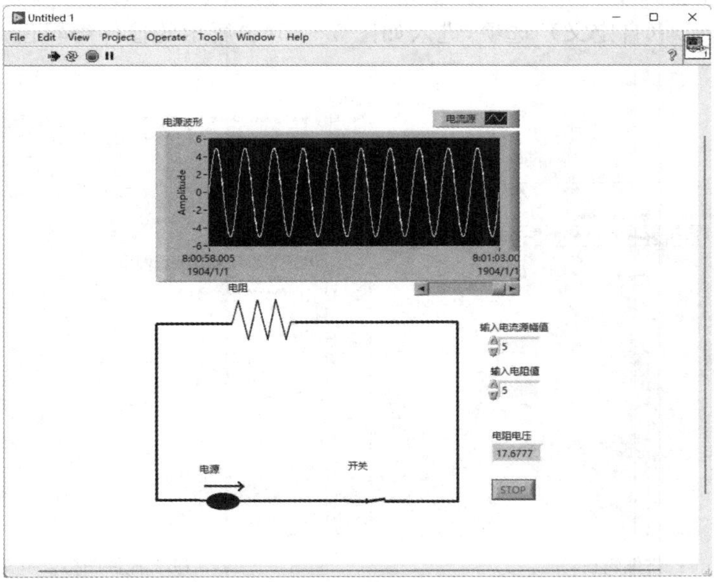

(a)开关闭合电路正常运行

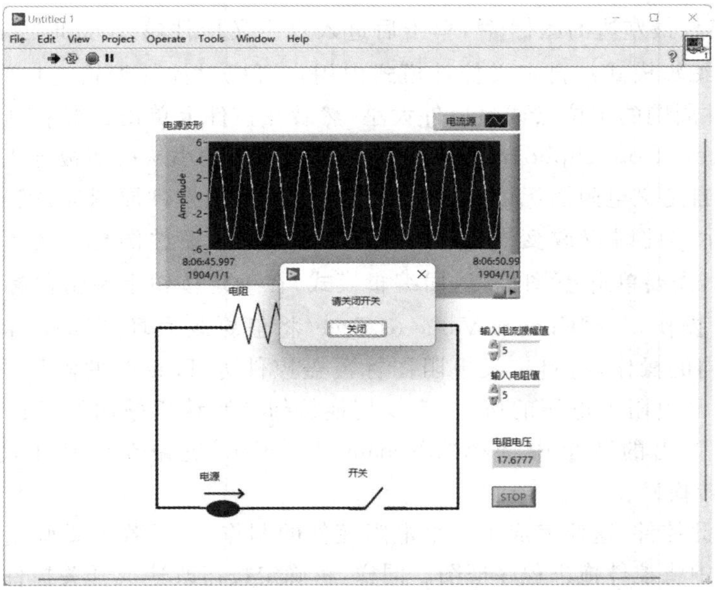

(b)开关断开电路停止运行

图 5－44　自定义控件制作前面板模拟电路图

(1)将控件的图标替换为自定义图标，具体步骤如下。

① 在任意绘图工具上绘制一个如图 5 - 44 所示的电阻图标，并将其复制到剪贴板上。

② 选择确定按钮控件完成自定义电阻控件要实现的功能，用户可以在前面板控件选板中的“Boolean（布尔）”子选板中选择“OK Button（确定按钮）”，并放置于 VI 前面板上。将鼠标移动到确定按钮上，单击鼠标右键，从弹出的快捷菜单的“Visible Items（显示项）”中取消“Boolean Text（布尔文本）”和“Label（标签）”。然后从该菜单中选择“Advanced（高级）”子菜单中的“Customize（自定义）”选项，进入如图 5 - 45(a)所示的控件编辑窗口。

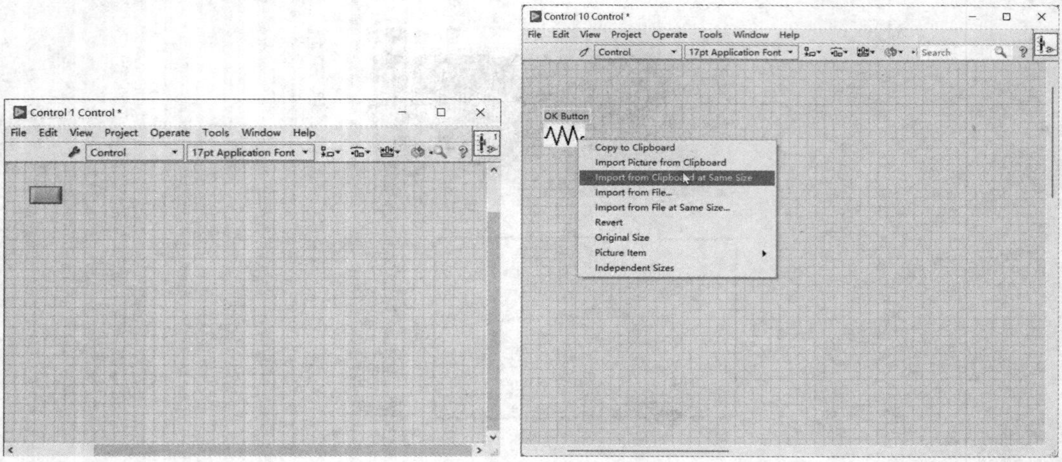

（a）控件编辑窗口　　（b）控件图标自定义窗口

图 5 - 45　自定义图标的编辑

③ 单击工具栏最左边的图标，单击后进入自定义控件模式，此时图标切换为，可以再次单击返回编辑模式。自定义控件模式内用户可以对控件编辑窗口内的控件进行编辑，鼠标拖动控件周围的定位点调整控件大小，然后在控件上单击鼠标右键，从弹出的快捷菜单中选择“Import from clipboard at Same Size（以相同大小从剪切板导入）”选项，之前复制在剪贴板上的自定义电阻图标就会自动调整大小并覆盖控件原图标，完成后控件图标如图 5 - 45(b)所示。此时仅改变了布尔值为“False”时的控件图标。为了改变控件值为“True”时的图标，需要单击图标，返回编辑模式，在确定按钮上单击鼠标右键选择“Data Operations（数据操作）”→“Change Value to True（将值更改为真）”选项，将控件值切换为“True”，进行相同的操作，将自定义电阻图标覆盖控件为 True 时的默认图标。为了实现单击后显示或隐藏电阻上电压的值，还需要切换按钮的默认机械动作，用户可在按钮上单击鼠标右键，从弹出的菜单中选择“Mechanical Action（机械动作）”中的“Switch When Pressed（单击时转换）”。

完成后保存此控件，这便完成了一个电阻控件的制作，今后若需要调用此控件，可以直接在保存的路径中将控件拖进程序框图。同样，将确定按钮改造成开关控件和电源控件，机械动作也都改成单击时转换。注意：电路开关控件的打开和闭合状态需要使用不同的图标。

(2)为了使程序在运行时的前面板如同真实的电路图一样，在创建好三个控件后，还需要设置前面板的相关属性并完成电路图的绘制。

首先，需要将前面板的背景色调整为白色并取消默认的网格设计。用户可以使用“Tools Palette(工具选板)”中的“Set Color(颜色设置)”工具将白色设为前面板背景色，前面的章节中对此进行过详细介绍，在此不再赘述。然后，需要打开前面板“File(文件)”菜单栏中的“VI Properties(VI 属性)”窗口，在“Editor Options(编辑器选项)”中把前面板网格的大小设置为 1。

完成前面板设计后，用户可以将创建的电路元件控件放到合适的位置，然后在前面板空白区域单击鼠标右键，在弹出的控件选板下“Decorations(修饰)”子选板中选择合适粗细的线条将控件连接起来，连接后效果如图 5－44 所示。

在前面板控件选板的“Graph(图形)”子选板中选择“Waveform Chart(波形图表)”控件并放置到前面板上。为了使波形更加清晰、易于观察，用户可以用鼠标右键单击图表，选择快捷菜单中“Visible Items(显示项)”下的“X Scrollbar(X 滚动条)”选项，在波形图表的右下角创建水平滚动条。然后，在图表“Properties(属性)”对话框内选择“Scales(标尺)”选项，取消“Autoscale(自动调整标尺项)”，自定义“Minimum(最小值)”为 0，“Maximum(最大值)”为 5。完成后，波形图表将以 5 秒为一个区间分段显示波形。

(3)为了使创建的控件实现相应的功能，最后需要在程序框图中编写程序代码，定义控件的属性和功能。

程序框图如图 5－46 所示，将开关与条件结构选择器端子相连接。开关闭合时，将“True”输入条件结构，“True”分支内的程序开始执行，电路正常工作，如图 5－44(a)所示；开关断开时，将“False”输入条件结构，“False”分支内的程序开始执行，电路停止工作，弹出“请关闭开关”对话框，如图 5－44(b)所示。假分支内只有一个单按钮对话框和延时等待函

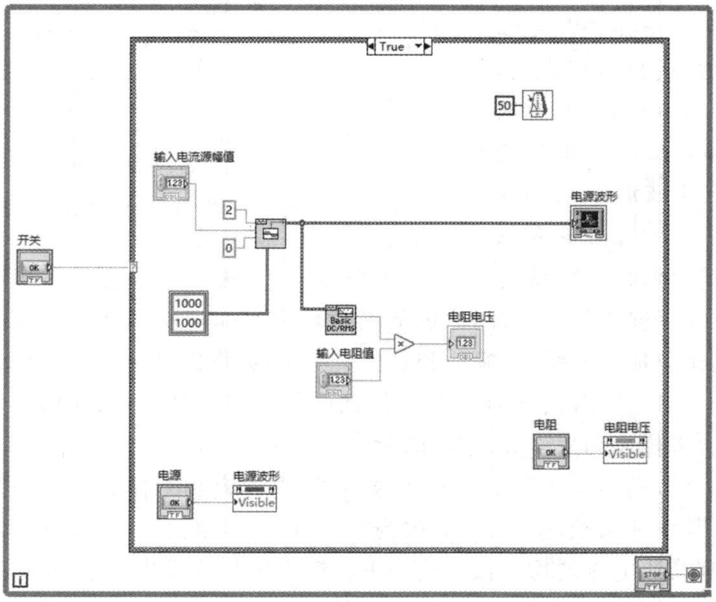

(a)条件结构为真时的程序框图

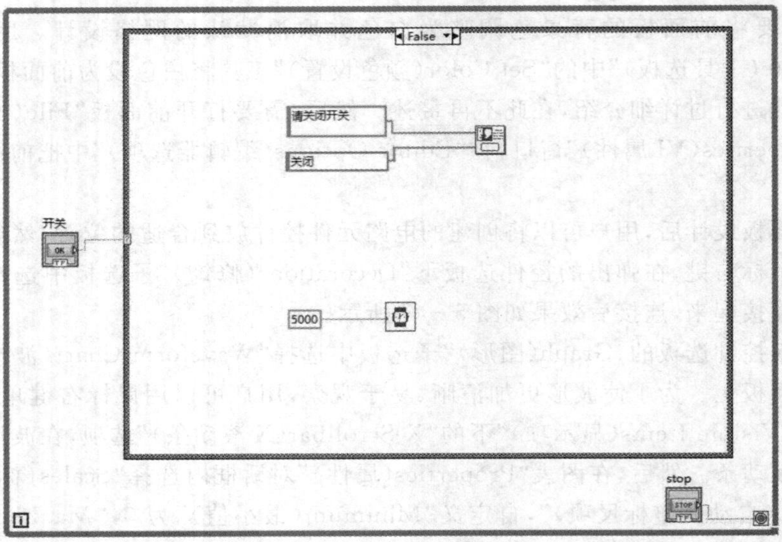

(b)条件结构为假时的程序框图

图 5-46 程序框图

数。开关断开时，用户可以在设定的等待时间内闭合开关，程序将自动执行"True"分支内的程序。注意：延时等待的时间需要足够长，否则用户没有时间去闭合开关，将一直弹出单按钮对话框，程序一直运行假分支。

开关闭合后，条件结构运行"True"分支内程序。为了模拟电流源产生的交流电流，使用了"Sine Waveform. vi(正弦波形)"函数，用户可以在"函数选板"→"Signal Processing(信号处理)"→"Waveform Generation(波形生成)"中找到该函数。正弦波形函数接线端子如图 5-47 所示。图中，偏移量端子可以设定信号的直流偏移量，默认为 0.0；重置信号端子，接入布尔变量。当输入为 True 时，相位重置为相位端子输入的值，时间标识重置为 0，默认输入为 False；频率、幅值、相位端子则可以设置输出正弦信号的频率、幅值和相位。其中，频率默认输入为 10Hz，幅值默认输入为 1.0，相位默认为 0。重置信号为 False 时，默认忽略相位输入；采样信息输入端子输入为簇数据，其中包含采样率和采样数，它们的默认值都为 1000。

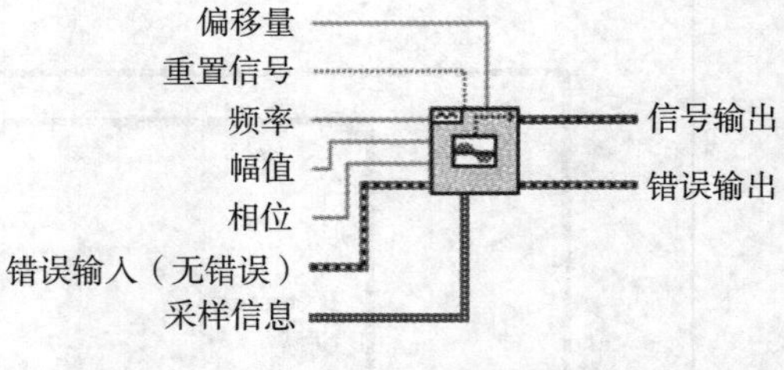

图 5-47 正弦波形函数接线端子

将常数 2 和 0 分别输入频率端子和相位端子，采样率和采样数设定为默认值。幅值输入端子创建一个数值输入控件并将标签改为"输入电流源幅值"。为了测量电阻上的电压有效值，还需要得到交流电流的均方根。用户可以使用函数选板中"Signal Processing(信号处理)"→"Waveform Measurements(波形测量)"→"Basic Averaged DC-RMS. vi(基本平均直流-均方根)"函数，将生成的正弦电流输入该函数中，即可输出电流的有效值。

为了实现单击电源、电阻控件能够控制波形图表、电阻电压值的显示和隐藏功能，还需要使用到属性节点。分别使用鼠标右键单击如图 5－46(a)所示的电阻电压显示控件和波形图表控件，从快捷菜单中选择“Create(创建)”→“Property Node(属性节点)”→“Visible(可见)”按钮便可创建相应的属性节点。将创建的属性节点转换为写入状态，再将电源控件和电阻控件分别与相应的属性节点相连接便可完成需要实现的功能。通过单击电源和电阻控件，将波形图表和电阻电压显示控件设置为隐藏，如图 5－48 所示。

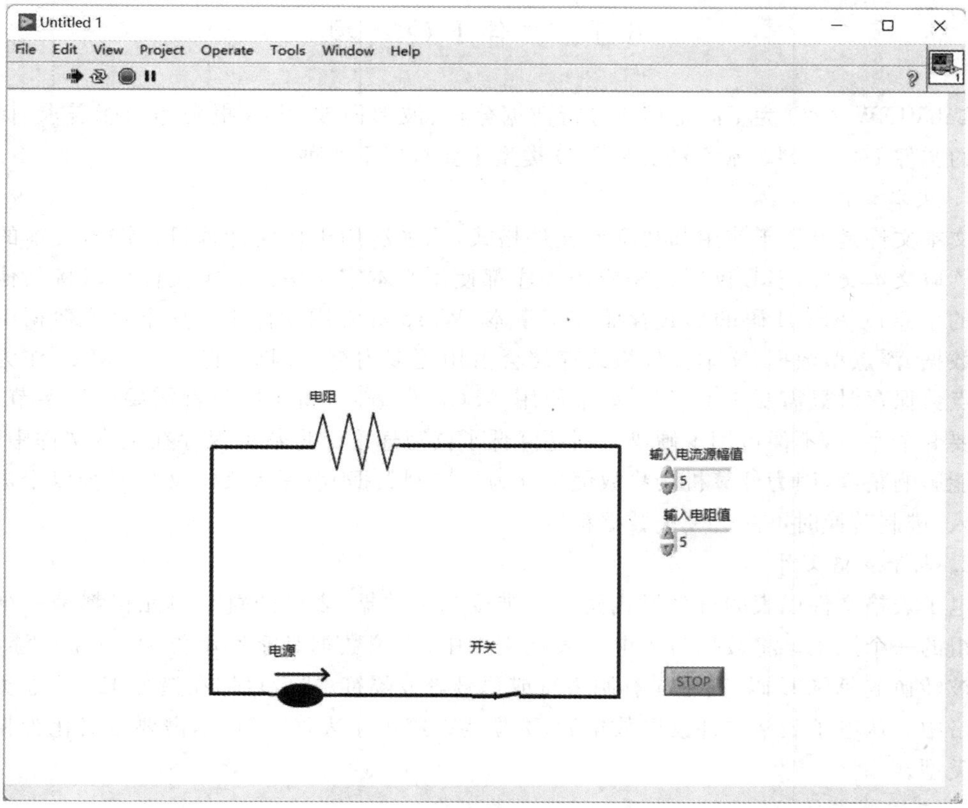

图 5－48　隐藏电流波形图表和电阻电压显示值

第6章　文件I/O

LabVIEW 2020 为了实现对多种文件类型格式的数据进行读写，提供了很多功能强大的文件I/O。本章详细介绍了LabVIEW 2020 中常用的几种文件类型、各种文件I/O函数。

6.1　文件I/O类型

LabVIEW 2020 为了满足用户进行数据分析、波形回放、生成报表等功能需求，提供了丰富的文件I/O类型。常用的文件I/O类型主要有以下八种。

1. 文本文件

文本文件是最便于使用和共享的文件格式，几乎适用于任何计算机。许多文本的程序均可读取文本文件，多数仪器控制应用程序都使用文本字符串。文本文件可以将其他数据类型的信息以ASCII码的形式存储在记事本、Word等常用软件中。如果存入数据中有二进制数据、浮点型数据，文本文件格式存储会占用更多内存。例如，将－789.3214作为单精度浮点数保存时只需要4个字节，如果使用ASCII码表示，每个字符都需要一个字节表示，共需要9个字节，不但占用了硬盘空间还降低了读写速度。将数据保存在文本文件中时，还有可能影响精度，因为计算机会将数值保存为二进制数据，而写入文本文件时会以十进制形式写入，进制转换时可能会丢失数据精度。

2. 电子表格文件

电子表格文件以表的行列形式储存一维或二维数据，表格的每个单元格都是一维或二维数组的一个元素。将数据写入电子表格文件中，无论数据是字符串类型、整型或浮点型，都会被转换成ASCII码，其中应有制表符或逗号等分隔符，然后存储在诸如Excel之类的电子表格中。从电子表格文件读取数据后，数据为一组电子表格字符串，需要格式化为相应的数据类型。

3. 二进制文件

二进制文件可用来保存数值数据并访问文件中的指定数字，或随机访问文件中的数字。它在存储和读取数据时无须在文本中表示与数据直接进行转换，可以在1字节硬盘空间上表示256个值，所以二进制文件占用的硬盘空间少、读写速度快，但无法直接识别，需要通过机器进行读取。

4. 波形文件

波形文件专用于记录波形数据，其中包括事件信息和相应的值，组成一维或二维的波形数组。采集到信号后，可将这些数据写入电子表格文件、文本文件或数据记录文件等。

5. 数据记录文件

数据记录文件以相同的结构化记录序列存储数据，类似于电子表格，每行均表示一个记录，但每条记录必须是相同的数据类型。LabVIEW 2020 会将每个记录作为含有带保存数据的簇写入该文件。当要存储的信息中包含不同类型数据时，常使用数据记录文件。如需要记录包含字符串和数字的数据,则该数据记录文件的每条记录都是由字符串和数字组成的簇。

6. 配置文件

配置文件可以用于读取或设置 Windows 系统内某些硬件或软件的配置信息,并可用“. int”的形式存储配置信息。配置文件内容是一个 key/value 对列表,如一个 key 为 C,对应值为 2020,则文件内含有条目 C=2020。

7. XML 文件

XML(Extensible Markup Language)表示可扩展标记语言,是一种用标记表述数据的格式化标准。XML 文件兼容性好,可以用来读写 LabVIEW 2020 中的任意数据类型,其突出特点是实现了数据存储和显示的分离,这就意味着数据可以使用一种数据类型存储,使用多种打开方式显示,不需要改变存储数据的类型。

8. TDM 文件和 TDMS 文件

TDM(Technical Data Management)是数据存储文件。用户可以将测量硬件采集到的原始数据和元数据保存到不同的文件中,其中用户名、事件、单位等描述信息都是元数据。元数据保存为 XML 格式,文件扩展名为“. tdm”。原始数据为二进制格式,文件扩展名为“. tdx”。TDMS(TDM Steaming)即高速数据存储文件,建议将原始数据和元数据保存在一个文件中,扩展名为“. tdms”。而且相比于 TDM 文件,TDMS 文件存储动态数据时读写速度更快、容量更大。

6.2　文件 I/O 选板

用户可以在函数选板内“Programming(编程)”子选板中的“File I/O(文件 I/O)”找到多种功能强大、使用便捷的文件 I/O 函数,如图 6-1 所示。

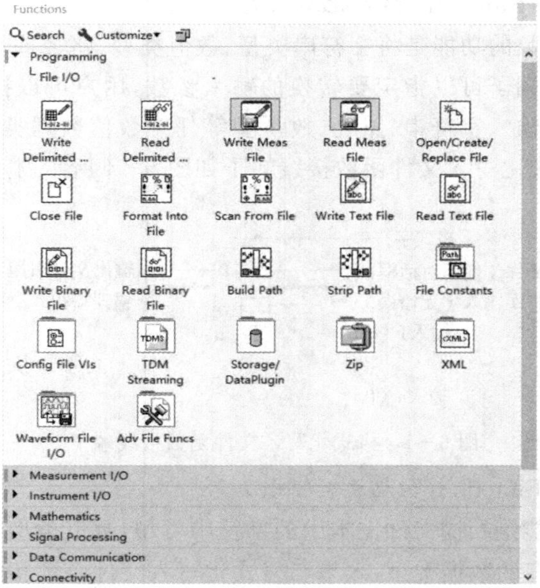

图 6-1　文件 I/O 子模板

下面对几个常用的 I/O 函数进行介绍。

1. Open/Create/Replace File Function（打开/创建/替换文件函数）

打开/创建/替换文件函数的功能是打开现有文件、创建新文件或替换现有文件。文件路径(使用对话框)端子需要输入文件的绝对路径。若指定空路径或相对路径，函数将返回错误；若端子未连线，函数将显示用于选择文件的对话框。操作端子需要输入 0 到 5 之间的整型数据，若输入 0，表示打开已存在的文件；若输入 1，表示替换已存在的文件；若输入 2，表示创建新文件；若输入 3，表示打开一个已存在的文件，文件不存在则创建新文件；若输入 4，表示创建新文件，文件已存在则替换该文件；若输入 5，表示创建新文件，文件已存在且拥有权限则替换该文件。权限端子可以指定访问文件的方式，默认输入 0，表示可读写状态；若输入 1，则表示只读状态；若输入 2，则表示只写状态。打开/创建/替换文件函数接线端子如图 6-2 所示。

2. Close File Function（关闭文件函数）

关闭文件函数的功能是关闭引用句柄指定的打开文件，并返回至引用句柄相关文件的路径。此函数中错误 I/O 的运行方式与常见方式不同，无论前面的操作是否产生错误，函数都会关闭文件，这将确保文件被正常关闭。若文件 I/O 函数使用句柄相连，末端通常要添加关闭文件函数。关闭文件函数接线端子如图 6-3 所示。

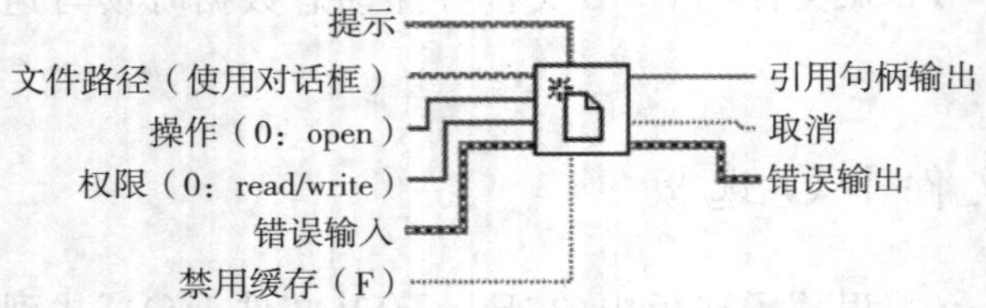

图 6-2　打开/创建/替换文件函数接线端子

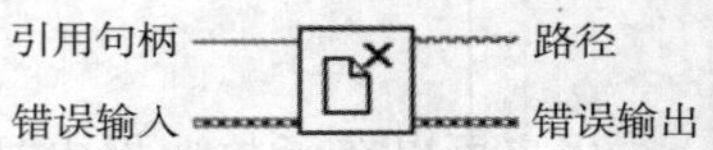

图 6-3　关闭文件函数接线端子

3. Format Into File Function（格式化写入文件函数）

格式化写入文件函数的功能是将字符串类型、数值类型、路径或布尔类型数据格式化为文本并写入文件。输入端子可以指定要转换的输入参数，用户可以拖动函数下边框增加输入端子数量。参数可以输入字符串、路径、枚举型等任意数值数据类型，但对于复数数据类型，只能转换实部。格式化写入文件函数接线端子如图 6-4 所示。

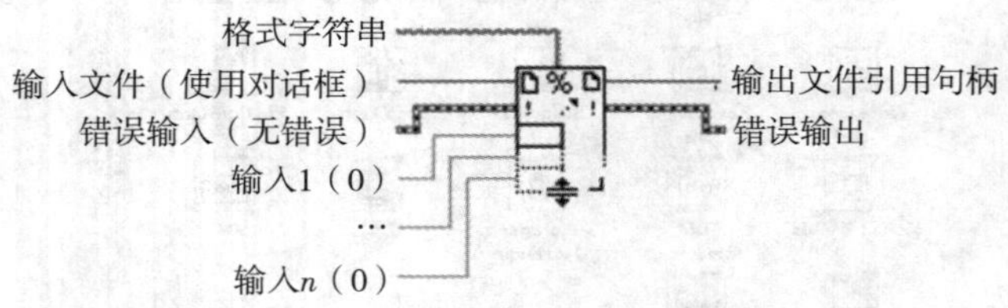

图 6-4　格式化写入文件函数接线端子

4. Scan From File Function（扫描文件函数）

扫描文件函数的功能是扫描文件文本中的字符串类型、数值类型、路径和布尔类型数据，并将这些文本转换为指定的数据类型，效果与格式化写入文件函数相对应。用户可以通过默认 1 到 n 输入端子指定输出参量的类型和默认值。扫描文件函数接线端子如图 6-5 所示。

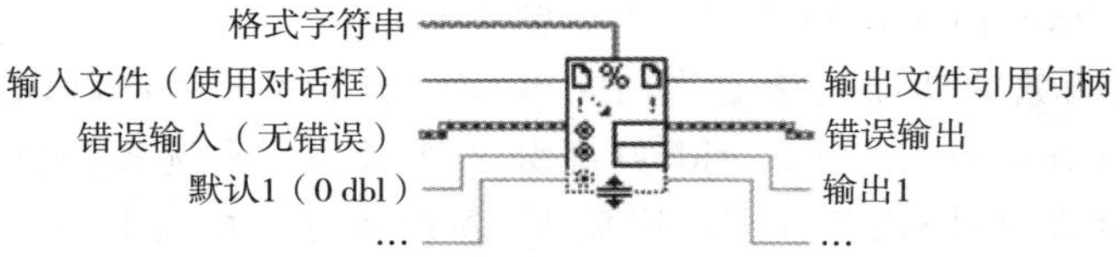

图 6 - 5　扫描文件函数接线端子

6.3　文件 I/O 函数

文件类型有很多，LabVIEW 2020 针对各种文件类型，提供了不同的文件 I/O 函数，用户需要了解并掌握这些函数的使用方法。

6.3.1　文本文件

LabVIEW 2020 的使用过程中，文本文件使用的频率最高。用户可以使用上节所说的打开/创建/替换文件函数创建文本文件，还可以使用写入文本文件函数创建新的文本文件。现介绍写入/读取文本文件、设置文件位置函数的功能。

1. Write to Text File Function（写入文本文件函数）

写入文本文件函数的功能是将字符串或字符串数组按行写入文件。文件端子可以输入绝对文件路径或引用句柄，若输入空路径或相对路径，函数将返回错误。文本端子输入写入文件的数据，只能是字符串或字符串数组，若需要写入其他类型的数据，应先使用格式化写入字符串函数，将这些数据转换为字符串类型的数据。写入文本文件函数接线端子如图 6 - 6 所示。

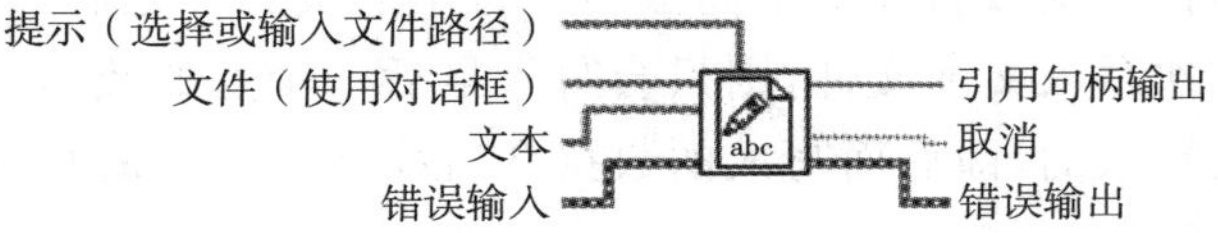

图 6 - 6　写入文本文件函数接线端子

2. Read from Text File Function（读取文本文件函数）

读取文本文件函数的功能是从文件中读取指定数目的字符或行。其中，计数端子输入数值型数据，可以设置函数读取的字符数或行数的最大值。用户可以用鼠标右键单击函数，勾选“Read Lines（读取行）”，则计数端子指定的是行数最大值。如果提前到达文件结尾，则函数实际读取的字符串和行数小于最大值；如果计数端子输入负数，则函数读取从当前位置开始的整个文件。读取文本文件函数接线端子如图 6 - 7 所示。

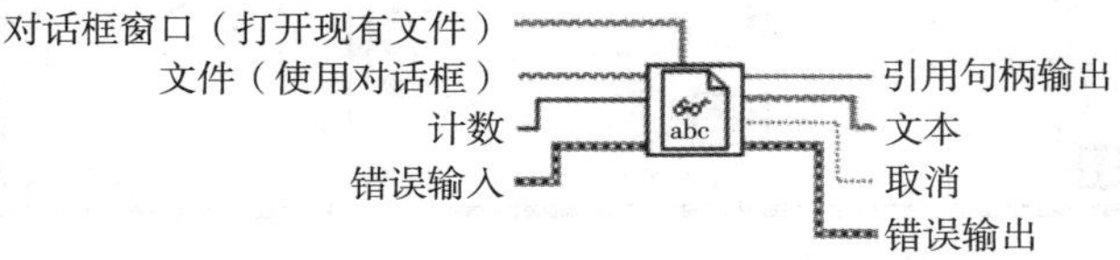

图 6 - 7　读取文本文件函数接线端子

3. Set File Position Function（设置文件位置函数）

设置文件位置函数的功能是指定当前文件标记的位置。用户可以在“File I/O（文件I/O）”选板中的“Advanced File Functions（高级文件函数）”子选板找到“Set File Position（设置文件位置）”函数，使用该函数可以避免 VI 多次运行时覆盖上一次运行数据的情况。函数的自端子指定设置文件标记的位置，即数据开始写入的位置。偏移量端子用于设置文件标记的位置与自指定位置的距离。自端子创建常量为枚举型常量。用户选择 start 项时，表示在文件起始往后偏移量字节处设置文件标记；选择 end 项时，表示在文件末尾往前偏移量字节处设置文件标记；选择 current 项时，表示在当前文件标记偏移量字节处设置文件标记。设置文件位置函数接线端子如图 6－8 所示。

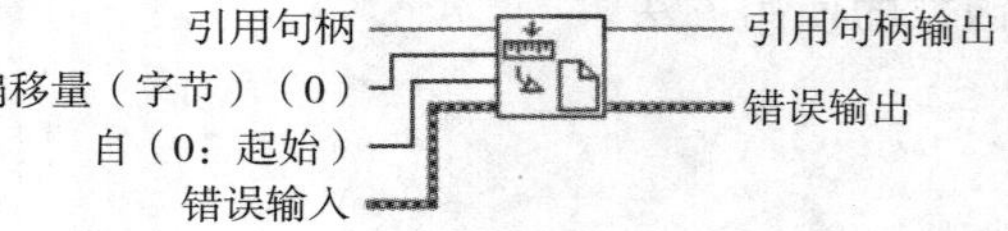

图 6－8　设置文件位置函数接线端子

下面给出两个实例，分别是将数据写入文本文件和从文本文件读取数据。

【例 6－1】 图 6－9 所示程序框图中，将正弦函数生成的数据点以字符串的形式写入文本文件。写入文本文件时默认数据精度为 6 位，加上小数点与个位，每个数据点要占用 8 个字符，但如果有负数，负号也会占用一个字符，就会导致写入文本文件的每个数据点宽度可能为 8，也可能为 9，这种情况下数据转换就会变得复杂。所以在产生数据时使用“加 1”函数，目的就是让所产生的数据点值全为正数，方便文本文件读取后显示。程序框图使用了移位寄存器和“连接字符串”函数将 360 个离散的字符串连接到一起后，再写入文本文件。若直接将每个数据点依次写入文本文件，则只会写入最后一个点的数据。因为写入文本文件函数是以替换的方式写入的，即后面写入的数据会替换之前所写的数据。写入的文本文件如图 6－10 所示。

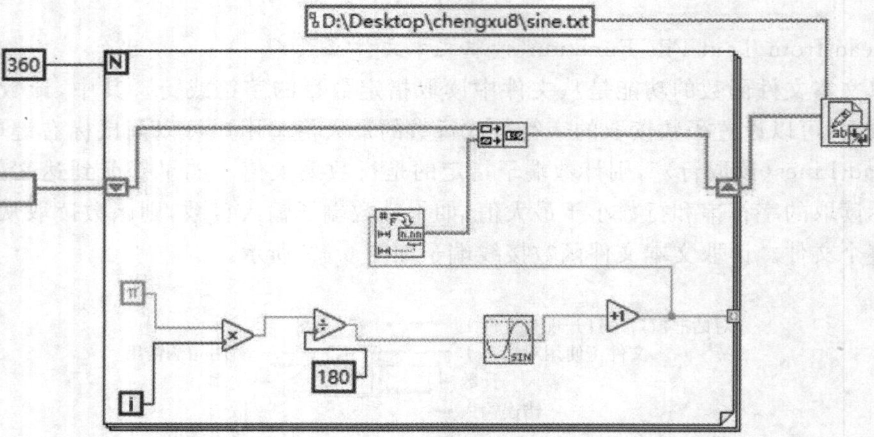

图 6－9　文本文件的写操作程序框图

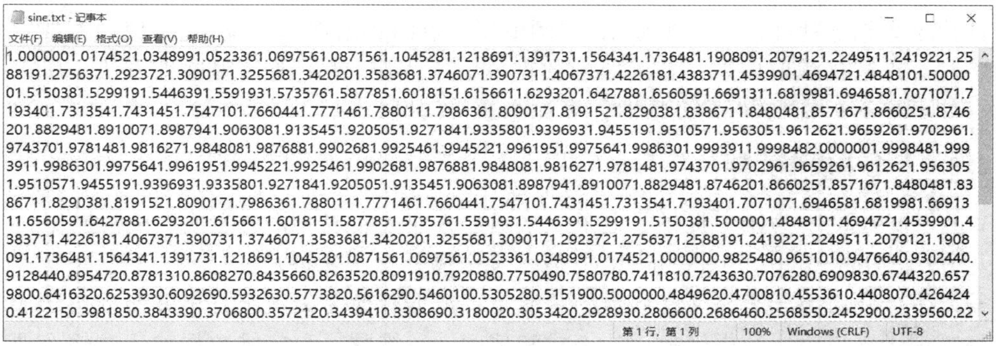

图 6-10　写入的文本文件

【例 6-2】 如图 6-11 所示的程序使用了读取文本文件函数读取例 6-1 中写入文本文件的数据，并用波形图显示出来。

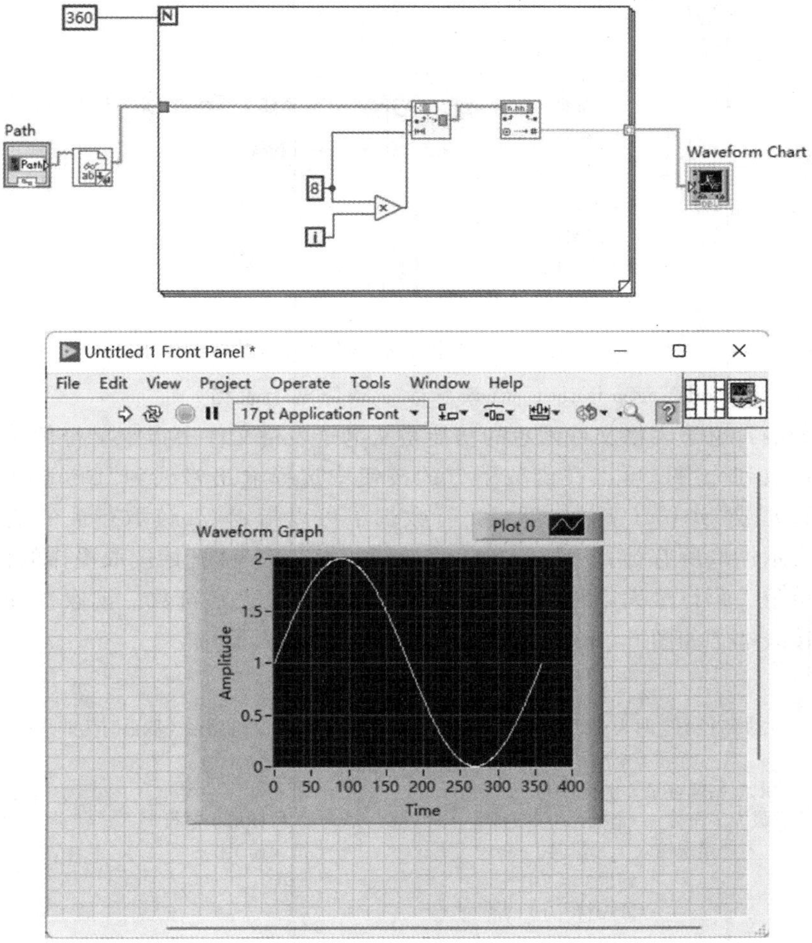

图 6-11　文本文件的读操作

从文本文件中直接读取出来的数据是字符串型的，要使用转换函数将字符串型数据转换为数值型数据才能在波形图中显示，本例中每个点的数据都是8位，直接使用截取字符串函数将每个点数据截取出来。若读取的数据位数不固定，就不能使用这种方法。所以文本文件存储虽然简单直观，但是读取时需要注意这个问题。

6.3.2 电子表格文件

LabVIEW 2020 为用户提供了电子表格函数方便地实现表格的生成和读写操作。

1. Write Delimited Spreadsheet. vi（写入带分隔符电子表格）

写入带分隔符电子表格文件函数的功能是将数据转换为文本字符串并写入电子表格文件。格式端子可以设定数据转换后的格式和精度。一维数据和二维数据输入端输入要写入表格的数据，数据可以为字符串、带符号整数或双精度数的二维或一维数组。添加至文件端子输入布尔型数据。输入为 True 时，添加数据至现有文件；输入为 False 时，替换已有文件中的数据，该端子默认输入为 False。转置端子默认输入为 False，表示不进行转置，若输入为 True，则输入的一维行数组将自动转置成一维列数组。写入带分隔符电子表格文件函数接线端子如图 6-12 所示。

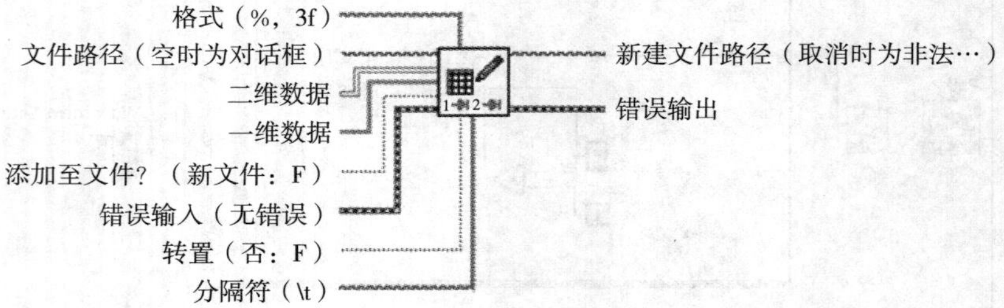

图 6-12 写入带分隔符电子表格文件函数接线端子

2. Read Delimited Spreadsheet. vi（读取带分隔符电子表格）

读取带分隔符电子表格文件函数的功能是从电子表格文件中指定字符偏移量开始读取指定数量的行或列。用户可以在函数下方的按钮中选择输出格式为“Double（双精度型）”“Integer（整型）”或“String（字符串型）”。行数端子可以指定 VI 读取行数的最大值。默认输入为-1，表示读取所有行。读取起始偏移量端子指定从 VI 开始读取操作的位置，以字符（或字节）为单位。每行最大字符串端子指定 VI 读取的最大字符数。读取带分隔符电子表格文件函数接线端子如图 6-13 所示。

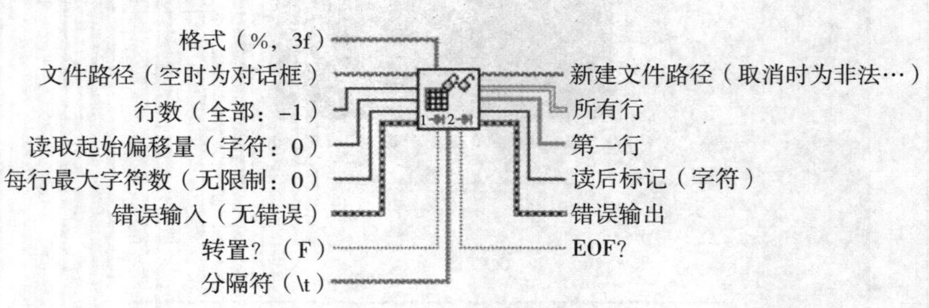

图 6-13 读取带分隔符电子表格文件函数接线端子

【例 6－3】 使用写入带分隔符电子表格函数和读取带分隔符电子表格函数具体实例如图 6－14 所示。

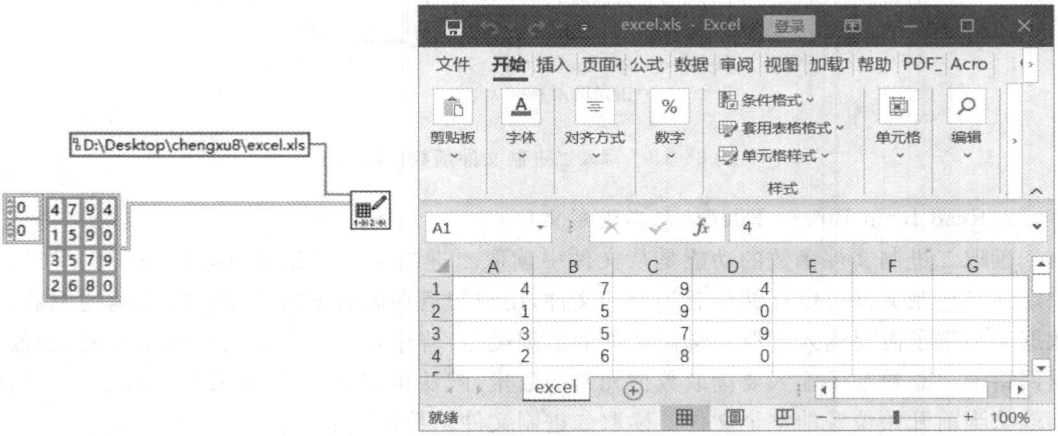

（a）电子表格文件的写操作

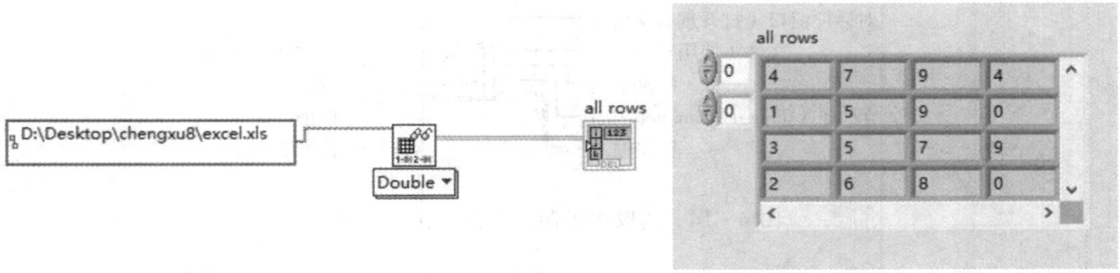

（b）电子表格文件的读操作

图 6－14　电子表格文件的 I/O 操作

6.3.3　二进制文件

二进制文件相较于其他文件类型，在使用时读写速度快、占用空间少，不会造成有效位的丢失。在数据高速生成的场景下，需要使用二进制文件来存储这些数据，以防数据生成速度大于存储速度。

1. Write to Binary File（写入二进制文件）

写入二进制文件函数的功能是写入二进制数据进新文件、添加数据至现有文件或替换文件的内容。预置数组或字符串大小端子输入布尔型数据，默认输入为 True，表示 LabVIEW 2020 会将数据大小信息添加至文件开头；若输入为 False，则不添加。数据端子输入要写入文件的数据，可以是任意的数据类型。字节顺序端子连接的是枚举常量，选择“big-endian，network order”，表示最高有效字节占据最低的内存地址，默认为此模式；选择“native，host order”，表示使用主机字节顺序格式；选择“Little-endian”，表示使用最低有效字节占据最低的内存地址。写入二进制文件函数接线端子如图 6－15 所示。

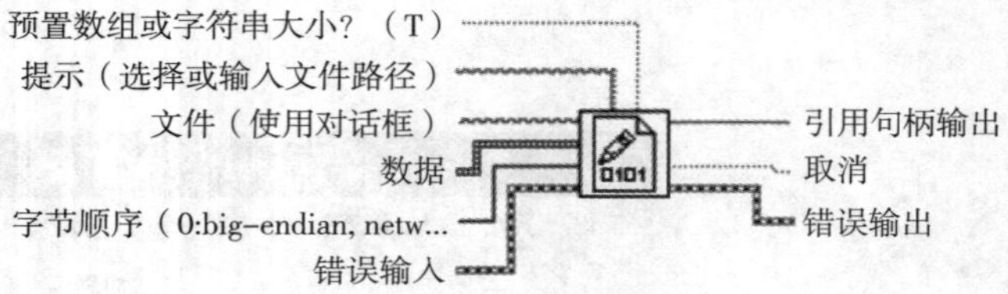

图 6－15　写入二进制文件函数接线端子

2. Read from Binary File(读取二进制文件)

读取二进制文件函数的功能是从文件中读取二进制文件并输出，读取方式由文件格式决定。二进制文件可以存储任意类型的文件，用户知道存储数据的类型才能准确还原数据。数据类型端子需要输入读取二进制文件的数据类型，若输入与实际数据类型不匹配，函数将返回错误。总数端子输入要读取数据元素的数量，默认情况下为 1，如果输入值小于－1，则读取从当前开始位置的整个文件。读取二进制文件函数接线端子如图 6－16 所示。

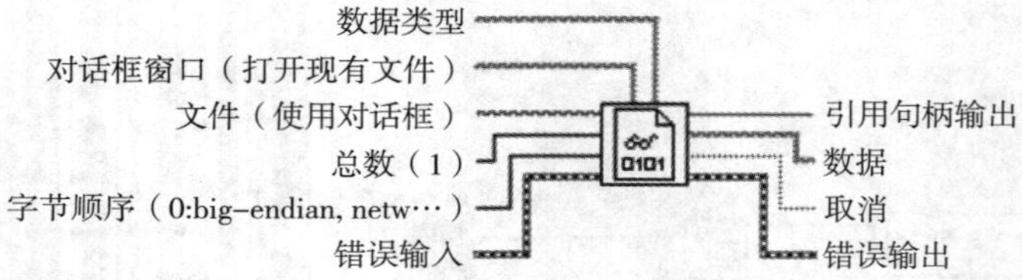

图 6－16　读取二进制文件函数接线端子

【例 6－4】　图 6－17 所示的程序生成一个混合单频与噪声波形，并将波形数据存储为二进制文件形式。程序使用了“File Dialog(文件对话框)”函数，用于设定文件路径选择对话框的提示框字符、默认的存储文件名和创建的文件类型，文件对话框函数位于“Advanced File Functions(高级文件函数)”选板中。

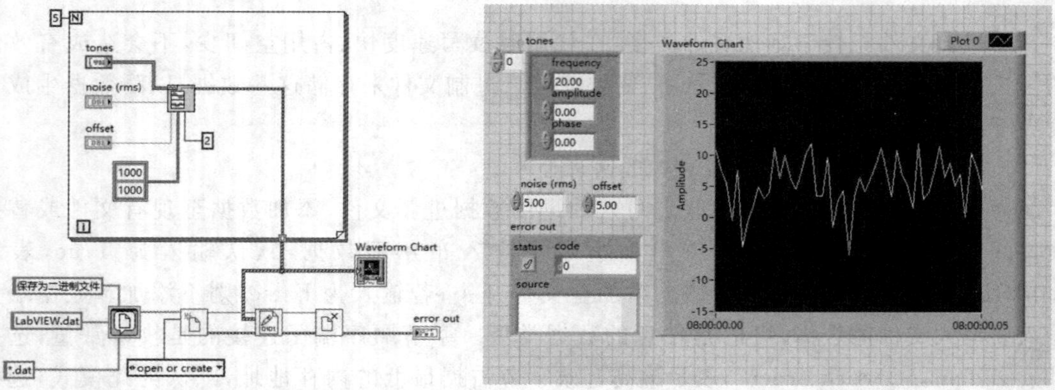

（a）波形存储为二进制文件形式的程序　　（b）波形存储为二进制文件形式的输出

图 6－17　波形存储为二进制文件形式

图 6－18 所示的程序使用了读取二进制文件函数读取图 6－17 程序创建的文件，并用波形图表示出来。用户可以先将图 6－17 程序的波形图转换为常量，获取波形数据的数据组成，然后将数据组成添加到读取二进制文件函数的数据类型端子上，结果如图 6－18 所示。

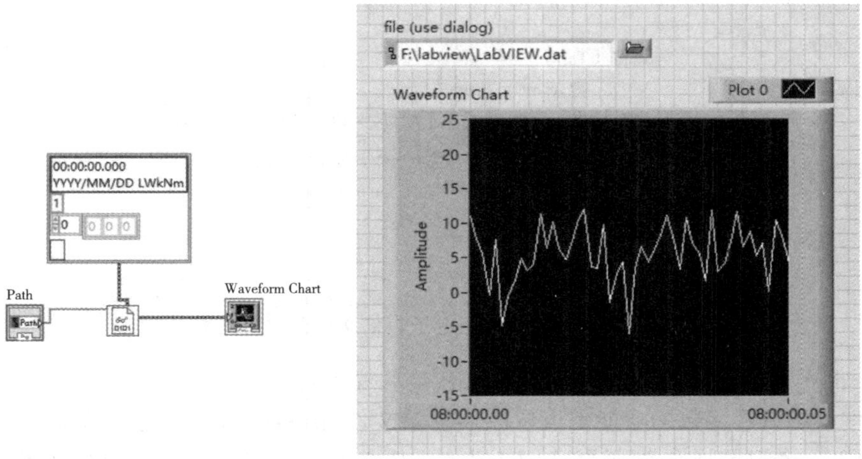

（a）读取二进制文件程序　　（b）读取二进制文件的输出

图 6－18　读取二进制文件

6.3.4　波形文件

波形文件只用于记录波形数据。每个波形数据由采样开始时间 t_0、采样间隔 dt、采样数据 y 三个部分组成。用户可在“File I/O(文件 I/O)”选板的“Waveform File I/O(波形文件 I/O)”子选板中找到 LabVIEW 2020 提供的波形文件 I/O 函数如图 6－19 所示。

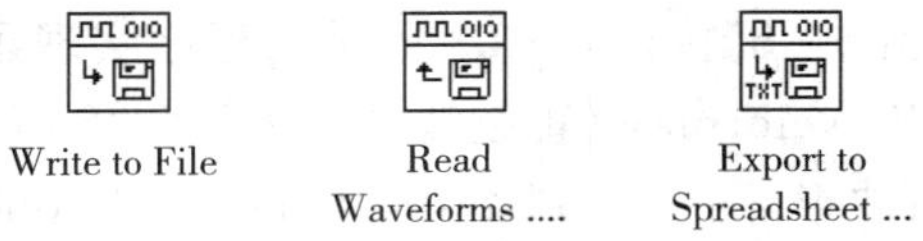

图 6－19　波形文件 I/O 函数

1. Write Waveforms to File. vi(写入波形至文件)

写入波形至文件函数的功能是创建一个新文件或打开一个已存在的文件，在文件中写入波形数据。波形端子输入要写入文件的波形，可以是一维或二维的波形数组。写入波形至文件函数接线端子如图 6－20 所示。

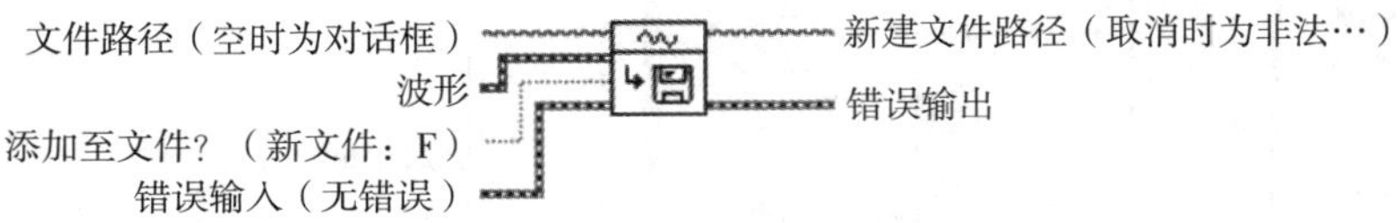

图 6－20　写入波形至文件函数接线端子

2. Export Waveforms to Spreadsheet File. vi(导出波形至电子表格文件)

导出波形至电子表格文件函数功能是将波形数据转换为文本字符串，然后将字符串写入电子表格文件。分隔符端子用于设置电子表格文件中的分隔符号，默认状态下指定单个制表符为分隔符。多个时间列端子输入布尔型数据，输入为 True，表示要为每个写入的波形文件都创建单独的时间列；输入为 False，则各波形文件使用同一个波形时间。标题端子也输入布尔型数据，输入为 True，表示生成的表格文件包含时间、日期、数据标签等信息；输入为 False，表示不包含这些信息。导出波形至电子表格文件函数的接线端子如图 6-21 所示。

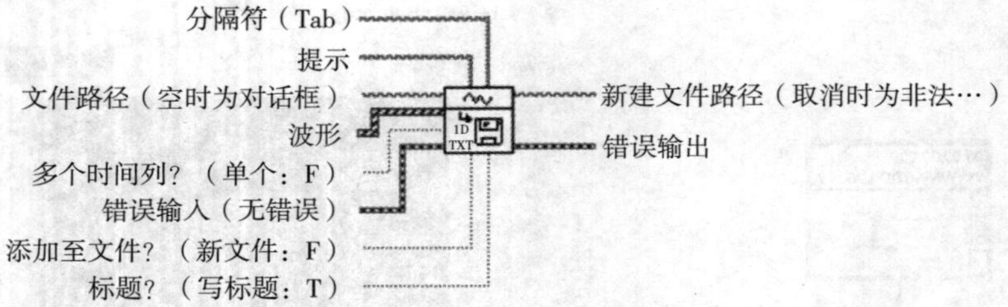

图 6-21　导出波形至电子表格文件函数接线端子

3. Read Waveforms from File. vi（从文件读取波形）

从文件读取波形函数的功能是读取波形记录文件，偏移量端子指定要从文件中读取的记录，文件中第一个记录是 0，端子默认输入为 0。从文件读取波形函数的接线端子如图 6-22 所示。

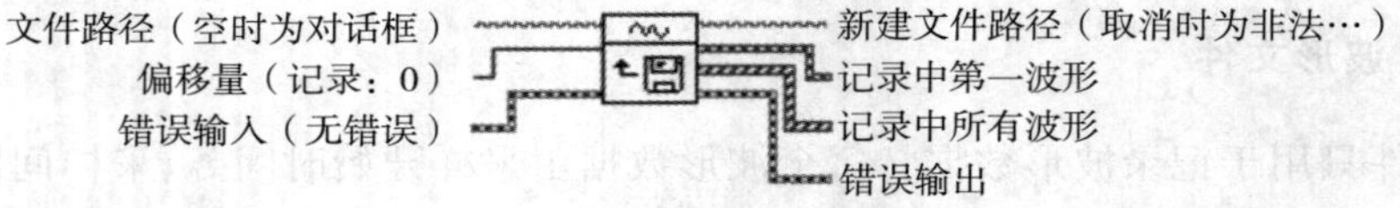

图 6-22　从文件读取波形函数接线端子

【例 6-5】　图 6-23 所示的程序实现了将一个双通道波形数据写入波形文件。使用“Sine Waveform. vi（正弦波形）”函数和“Sawtooth Waveform. vi（锯齿波形）”函数创建了两个模拟波形，通过“Get Date/Time In Seconds（获取日期/时间）”函数和“Build Waveform（创建波形）”函数创建了不同的波形生成时间。将波形数据组成一维波形数组，输入写入波形至文件函数中。为了减少占用存储空间、提高写入速度，选择将文件以二进制形式保存。

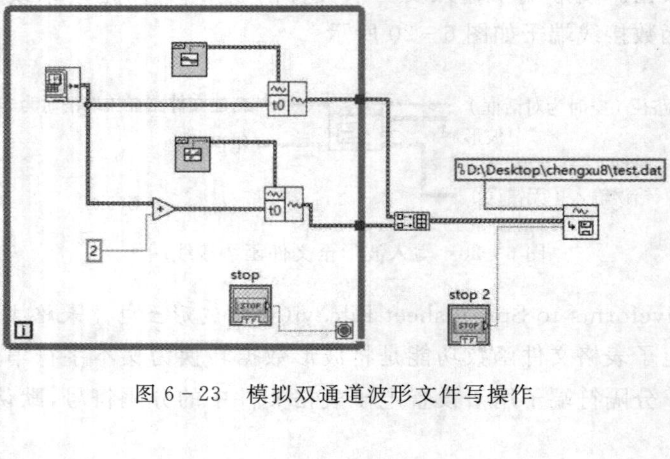

图 6-23　模拟双通道波形文件写操作

图 6 - 24 所示的程序使用了导出波形至电子表格文件函数获取图 6 - 23 程序创建的波形文件。因为波形文件中含有两个生成时间不同的波形数据，所以多个时间列端子应输入“True”。

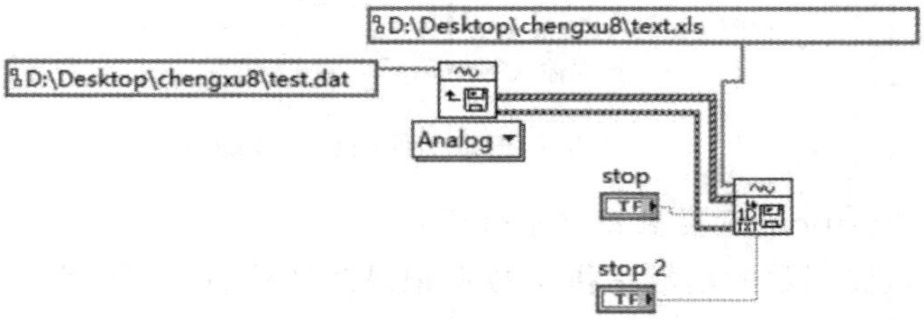

图 6 - 24　波形文件读操作

6.3.5　数据记录文件

数据记录文件函数位于“File I/O(文件 I/O)”→“Advanced File Functions(高级文件函数)”→“Datalog(数据记录)”子选板中，如图 6 - 25 所示。

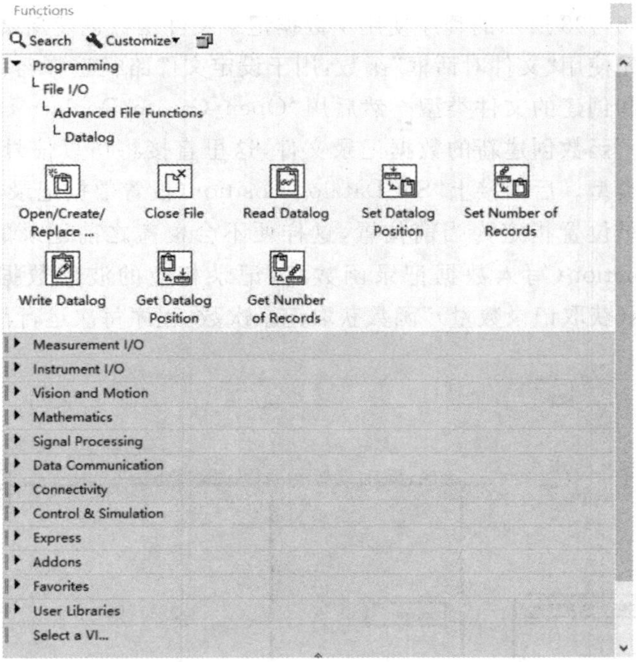

图 6 - 25　数据记录文件函数

1. Open/Create/Replace Datalog(打开/创建/替换数据记录文件)

数据记录文件函数的功能是打开已有的数据记录文件、创建新的数据记录文件或替换已有的数据记录文件。数据记录文件函数与二进制文件函数的使用方法类似，但需要在记录类型端子处输入所要记录的数据类型。数据记录文件函数接线端子如图 6 - 26 所示。

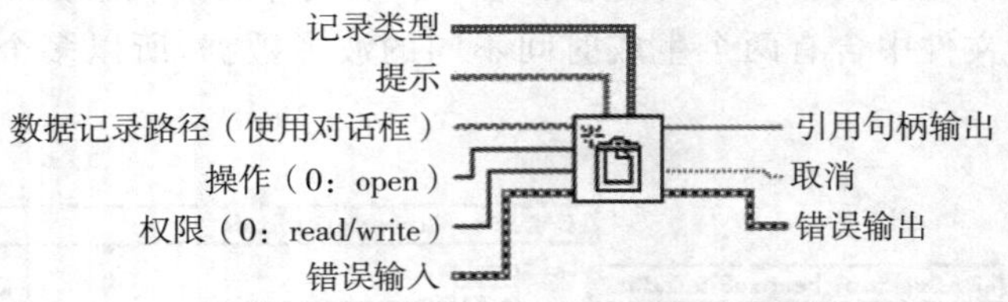

图 6-26　数据记录文件函数接线端子

2. Set Datalog Position（设置数据记录位置）

设置数据记录位置函数的功能是指定数据记录时的位置，其使用方法与设置文件位置完全相同。偏移量端子指定数据记录位置与自指定的位置间的记录数。自端子创建枚举型输入常量，输入为 start 时，在文件起始处设置数据记录位置；输入为 end 时，在文件结尾处设置数据记录位置；输入为 current 时，在当前文件记录处设置数据记录位置。设置数据记录位置函数接线端子如图 6-27 所示。

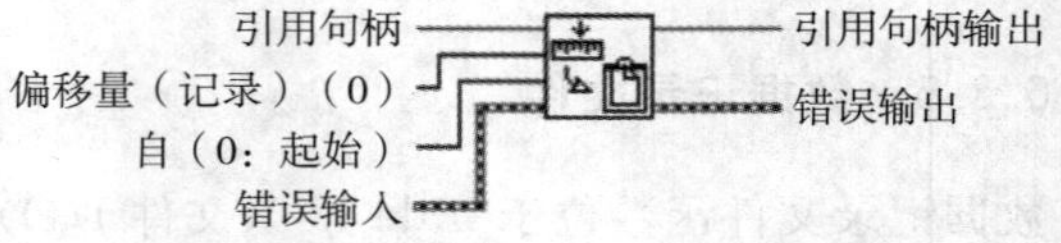

图 6-27　设置数据记录位置函数接线端子

【例 6-6】 图 6-28 所示的程序使用了数据记录文件函数创建新文件并存储正弦信号波形数据。程序首先使用“文件对话框”函数，用于设定文件路径选择对话框的提示框字符、默认的存储文件名和创建的文件类型。然后用“Open/Create/Replace Datalog（打开/创建/替换数据记录文件）”函数创建新的数据记录文件，这里直接将仿真信号接到记录类型端子上指定其数据记录类型。后面接上“Set Datalog Position（设置数据记录位置）”函数，将程序每次运行时数据记录位置指定为当前位置，这样便不会覆盖之前记录的数据。再次，接入“Write Datalog Function（写入数据记录函数）”，记录相应的波形数据。最后，使用“Get Number of Records（获取记录数量）”函数获取记录次数，程序每次运行都会写入一次数据。

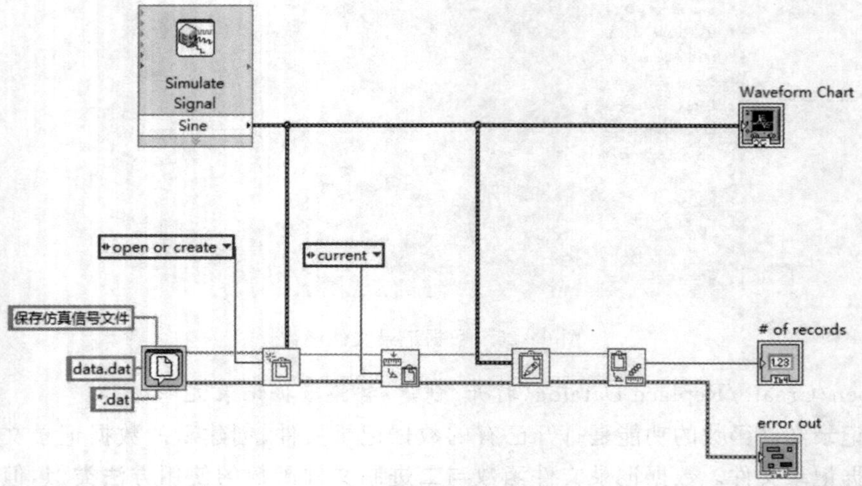

图 6-28　使用数据记录文件函数存储数据

6.3.6　配置文件

配置文件主要用于记录配置信息，即 INI 文件标准的 Windows 配置文件由“Section（段）”和“Key（键）”两部分组成。每个配置文件的段名不能相同，段内的键名也不能相同。键值可以输入大部分数据类型，如整型、布尔型、字符串型、路径型等。

用户可以在“File I/O（文件 I/O）”选板的“Configuration File VIs（配置文件 VI）”子选板中找到 LabVIEW 2020 提供的配置文件 VI 函数。其中“Write Key. vi（写入键）”“Read Key. vi（读取键）”等函数的使用方法与写入、读取文本文件函数类似。

【例 6－7】 写入配置文件和读取配置文件。图 6－29 所示的程序创建了一个新的配置文件，并在配置文件中写入两个段，其中第一段写入了布尔型、数值型、路径型键值，第二段写入了字符串型键值。运行结果如图 6－30 所示。

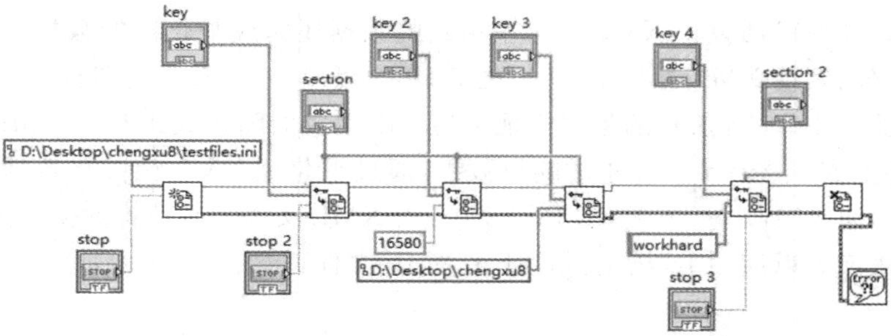

图 6－29　配置文件写操作

图 6－31 所示的程序读取了刚创建的配置文件。注意：读取键函数在使用时需要指定读出键值的数据类型。用户可以从函数下方的下拉栏中选择数据类型，或者用鼠标右键单击函数图标，从弹出的菜单栏“Select Type（选择类型）”选项中选择匹配的数据类型。配置文件读操作程序框图如图 6－31 所示。

图 6－30　配置文件

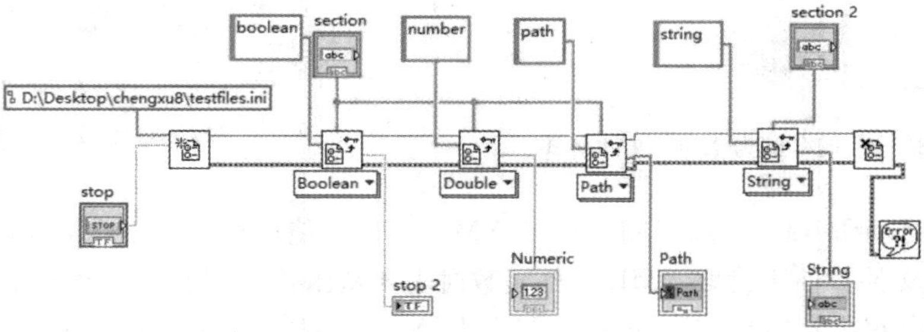

图 6－31　配置文件读操作程序框图

6.3.7 XML 文件

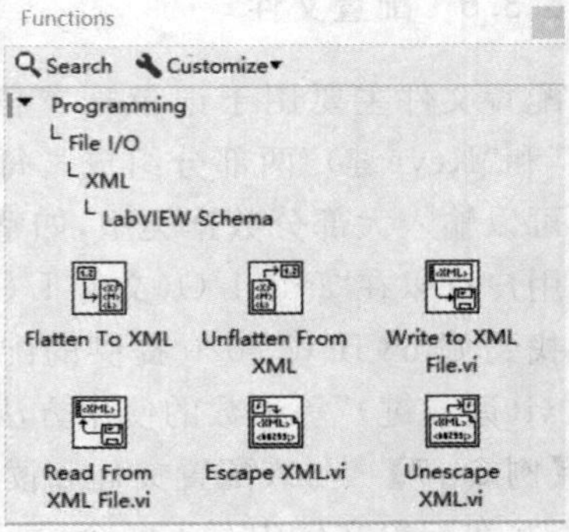

图 6－32　XML 文件操作函数

XML 即可扩展标记语言，与其他文件类型相比，XML 文件更加简单灵活，易于掌握和使用。用户可在“File I/O（文件 I/O）”→“XML”→“LabVIEW Schema（LabVIEW 模式）”选板中找到 LabVIEW 提供的 XML 文件函数，如图 6－32 所示。

XML 文件的读写与其他类型文件有所不同。XML 文件可以存储任意类型的数据，但在存储前要使用“Flatten To XML（平化至 XML）”函数将任意类型的数据转换为 XML 字符串格式。同理，在 XML 文件读取后，要使用“Unflatten From XML（从 XML 还原）”函数将 XML 字符串格式的数据还原成平化前的数据类型。XML 文件包括序言部分、其他 XML 标记、字符数据等，用户可以通过 IE 浏览器打开 XML 文件。

【例 6－8】　图 6－33 所示的程序实现了将一串生成的随机数组写入 XML 文件。程序使用 For 循环生成了含有十个元素的随机数组，通过平化至 XML 函数将数据转换为 XML 字符串格式后，通过“Write To XML File. vi（写入 XML 文件）”函数将数据写入指定地址的 XML 文件。用户可以使用 IE 浏览器打开此 XML 文件，如图 6－34 所示。

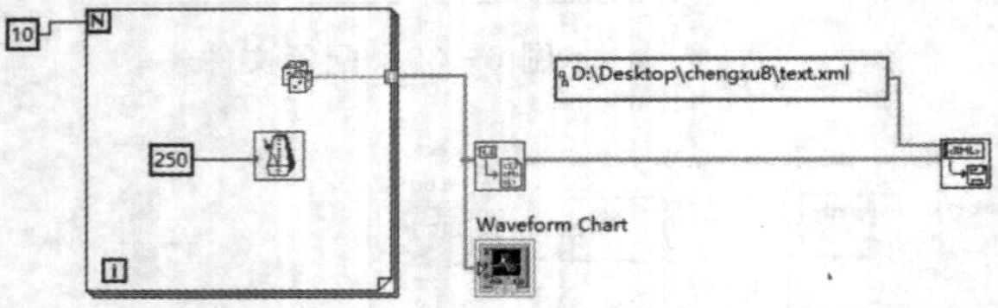

图 6－33　数据存储为 XML 文件格式

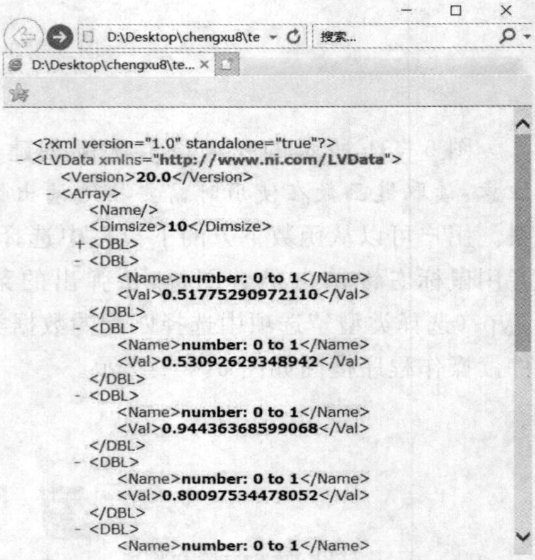

图 6－34　存储的 XML 文件用 IE 浏览器打开

图 6－35 所示的程序读取了刚生成的 XML 文件。使用读取 MXL 文件函数读取指定路径的 XML 文件。使用读取 XML 文件函数时需要从函数下方的下拉框选择 XML 数据类型是“String（字符串）”还是“Array（数组）”。从 XML 还原函数时，需要在函数的类型端子上指定原输入数据的类型，否则将返回错误。读取结果如图 6－35 所示。

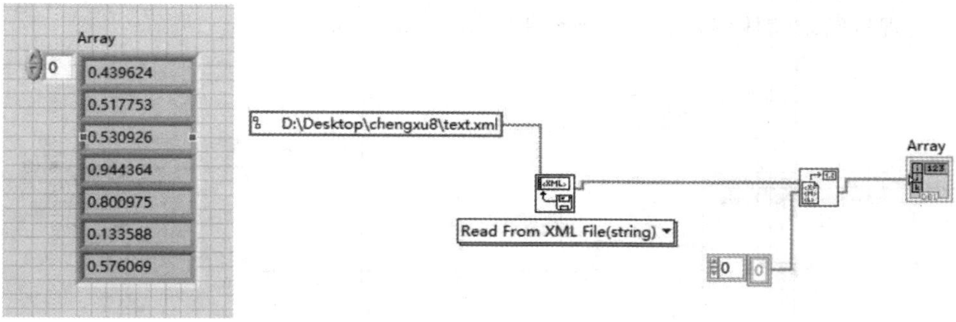

图 6 - 35　读取 XML 文件

6.3.8　图形文件

图片的储存格式有很多种，通常有 JPEG、PNG、BMP。用户可以在函数选板→编程→“Graphics & Sound(图形与声音)”→“Graphics Formats(图形格式)”选板中找到常用的图形格式函数，如图 6 - 36 所示。

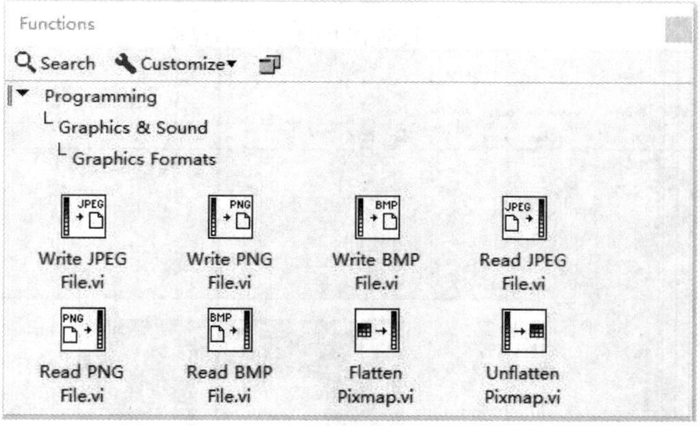

图 6 - 36　图形格式函数

图形格式函数的使用方法简单，如图 6 - 37 所示，实现了读取图片的功能。但此时无论加载图片的大小如何，新图片的大小不会改变，因为新图片显示控件初始大小固定。

图 6 - 37　图形存储函数

【例 6 - 9】　为了解决图 6 - 37 程序的问题，通过属性节点使每次加载图片时新图片显示控件的大小能随图片大小而改变，程序框图如图 6 - 38 所示。使用 JPEG 文件函数读取图片数据后使用了按名称解除捆绑函数，相减得出图片上下左右边框的大小，从而确定原图片大小。在此基础上还设置了一个缩放因子，将缩放因子与图片控件属性的缩放因子端子连接，从而实现按需求缩放图片。程序前面板如图 6－39 所示。

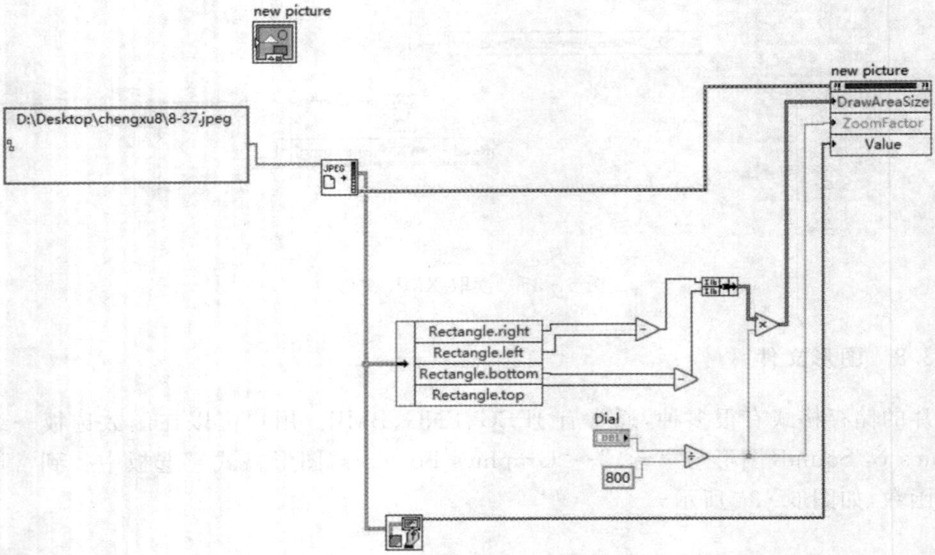

图 6－38　设置图片显示大小程序

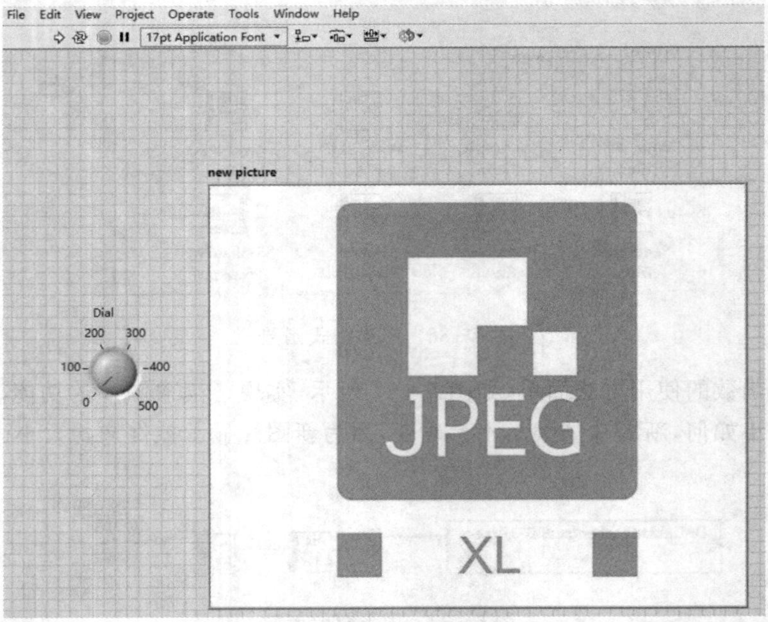

图 6－39　程序前面板

6.3.9　文件 I/O Express VI

LabVIEW 2020 文件 I/O Express VI 包含了写入测量文件函数和读取测量文件函数。

使用这些函数可以方便地实现测量文件的读写。用户可直接在“File I/O(文件 I/O)”选板中找到这两个函数。

(1)“Write To Measurement File(写入测量文件)”函数。可将动态测量数据以文本测量文件格式(.lvm)或二进制测量文件格式(.tdm 或 .tdms)存储。用户可以双击函数图标打开配置写入测量文件窗口。在该窗口中可以设置文件保存动作、保存格式等属性。

(2)“Read From Measurement File(读取测量文件)”函数。可以读取 LVM、TDM 或 TDMS 等类型的文件。用户可以双击函数图标打开配置读取测量文件窗口。该窗口可以设置读取的文件格式、时间标识类型等属性。

【例 6-10】 图 6-40 所示为写入测量文件的程序,使用写入测量文件函数将一个仿真正弦信号波形数据以“.tdms”的格式写入测量文件。

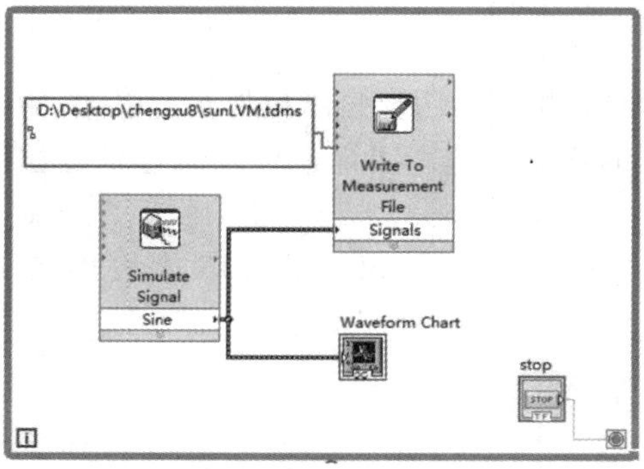

(a) 写入测量文件函数的程序

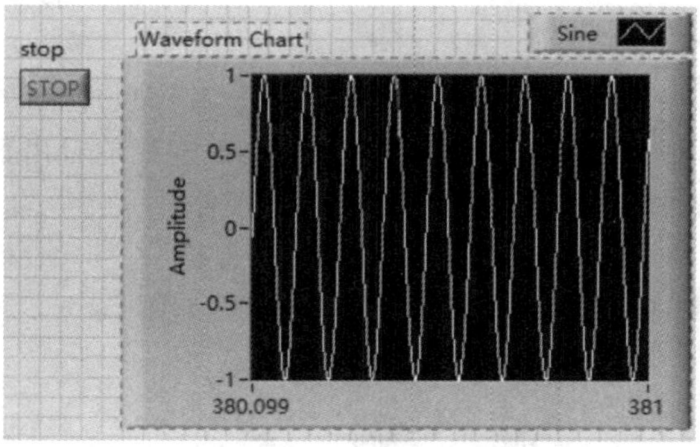

(b) 存储仿真信号的放大显示

图 6-40　用写入测量文件函数存储仿真信号

【例 6-11】 读取测量文件的程序如图 6-41 所示。使用了读取测量文件函数读取“.tdms”文件,并以表格形式显示。当读取数据到文件尾时,读取测量文件函数的 EOF 端子会输出 True,将 While 循环终止按钮接到 EOF 端子上,当文件函数读取到文件时,程序自动终止运行。

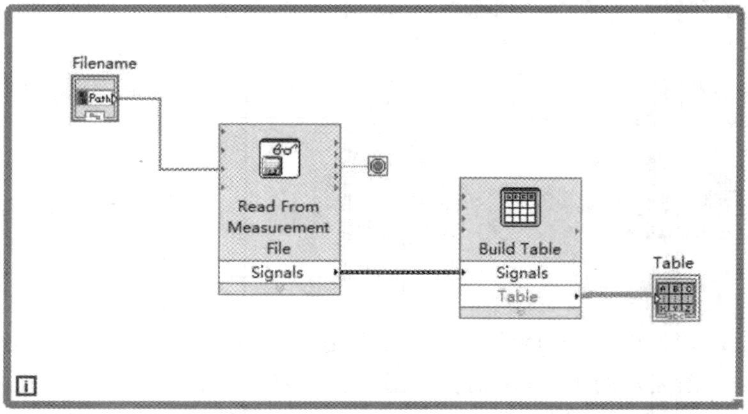

图 6-41　读取测量文件的程序

第7章 图形与图表

使用图像将测量或生成的数据形象地表示出来是 LabVIEW 2020 程序设计的一项重要功能。本章首先介绍了图形控件的分类，用户在选用显示控件时需要注意图表控件与图形控件的区别和各自的优缺点，能够根据实际情况选择合适的控件。然后，结合实例分别介绍了波形图表、波形图、XY 图等二维图形显示控件的使用方法和一些属性的设置方法。最后，介绍了三种三维图形控件的使用方法。

7.1 图形控件的分类

图形显示是 LabVIEW 2020 程序设计中的重要组成部分，图形显示控件功能强大，能将生成或采集的数据实时显示出来，直观地看出数据的变化趋势。用户也可以通过设置控件属性自由定制符合要求的图形控件。

用户可以在前面板控件选板→“Modern（新式）”→“Graph（图形）”选板中找到 LabVIEW 2020 提供的显示控件，如图 7-1 所示。

图 7-1 图形选板

图形选板所示控件中，前两行的显示控件都用于显示二维数据。这些控件分为“Graph（图形）”和“Chart（图表）”两类，其区别在于图形控件将采集到的数据在控件中实时、逐点地显示出来，可以清晰地展现数据的变化趋势，与示波器效果类似。而图表控件将采集到的数据先存放在一个数组中，然后对数据进行处理，根据需要将图形展现出来。从输入数据类型来说，部分图形控件无法输入簇数据，图表控件可以输入簇数据。所以两种类型的显示控件各有优缺点，图形控件可以实时显示，图表控件表现形式更加丰富。二维显示控件功能上又分为波形图（表）、XY 图、强度图（表）、数字波形图等。

第三行的“Controls（控件）”子选板中提供了一些特殊的图形显示控件，如极坐标图、雷达图显示控件，用户可以根据需要进行选用。“3D Picture（3D 图片）”和“3D Graph（3D 图形）”则用于显示三维数据，实质上就是 ActiveX 控件。下面将详细介绍常用二维显示控件和三维显示控件的使用方法。

7.2　波形图表

“Waveform Chart（波形图表）”可以保存部分历史数据，并将新获取的数据添加到历史图形中去。波形图表的 X 坐标表示数据序号，Y 坐标表示数据值，坐标默认为线性分布，用户可以根据需要改成对数分布。

7.2.1　设置波形图表外观与属性

用户可以在波形图表控件上单击鼠标右键，根据需要在弹出的快捷菜单的“Visible Items（显示项）”中勾选显示条目，如“Scale Legend（标尺工具）”“Graph Palette（图形工具选板）”“Digital Display（数字显示）”等。所有显示条目都勾选后的波形图表面板如图 7-2 所示。

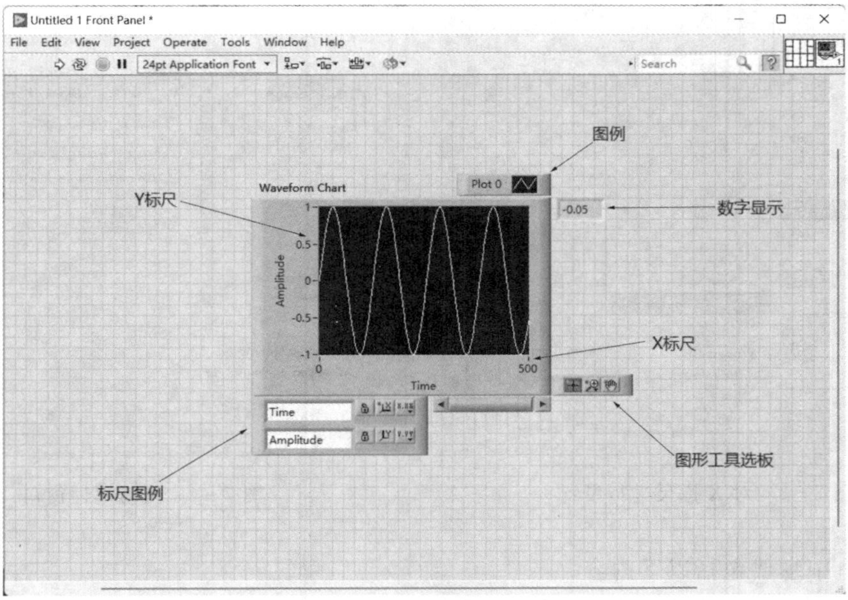

图 7-2　所有显示条目都勾选后的波形图表面板

图形显示区和标尺区组成了波形图表的面板。用户可以直接拖动波形图表控件的外边框放大或缩小图形显示区的大小。Y 标尺位于显示区的左边，默认标签名称为“Amplitude

（幅值）”；X 标尺位于显示区的下边，默认标签名称为“Time(时间)”。用户可以双击标签名称，自行设置标尺名称。

1. 设置标尺属性

在波形图表控件上单击鼠标右键，在弹出的快捷菜单中选择“X/Y Scale(X/Y 标尺)”选项，在 X/Y 标尺子菜单中设置标尺的刻度、样式等属性，如图 7－3 所示。

用户可以在图 7－3 所示的“Marker Spacing(刻度间隔)”选项中，调整刻度间隔为“Uniform(均匀)”或“Arbitrary(任意)”，但只有将刻度间隔均匀设置，才可以从“Style(样式)”子菜单中选择标尺样式。LabVIEW 2020 提供了九种刻度样式，用户可以根据效果图自行选择。

默认情况下，图 7－3 所示的快捷菜单中的“AutoScale X(自动调整 X 轴坐标)”选项未被勾选，此时波形图表 X 标尺比例范围固定，程序反复运行 X 标尺的范围都不会改变，这就可能导致部分数据显示在波形图表外。若勾选了自动调整 X 轴坐标选项，则波形图表会显示从起始开始的所有数据，但程序运行效率会降低。若数据量过大，波形图表可能会因为 X 坐标比例压缩过大而显示不清晰。

用鼠标右键单击波形图表，从弹出菜单栏中选择“Properties(属性)”选项，会弹出如图 7－4所示的图标属性窗口。在该窗口中，可以单独设置 X 标尺或 Y 标尺的特性，也可以设置波形图表的其他属性。

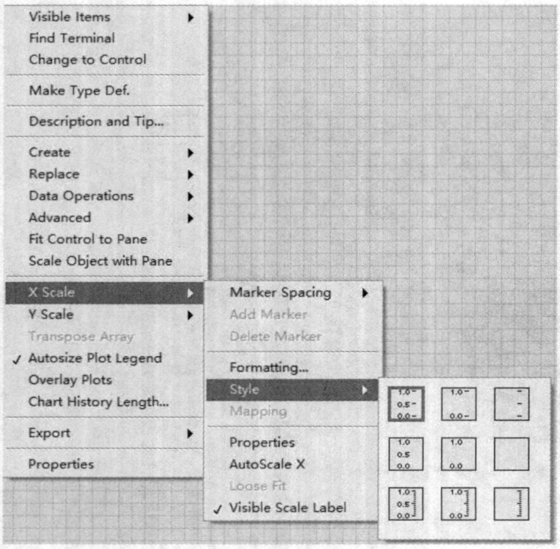

图 7－3　对 X 标尺进行设置

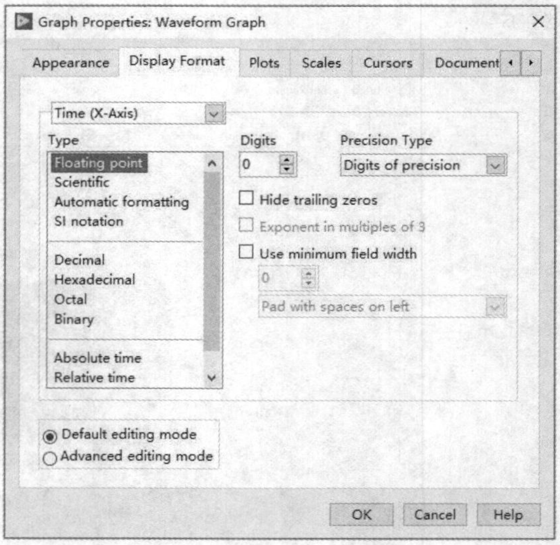

图 7－4　图表属性窗口

该窗口中主要包括以下内容。

(1)Appearance(外观页)。此页可以设置标签和标题是否可见、图表的启用状态、是否显示图形工具选板等功能，还可设置图表的大小、刷新模式等。

(2)Display Forma(显示格式页)。此页可以单独设置 X 标尺或 Y 标尺刻度的数值显示格式和数字精度。

(3)Plots(曲线页)。此页可以设置波形图表中曲线的线性、颜色、是否使用点标记等属性。

(4)Scales(标尺页)。此页可以单独设置 X 标尺或 Y 标尺的名称、缩放因子、刻度范围等属性。

2. 转置数组

同一个波形图表可以显示多条曲线。因为波形图表中的波形都是由一维数组数据构成的，要显示多条曲线就需要输入多组数据。此时可以将多组数据捆绑成一个二维数组，并将此二维数组输入波形图表即可实现显示多条曲线的功能。

注意：波形图表会默认将输入数组转置，即输入数组的每一列数据会被波形图表生成一个波形。

【例 7-1】　使用一个实例来说明此功能。

图 7-5 所示程序框图中，使用 For 循环和生成数组函数，创建了一个 2×30 的二维数组；然后将此数组直接输入波形图表 1(Waveform Chat 1)进行显示，由图 7-5 前面板运行结果可以看出，此时生成了 30 条波形，每条波形含有 2 个数据，这是因为默认情况下，波形图表会将输入二维数组的每一列数据当作一个一维数组来生成曲线。然后使用“Transpose 2D Array(转置二维数组)”函数将生成的数组转置，并输入波形图表 2 中进行显示。因为经过转置的数组输出的是一个 30×2 的数组，因此生成的是 2 条曲线，每条波形曲线有 30 个数据，如图 7-5 所示。

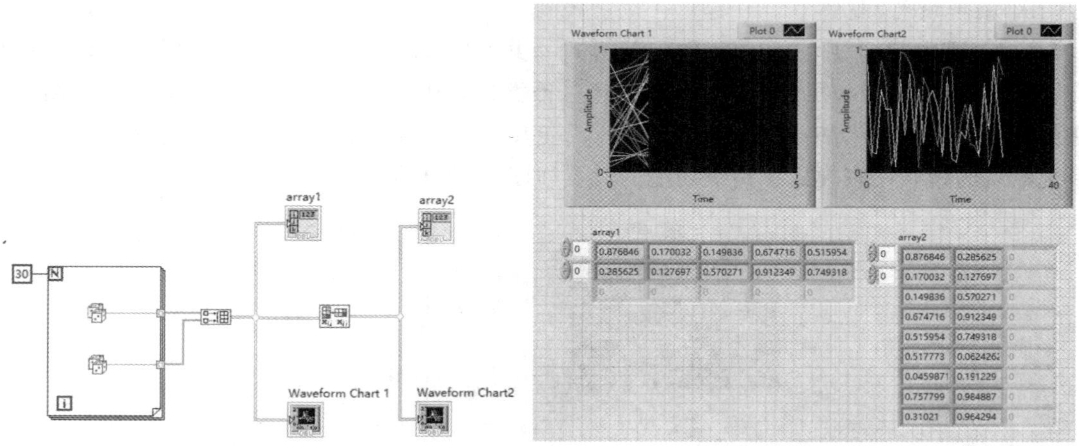

(a) 程序的内部结构　　　　　　(b) 结果显示

图 7-5　转置数组选项的使用

用户也可以用鼠标右键单击波形图表显示框，在弹出的菜单栏中取消勾选“Transpose Array(转置数组)”选项，则程序再次运行时，波形图表便不会自动转置输入二维数组，此时输入数组的每一行数据将被波形图表生成一个波形。

3. 分格显示曲线

图 7-5 所示的波形图表 2(Wave Chat 2)中，在同一个显示框格中显示随机数波形 1 和随机数波形 2，两个曲线的 X 轴和 Y 轴单位与刻度完全相同。这种显示方式可以使两个波形间的对比更加明显，若波形数量较多，图表就会变得很混乱。当两个波形数据差距很大

时，难以看出数据量级小的波形的变化趋势。此时用户可以用鼠标右键单击波形图表，从弹出的菜单栏中选择“Stack Plots（分格显示曲线）”，此时多条曲线将会被分隔在单独的显示格中，如图 7－6 所示。用户可以单独调整每个显示格的 Y 轴坐标，使每条曲线都能清晰地显示出来。

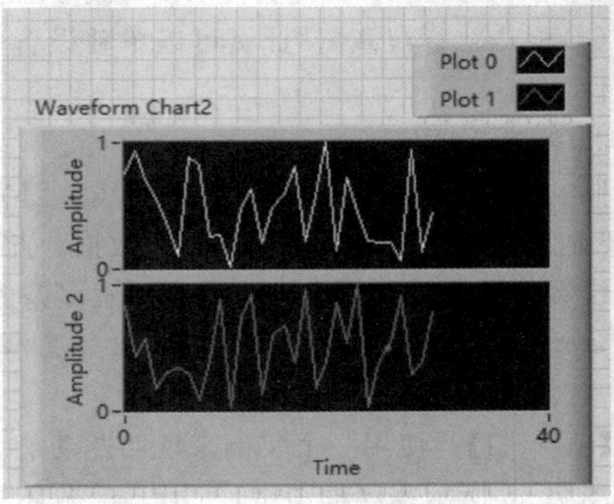

图 7－6　分格显示曲线

4. 图表历史长度

波形图表内部含有一个缓冲区，用于存储输入图表的数据。系统默认情况下，缓冲区能够存储 1024 个历史数据，即 1kB 的内存大小，超过图表历史长度的数据将会被自动删除。

若用户需要保留更多的历史数据，可以用鼠标右键单击波形图表，从弹出的快捷菜单中选择“Chart History Length（图表历史长度）”选项，此时会弹出一个对话框，用户可以在对话框中设置缓冲区数据点的数量。可缓冲的数据点越多，波形图表显示的历史波形就越长，但程序的运行速度也会因此受到影响。

5. 刷新模式

LabVIEW 2020 中波形图表的刷新模式一共有“Strip Chart（带状图表）”“Scope Chart（示波器图表）”和“Sweep Chart（扫描图）”三种类型。用户可以用鼠标右键单击波形图表，在弹出菜单的“Advanced（高级）”选项的“Update Mode（刷新模式）”选项中选择刷新模式，系统默认为带状图表模式。高级功能的设置如图 7－7 所示。

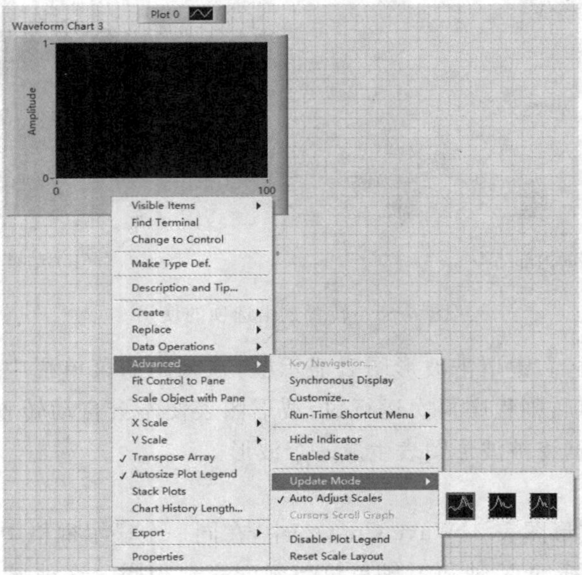

图 7－7　高级功能的设置

三种数据刷新模式在处理输入数据时各有特点。带状图表从左向右连续滚动地显示运行数据，旧数据不断移出显示屏幕，新数据不断添加到曲线最右端。当曲线到达示波器图表绘图区域的右边界时，LabVIEW 2020 将擦除整条曲线并从左边界重新开始绘制，这种工作方式与示波器类似。扫描图与示波器图表类似，两者不同之处在于，扫描图中旧数据在右，新数据在左，并有一条垂直线将这两部分数据隔开。而且当曲线到达绘图区域右边界时，LabVIEW 2020 并不擦除扫描图表中的曲线。其显示方式类似于心电图仪。三种刷新模式中，示波器图表和扫描图的运行速度更快。三种波形刷新方式的比较如图 7-8 所示。

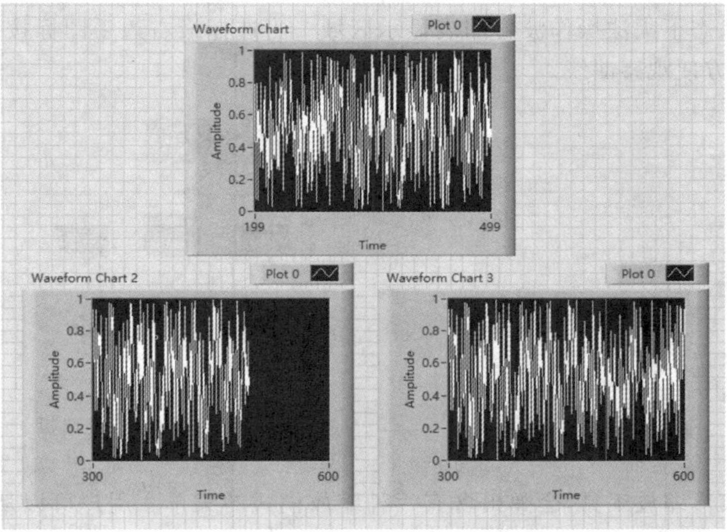

图 7-8　三种波形刷新方式的比较

6. 图例

图例位于波形图表右上角，可以显示波形图表各曲线的名称和对应的颜色。若图表显示了多条曲线，可以向上或向下拖动图例边框定位点，实现图例的增加或减少。用户还可以用鼠标左键单击图例中的曲线图表，弹出如图 7-9 所示的快捷菜单。在此快捷菜单中，用户可以设定单个曲线的颜色、线条样式、线条宽度等属性。

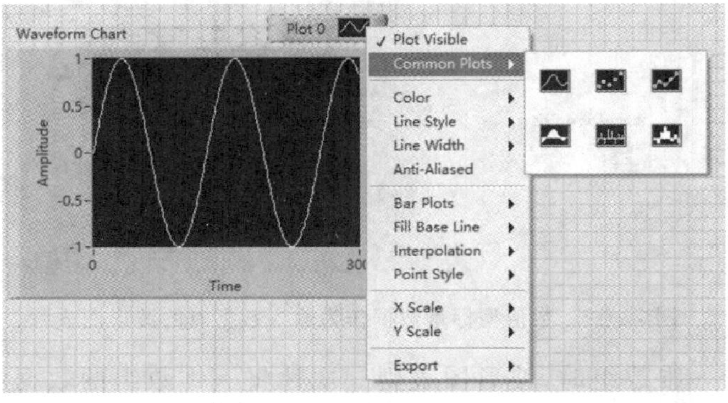

图 7-9　测量数据的显示设置

7. 标尺图例

标尺图例如图 7－10 所示，X 标尺和 Y 标尺的名称显示在最左边的文本框中，用户可以直接单击文本框修改标尺的名称。若用户需要自动调整标尺大小，可以单击文本框右侧的锁型按钮，若图标的锁型呈锁定状态，且文本框右侧第二个按钮的指示灯呈点亮状态，则波形图表为自动调整标尺大小状态。用鼠标左键单击最右侧的按钮，会弹出标尺属性设置菜单，此菜单可以设置标尺的格式、精度等属性。

8. 图形工具选板

图形工具选板如图 7－11 所示，由三个按钮组成。默认状态，为选择最左侧十字光标的操作状态。此状态下无法操作波形图表显示区域。当选择最右边手图标按钮时，可以拖动图表显示区域，方便观察曲线。

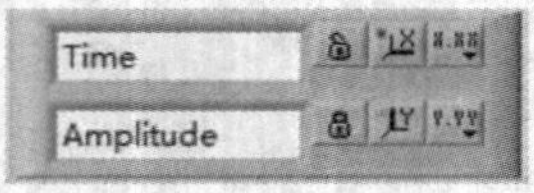

图 7－10　标尺图例

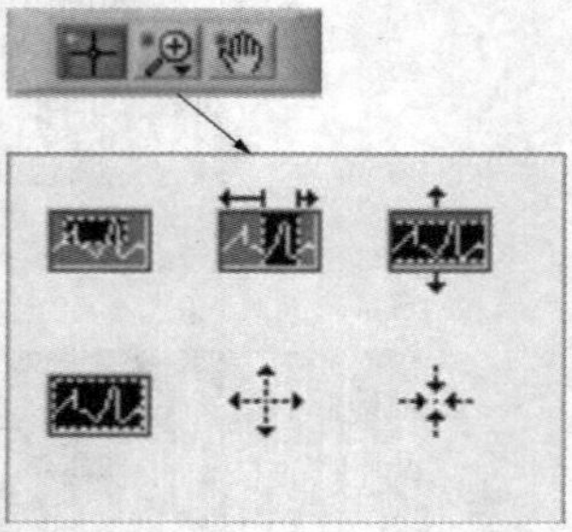
图 7－11　图形工具选板

单击中间波形缩放工具，会弹出含有六种缩放模式的菜单。用户可以从中选择实现指定矩形区域的缩放、水平缩放、垂直缩放等功能。

7.2.2　单曲线波形图表

波形图表可以输入多种类型的数据，若输入数值型标量数据，波形图表将直接把数据添加到曲线的末端。在图 7－12 所示的程序中，每运行一次程序就会产生一个随机数，在波形图表中就会相应地绘出一点，多次运行后将绘制出一条曲线。

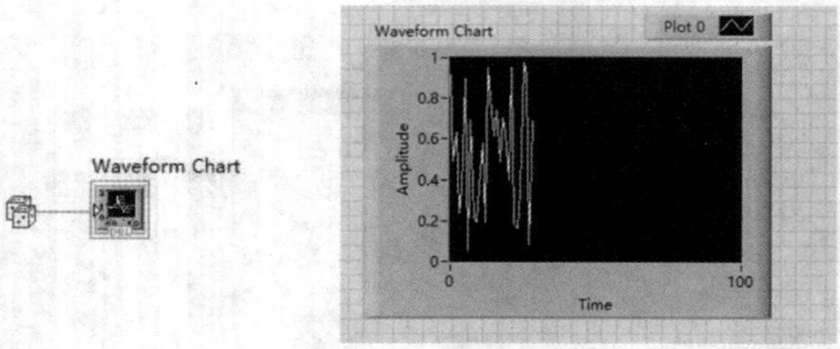

图 7－12　数值型标量数据作为输入数据时的波形图表

当输入数据为一维数组时，波形图表则一次性将一维数组的数据添加在曲线末端。图 7－13 所示的程序用了一个简单的 For 循环结构，计数端口设置为 20，每执行一次程序将产生 20 个随机数，然后一次性将这 20 个数作为一个数组传递给波形图表，从而绘制出一条曲线。

(a) 程序的内部结构　　　　(b) 结果显示

图 7-13　一维数组作为输入数据时的波形图表

7.2.3　多曲线波形图表

波形图表还可以输入簇、二维数组、波形数据，创建多曲线显示的波形图表。

在图 7-14 所示程序中，使用捆绑簇函数将数据捆绑成簇输入波形图表。程序每次运行时会产生两个随机数，两个随机数输入波形图表后，波形图表会分别将两个数据添加在相应的曲线末端。多次运行后会显示出两条曲线。

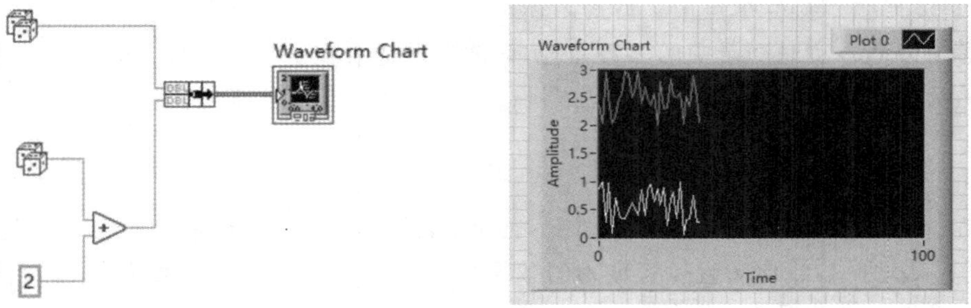

(a) 程序的内部结构　　　　(b) 运行结果显示

图 7-14　绘制多曲线的波形图表

若输入为二维数组数据，则通过输入二维数组可创建多曲线波形图表。用户需要注意：二维数组直接输入波形图表会被转置一次。可以用鼠标右键单击波形图表，从弹出的快捷菜单中取消勾选“Transpose Array(转置数组)”选项，或者将数组输入波形图表前添加一个“Transpose 2D Array(转置二维数组)”函数。这样波形图表便可按照二维数组的每行数据生成曲线。

图 7-15 所示为绘制多曲线的波形图表。创建波形数据时，使用“Get Data/Time In Seconds(获取系统日期/时间)”函数，以当前时间作为波形数据的横坐标。与输入其他类型的数据不同，波形图表只能显示当前输入的波形数据，程序再次运行后无法将新输入的数据添加到曲线末端。这是因为输入的波形数据含有横坐标当前时间，每次运行时当前时间都

有差异，所以波形图表再次运行生成的曲线不会与之前的相连。

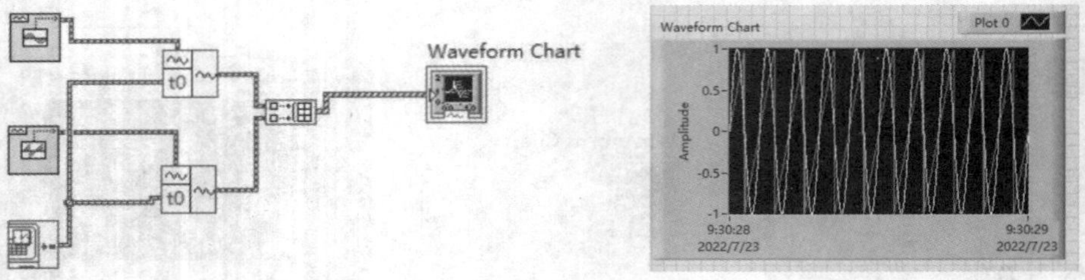

（a）程序的内部结构　　　（b）运行结果显示

图 7－15　绘制多曲线的波形图表

7.3　波形图

“Waveform Graph（波形图）”和波形图表在外观、功能上有很多的相同点，它们最大的差异在于更新数据的方式。波形图不具备缓冲区，所以它没有历史数据查看功能。当波形图运行时，它首先会清空历史数据，然后将接收到的数据点一次性绘制出来。而波形图表每次运行都会更新数据，将新数据添加到之前生成的曲线末端。此外，波形图特有的游标图例功能可以获取波形中任意点的坐标值。波形图同样可以输入一维数组、二维数组和波形数据等，但是波形图不接受单点值。波形图还可以输入三个元素组成的簇数组。

波形图表适合实时测量中的参数监控，而波形图适合在事后进行数据显示和分析，即波形图表是实时趋势图，波形图是事后记录图。

7.3.1　单曲线波形图

图 7－16 通过 For 循环创建了一个一维数组，然后将一维数组输入波形图。运行结果如图 7－16(b)所示，波形图直接将输入的数组绘制成一条曲线。横坐标表示数据点的个数，纵坐标为输入一维数组的元素值。

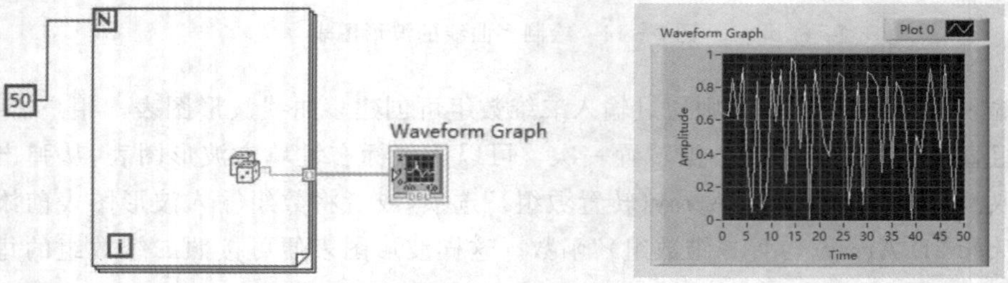

（a）程序的内部结构　　　（b）运行结果显示

图 7－16　一维数组作为输入数据时的波形图

图 7－17 利用波形图属性节点将波形图横坐标替换成了当前时间。其中，“Xscale. Format”属性节点输入整数 7，表示指定标尺数值增量的格式为时间和日期。将获

取日期/时间函数连接转换为双精度浮点数函数，将转换后的浮点数输入“Xscale. Offset”属性节点，设置起始时间为当前时间。为波形图添加时间程序运行结果如图 7－17 所示。

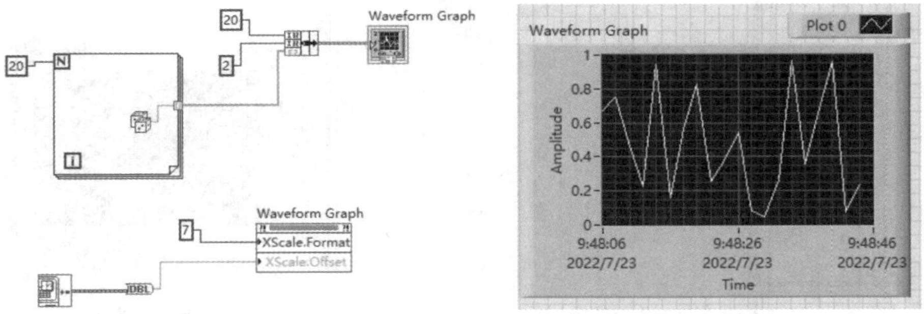

（a）程序的内部结构　　　（b）运行结果显示

图 7－17　为波形图添加时间程序运行结果

7. 3. 2　多曲线波形图

图 7－18 所示为二维数组输入数据时的波形图。与波形图表不同的是，波形图控件输入二维数组数据时，默认不会转置数组，这与波形图表正好相反。所以波形图直接将输入二维数组的每一行绘制成一条曲线，二维数组有几行，就绘制几条曲线。若需要将输入数组的每一列绘制成一条曲线，用户同样可以在弹出的快捷菜单中勾选“Transpose Array”选项或者在数组输入前接入转置二维数组函数。

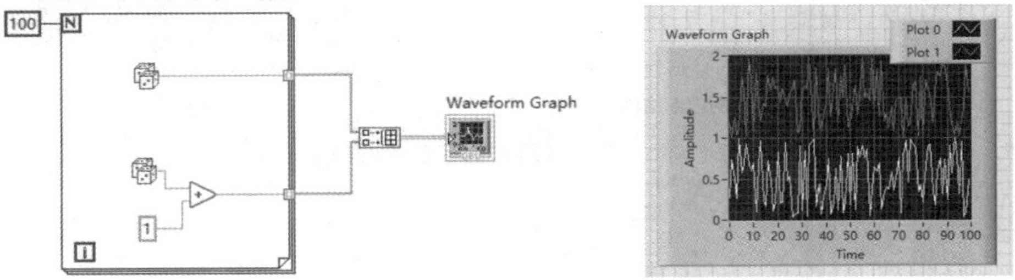

（a）程序的内部结构　　　（b）运行结果显示

图 7－18　二维数组作为输入数据时的波形图

用户可以将三元素组成的簇数据输入波形图，其中第一个数用于设定 x_0，即 X 标尺起始坐标；第二个数设定 dx，即 X 标尺的步长、数据点的间隔；最后输入数组数据。

图 7－19 所示程序首先使用 For 循环创建了两个一维数组，并组成了一个二维数组；然后设定了 X 标尺起始坐标为 20，数据点间隔为 2，与二维数组捆绑输入波形图。程序运行结果如图 7－19 所示。

图 7－20 所示的程序使用了一维簇数组作为输入，并将 X 标尺起始坐标设置为 10，数据点间隔设定为 5。

一维簇数组也可直接输入波形图，此时 x_0、dx 设为默认值 0 和 1，如图 7－21 所示。

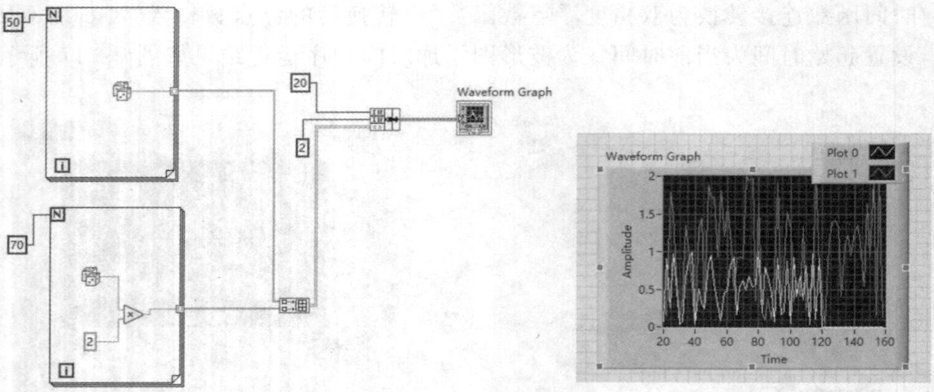

（a）程序的内部结构　　　　（b）运行结果显示

图 7－19　二维数组作为簇输入时的波形图

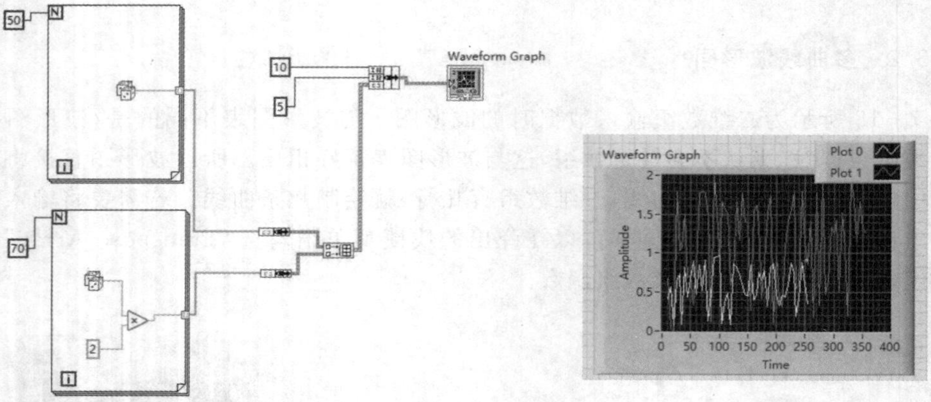

（a）程序的内部结构　　　　（b）运行结果显示

图 7－20　一维簇数组作为簇输入时的波形图

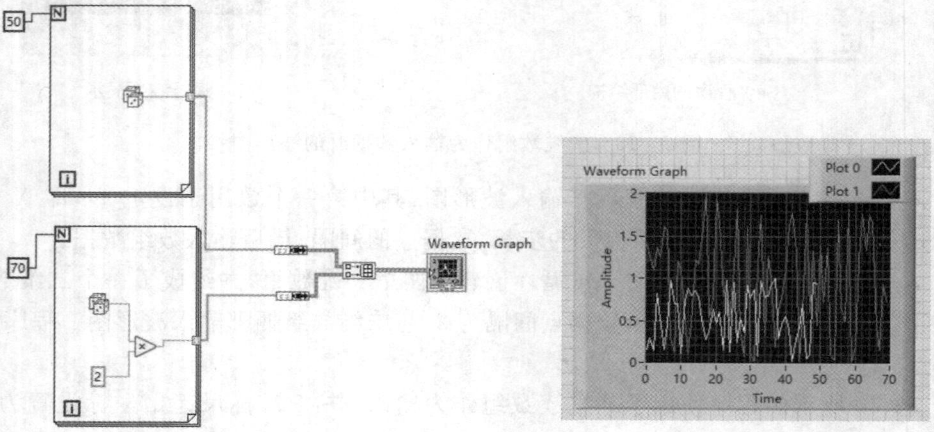

（a）程序的内部结构　　　　（b）运行结果显示

图 7－21　簇数组作为输入数据时的波形图

7.3.3 设置游标图例

波形图主要用于事后进行数据显示和分析，需要对波形上的特征点值进行精确显示。为此，通过波形图附件中的游标图例可以精确地读取波形上任意点的数值。用户可以用鼠标右键单击波形图表，在"Visible Items（显示项）"菜单中勾选"Cursor Length（游标图例）"选项，获取游标图例面板，如图7-22所示。

游标图例由游标移动器和游标编辑显示窗口两部分组成。游标移动器由四个小正方形组成，对应着上下左右四个方位的移动。使用时，先用鼠标左键单击游标编辑窗口内需要移动的游标，若游标名称变为黄色，表示成功选中。然后用鼠标左键单击指定方位的小正方形，便可实现游标指定方向的移动。

用户可以在游标编辑显示窗口中单击鼠标右键，在弹出的快捷菜单中选择"Create Cursor（创建游标）"选项为曲线创建新的游标。用户可以创建"Free（自由）""Single-Plot（单曲线）"或"Multi-Plot（多曲线）"类型的游标。自由类型的游标不考虑曲线的位置，游标可以在整个图形区域内自由移动。单曲线类型的游标置于与其相关联的曲线上，游标只能在曲线上移动。用鼠标右键单击单曲线游标图例，可从弹出的快捷菜单中选择"Snap To（关联至）"选项，可将游标与指定曲线项关联。多曲线类型的游标只对多曲线波形图有效，可显示与游标相关的所有曲线在指定 X 值处的值。

用鼠标右键单击游标图例，在弹出的快捷菜单中选择"Properties（属性）"选项，会弹出游标属性设置窗口；在此窗口内，用户可以设置指定游标的游标线条样式、线条宽度、游标点样式、游标样式、颜色等属性，还可以设置是否显示游标名称、是否显示游标。其中"Allow dragging（运行拖曳）"功能默认启用，若取消勾选该选项，则游标将固定在波形图某一点上无法移动。右键单击指定游标，选择快捷菜单中的"Bring to Center（置于中间）"选项，游标将自动移动到显示区域的中心位置。选择菜单中的"Go to Cursor（转到游标）"，则波形图显示区域将会自动移动到游标处。

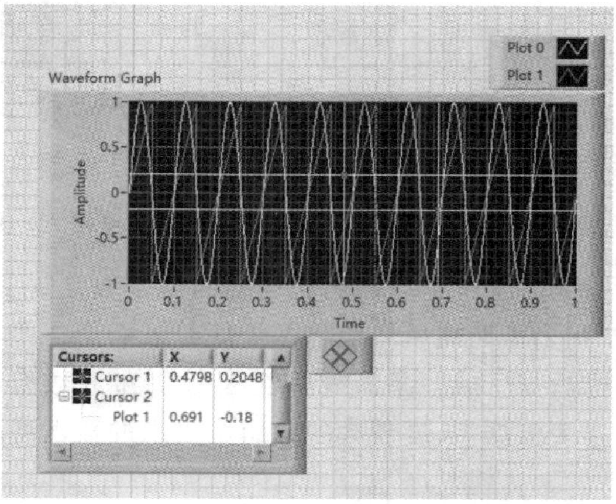

图7-22 游标图例的使用

图7-22为曲线创建了一个自由游标和一个单曲线游标。自由游标可以自由在显示区域内拖动，单曲线游标则只能在曲线上移动。在游标编辑显示窗口显示出游标所在位置的 X、Y 值。

7.4 XY 图

若输入数据分布均匀通常使用前面介绍的波形图表和波形图，它们显示单值函数变化曲线，X 轴默认表示数据输入的序号。当需要绘制多值曲线或封闭曲线时，无法使用波形图表和波形图。“XY Graph(XY 图)”是多用途的笛卡尔绘图工具，可以绘制多值曲线，如圆、椭圆等曲线。XY 图绘制时，需要同时输入 X 轴和 Y 轴的数据，一个 X 轴数据和一个 Y 轴数据组成一个数据点的坐标，绘制在 XY 图上。XY 图可以显示任何均匀采样或非均匀采样的点的集合。

7.4.1 XY 图绘制曲线

XY 轴输入的数据一般有两种，一种方法是将 X 轴数据和 Y 轴数据两组数据捆绑成簇，将生成的簇输入 XY 图。簇中的每个 X 轴数据都对应着一个 Y 轴数据，每对数据又对应着一个数据点的 X 坐标和 Y 坐标。另一种方法是先将每个生成的 X 轴数据和 Y 轴数据捆绑成簇，然后一个个簇组成簇数组再输入 XY 图。

图 7－23 分别使用了前面介绍的两种方法绘制单曲线 XY 图。

程序 1：首先，利用 For 循环创建了两个数组；然后，将数组捆包成簇输入 XY 图。注意：捆绑函数第一行输入的数组对应着 X 轴数据，第二行输入的数组对应着 Y 轴数据。

程序 2：首先，将生成的两个随机数捆绑成簇；然后，通过 For 循环生成簇数组输入 XY 图。

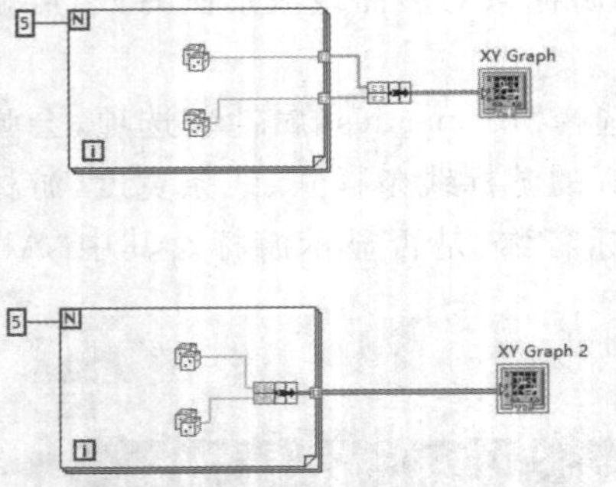

（a）程序1（上图）和程序2（下图）的内部结构

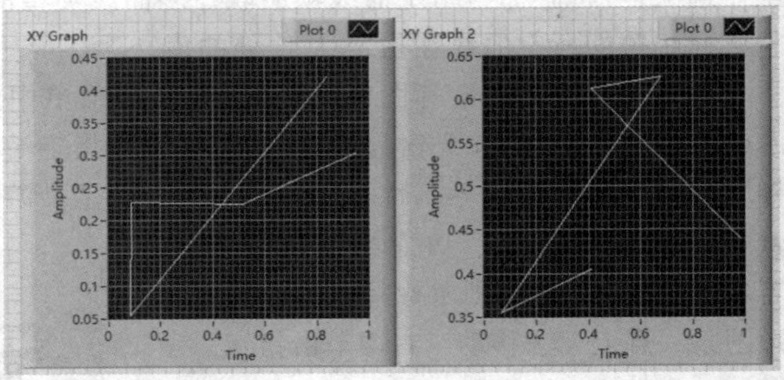

（b）程序1（左图）和程序2（右图）的运行结果

图 7－23　使用 XY 图绘制单条曲线

图 7－24 所示为利用相同的两种方法绘制了多条曲线 XY 图。与绘制单条曲线不同的是，绘制多条曲线后需要将两个簇组成一个二维数组，输入 XY 图。XY 图便会将二维数据的每行数据生成一条曲线。若 X 数组和 Y 数组的元素个数不一致，XY 图会以长度较小的数组作为依据，长度较大的数组多出来的数据将不会在 XY 图中显示。

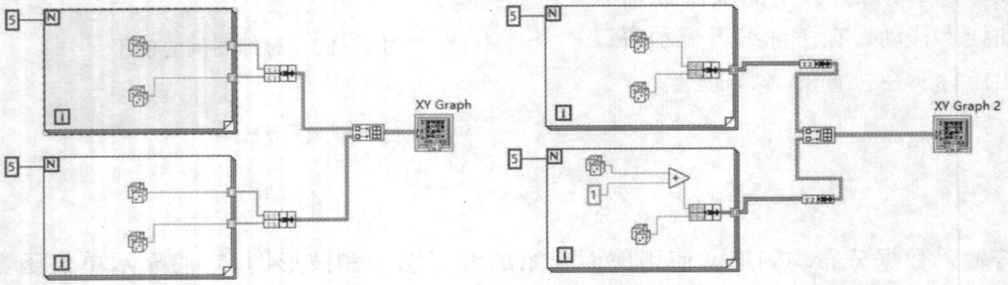

(a)程序 1(左图)和程序 2(右图)的内部结构

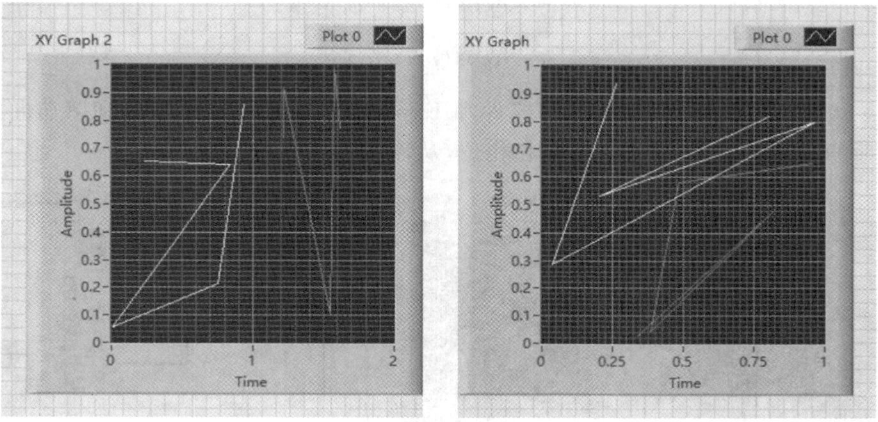

(b)程序 1(左图)和程序 2(右图)的运行结果

图 7－24　使用 XY 图绘制多条曲线

图 7－25 所示为使用 XY 图绘制的椭圆。将输入的数据转换成弧度后输入三角函数进行计算，其中 a，b 数值输入控件指定椭圆横、纵半轴的长度。当输入的 a 等于 b 时，XY 图将会绘制圆；当输入的 a 不等于 b 时，XY 图将绘制椭圆并将 a，b 设为 3。

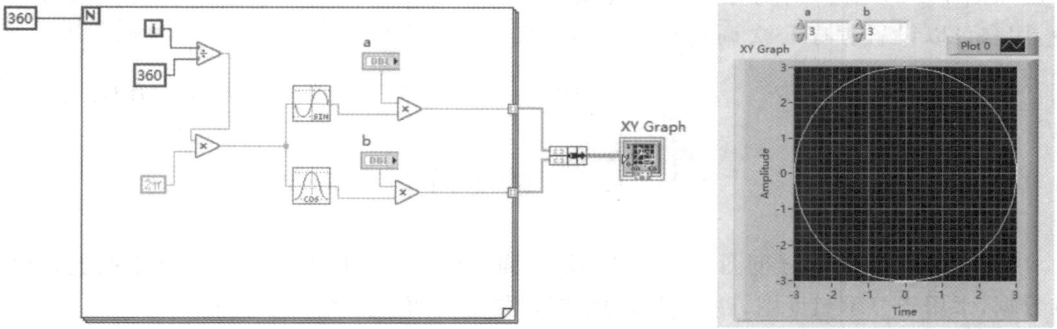

(a) 程序的内部结构　　(b) 程序运行结果

图 7－25　使用 XY 图绘制的椭圆

7.4.2　Express *XY* 图

为了方便用户创建符合要求的 XY 图，LabVIEW 2020 提供了 Express XY 图控件。在前面板中添加 Express XY 图控件的同时，LabVIEW 2020 会自动在程序框图中添加一个相应的 Express VI。Express VI 含有 X 输入端子和 Y 输入端子，绘制 XY 图时，可直接将 X 轴数据和 Y 轴数据与对应的端子相连，无须使用捆绑簇函数事先进行捆绑，使 XY 图的绘制更加简便。因为 Express XY 图只接受动态数据的输入，将 X/Y 数组与输入端子相连时，会自动添加一个转换函数将输入数据转换为动态数据。

利萨茹(Lissajous)曲线是两个沿着互相垂直方向的正弦振动合成的轨迹。利用利萨茹图形，可以测量出两个信号的频率比与相位差。利萨茹曲线的每一个点都可以表示为

$$x = A\cos(mat + \varphi_1)$$

$$y = A\cos(mat + \varphi_2)$$

图 7-26 所示为分别利用 *XY* 图控件和 Express *XY* 图控件绘制的利萨茹曲线。用户可以通过垂直滑动杆改变信号的周期和相位，从而观察曲线的变化。

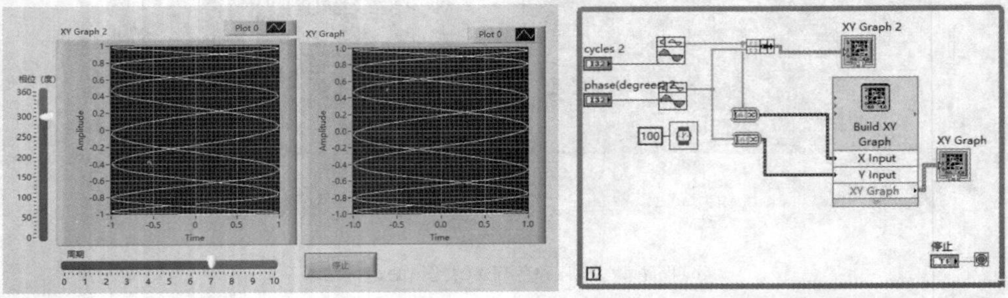

（a）利萨茹（Lissajous）曲线　　　　（b）程序的内部结构

图 7-26　Express XY 图的非动态数据输入

双击程序框图中的 Express VI 时，会自动弹出如图 7-27 所示的对话框。在此对话框中，用户可以设置程序每次调用时是否清除图中的数据。

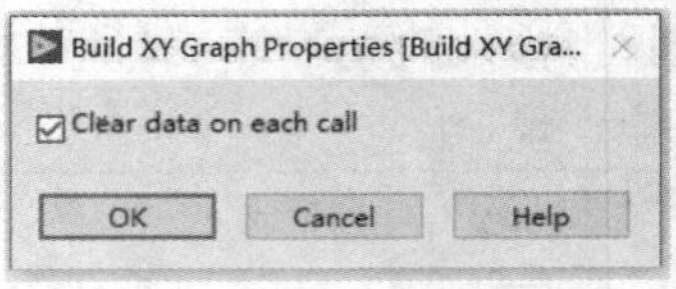

图 7-27　Express *XY* 图属性对话框

7.5　强度图

“Intensity Graph（强度图）”通过在显示界面上放置颜色块的方法在二维平面上表现三维数据，常用于显示温度图、磁场图和地形图。强度图面板如图 7-28 所示。

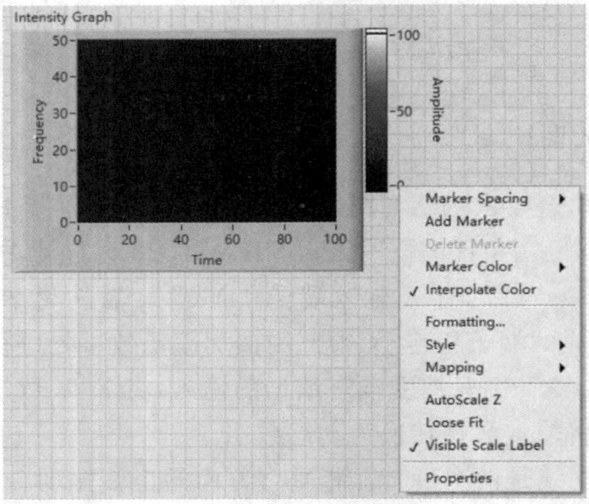

图 7-28　强度图面板

强度图与普通波形图都含有 X 标尺和 Y 标尺，但强度图在控件右侧还有一个标签为"Amplitude(幅值)"的 Z 标尺。

X 标尺和 Y 标尺的设置规则与波形图类似。Z 标尺是颜色梯度控件，规定了强度图的范围和数据大小与颜色的映射关系。若用户需要设置 Z 标尺的属性，可以在 Z 标签上单击鼠标右键，弹出如图 7－28 所示的快捷菜单。其中，"Marker Spacing(刻度间隔)"选项用来选择刻度间隔是"Uniform(均匀)"分布还是"Arbitrary(随机)"分布。若选择均匀分布，则下面的"Add Marker(添加刻度)"和"Delete Marker(删除刻度)"选项均为灰色，不可用。若选择随机分布，则可以使用添加刻度选项在任意位置添加刻度或删除刻度选项删除任意已存在的刻度。使用删除刻度选项时，需要用鼠标右键单击刻度才可使用。"Interpolate Color(插值颜色)"选项勾选后，表示使用插值方式平滑颜色过渡。颜色条上的 0 刻度和 100 刻度为上下限标签，用户可以用鼠标左键单击上下限标签设置强度图的范围。若输入的数据超出上下限则为溢出，对应的颜色默认与上限或下限的颜色一致。

将数据输入强度图时，先在颜色条上找到等于输入数据大小的刻度值，再将该刻度值对应的颜色显示在强度图中表示输入的数据。颜色条中，0 刻度对应的是黑色；50 刻度对应的是蓝色；100 刻度对应的是白色；0～50 刻度对应的是黑色到蓝色插值颜色的结果；50～100 刻度对应的是蓝色到白色插值颜色的结果；小于 0 的为 0 刻度以下矩形内的颜色，默认为黑色；大于 100 的为 100 刻度以上矩形内的颜色，默认为白色。用户可以用鼠标左键单击上方或下方的矩形，弹出颜色设定窗口，自行设定溢出值的颜色。

若将一个二维数组输入强度图，默认情况下，元素在数组中的列索引和行索引，分别对应该元素在强度图中的 X 坐标和 Y 坐标。例如，某一元素处在数组的 2 行 3 列，则它在强度图中对应的颜色块的坐标为(3,2)。数据的大小对应 Z 轴标签，以不同的颜色表示。若用户想让数组的行索引对应强度图的 X 坐标，可以用鼠标右键单击强度图的显示窗口，从弹出的快捷菜单中勾选"Transpose Array(转置数组)"，或者在数组输入强度图前使用转置二维数组函数来实现此效果。数组转置后，元素在数组中的行索引和列索引分别对应该元素在强度图中的 X 坐标和 Y 坐标。例如，某一元素处在数组的 2 行 3 列，则它在强度图中对应的颜色块的坐标为(2,3)。

图 7－29 所示为将数组输入两个强度图。其中，强度图 2 进行了转置，对比显示效果如图所示。

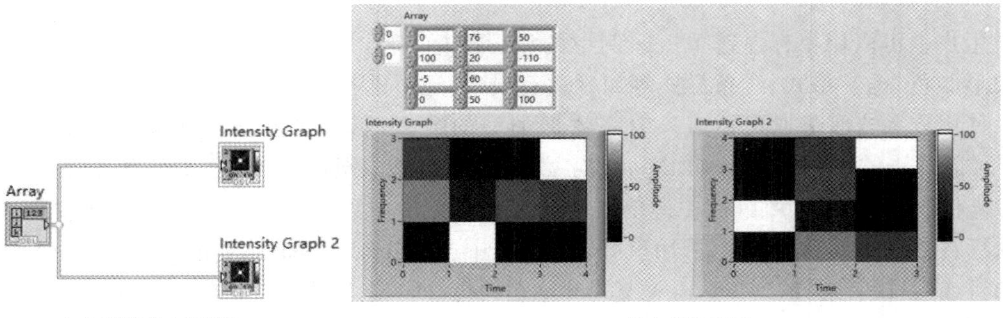

（a）程序的内部结构　　　　（b）颜色显示

图 7－29　强度图对应数组顺序

利用属性节点也可改变 Z 轴对应的颜色。用户可以用鼠标右键单击强度图，创建一个"Color Table(色码表)"属性节点。该属性节点最多可输入包含 256 种颜色的数组。可以为该属性节点创建输入控件，设置好输入色码表的颜色后，颜色条 0 刻度对应着色码表索引 1 的颜色；颜色条 100 刻度对应着色码表 254 的颜色；0～100 的颜色则用色码表 1 到 254 之间的颜色进行插值；低于 0 的值对应色码表索引 0 的颜色；高于 100 的值对应色码表索引 255 的颜色。

强度图与强度图表的关系和波形图与波形图表的关系类似。最大的差异在于刷新数据方式的不同。强度图每次接收到新数据时，会将之前显示的旧数据删除；强度图表有缓冲区，会将历史数据保存下来，默认能储存 128 个数据点，接收新数据时会将新数据的颜色显示在旧数据的后方。强度图也有游标，可显示指定点的 X、Y、Z 值。其他的区别可以参照波形图表与波形图，在此不再赘述。

7.6 数字波形图

"Digital Waveform Graph(数字波形图)"用于显示数字数据。将其拖放到前面板上时，数字波形图控件左侧会自动显示树形视图图例，如图 7－30 所示。树形视图图例中的曲线样式和颜色与显示窗口中的波形一一对应，使波形信息显示得更加清晰直观。鼠标右键单击显示窗口，从弹出的快捷菜单选择"Advanced(高级)"→"Change Plot Legend to Standard View(更改图标至标准视图)"恢复图例至标准样式。

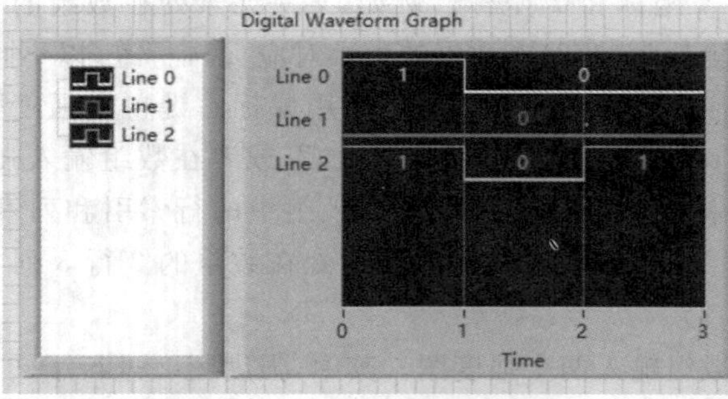

图 7－30　数字波形图界面

用户也可以用鼠标左键单击图例中的波形图标，弹出波形设置菜单。可以在该菜单中对波形颜色、标签格式、线条样式等属性进行设置，还可选择曲线是否可见。

使用数字波形图时需要输入数字数据类型的数据，用户可以选择前面板中的"控件选板"→"新式"→"I/O"→"Digital Data(数字数据)"控件，拖放至前面板中。数字数据控件的界面类似真值表，用户可以用鼠标左键单击空白位置向控件中添加数据，控件内只能输入 1 或 0。用鼠标右键单击数字数据控件，用户可以在菜单中选择"Insert Before(在前面插入行/列)"选项添加行或列，或者选择"Delete Row/Column(删除行/列)"选项删除输入的行或列。

图 7－31 所示为利用数字数据控件生成数字信号并输入数字波形图。数字数据控件左侧的数字表示采样序列，n 个采样序列输入数字波形图后生成 n 条数字波形，与 Y 轴相对

应;数字数据控件上方的数字表示列序号,0 表示第 0 例,4 表示第 4 列。输入数字波形图后,与 X 坐标的刻度相对应。数字数据直接输入数字波形图后,运行结果如图 7－31 所示。

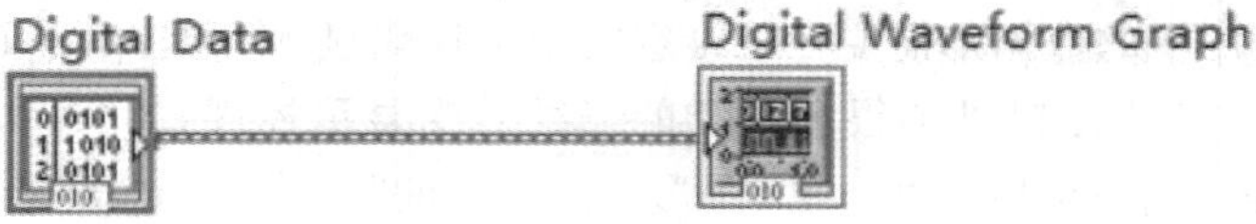

(a) 程序的内部结构

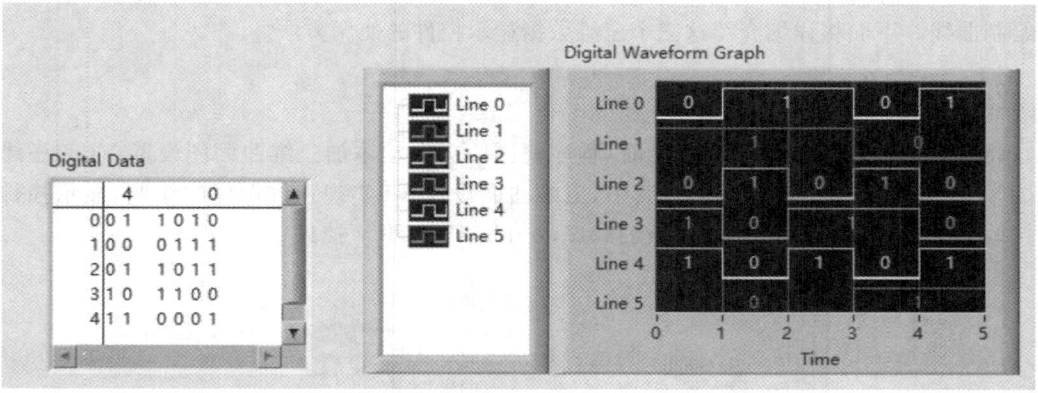

(b) 数字波形图

图 7－31　数字数据直接输入数字波形图

图 7－32 所示为创建波形函数将系统当前时间/日期作为数字波形图的横坐标。程序使用了获取日期/时间函数来获取系统当前日期和时间,输入创建波形的 t_0 端作为数字波形图的起始时间,并将数据间隔 dt 设为 10。

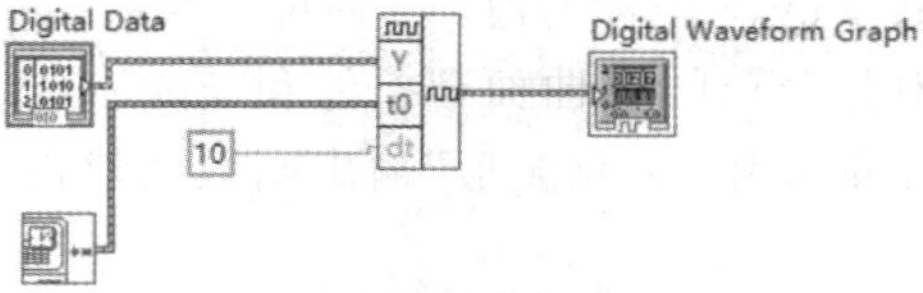

(a) 程序的内部结构

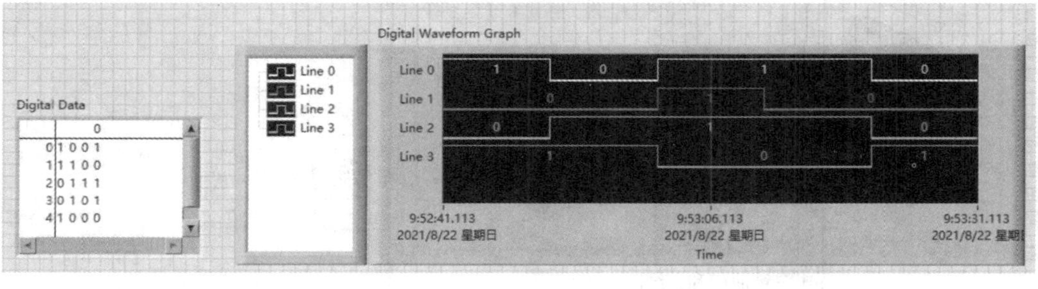

(b) 数字波形图

图 7－32　创建波形函数将系统当前时间/日期作为数字波形图的横坐标

7.7 三维图形

大部分实际应用中的数据都需要在三维空间中可视化显示数据，如平面的温度、飞机的运动等。LabVIEW 2020 为此提供了很多种类的三维数据显示控件，如“Scatter(散点)”“Bar(条形)”“Pie(饼图)”等。用户可以在“Graph(图形)”选板下的“3D Graph(3D 图形)”选板下找到这些控件。其中的“3D Surface Graph(三维曲面图)”“3D Parametric Graph(三维参数图)”和“3D Line Graph(三维曲线图)”分别用于在三维空间绘制曲面、在三维空间绘制参数面和在三维空间绘制曲线。下面将详细介绍这三个三维数据显示控件的使用方法。

7.7.1 三维曲面图

将三维曲面图放置到前面板上时，程序框图中会自动添加三维曲面图设置 VI 和三维曲面图显示控件，如图 7-33 所示。其中，三维曲面设置 VI 实现三维图像的绘制，显示控件用来接收数据并将图像显示到前面板的“3D Graph(3D 图形)”控件中。

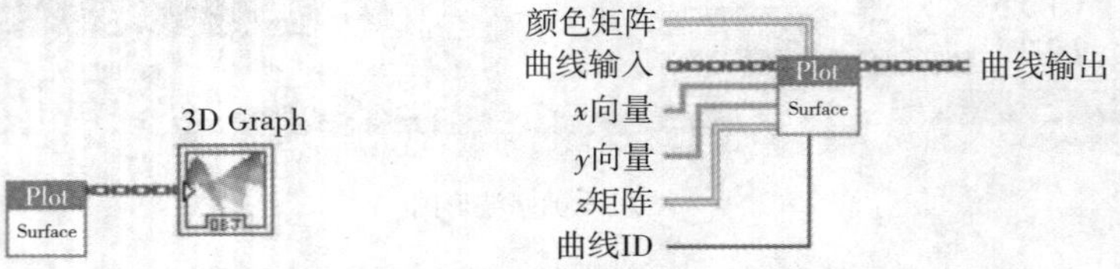

(a) 三维曲面图设置VI界面　　(b) 接线端口

图 7-33　三维曲面图设置 VI 和三维曲面图显示控件

三维曲面图设置 VI 的功能是依据输入的 x、y 和 z 绘制曲面。x 向量、y 向量端子输入一维数组，分别指定曲线数据点 x 坐标值和 y 坐标值。z 矩阵输入二维数组，用来指定 x、y 坐标对应的 z 坐标值。通过 x、y、z 坐标的值，VI 便可以绘制出相应的三维曲面图。

图 7-34 所示为分别利用“Surface(曲面)”控件和“3D Surface Graph(三维曲面图)”控件绘制的正弦信号。本例不能使用“正弦波形”输出函数创建正弦信号，因为正弦波形函数

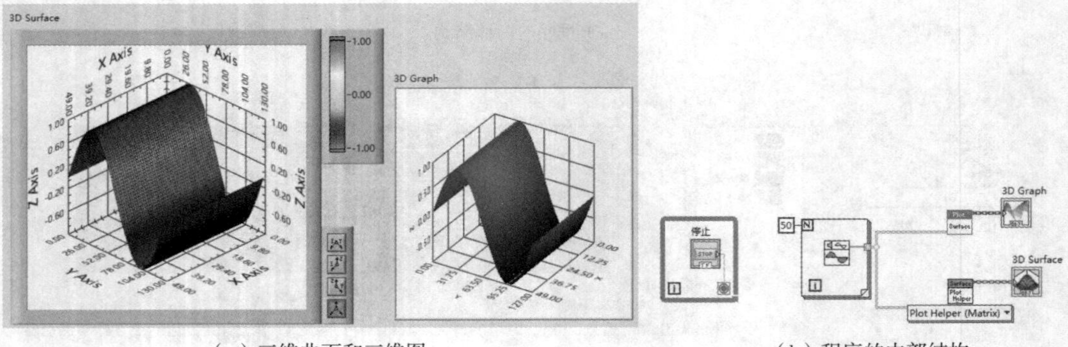

(a) 三维曲面和三维图　　(b) 程序的内部结构

图 7-34　三维曲面图示例

输出的数据类型是簇，无法输入三维曲面图控件。本例使用的是位于“Signal Processing(信号处理)”子选板下“Signal Generation(信号生成)”子选板中的“Sine Pattern. vi(正弦信号)”控件生成正弦信号。

如需要更改三维曲面图的外观属性，用户可以用鼠标右键单击三维曲面图，弹出的快捷菜单如图 7－35 所示。

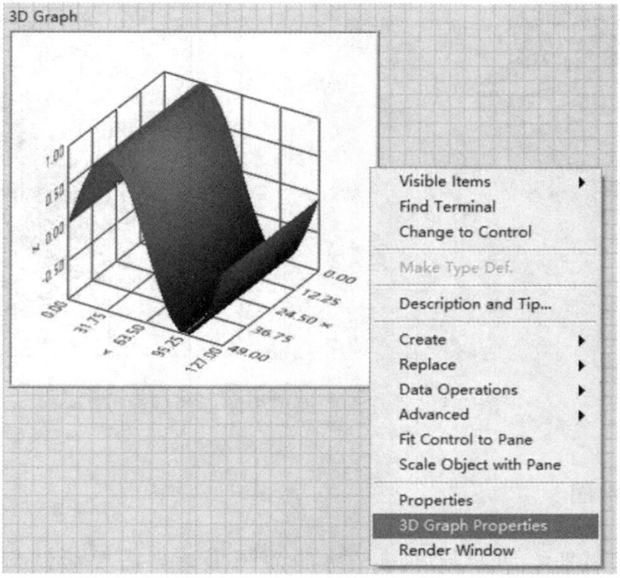

图 7－35　三维曲面图的快捷菜单项

从快捷菜单中选择“3D Graph Properties(三维图形属性)”选项，弹出如图 7－36 所示的属性设置窗口。在此窗口中，用户可以设置图形、曲线、坐标轴、游标等相关属性，可以自行调整。

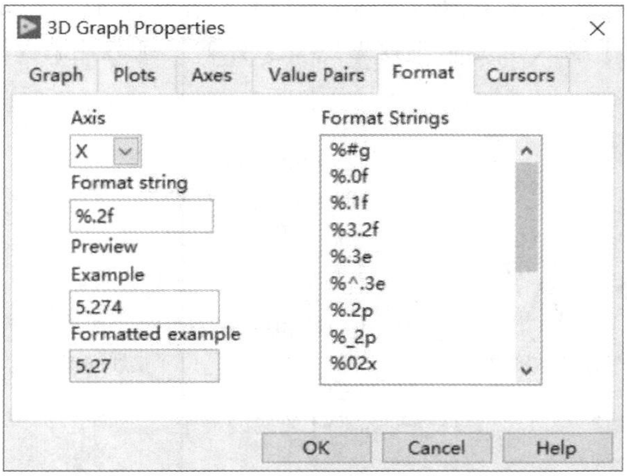

图 7－36　使用属性浏览器设置三维曲面图外观

若需要在三维曲面图中添加游标，用户可以在三维图形属性界面的“Cursors(游标)”子窗口中添加。用鼠标右键单击加号图表，然后可以选择游标的关联对象，可以选择“Fixed(固定)”“Nearest Plot(最近的曲线)”或者“Snap to Plot(关联至曲线)”。如图 7－37 所示，在三维曲面图中创建了一个固定游标，并输入了期望的 x、y、z 坐标值。

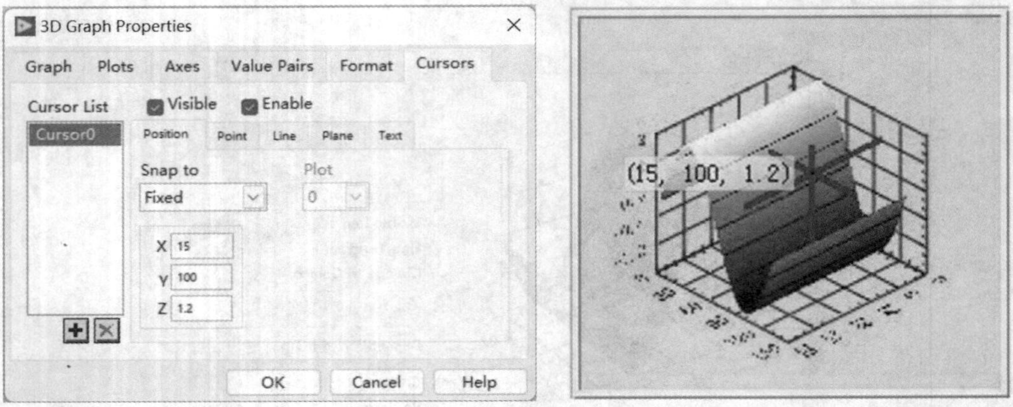

图 7－37　三维曲面图中游标的创建

7.7.2　三维参数图

三维曲面图可以用来绘制非封闭的三维曲面图形。当需要绘制封闭的三维曲面图形时，三维曲面图控件就无能为力，此时就需要使用三维参数图。

与三维曲面图相同，将三维参数图控件拖放至前面板时，程序框图中会自动添加三维参数图设置 VI 和三维曲面图显示控件，如图 7－38 所示。

三维参数图设置 VI 与三维曲面图设置 VI 略有不同，它的 x、y、z 端子都需要输入二维数组，指定了曲面上的各个点。正是如此，三维参数图才能绘制出三维封闭曲面。x 矩阵端子输入指定曲线数据点 x 坐标的二维数组；y 矩阵端子输入指定曲线数据点 y 坐标的二维数组；z 矩阵端子输入指定曲线数据点 z 坐标的二维数组。VI 的接线端子如图 7－38 所示。

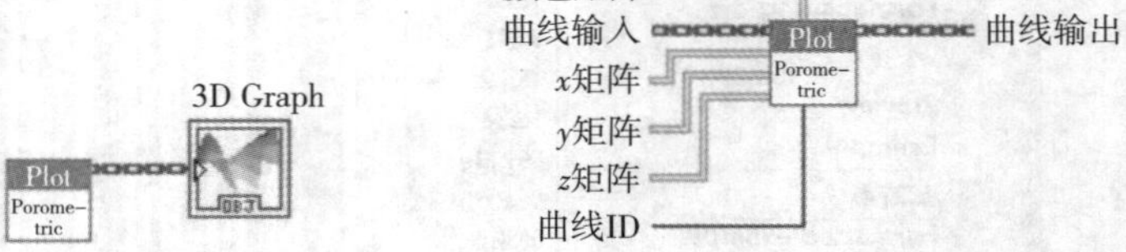

（a）三维参数图界面　　（b）接线端口

图 7－38　VI 的接线端子

图 7－39 实现了水面波纹的三维参数图绘制，用户可以通过改变输入参数，观察三维图形的变化。水面波纹公式 $z=\sin[\mathrm{sqrt}(x^2+y^2)]/\mathrm{sqrt}(x^2+y^2)$。

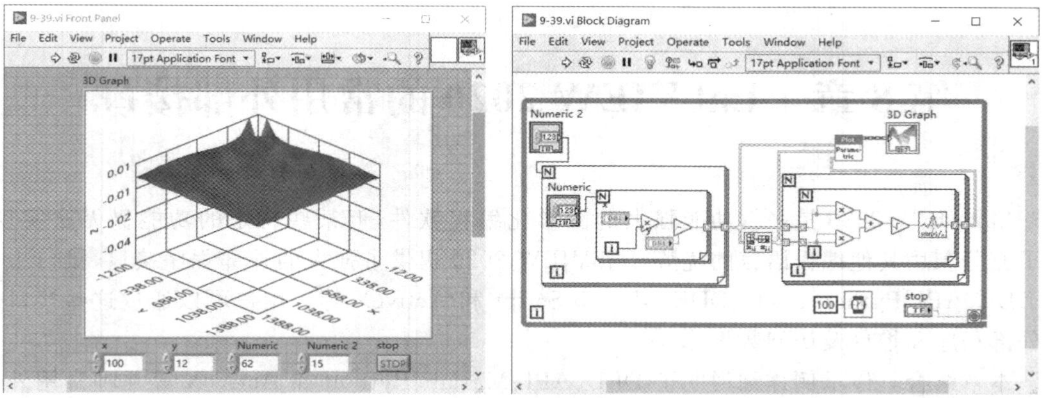

（a）显示效果　　　　　　　　　　　　　　　　（b）程序框图

图 7-39　水面波纹的三维参数图示例

7.7.3　三维曲线图

当需要显示三维空间曲线时，可以使用三维曲线图。将三维曲线图控件拖放至前面板时，程序框图中会自动添加三维曲线图设置 VI 和三维曲面图显示控件。

三维曲线图设置 VI 依据输入的 x、y 和 z 数组绘制曲线。它的输入比较简单，x 向量、y 向量和 z 向量端子只需分别输入一个一维数组。三维曲线图界面及其连接端口如图 7-40 所示。

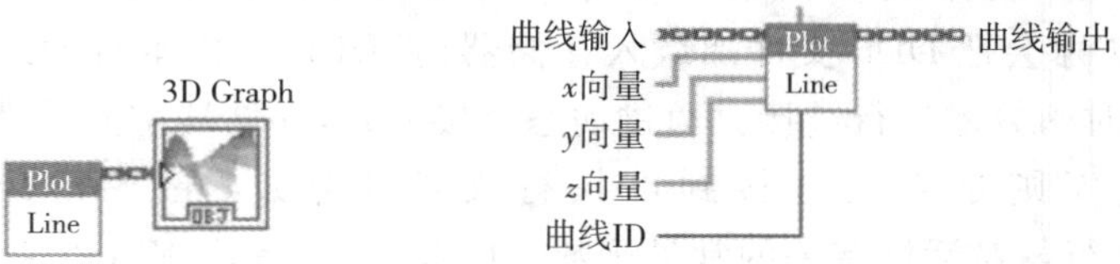

（a）三维曲线图界面　　　　　　　　（b）接线端口

图 7-40　三维曲线图界面及其连接端口

图 7-41 所示为利用三维曲线图绘制的一条螺旋曲线。

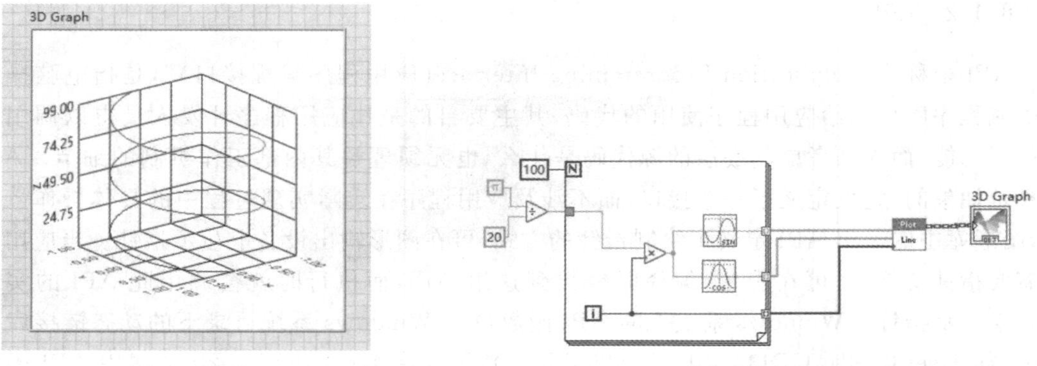

（a）显示效果　　　　　　　　　　　　　　　　（b）程序框图

图 7-41　利用三维曲线图绘制的一条螺旋曲线

第 8 章 LabVIEW 2020 的常用外部接口

LabVIEW 2020 是一款功能强大的图形化编程软件，但某些特定的功能仍无法实现。为了充分利用其他编程语言的优势，LabVIEW 2020 提供了强大的外部程序接口，接口主要有 DDL、API、Python Node、DDE、Matlab Script 和 ActiveX 等。用户可以通过这些接口调用外部程序和控件及访问数据库。

本章结合具体示例详细说明了 DLL、API、Matlab、Python 和 ActiveX 等几种常用外部程序接口使用方法和连接数据库的主要过程。

8.1 调用库函数

8.1.1 DLL

DLL 全称为“Dynamic Link Library(动态链接库)”，是微软公司在 Windows 系统中实现共享函数库概念的一种实现方式。所谓动态链接，就是把一些经常会共享的代码(如静态链接的 OBJ 程序库)制作成 DLL 文件，当可执行文件调用到 DLL 文件内的函数时，Windows 操作系统才会把 DLL 文件加载入存储器内，DLL 文件本身的结构就是可执行文件，当程序有需求时函数才进行链接。通过动态链接方式，存储器空间浪费的情形将可大幅减少。静态链接库则是直接链接到可执行文件。例如，在 Windows 操作系统中，“Comdlg32. dll”执行与对话框有关的常见函数。因此，每个程序都可以使用该 DLL 中包含的功能来实现“Open(打开)”对话框。这有助于促进代码重用和内存的有效使用。Windows 操作系统中，动态链接库文件的扩展名为“. dll”，还可以为“. ocx(ActiveX 控件文件)”“. cpl(控制面板文件)”和“. drv(设备驱动程序文件)”。

8.1.2 API

API 全称为“Application Programming Interface(应用程序编程接口)”，是指电脑操作系统或程序库提供给应用程序使用的代码，其主要目的是让应用程序开发人员得以调用一组例程功能，而无须考虑其底层的源代码是什么，也无须理解其内部工作机制的细节。API 本身是抽象的，它仅定义了一个接口，而不涉及应用程序在实际实现过程中的具体操作。例如，图形库中的一组 API 定义了绘制指针的方式，可在图形输出设备上显示指针。当应用程序需要指针功能时，可在引用、编译时链接到这组 API，而执行时就会调用此 API 的实现(库)来显示指针。Windows 系统下的 API 函数位于 Windows 系统目录下的动态链接库文件中(如 User32. dl1、GDI32. dll、Slell32. dll...)，因此在 LabVIEW 2020 中调用 API 函数和调用动态链接库的方法是一致的。具体的 API 函数的功能、原型以及参数等，用户可以查阅专门介绍 API 函数的相关书籍。

8.1.3　调用库函数

"Call Library Function Node(调用库函数节点)"函数可以调用大多数的标准 DLL 或自定义的 DLL 及共享库中的函数,并且还可以与其他节点结合起来使用,如与属性节点结合可调用含有 ActiveX 对象的 DLL。用户可以在函数选板→"Connectivity(互连接口)"→"Libraries & Executables(库与可执行程序)"选板中找到"Call Library Function Node(调用库函数节点)"函数,如图 8－1 所示。

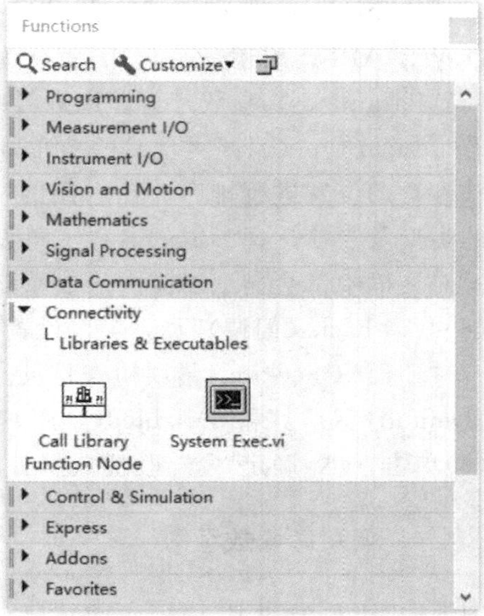

图 8－1　"调用库函数节点"函数位置

将"Call Library Function Node(调用库函数节点)"拖放至程序框图,用鼠标右键单击函数图标,从弹出的快捷菜单中选择"Configure(配置)"选项,弹出如图 8－2 所示的配置属性对话框。在此对话框中可以设置 DLL 的库名、路径、函数名、线程、调用规范、参数和回调等属性。

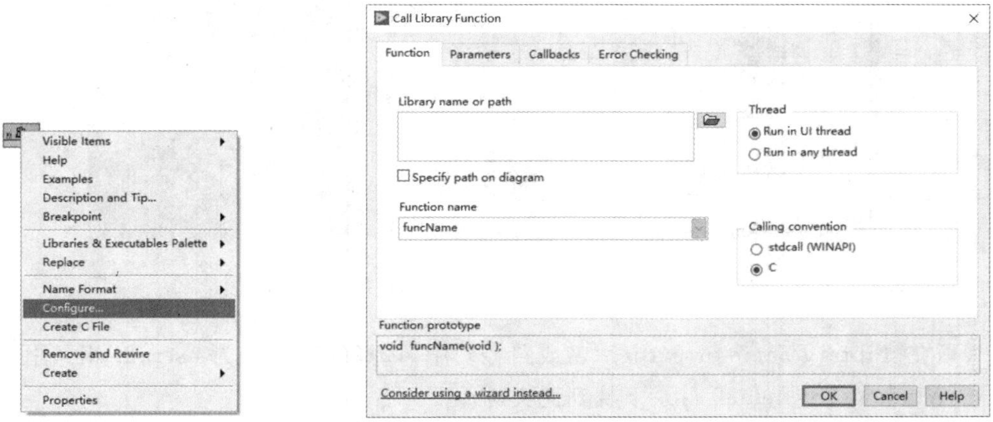

(a) 选择 "Configure（配置）" 选项　　　　(b) 配置属性对话框图

图 8－2　"调用库函数节点"函数配置属性对话框

对话框中的参数设置过程主要如下。

(1)"Library name or path(库名或路径)"。用户可以在框格中输入数据库名或者数据库所在路径,还可以单击按钮,打开文件选择框来选取需要调用的库文件。

(2)"Function name(函数名)"下拉框。可以选取该动态链接库所包含的函数。

(3)"Thread(线程)"选择框。默认选择"Run in UI thread(在 UI 线程中运行)",即该动态链接库只能在当前 UI 线程中使用。但用户可能需要 LabVIEW 2020 同时执行其他 UI

线程中的任务，此时用户可以选择“Run in any thread(在任意线程中运行)”，这样动态链接库就可以由多个UI线程同时调用。

(4)“Calling convention(调用规范)”选择框。用户可以选择该动态链接库的调用规范是标准WINAPI调用还是C调用，默认为C调用。

(5)“Parameters(参数)”页。用户可以添加、删除参数或者设置返回类型。左侧栏中默认带有“return type(返回类型)”的参数，用户可以单击加号按钮或叉号按钮增减参数，并可以调整参数的位置进行排序。在右侧的“Current parameter(当前参数)”框中，可以设置返回值的类型及当前选择参数的名称。每设定一个参数，最下方的“Function Prototype(函数原型)”对话框中都会显示对应的函数原型。

(6)“Callbacks(回调)”页。可以设置回调函数。

(7)“Error Checking(错误检查)”页。可以设置错误检查的等级，分为“Maximum(最大值)”“Default(默认)”和“Disabled(禁用)”三级。启用默认等级即可。

(8)单击“OK(确定)”按钮，完成属性配置。

8.1.4 调用库函数示例

图8-3所示为利用“调用库函数节点”函数获取鼠标当前坐标值的程序。函数配置属性对话框主要设置如下：

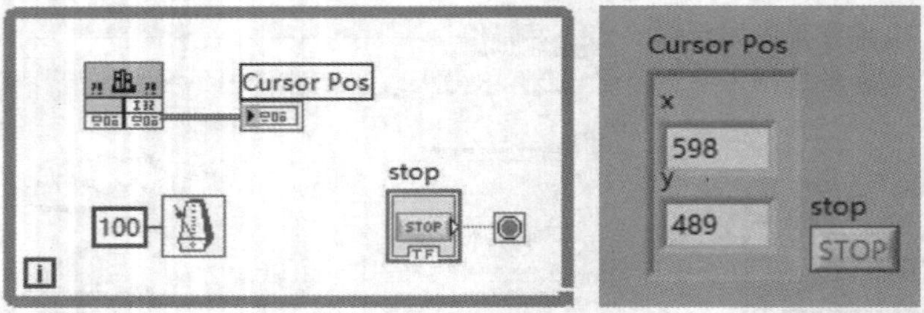

图8-3 调用库函数示例程序框图

(1)在“Library name or path(库名或路径)”中，选择的库文件为user32.dll。用户可以在C:\Windows\System32目录下找到此文件。

(2)在“Function name(函数名)”下拉框中，选择“GetCursorPos”函数。

(3)在“Thread(线程)”中，选择“Run in UI thread(在UI线程中使用)”。

(4)在“Calling convention(调用规范)”中，选择“Stdcall(WINAPI)”调用。

(5)在“Parameters(参数)”页中，添加一个参数并命名为PointAPI，设置类型为“Adapt to Type(匹配至类型)”，选择数据格式为“Handles by Value(按值处理)”。GetCursorPos函数声明中已经定义了参数PointAPI，所以此处添加参数名为PointAPI。

(6)完成设置后，会发现“调用库函数节点”函数图标的端口中显示为I32，说明返回值的数据类型为I32。

图8-3中“鼠标坐标值”是一个簇，含有两个数值显示控件，分别用于显示鼠标在屏幕

上所处位置的 x、y 坐标值，放置时需要用鼠标右键单击数值显示控件，在弹出的快捷菜单中选择“Representation(表示法)”中的“I32”数据类型，这样才能正确显示坐标。运行该程序后，当移动鼠标时，前面板上的坐标值会随之变化并始终显示鼠标当前位置。

8.2　Matlab 接口

8.2.1　Matlab Script 节点

Matlab 是由数值分析、矩阵分析、信号处理和图形绘制等功能组成的一个高性能的数值计算与图形显示的计算软件。LabVIEW 2020 可以使用的“Matlab Script”节点导入并使用 Matlab 程序，从而充分利用 Matlab 的优点。

用户可以在函数选板→“Mathematics(数学)”→“Scripts & Formulas(脚本与公式)”→“Script Nodes(脚本节点)”子选板中找到“Matlab Script”节点，如图 8－4 所示。

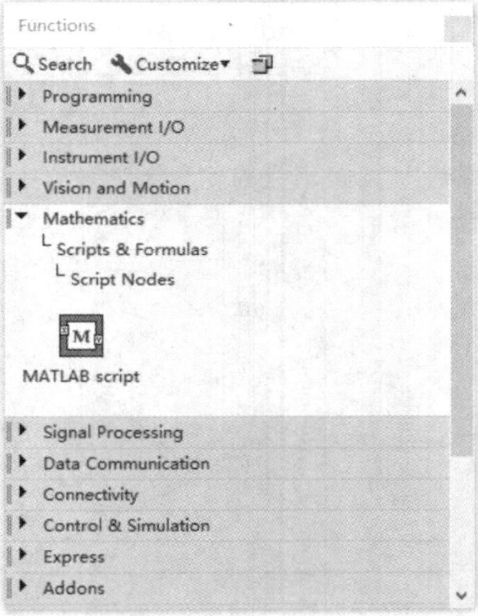

图 8－4　“调用库函数节点”函数位置

因为 LabVIEW 2020 执行 Matlab Script 节点使用的是 ActiveX 技术，所以只能用于 Windows 平台。Matlab Script 节点支持众多数据类型，如 Real、Complex、1－D Array of Real、1－D Array of Complex、2－D Array of Real、2－D Array of Complex、String 和 Path。它们分别对应的 LabVIEW 2020 中的数据类型为：双精度浮点型、复数双精度浮点型、双精度浮点型一维数组、复数双精度浮点型一维数组、双精度浮点型维数组、复数双精度浮点型维数组、字符串和路径。

将“Matlab Script”节点放置在程序框图中后，用户可以用鼠标左键单击节点框格空白处，直接在节点中编写 Matlab 程序，编写完成后用鼠标右键单击节点边框，从弹出的快捷菜单中选择“Export(导出)”选项可以将程序保存在指定位置。用户也可以直接选择“Import(导入)”选项导入已编写完成的 Matlab 程序。

8.2.2　Matlab Script 节点示例

图 8－5 和图 8－6 所示为利用 Matlab Script 节点调用 Matlab 的示例图。程序对函数 $u=\sin(\pi x)\sin(\pi y)$，$0\leqslant x,y\leqslant 1$ 在 LabVIEW 2020 及 Matlab 中作图，步长为 0.05。若程序运行没有打开 Matlab，则 LabVIEW 2020 将自动启动 Matlab 并在 Matlab 中运行此程序。

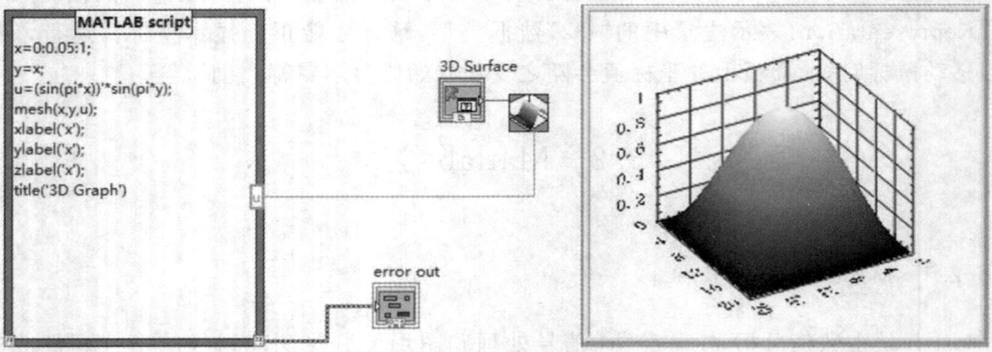

图 8－5　Matlab Script 节点示例

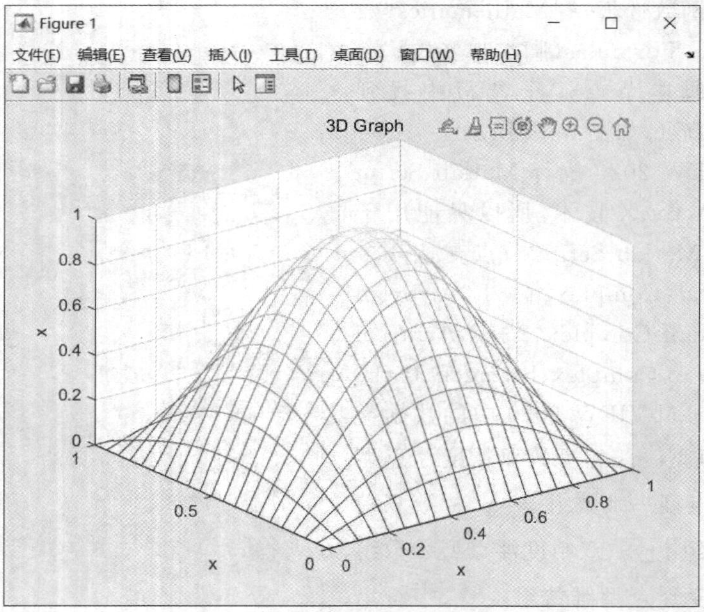

图 8－6　脚本在 Matlab 中的运行结果

8.3　Python 节点

8.3.1　Python 函数

在 LabVIEW 2020 中，用来调用 Python 接口是“Python Node(Python 节点)”。用户可以将编写好的 Python 代码存储在计算机内的指定路径，并将指定路径输入 Python 节点。这样在执行程序时，就会自动调用此节点所连接的 Python 代码，实现 LabVIEW 2020 与 Python 代码的连接。

LabVIEW 2020 为用户提供了三个 Python 函数，用户可以在函数选板→“Connectivity(互连接口)”→“Python”子选板中找到它们，如图 8－7 所示。下面将详细介绍这三个函数的功能。

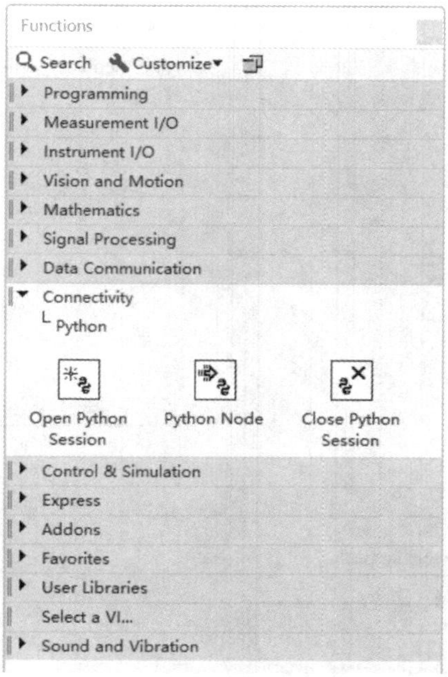

图 8－7　Python 选板

(1)“Open Python Session(打开 Python 会话)”函数。其功能是使用特定版本的 Python 打开 Python 会话。Python 会话对于配置多个 Python 节点同时运行是必需的。其中 Python 版本接线端子指定运行的 Python 版本。该函数仅支持版本为 2.7 和 3.6 的 Python。尽管不支持的 Python 版本也可以与 LabVIEW 2020 Python 一起使用，但建议仅使用支持的 Python 版本。打开 Python 会话函数接线端子如图 8－8 所示。

(2)“Python Node(Python 节点)”函数用来调用 Python 程序。模块路径端子输入 Python 模块的路径，该模块包含要调用的 Python 函数。函数名称端子输入要调用的 Python 函数名称。返回类型端子指定返回值的类型，若 Python 函数没有返回值，则无须连接返回类型端子。输入参数端子用于输入 Python 函数的输入参量，可以向下拖动函数边框增加输入参数端子。Python 节点函数接线端子如图 8－9 所示。

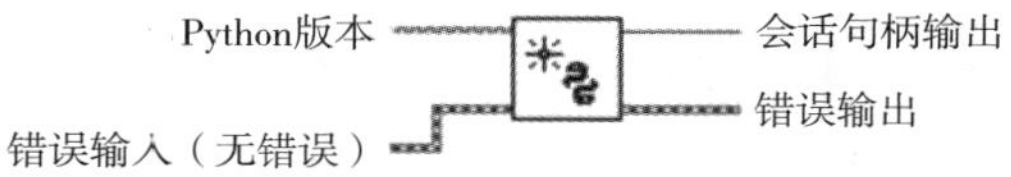

图 8－8　打开 Python 会话函数接线端子

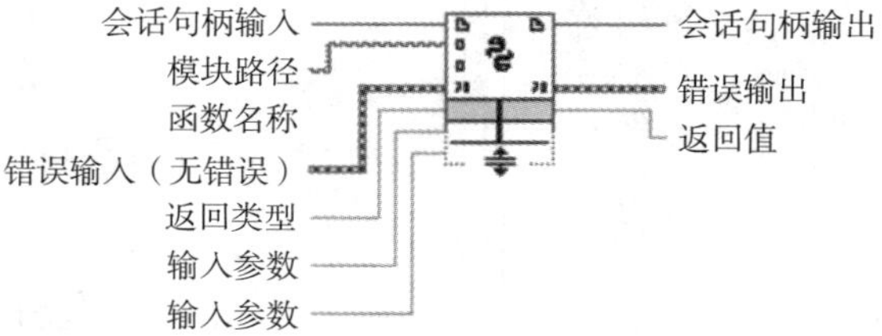

图 8－9　Python 节点函数

(3)“Close Python Session(关闭 Python 会话)”函数用于关闭运行的 Python 会话。在程序的最后一定记得要使用该函数，不然将导致内存泄漏。关闭 Python 会话函数接线端子如图 8－10 所示。

图 8－10　关闭 Python 会话函数

8.3.2　Python 节点示例

如图 8－12 所示程序，首先，使用 Python3.6 版本创建“Add.py”程序，如图 8－11 所示。然后，使用 Python 节点调用“Add.py”程序，实现了输入 a 与输入 b 相加并输出结果 $a+b$。

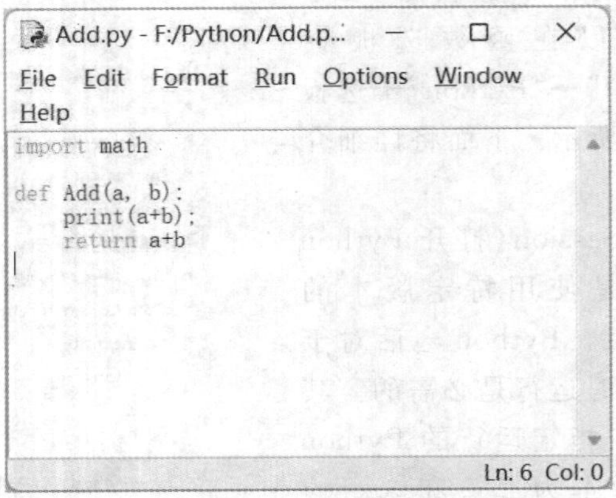

图 8－11　Python 程序

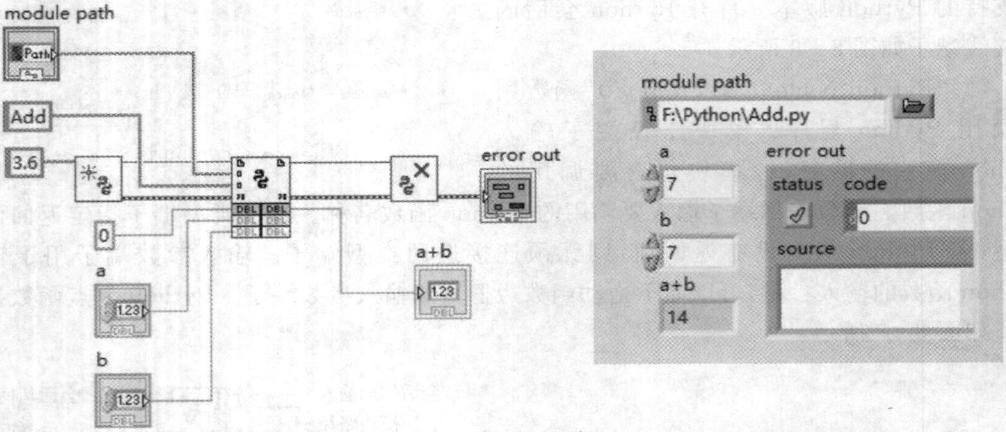

图 8－12　使用 Python 节点调用 Python 脚本

8.4　ActiveX 接口

8.4.1　ActiveX

在介绍 ActiveX 前，用户需要了解 OLE 和 COM。OLE 全称为“Object Linking and Embedding(对象连接与嵌入)”，是能让应用程序创建包含不同来源的复合文档的技术。OLE 可以用来创建复合文档，复合文档包含了创建于不同源应用程序，有着不同类型的数据，因此可以把文字、声音、图像、表格、应用程序等组合在一起。OLE 不仅由桌面应用程序集成，而且还定义和实现允许应用程序作为软件“对象”彼此进行“链接”的机制，这种链接机制和协议称为 COM，即“Component Object Modal(组件对象模型)”。COM 是微软的一套软件组件的二进制接口标准。通过这些标准，能够在两个组件之间进行通信而不用考虑其所处的操作环境、开发语言是否相同等问题。

ActiveX 在广义上是指微软公司的整个 COM 架构，但现在通常用来称呼基于标准 COM 接口来实现对象链接与嵌入(OLE)的 ActiveX 控件。ActiveX 控件是可以在应用程序和网络中计算机上重复使用的程序对象。创建它的主要技术是 Microsoft 的 ActiveX 技术，其中主要是组件对象模型(COM)。ActiveX 控件可以以小程序下载装入网页，也可以用在一般的 Windows 应用程序环境中。ActiveX 控件可以由不同的可以识别 Microsoft 的 COM 技术的语言开发，它是一个组件或自包含的软件包，可以在同一个或分布式的计算环境中开发或使用。COM 的分布式支持技术称为 DCOM。在实现中，ActiveX 控件是一个动态链接库(DLL)模块，它包括在容器(包括 COM 程序接口的应用程序)当中。这种可重复使用的组件技术，可以提升开发速度和质量。

在 LabVIEW 2020 中，LabVIEW 2020 既可作为 ActiveX 的服务器也可以作为一个客户端 ActiveX。

ActiveX 组件包括如下几类。

(1)自动化服务器。可以由其他应用程序编写的组件。自动化服务器至少包括一个，或许是多个供其他应用程序生成和连接的基于 IDispatch 的接口。自动化服务器可以含有也可以没有用户界面(UI)，这取决于服务器的特性和功能。

(2)自动化控制器。可以使用和操纵自动化服务器的应用程序。

(3)控件。ActiveX 控件等价于以前的 OLE 控件或 OCX。一个典型的控件包括设计时和运行时的用户界面，唯一的 IDispatch 接口定义控件的方法和属性，唯一的 IConnectionPoint 接口用于控件可引发的事件。

(4)文档。ActiveX 文档，即以前所说的 DocObject，表示一种不仅仅是简单控件或自动化服务器的对象。ActiveX 文档在结构上是对 OLE 链接和模型的扩展，并对其所在的容器具有更多控制权。一个最显著的变化是菜单的显示方式。一个典型的 OLE 文档的菜单会与容器菜单合并成一个新的集合，而 ActiveX 文档将替换整个菜单系统，只表现出文档的特性而不是文档与容器共同的特性。

(5)容器。ActiveX 容器是一个可以作为自动化服务器、控件和文档宿主的应用程序。

8.4.2　ActiveX 控件

LabVIEW 2020 中，ActiveX 控件是存放于 ActiveX 容器的一个可嵌入的组件。用户可以在前面板控件选板→“Modern(新式)”→“Layout(容器)”中找到“ActiveX Container(ActiveX 容器)”函数，如图 8-13 所示。通过此函数，用户可以调用第三方提供的各种 ActiveX 控件。

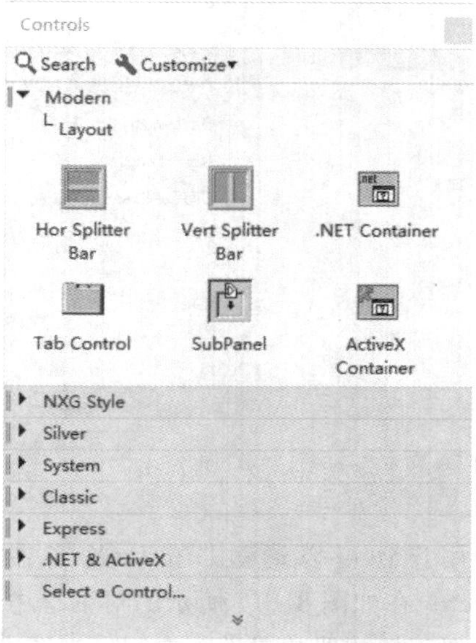

图 8-13　“ActiveX 容器”函数位置

将“ActiveX 容器”函数拖放至前面板中，用鼠标右键单击函数图标，从弹出的快捷菜单中选择“Insert ActiveX Object(插入 ActiveX 对象)”选项，弹出名为“Select ActiveX Object (打开 ActiveX 对象)”的对话框，如图 8－14 所示。选择对话框中的“Calendar Control 8.0”选项并单击“OK(确定)”按钮，前面板将出现一个如图 8－15 所示的日历控件对象。用鼠标右键单击该日历，从快捷菜单中选择“Calendar(日历)”→“Properties(属性)”选项，弹出日历属性对话框，如图 8－16 所示。在该对话框中，可以设置日历控件的日期等属性。

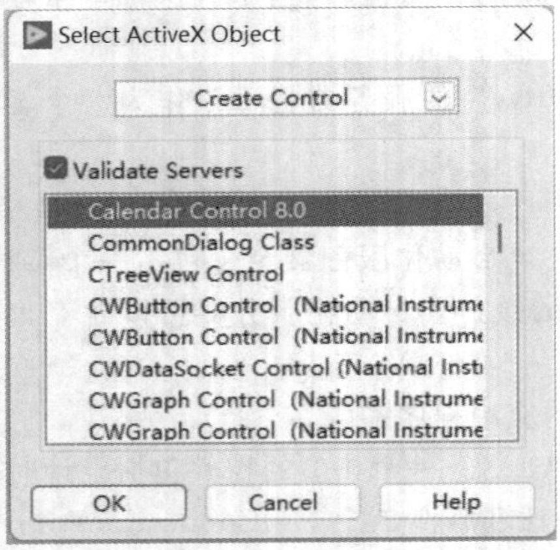

图 8－14　选择 ActiveX 对象对话框

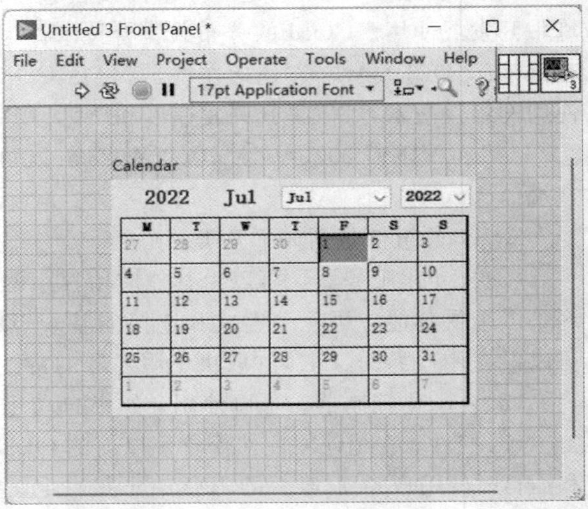

图 8－15　ActiveX 日历控件对象

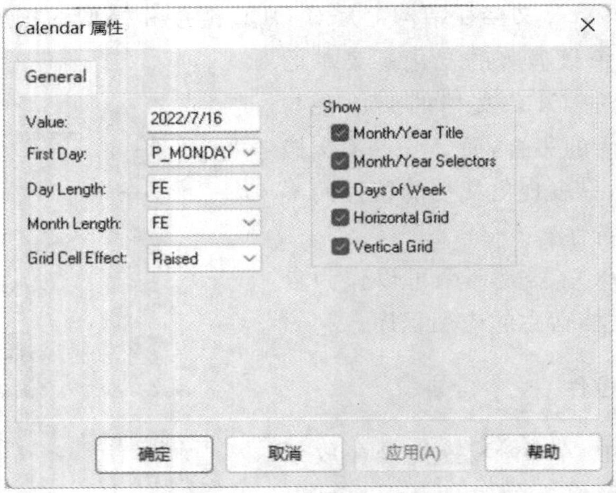

图 8－16　日历属性对话框

用户还可以通过“ActiveX 容器”函数在 LabVIEW 2020 中调用 Windows Media Player。在如图 8－17 所示的对话框中选择 Windows Media Player，此时在前面板中出现一个类似于播放器的界面。在程序框图中，用鼠标右键单击控件图标，从弹出的快捷菜单中选择“ActiveX Palette(ActiveX 选板)”下的“Invoke Node(调用节点)”函数，将 Windows

Media Player 控件的数据输出端口与函数的数据输入端口相连，并单击“Method(方法)”窗格，从选项中选择“openPlayer”，同时在下面的数据输入端口“bstrURL”创建一个路径输入控件，程序框图如图 8-17 所示。

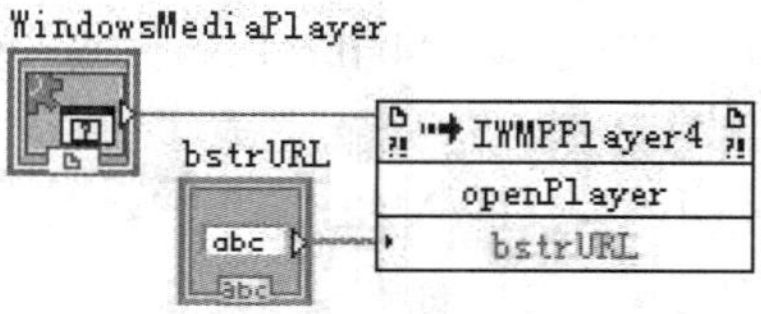

图 8-17 调用 Windows Media Player 控件程序框图

当用户在如图 8-18 所示前面板中的路径输入控件中输入文件路径后，运行程序，将会打开 Windows Media Player 程序并播放相应视频。

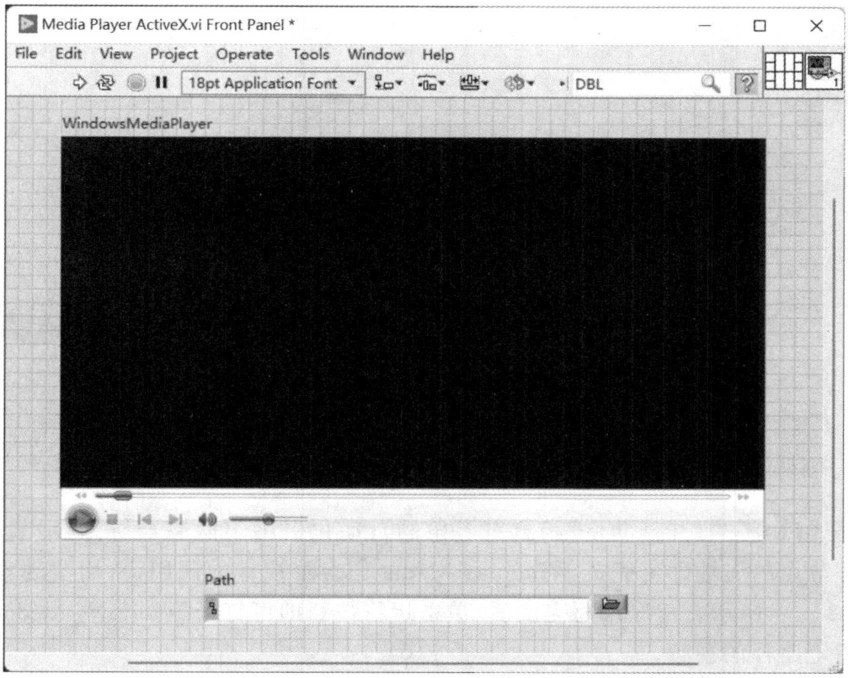

图 8-18 调用 Windows Media Player 控件前面板

8.4.3 ActiveX 自动化

ActiveX 自动化是 ActiveX 的一个重要组成部分，通过它可以实现一个程序对另一个程序的调用。用户可以在函数选板→“Connectivity(互连接口)”→“ActiveX”子选板中找到“Automation Open(打开自动化)”函数，如图 8-19 所示。

图 8-17 和图 8-18 所示的程序框图中，系统直接通过“ActiveX 容器”函数来选择 ActiveX 对象类型为 Windows Media Player。用户还可以使用 ActiveX 自动化来调用 Windows Media Player 控件。下面通过 ActiveX 自动化来实现对 Windows Media Player 控件的操作。

用户首先需要放置一个“Automation Open(打开自动化)”函数在程序框图中，然后用鼠标右键单击函数图标，从弹出的快捷菜单中选择“Select ActiveX Class(选择 ActiveX 类)”→

“Browse(浏览)”选项，打开如图 8－20 所示的对话框。在对话框的“Type Library(类型库)”中选择“Windows Media Player Version 1.0”，选择对象为“IWMPPlayer4”，单击“确定”按钮退出对话框。这样就完成了自动化引用句柄与 Windows Media Player 控件的连接。若对话框中没有“IWMPPlayer4”对象，用户可以任意选择一个对象，然后在程序框图中删除生成的对象，再用鼠标右键单击“Automation Refnum(自动化应用句柄)”，在弹出的快捷菜单中选择“Select ActiveX Class(选择 ActiveX 类)”→“IWMPPlayer4”。

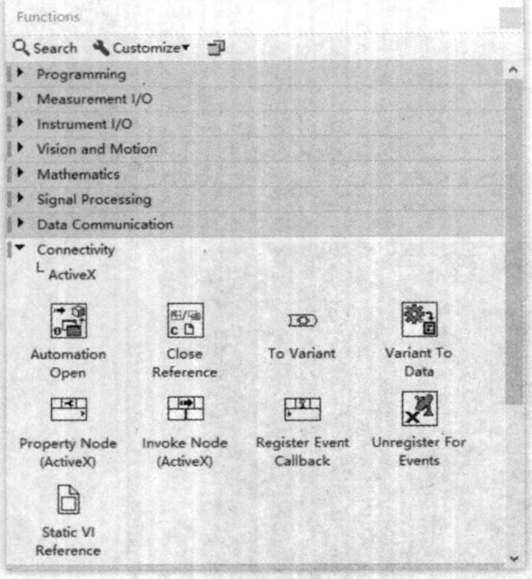

图 8－19　ActiveX 函数选板

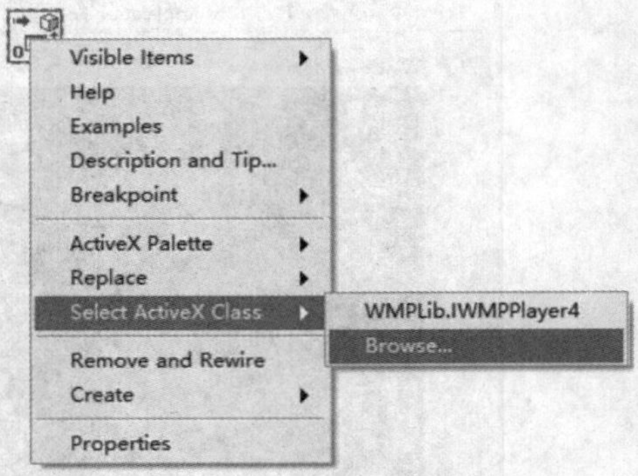

图 8－20　ActiveX 对象选择对话框

连接完成后，将“打开自动化”函数右上角的自动化引用句柄端子与“调用节点”函数连接并设置好节点的属性即可完成 Windows Media Player 控件的调用，从而实现希望达到的功能，如图 8－21 所示。程序编写完成后，单击运行按钮即可打开 Windows Media Player 程序并播放指定路径的视频。

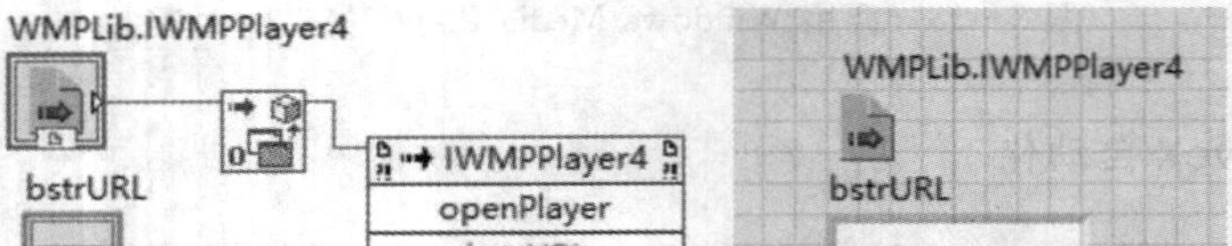

图 8－21　利用“打开自动化”函数调用 Windows Media Player 控件

8.5 访问数据库

8.5.1 访问 LabVIEW 2020 数据库

数据库访问技术通常应用于编写记录采集数据、存储文件信息、回放存储波形等功能。

使用数据库相较于使用文件系统，更容易实现大量数据的存储、管理和查询。LabVIEW 2020 访问数据库需要使用特定的方法，并不能直接访问数据库。下面将介绍常用的访问数据库方法。

（1）若用户能熟练运用 ADO 控件和 SQL 语言，可以通过 LabVIEW 2020 的 ActiveX 功能调用 ADO 控件，然后使用 SQL 语言访问数据库。这种方法需要从底层开始编程，访问过程比较复杂。

（2）首先在 NI 网站上下载免费的 LabSQL 工具包，然后使用下载的 LabSQL 工具包访问数据库。这种方法同样使用了 ADO 技术，但无须用户从底层开始编程，直接下载调用 NI 提供的 LabSQL 工具包即可完成对数据库的访问，大大减少了访问所需的时间。

（3）通过使用“DLL（动态链接库）”接口访问数据库。LabVIEW 2020 中存在 DLL 接口，可通过此接口间接访问数据库。但这种方法的开发过程相当复杂，若用户对 DLL 不了解，则不推荐使用这种方法。

（4）使用 NI 公司提供的“Database Connectivity Toolkit（数据库连接工具包）”实现对数据库的访问。NI 公司提供了专门的数据库访问工具包，除了能实现常规的数据库访问功能外，还集成了很多高级功能模块。但此工具包需要单独购买安装，价格十分昂贵，适合预算充足的情况下使用。

本节将介绍 SQL 和 Microsoft ADO 的基础知识及使用 LabSQL 工具包、调用 ADO 控件访问数据库的方法。

8.5.2　SQL 数据库语言

SQL 全称为“Structured Query Language（结构化查询语言）”，是一种功能十分强大的数据库语言。早在 20 世纪 80 年代，SQL 语言就被国际标准化组织（ISO）确定为关系数据库管理系统的标准语言。SQL 具有“Data Definition（数据定义）”“Data Manipulation（数据操控）”和“Data Query（数据查询）”的功能。SQL 是一种高级的非过程化编程语言，使用它可以完成对数据库的访问或处理，如向数据库中插入数据、查询数据、删除数据等。目前世界上大部分关系数据库管理系统都使用 SQL，如 Oracle、Sybase、Access、Microsoft SQL Server 等，它们在 SQL 的基础上也开发了一些只能用于各自系统的扩展功能。

尽管 SQL 的功能很强大，但语言十分简洁，易学易用。SQL 的语法接近英语口语，并且不像传统的编程语言，SQL 没有循环结构及函数定义等功能。使用“Select”“Insert”“Update”“Delete”“Create”和“Drop”命令，便可完成绝大多数数据库操作。

8.5.3　Microsoft ADO

ADO 全称为“ActiveX Data Objects（ActiveX 数据对象）”，是一种由 Microsoft 提出的应用程序接口，可以用来访问关系或非关系数据库中的数据。它是 Microsoft 全局数据访问（UDA）的一部分，Microsoft 认为与其自己创建一个数据库，不如利用 UDA 访问已有的数据库。

ADO 从原来的 Microsoft 数据接口远程数据对象（RDO）而来。RDO 与开放数据互连（Open Database Connectivity，ODBC）一起工作访问关系数据库，但不能访问如 ISAM 和

VSAM 的非关系数据库。ADO 是对当前微软所支持的数据库进行操作的最有效和最简单直接的方法，是一种功能强大的数据访问编程模式。

8.5.4 通过 LabSQL 访问数据库

1. LabSQL 工具包

LabSQL 是一个由第三方公司开发，免费开源的 LabVIEW 2020 访问数据库工具包。LabSQL 内部包含很多子 VI，使用这些子 VI 可以轻松地访问和操作包含 SQL Server、Access 等基于 ODBC 的数据库。

LabSQL 访问数据库是基于 Microsoft ADO 及 SQL 语言实现的。LabSQL 将复杂的 ADO 操作封装成模块，用户通过调用这些特殊功能的 VI 可以很方便地实现数据库操作。LabSQL 工具包主要分为“Command（命令）”模块、“Connection（连接）”模块和“Recordset（记录集）”模块三大模块，如图 8－22 所示。

不同模块实现的主要功能各不相同。命令模块主要完成一些 ADO 基本操作，如创建、删除、执行一个命令等；连接模块主要用来实现 LabVIEW 2020 与数据库的连接，如建立连接、中断连接等；记录集模块主要用来实现对数据库中数据的操作，如在数据库中添加、删除、替换数据等。模块外的几个 VI 主要实现 SQL 相关功能，如“SQL Execute. vi（执行 SQL）”用来执行输入的 SQL 命令，“SQL Fetch. vi（获取 SQL）”用来获取数据库中的组元信息。

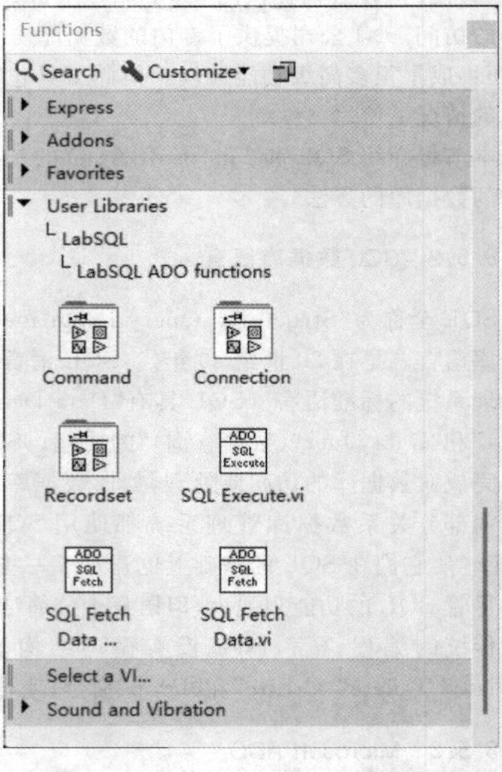

图 8－22 LabSQL ADO 函数选板

LabSQL 工具包需要用户自行在网络上下载，CSDN 社区或者百度都有相关资源。下载的是 1.11M 大小的压缩包，解压后的 LabSQL 文件夹中含有 LabSQL ADO functions 和 Examples 两个文件夹，前者为 LabSQL 工具包，后者是 LabSQL 作者提供的工具包使用示例。用户可以直接将 LabSQL 文件夹复制进 LabVIEW 2020 安装目录的 user. lib 文件夹内。重启 LabVIEW 2020 后，用户便可以在程序框图函数选板的“User Libraries（用户库）”子选板中找到下载的 LabSQL 工具包，如图 8－22 所示。

2. 数据源的两种创建方法

LabSQL 只能操作而不能创建数据库，所以需要使用第三方数据库管理软件创建数据库。在实际生活中，用户通常会用到 Microsoft SQL Server 数据库和 Access 数据库。下面将详细介绍如何在这两种数据库软件中创建一个新的数据库，并在此数据库中新建一个表格。

1)在 Microsoft SQL Server 中创建新数据库

(1)打开 Microsoft SQL Server 软件，用户可以在 Microsoft 官网上下载安装。

(2)软件左侧会自动弹出对象资源管理器，用鼠标右键单击其中的数据库选项，从弹出的菜单中选择“新建数据库”，如图 8-23 所示。选择后会弹出新建数据库窗口，在该窗口中可以设置数据库的相关属性。设置好数据库名称后，单击“确定按钮”。

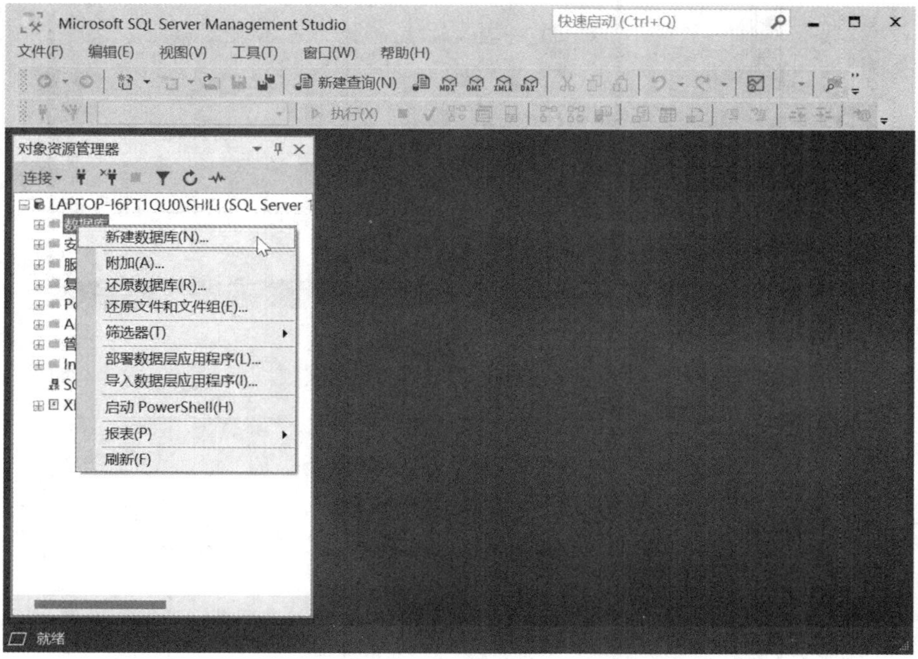

图 8-23　新建数据库

(3)打开新建的数据库，用鼠标右键单击其中的表子目录，在弹出的快捷菜单中选择“新建”→“表”，软件会自动进入表设计窗口，如图 8-24 所示。

(4)在表设计窗口中输入需要设定的列名称，并设置该列输入数据的数据类型、是否运行输入为空，如图 8-24 所示。设置完成后退出，系统会自动弹出表格命名窗口，用户可以在此设置表格名称。

2)在 Access 中创建新数据库

(1)在 Microsoft Office 中，安装并打开 Access。

(2)单击新建选项下的“空白数据库”，弹出文件存储位置对话框，用户可以在此对话框中设置文件的存储位置，还可以设置文件类型，默认为“. accdb”格式，还可以设置为“. mdb”格式。

(3)创建完成后进入数据库窗口。单击“创建”选项，在下拉菜单中选择“表设计”选项，如图 8-25 所示。

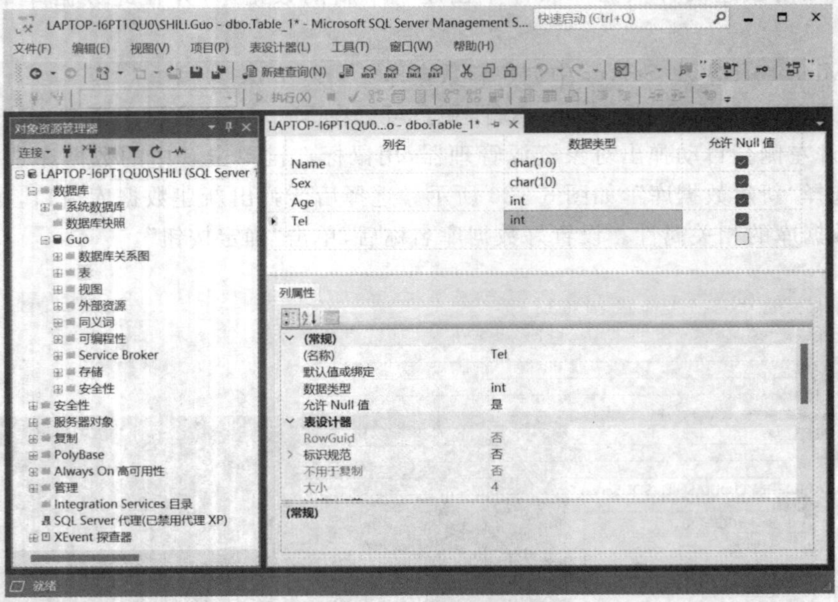

图 8-24　表格设置窗口

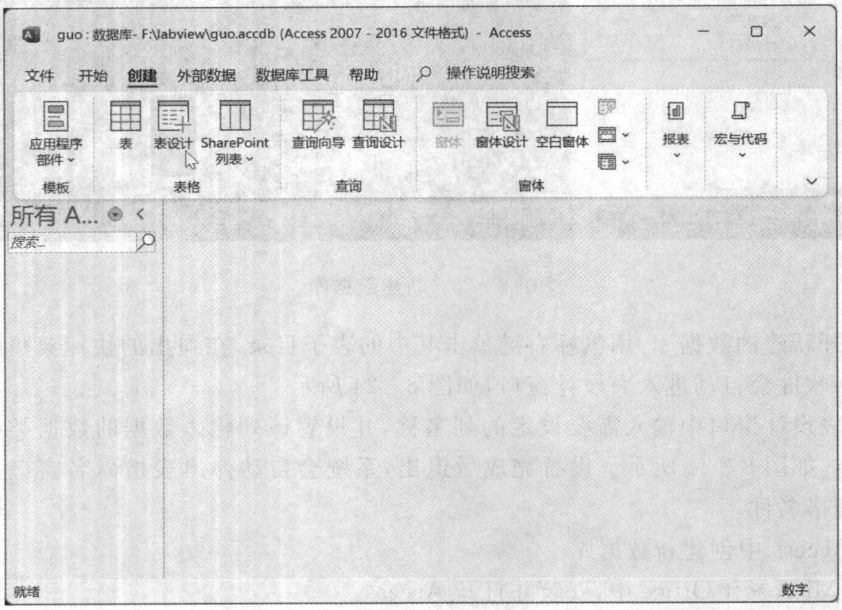

图 8-25　新建表对话框

(4)选择“表设计”选项后，会弹出如图 8-26 所示的表设计窗口。该窗口上半部分可以用来设置表每列的字段名称、数据类型和说明信息。窗口下半部分可以设置字段的详细属性。

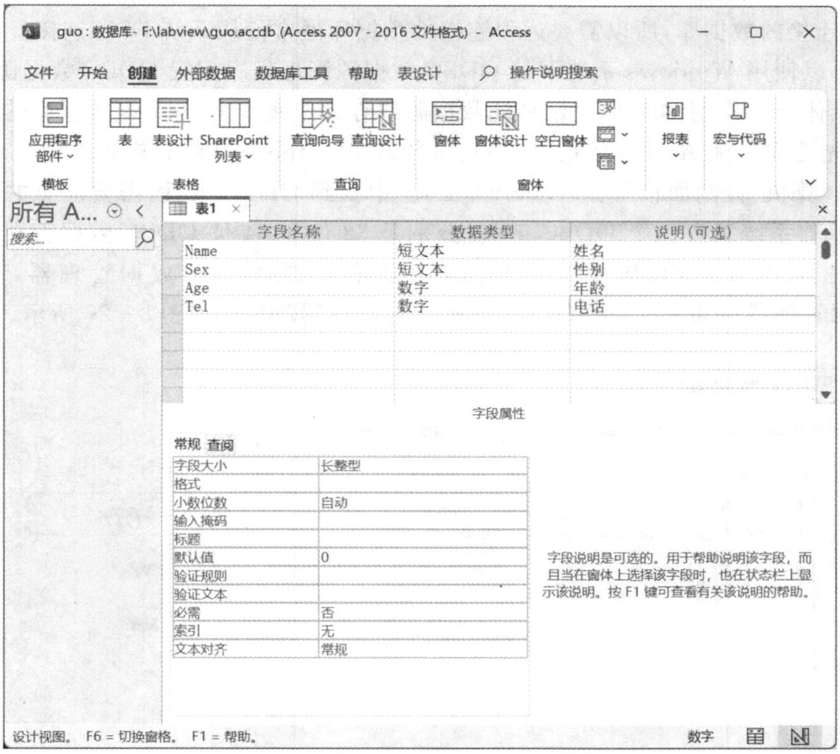

图 8 - 26　设计视图方法创建的表界面

(5)完成设计后关闭窗口，自动弹出“是否保存窗口”，选择保存后设置表格名称，然后单击“确定”按钮。

(6)单击“确定”按钮后，系统会弹出“尚未创建主键”的对话框，用户可以选择“是”，Access 会自动为新表格创建一个主键。至此，表便创建完成。

3)连接数据源的方式

使用 LabVIEW 2020 连接数据源的方式有两种，使用 ODBC 设定系统数据源的方式连接数据源或者使用 UDL 文件连接数据源。

(1)使用 ODBC 设定系统数据源的方式连接

ODBC 提供了各类数据源的驱动，所以可以通过 ODBC 连接当前使用的所有数据库管理系统。

“DSN(数据源名)”是应用程序用于请求连接到 ODBC 数据源的名称。换句话说，它是表示 ODBC 连接的符号名称。当建立 ODBC 连接时，它将存储数据库名称、目录、数据库驱动程序、用户 ID、密码等连接详细信息。ADO 通过 DSN 连接数据库。换句话说，建立连接时，数据库的名称、位置等信息都不需要考虑，只要给出该数据库对应的 DSN 即可。所以要先通过 ODBC 配置 DSN 与数据库之间的对应关系。

ODBC 中包含三种 DSN：系统 DSN、用户 DSN 和文件 DSN。其中，用户 DSN 只能由本用户使用。系统 DSN 与文件 DSN 的区别在于连接信息的存放位置不同：文件 DSN 存放在一个文本文件中，系统 DSN 则存放在 ODBC 储存区里。系统中的任何用户都可以访问使用系统 DSN 连接的数据库，所以需要远程连接的数据库通常使用系统 DSN 连接。

通常可以使用 Windows 系统下的 ODBC 数据源管理程序配置 ODBC 数据源。

下面具体介绍使用 ODBC 设定系统数据源的方式连接一个 Access 数据库的过程。

① 首先建立一个 Access 数据库，将其命名为“example”，并将其格式改为“. mdb”。

② 在计算机“控制面板”的“Windows 工具”中找到 ODBC 工具，需要注意的是在 64 位 Windows 操作系统下有 2 个 ODBC 工具，分别是 32 位和 64 位 ODBC 数据管理器，由于我们安装的是 32 位 LabVIEW 2020，因此需要配置 32 位 ODBC 数据管理器，双击 32 位 ODBC 数据管理器启动它，弹出“ODBC 数据资源管理器”窗口，如图 8－27 所示。

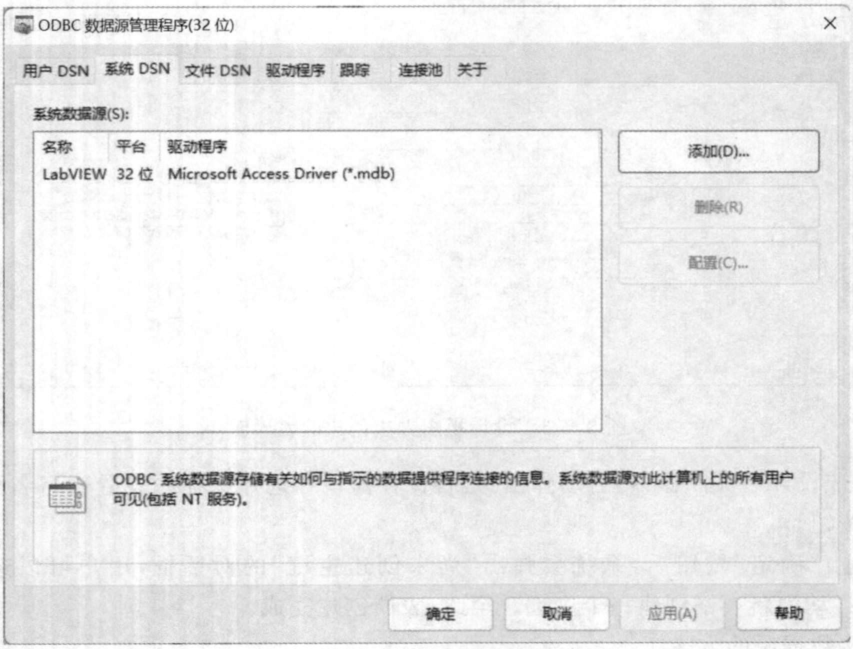

图 8－27　ODBC 数据资源管理器

③ 选择其中的“系统 DSN”选项并单击“添加”按钮，弹出“创建新数据源”对话框，如图 8－28所示。用户需要在此对话框中选择需要安装的数据库驱动类型，在此选择“Microsoft Access Driver(＊. mdb)”。

④ 单击“完成”后弹出“ODBC Microsoft Access 安装”窗口，如图 8－29 所示。在此窗口的“数据源名”中输入要设置的名称，并在下面“数据库”窗口的“选择”选项中指定之前创建好的 Access 数据库，然后单击“确定”选项完成设置。注意：配置 ODBC 时需要关闭“example. mdb”数据库，否则将无法完成设置。

⑤ 完成后在系统 DSN 窗口中就能看到刚才新建的 DSN，名称为输入的数据源名。单击 ODBC 数据源管理程序的 OK 按钮便完成了 DSN 的创建。若需要访问此数据库，只需在 LabSQL 工具包“ADO Connection Open. vi(打开 ADO 连接)”函数的 ConnectionString(连接字符串)端子输入“DSN＝example”。

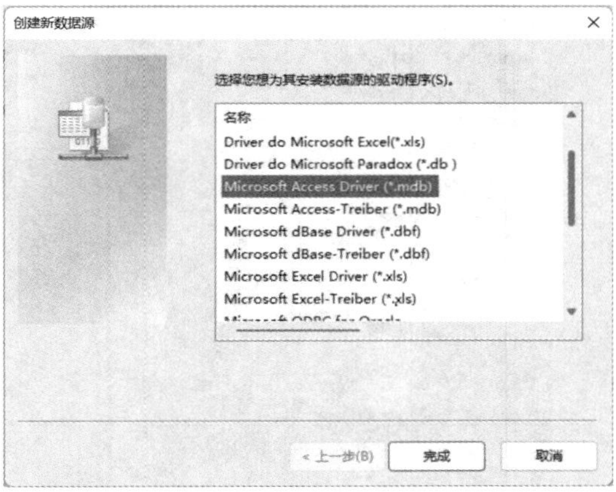

图 8-28　数据源驱动选择对话框

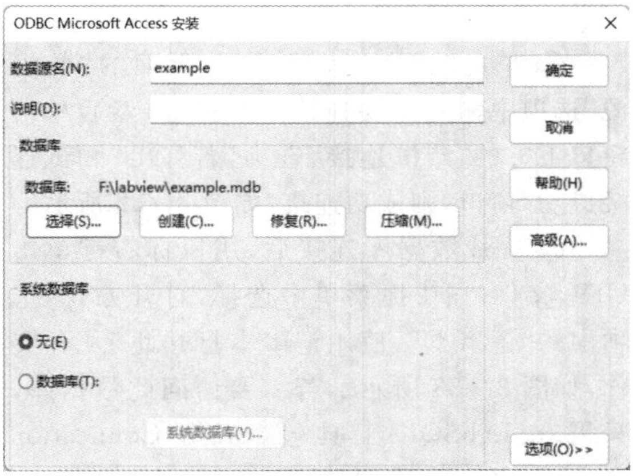

图 8-29　“ODBC Microsoft Access 安装”对话框

(2)使用 UDL 文件连接数据源

UDL 文件是通用数据连接文件，可以用来保存连接字符串。现介绍利用 UDL 文件连接数据源的方法。具体内容如下：

① 创建一个新的 Access 数据库文件，可以使用刚才创建的“example. mdb”。

② 在电脑桌面上单击鼠标右键，在弹出的快捷菜单中选择“New(新建)”，然后选择“文本文档”。用鼠标右键单击此文本文档，选择“属性”选项，从弹出的窗口中重命名此文件并将其文件扩展名更改为 . udl，如图 8-30 所示。完成后会出现一个“更改文件扩展名会导致文件变得不可用”的警告。忽略此警告，即可创建新的 UDL 文件。

③ 用鼠标左键双击打开 UDL 文件，弹出数据链接属性窗口。选择“提供程序”选项，此处链接的是 Access 数据库，所以选择第一个选项，如图 8-31 所示。

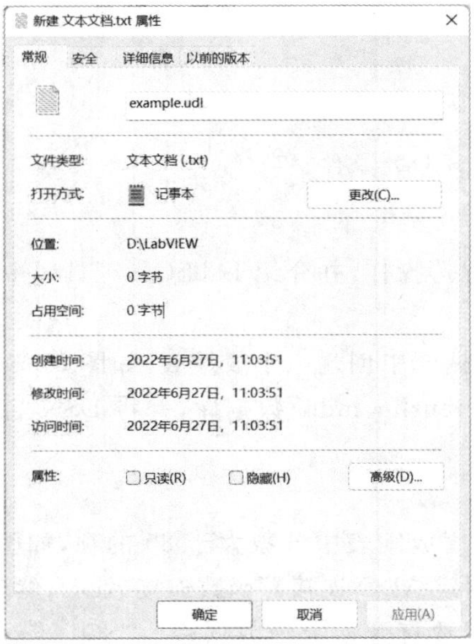

图 8-30　更改文件扩展名

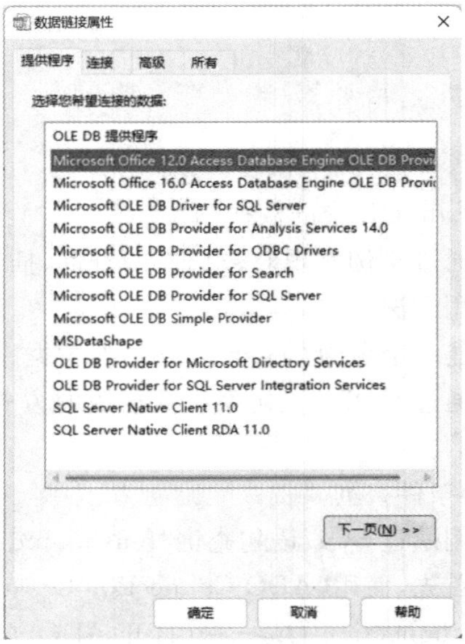

图 8-31　数据链接属性窗口

④ 单击“连接”选项，在此页面的“数据源”选项中输入需要连接的数据源，然后单击窗口下方的“测试连接”选项，若弹出“测试连接成功”窗口，则成功连接，如图 8－32 所示。

⑤ 完成数据库连接后，用鼠标右键单击 UDL 文件，在快捷菜单中选择“打开方式”选项中的“记事本”，使用记事本打开此 UDL 文件，如图 8－33 所示。若需要访问此数据库，只需在 LabSQL 工具包“ADO Connection Open. vi（打开 ADO 连接）”函数的 ConnectionString（连接字符串）端子输入记事本中第三行的文本即可。

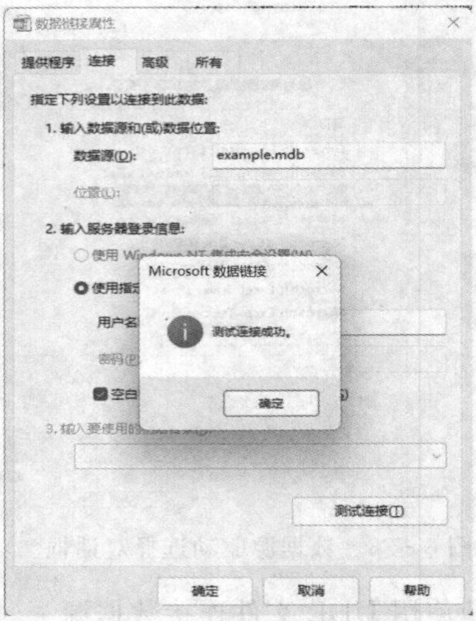

图 8－32　测试连接

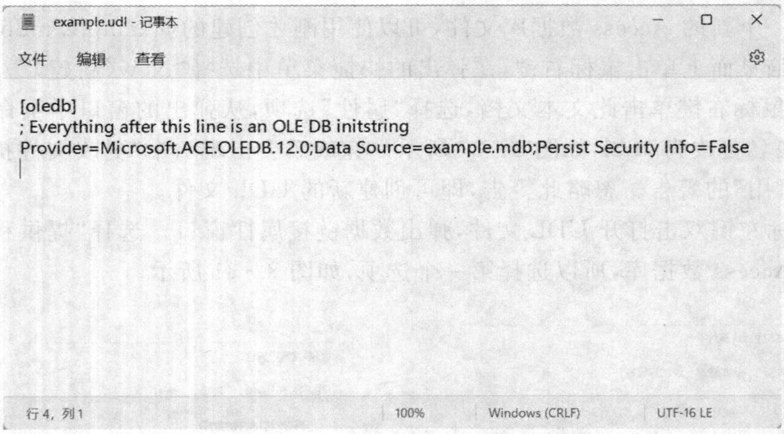

图 8－33　记事本打开 UDL 文件

4）LabSQL 中的数据操作

现通过实例实现对数据库的查询、插入、删除等操作，并介绍 LabSQL 工具包中部分函数的使用方法。

创建一个名为“fenshu. mdb”的数据库，在数据库中创建一个成绩表，如图 8－34 所示。完成后通过 ODBC 设定系统数据源的方式连接“fenshu. mdb”数据库，并将 DSN 名设置为“chengji”。

（1）条件查询

本例通过 SQL 语句查询“fenshu. mdb”数据库成绩表中分数大于 80 的项，如图 8－35 所示。首先，使用“ADO Connection Create. vi（创建 ADO 连接）”函数连接 ADO；然后，使用“ADO Connection Open. vi（打开 ADO 连接）”函数打开指定的数据库。“SQL Execute. vi（执行 SQL）”函数用来执行用户在“Command Text（命令文本）”端子输入的 SQL 命令；最

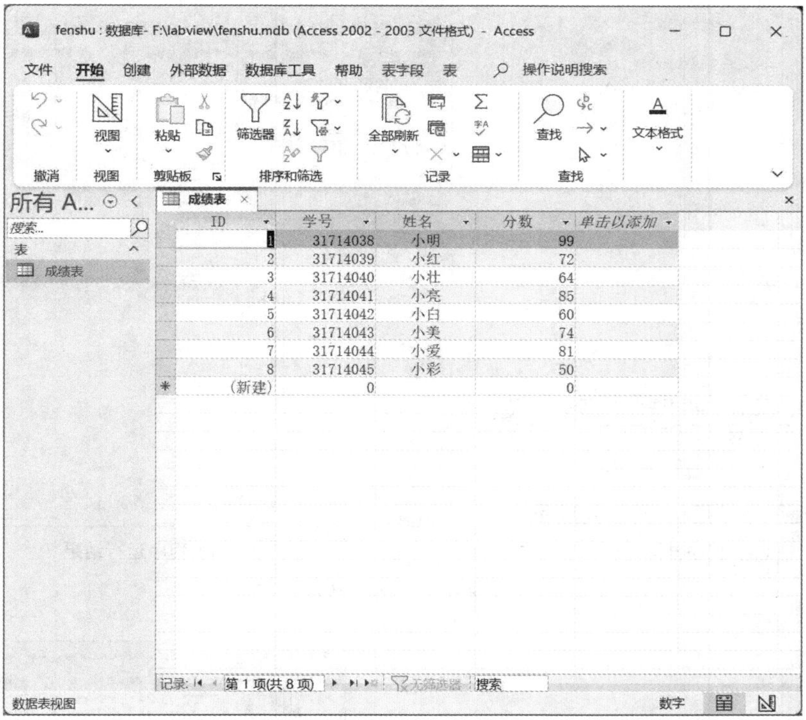

图 8 - 34 新建数据库

后，使用“ADO Connection Close. vi(关闭 ADO 连接)”函数关闭与数据库的连接。其中，在“ConnectionString”端子输入 ODBC 中设定的“DSN=chengji”，“Command Text”端子则输入 SQL 命令“SELECT * FROM 成绩表 WHERE 分数>80”，表示在“成绩表”中选择“分数”项中大于 80 的项并输出，程序运行结果如图 8 - 35 所示。

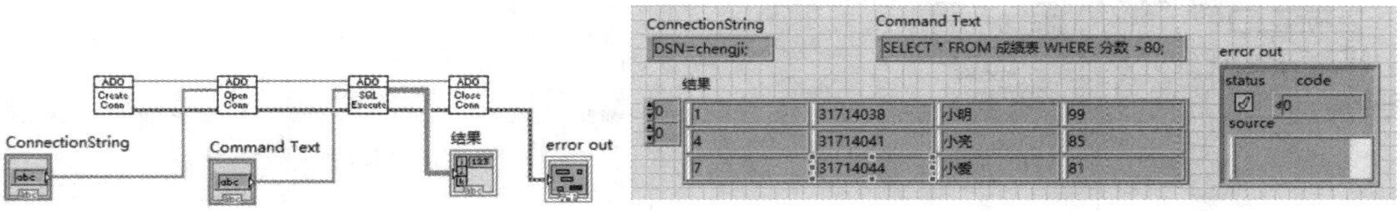

（a）程序框图　　（b）成绩显示

图 8 - 35 条件查询

(2)插入数据

本例使用上例中的四个函数，实现向数据库的表格中插入一组数据的功能。本例中执行的 SQL 语句为“INSERT INTO 成绩表(学号，姓名，分数)VALUES(31714046，‘小花’，97)”，向成绩表中插入小花的成绩，程序框图如 8 - 36(a)所示。因为此语句不返回数据，所以向“SQL Execute”函数的“Return Data(返回数据)”端子输入 False。程序执行后打开“fenshu. mdb”数据库查看插入结果，如图 8 - 36(b)所示。

(3)修改数据

本例将数据库成绩表中“小白”的分数由 60 分改为了 66 分，程序框图如图 8 - 37(a)所示。

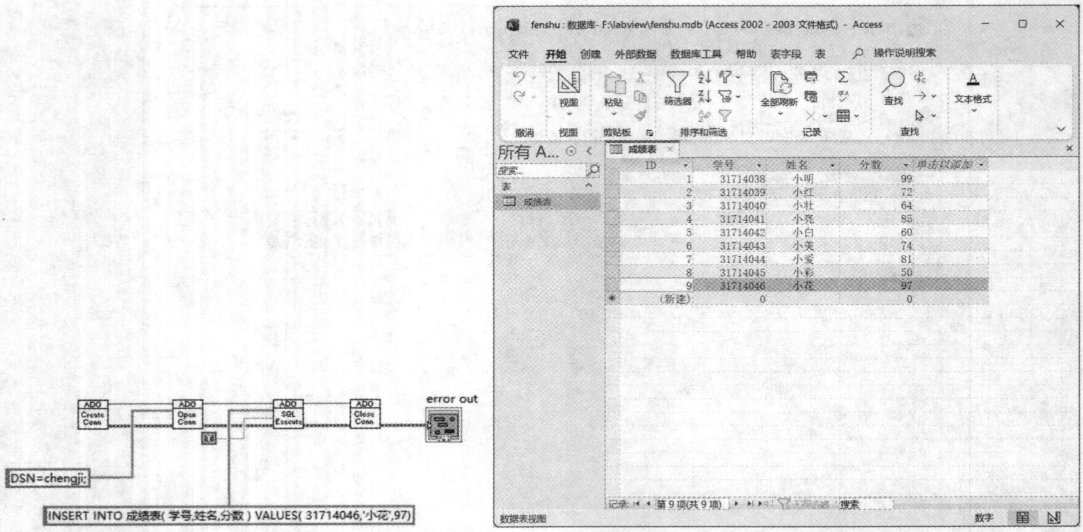

（a）程序框图　　　　　　　　（b）程序运行结果

图 8－36　插入数据

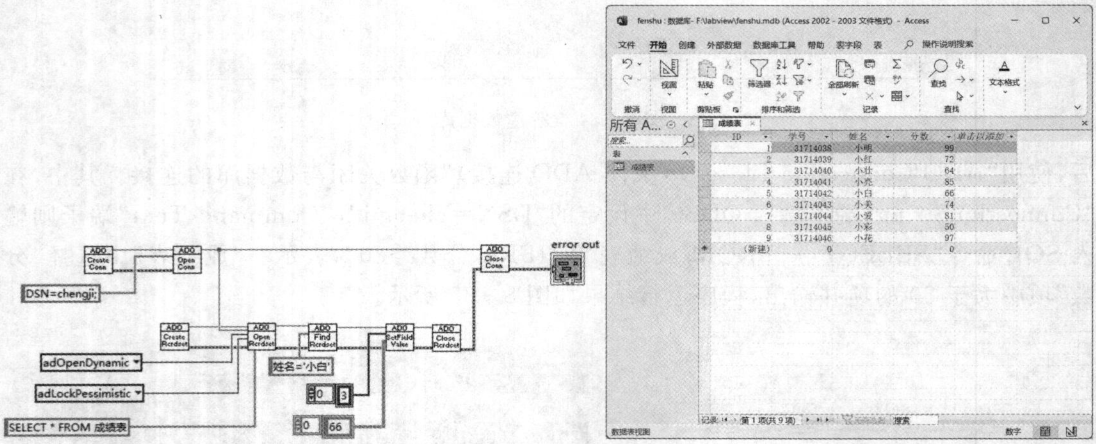

（a）程序框图　　　　　　　　（b）程序运行结果

图 8－37　修改数据

与数据库创建连接，并打开连接对象，使用“ADO Recordset Open(打开 ADO 记录集)”函数打开数据库中的指定对象。在该函数的“Command Text”端子输入 SQL 命令“SELECT * FROM 成绩表”，表示指定打开成绩表。在“CursorType”和“LockType”端子创建枚举常量，并分别选择“adOpenDynamic”和“adLockPessimistic”。“ADO Recordset Find(查找 ADO 记录集)”函数，用于指定修改数据的位置。“ADO Set Field Value(设置 ADO 字段值)”函数，用于修改指定位置的值。其中，“Fields”端子给出“分数”列所在的索引位置，“Value”端子输入修改后的值。最后，使用“ADO Close Recordset(关闭 ADO 记录集)”函数关闭刚打开的记录集。

用户还可以直接使用“SQL Execute”函数修改数据库中表格的数据，如图 8－38 所示。

使用 SQL 语句“UPDATE 成绩表 SET 分数＝80 WHERE 姓名＝‘小白’”，实现将小白的分数由 66 分改为 80 分的功能。程序只使用了四个函数，流程更为简单。

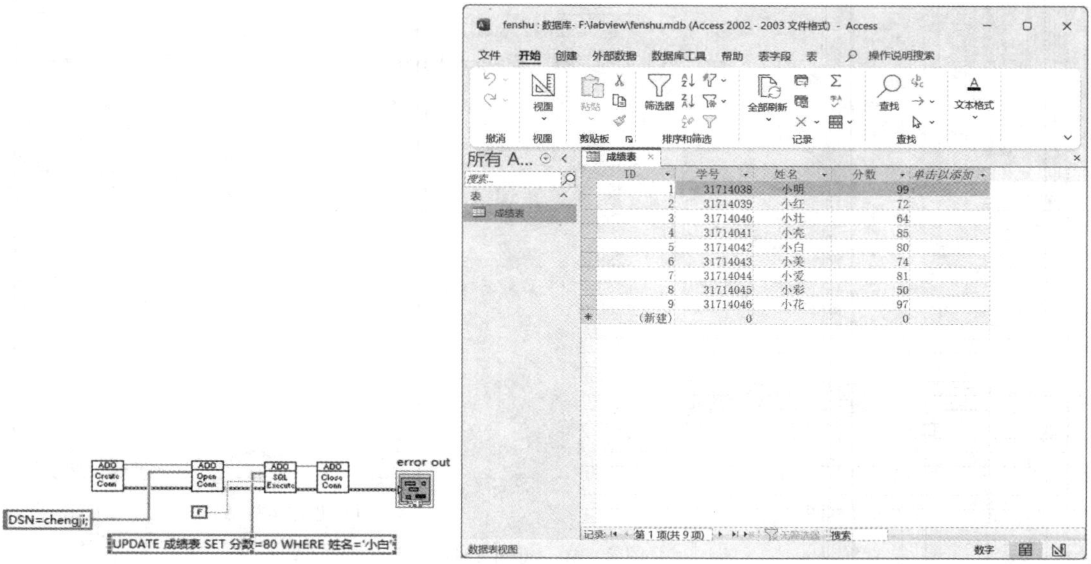

（a）程序框图　　　　（b）程序运行结果

图 8-38　修改数据

（4）删除数据

本例利用“Recordset”函数和“SQL Execute”函数，分别删除成绩表最后一行和指定行的信息。程序框图与运行结果如图 8-39 和图 8-40 所示。其中，图 8-39 利用“ADO Recordset MoveLast（移动到 ADO 记录集最后的数据）”函数，实现了删除成绩表中最后一

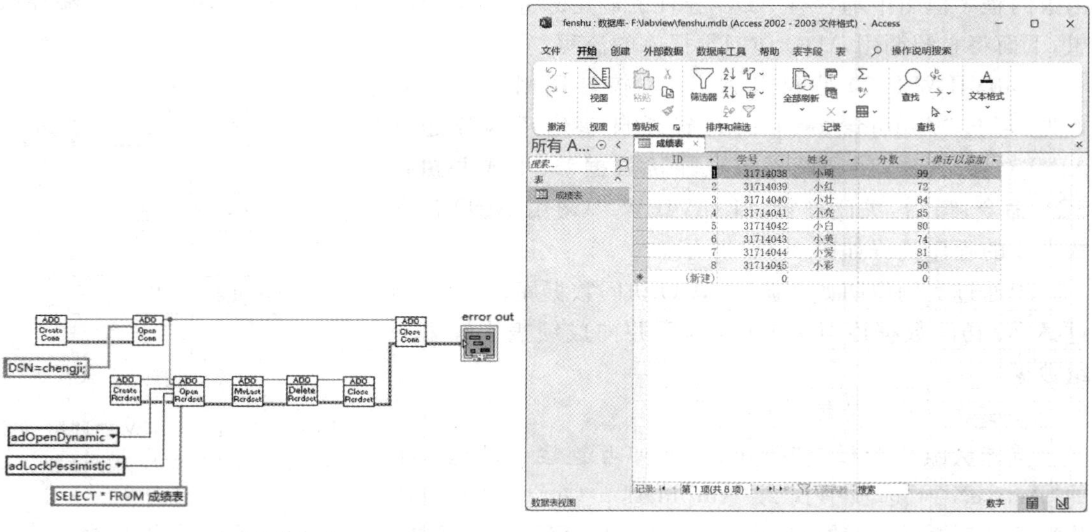

（a）程序框图　　　　（b）程序运行结果

图 8-39　删除数据

行数据的功能；图 8－40 利用 SQL 语句“DELETE FROM 成绩表 WHERE 姓名＝‘小明’”删除了成绩表中对应姓名为小明的所有信息。

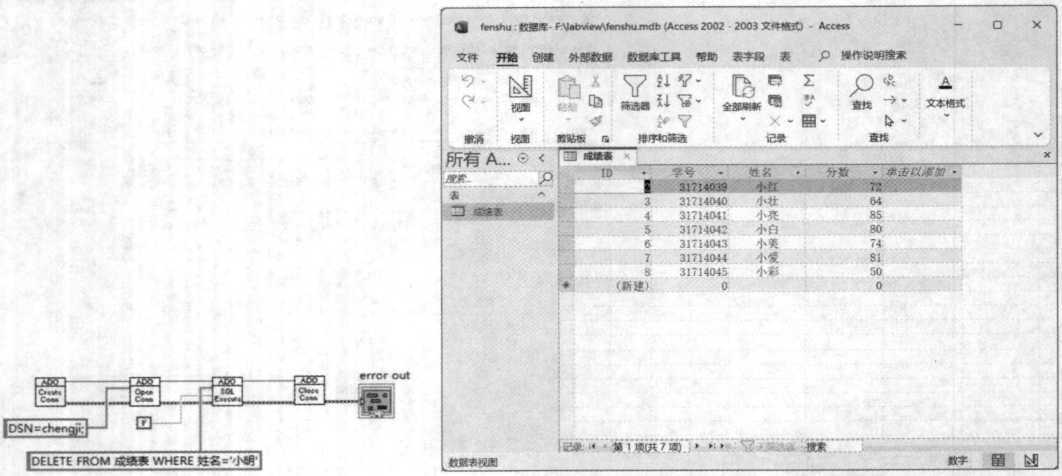

（a）程序框图　　（b）程序运行结果

图 8－40　删除数据

8.5.5　通过 ADO 控件访问数据库

LabVIEW 2020 以 ActiveX 的形式表示 ADO 对象。LabVIEW 2020 之前的版本就已经支持 ActiveX 自动控制模块并支持客户和服务器双方信息共享。由服务器端发布的 ActiveX 控件来实现这种信息共享。

与 LabSQL 工具包相比，调用 ADO 控件访问数据库可能更加复杂，但 LabSQL 工具包函数的程序框图中都含有 ADO 控件的调用部分。为了深入了解 LabVIEW 2020 的编程思想，下面将介绍调用 ADO 访问数据库的流程。

LabVIEW 2020 是利用 ActiveX 控件调用 ADO 的。首先，通过“Automation Open（打开自动化）”函数建立 ADO 对象；其次，使用调用节点连接数据源、生成并执行 SQL 命令；最后，关闭连接。LabVIEW 中调用 ADO 访问数据库的程序流程如图 8－41 所示。

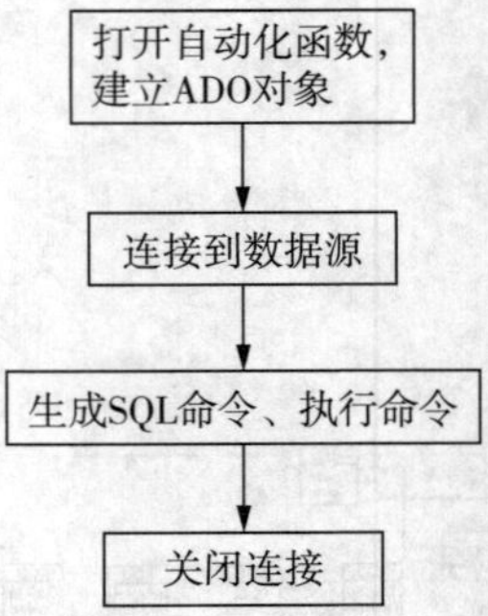

图 8－41　LabVIEW 中调用 ADO 访问数据库的程序流程

现通过实例说明如何调用 ADO 访问数据库，此例将通过 ADO 访问数据库“fenshu. mdb”，并向成绩表中插入一组数据。

1. 建立 ADO 对象

首先从函数选板的“Connectivity（互连接口）”选板下的“ActiveX”子选板中找到“Automation Open（打开自动化）”函数，并将该函数放置在程序框图中。用鼠标右键单击函数图标，在弹出的快捷菜单中选择“Select ActiveX Class（选择 ActiveX 类）”→“Browse（浏览）”选项，弹出如图 8－42 所示的窗口。在窗口的“Type Library(类型库)”下拉列表中选择“Microsoft ActiveX Data Objects 6.1 Library Version 6.1”选项。下方的“Objects(对象)”列表栏中会出现相应的对象,选择“Connection(连接)”对象并单击“OK(确定)”按钮后,函数的“Automation Refnum(自动化引用句柄)”端子会自动创建一个“ADODB._Connection”的句柄。这便完成了对 ADO 对象的创建。

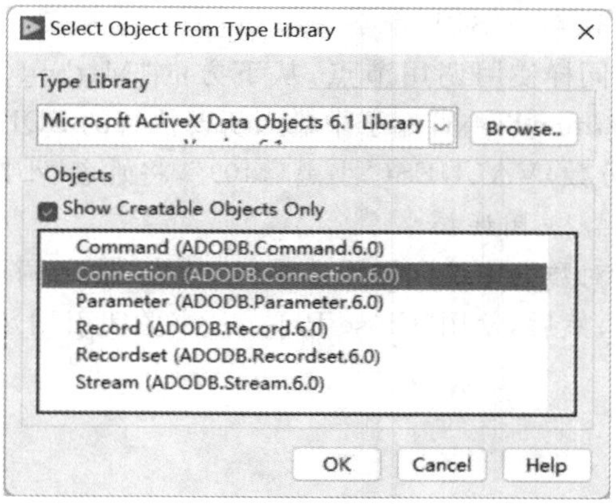

图 8－42　选择 ADO 对象

2. 连接数据源

从 ActiveX 子选板中选择“Invoke Node(调用节点)”函数,与“打开自动化”函数相连后,上方的“Class(类)”窗格会自动变为“_Connection(连接)”,单击下方的“Method(方法)”窗格,在菜单中选择“Open(打开)”选项,如图 8－43 所示。节点的“ConnectionString”端子输入“DSN＝chengji”,“UserID”和“PassWord”端子输入连接到数据源的用户名和密码,因为“chengji.mdb”数据库无须用密码登录,所以这两个端子无须输入。

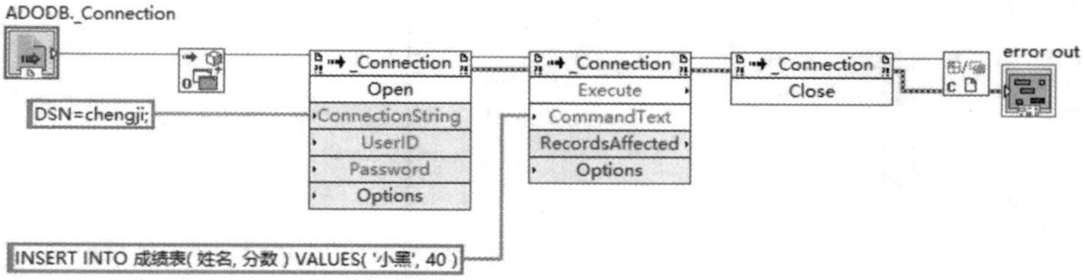

(a)程序框图

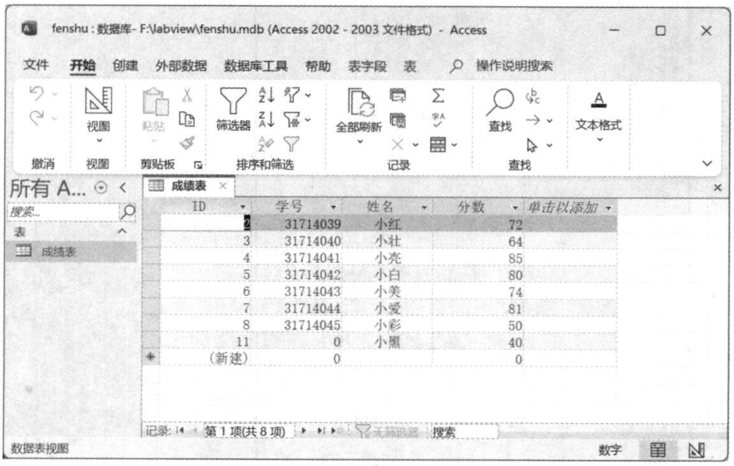

(b)程序运行结果

图 8－43　调用 ADO 在数据库表中插入数据

3. 执行 SQL 命令

同样使用调用节点，从下方的“Method(方法)”窗格选择“Execute(执行)”选项。在“CommandText”端子中输入所要执行的 SQL 语句。本例使用“INSERT INTO 成绩表(姓名,分数)VALUES(‘小黑’,40)”,将姓名“小黑”、成绩“40”添加到成绩表中。

4. 关闭连接

对数据库访问操作完毕后，首先，使用调用节点的“Close(关闭)”方法关闭与数据库的连接；然后，使用“Close Reference(关闭引用)”函数关闭 ActiveX 自动化参数号。

第 9 章　虚拟仪器设计实例

由于虚拟仪器技术的发展，虚拟仪器技术帮助人们在硬件成本固定的情况下，开发出适应特殊需求和用途的仪器设备，可以降低科研及生产成本，更利于帮助人们进行信号处理、计算机科学等领域的研究。

本章在前面已详细阐述了 LabVIEW 2020 软件编写程序的基本内容及外部程序软件的接口技术等内容，重点阐述基于 LabVIEW 2020 的虚拟仪器设计实例。

9.1　虚拟温度测量仪设计实例

9.1.1　设计目的

使用 LabVIEW 2020 创建一个虚拟温度测量仪。

9.1.2　设计条件

计算机、LabVIEW 2020 编程环境。

9.1.3　设计原理

本实验通过 LabVIEW 2020 创建程序模拟温度测量。实验首先使用了“Random Num（随机数）”函数生成随机数模拟现实中的温度采集，并可以将模拟的温度以摄氏或华氏温度输出，将其创建成一个子 VI，再创建一个 VI 程序，采集使用子 VI 生成的温度数据，并能实时显示数据。采集完成后，在波形图上画出波形数据，并计算出测量温度数据的最大值、最小值和平均值。比较温度是否超出设置的温度上限，若超出上限，前面板上的警报器自动点亮，并启动蜂鸣器发声。

9.1.4　设计步骤

步骤 1：创建一个 VI 使用生成的随机数模拟温度采集，前面板和程序框图如图 9－1 所示，其中的垂直摇杆开关用来控制输出的温度单位。开关下拉时，单位为摄氏度；开关上拉时，单位为华氏度。完成后以“温度计 . vi”保存此 VI。

步骤 2：打开刚创建的“温度计 . vi”，为其设置连接端子并创建图标，以作为子 VI 使用。

步骤 3：设置连接器端口，并将端口连接到温度计和开关，详细步骤如下。

步骤 3－1：用鼠标右键单击前面板右上角的连线板，从弹出的快捷菜单中选择“Patterns（模式）”选项，并选择合适的端口模式。因为本例中只有开关和温度显示两个端口，所以选择两个端口模式即可。

步骤 3－2：单击连接器左端口，端口将会变成黑色，表示已选中此端口，再单击开关控件，此时开关控件四周出现闪烁的虚线框，表示已将端口与开关控件连接。以同样的方式将

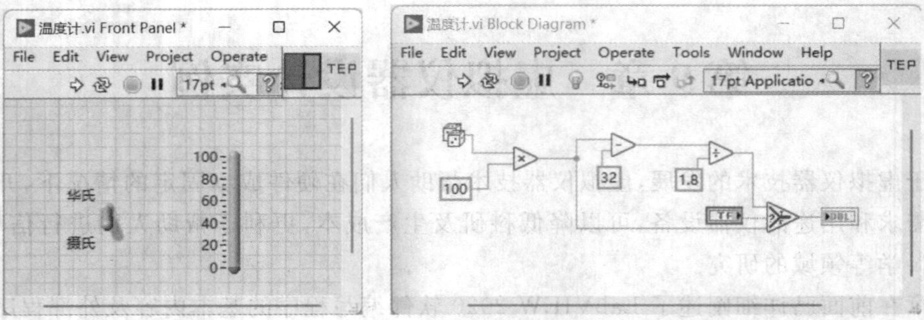

（a）前面板　　（b）程序框图

图 9－1　温度计程序设计前面板和程序框图

连接器右端口与温度计控件相连。

步骤 3－3：单击空白处，虚线框消失，前面板连接器图标左端口变为绿色，右端口变为橙色，表示已将对象定义到各个连接器端口。

步骤 4：设置子 VI 图标。用户可以用鼠标左键双击前面板右上角图标，在弹出的图标编辑器中设置子 VI 图标，这里将图标设置为“TEP”英文，如图 9－1 前面板左上角所示。完成后，保存此子 VI。

步骤 5：打开一个新的前面板窗口，在“Modern（新式）”→“Boolean（布尔）”选板中找到“Vertical Toggle Switch（垂直遥控开关）”并放置在窗口中，在程序框图中将其与子 VI 相连，用于控制采集的温度单位，然后按图 9－2 所示完成前面板的设计，“温度趋势图”为波形图表控件，用于显示实时采集的数据。采集过程结束后，在温度记录图中显示程序运行过程中采集的数据曲线，同时在下方显示出采集温度的平均值、最大值和最小值。用户可以在“上限温度”处设置温度上限值。若超出上限，警报器将会点亮，并且“当前温度状态”显示控件会显示“Above limit”字符串。

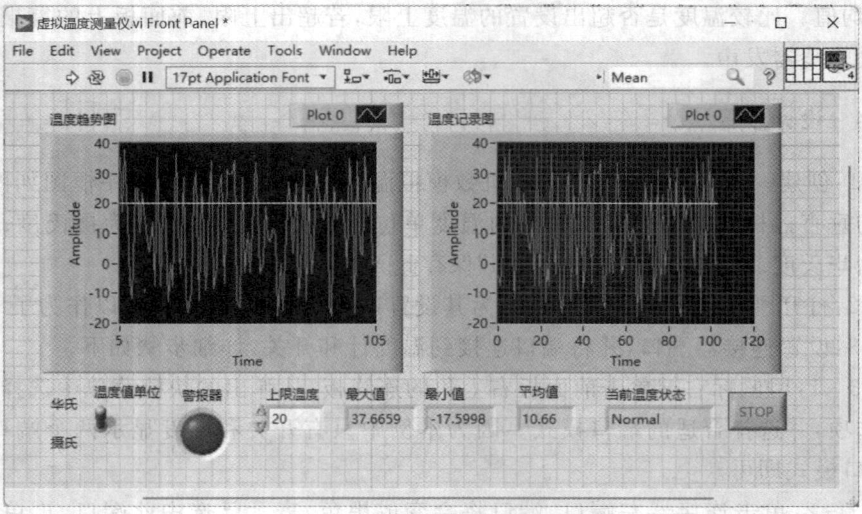

图 9－2　虚拟温度测量仪设计前面板

步骤 6:按照图 9－3 编写程序框图。其中,“Wait Unite Next ms Multipe(等待下一个整数倍毫秒)”函数用于以一定的时间间隔采集温度数据,用户可在函数选板→“Programming(编程)”→“Timming(定时)”选板中找到此控件,本设计将时间常数设置为 50,即 50ms 采集一次数据。条件结构根据其输入端的数值来决定执行哪一条条件程序。如果“温度计 . vi”子程序输出的温度值大于设置的上限温度,将执行“True”程序,反之则执行“False”程序。

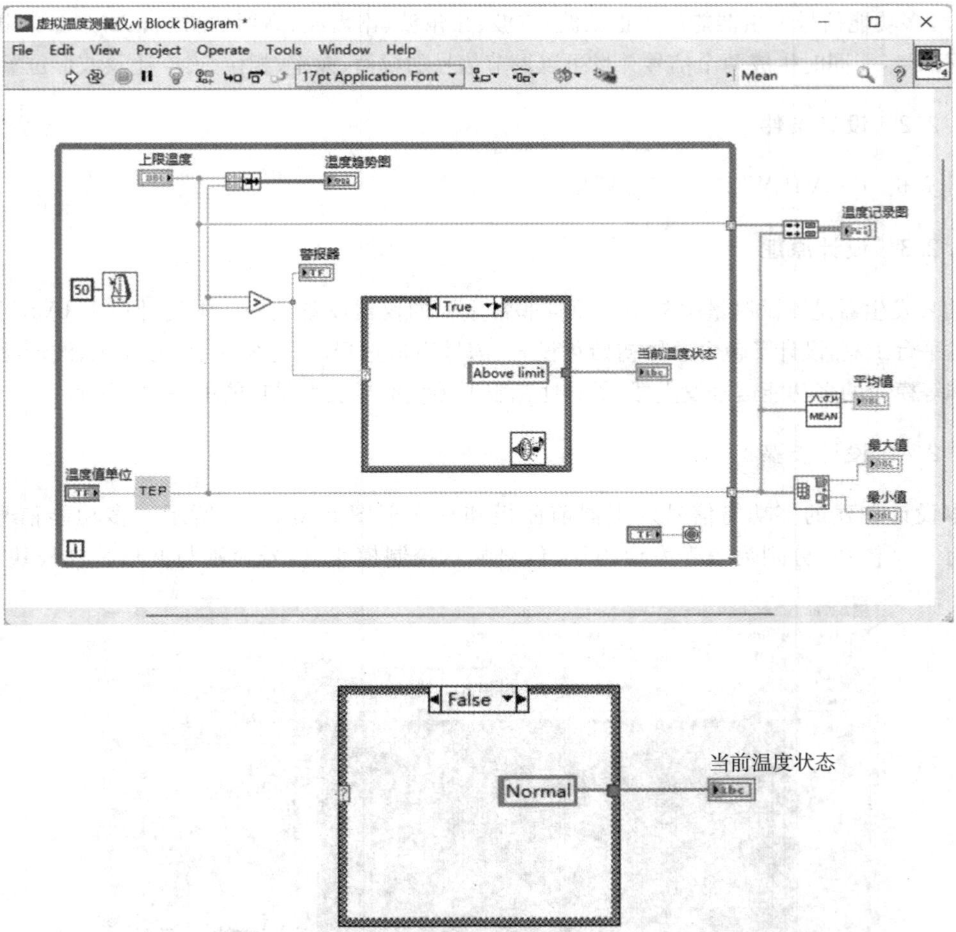

图 9－3　虚拟温度测量仪设计程序框图

9.1.5　设计思考

(1)完成虚拟温度测量仪的设计,实现了哪些功能?

(2)本设计使用生成的随机数代替测量温度值,其能不能成为一台真正意义上的温度测量仪?如果能,怎么实现?

9.2 多功能信号发生器设计实例

9.2.1 设计目的

(1)使用 LabVIEW 2020 创建一个多功能信号发生器，并掌握设计的基本框架和总体设计思想。

(2)多功能信号发生器能产生正弦波、方波、三角波、锯齿波、高斯白噪声、Gamma 噪声、公式波形等信号，能同时生成两个信号并且可以调节信号的幅值、频率、相位、占空比及波形位置。

9.2.2 设计条件

计算机、LabVIEW 2020 编程环境。

9.2.3 设计原理

信号发生器是测试测量中常用的而且非常重要的仪器设备之一。本设计以 LabVIEW 2020 为开发平台工具，设计了包含总体初始化设置、信号通道选择、信号发生、信号显示、波形叠加、波形操作等模块的多功能信号发生器，很好地克服了传统信号发生器功能单一的局限性。

9.2.4 设计步骤

本设计创建的多功能信号发生器前面板和程序框图如图 9-4 所示。多功能信号发生器共有三个模块，分别为信号发生模块、信号显示控制模块、信号显示与波形叠加模块。

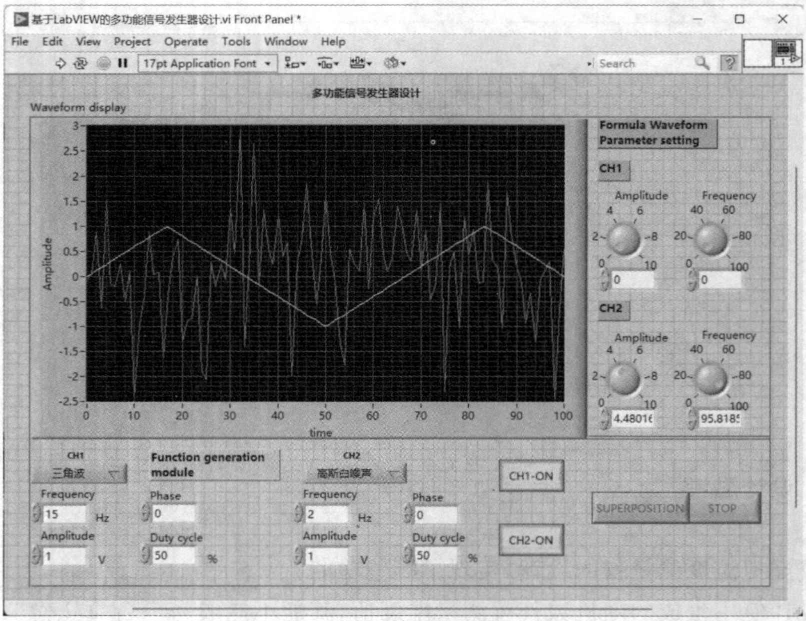

(a)信号发生器前面板

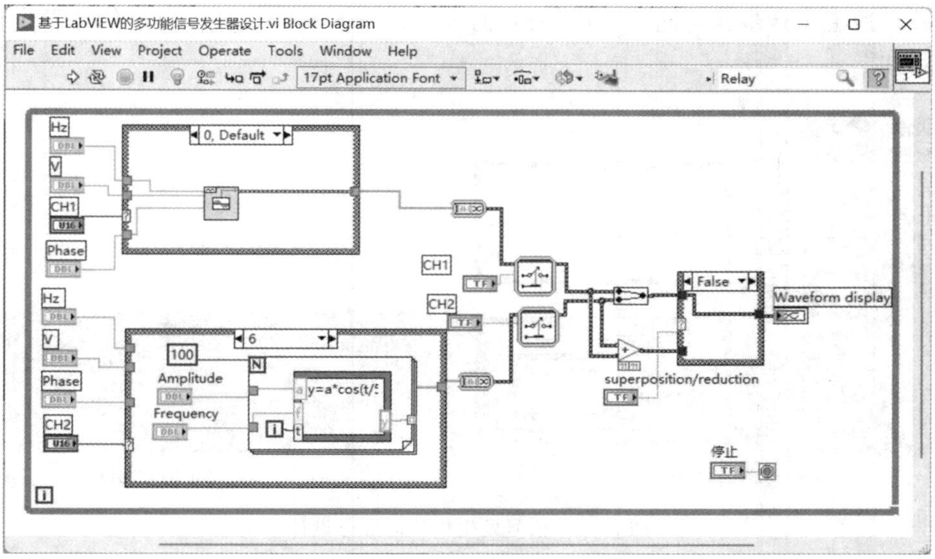

(b)程序框图

图 9－4　本设计创建的多功能信号发生器前面板和程序框图

1. 信号发生模块

多功能信号发生器需要能产生正弦波、方波、三角波、锯齿波、高斯白噪声、Gamma 噪声、公式波形等信号，并且能实现双通道信号输出，可以调节幅值、频率、相位、占空比及波形位置。主要实现步骤如下：

步骤 1：在程序框图的函数选板→“Programming(编程)”→“Structures(结构)”选板中，选择“Case Structures(条件结构)”并拖放至框图中，并添加条件结构的选择分支至七个。

步骤 2：在函数选板→“Signal Processing(信号处理)”→“Waveform generation(波形生成)”中，分别选择“Sine Wfm(正弦波)”“Square Wfm(方波)”“Triangle Wfm(三角波)”“Sawtooth Wfm(锯齿波)”“Gaussian Wfm(高斯白噪声)”“Gamma Wfm(Gamma 噪声)”控件，并分别放入条件结构的六个分支，最后一个分支放入“Formula Node(公式节点)”和 For 循环来生成公式波，如图 9－5 所示。节点中输入 $y=a\times\cos(t/50\times p_i\times f)$，其中 a 为幅值，t 为时间，f 为频率。

步骤 3：在前面板控件选板→“Modern(新式)”→“Ring & Enum(下拉列表与枚举)”中，选择“Menu Ring(菜单下拉列表)”拖放至前面板中，用鼠标右键单击该控件，在弹出的快捷菜单中选择“Edit Item(编辑项)”，从窗口中选择“Insert(插入)”添加菜单项，并将“Items(项)”与“Values(值)”项对应。正弦波值对应“0”、方波值对应“1”、三角波值对应“2”、锯齿波值对应“3”、高斯白噪声对应“4”、Gamma 噪声对应“5”、公式波形对应“6”。

步骤 4：在前面板中控件选板→“Modern(新式)”→“Numeric(数值)”中，添加四个数值输入控件至前面板，分别命名为“Frequency(频率)”“Phase(相位)”“Amplitude(幅值)”和“Duty cycle(占空比)”，用于设置前四种波形的波形属性。再添加两个“Knob(旋钮)”控件至前面板，用鼠标右键单击旋钮，从弹出的菜单中选择“Visible Items(显示项)”→“Digital Display(数字显示)”，为旋钮添加数字显示窗口，用来设置公式波形的相关属性。

另一个通道设计步骤与此相同，但公式为 $y=a\times\sin(t/50\times p_i\times f)$。信号发生模块的部分设计如图 9－5 所示。

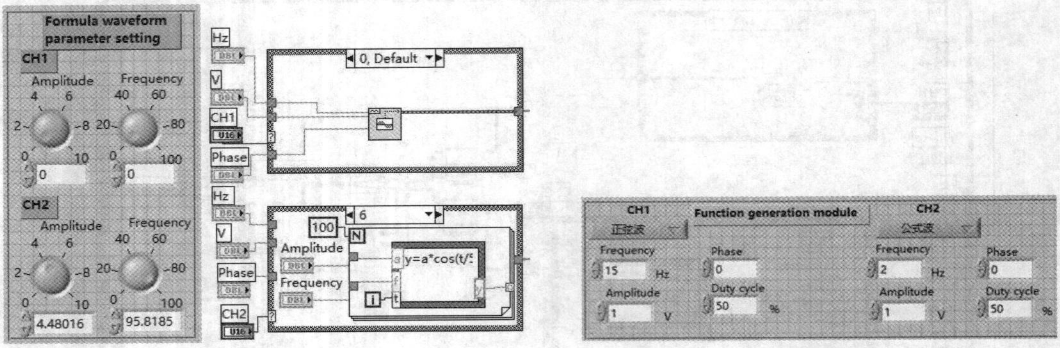

（a）程序框图　　　　（b）参数选择

图 9－5　信号发生模块的部分设计

2. 信号显示控制模块

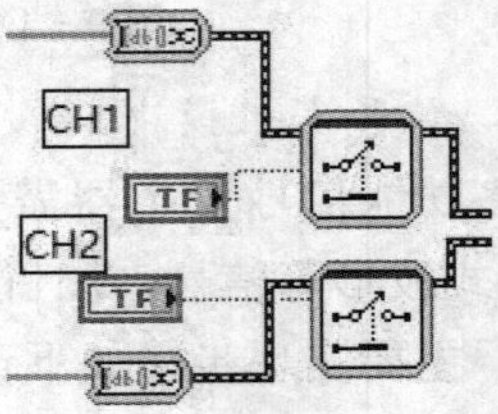

图 9－6　信号显示控制模块部分程序框图

本模块实现波形信号显示功能，部分程序框图如图 9－6 所示。“Relay(继电器)”控件用于打开或关闭输入信号，用户可以在程序框图函数选板→“Express”→“Signal Manipulation (信号操作)”选板中找到此控件。布尔控件“CH1”和“CH2”用于显示或隐藏通道 1 和通道 2 的信号波形。

3. 信号显示与波形叠加模块

本模块实现两通道中任意两种波形的叠加功能，即在前面板上显示合成后的波形，部分程序框图如图 9－7 所示。当布尔控件输入为 True 时，条件结构执行 True 分支，前面板上显示合成后的波形。输出为 False 时显示分开的波形。在前面板中将此布尔控件的标签改为“SUPERPOSITION(叠加)”和“REDUCTION(还原)”。

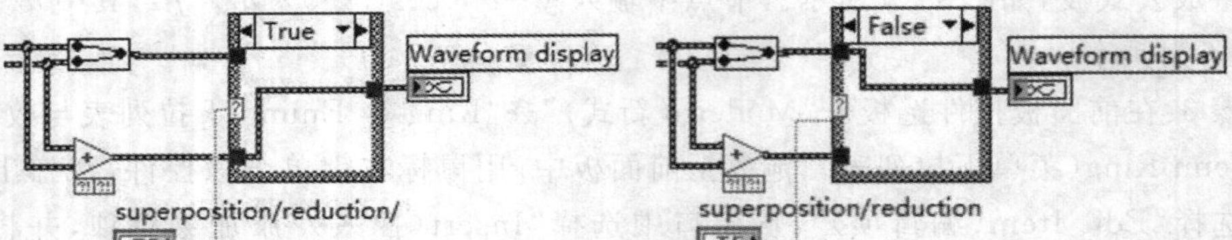

图 9－7　信号显示与波形叠加模块部分程序框图

9.2.5　设计思考

(1)本设计主要完成了哪些功能？

(2)本设计只是以 LabVIEW 2020 的虚拟仪器开发平台为工具，完成了多功能信号发生器设计工作。若条件允许，用户如何在以硬件为支持的平台上完成接口设计？

9.3　数字示波器设计实例

9.3.1　设计目的

(1)使用 LabVIEW 2020 创建一个双通道数字示波器，并掌握设计的基本框架和总体设计思想。

(2)设计出数字示波器能实现输出波形显示，包括单通道输出波形显示或两通道输出波形的同时显示；能够选择触发器极性，包括通道 B 触发、外触发(EXT)、正负极性触发等；能设置触发电位，包括水平分度和幅值分度。

9.3.2　设计条件

计算机、LabVIEW 2020 编程环境。

9.3.3　设计原理

示波器是 LabVIEW 2020 的一项基本功能。本节要求设计一台简易的双通道数字示波器。与传统的示波器相比，除了能显示波形以外，还可以根据需要，设置采样频率、选择触发器极性、设置触发电位等。

本设计实现的双通道数字示波器，包括触发器、通道选择、水平分度调节、幅值分度调节、相位分析、功率估计、波形显示等模块。

9.3.4　设计步骤

1. 主要功能模块

图 9-8 和图 9-9 所示为本节创建的简单数字示波器的前面板与程序框图。该示波器的功能可以通过几个主要功能模块的编程来实现。

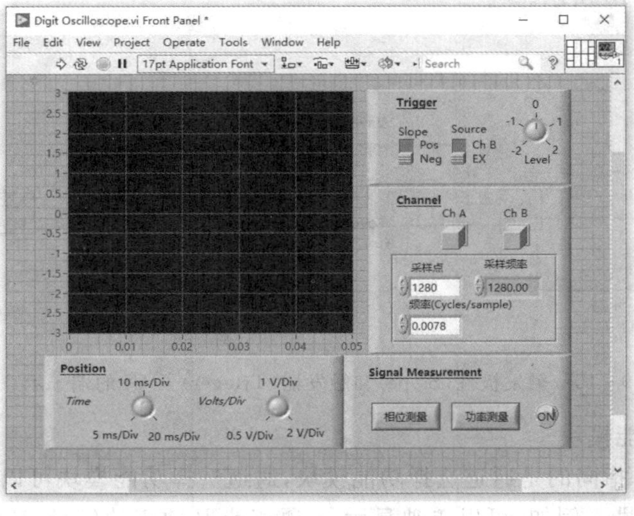

图 9-8　本节创建的简单数字示波器的前面板

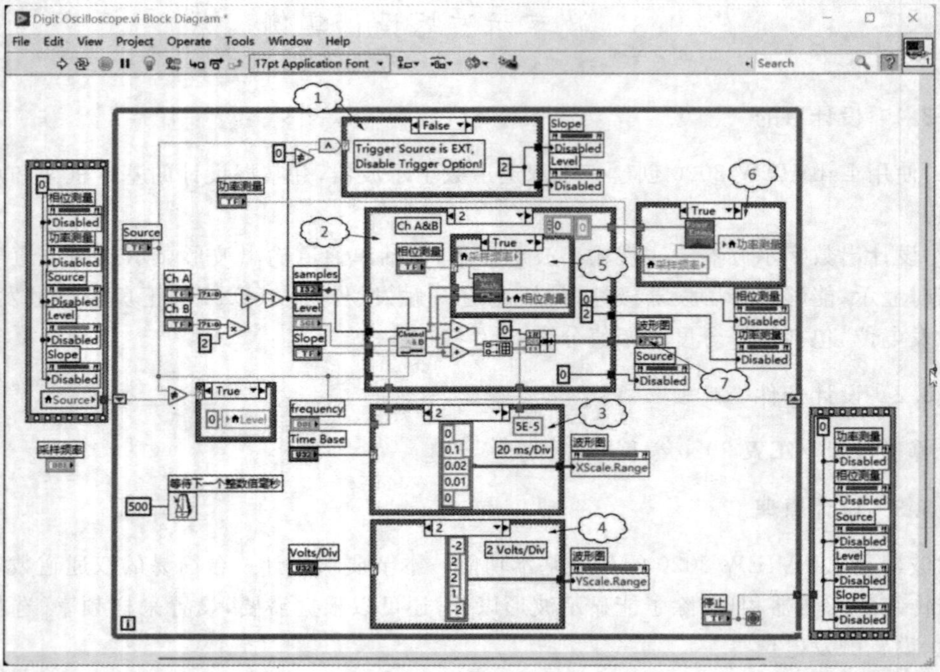

图 9－9　本节创建的简单数字示波器的程序框图

1)触发器功能模块

图 9－9 中的 1 指向的是触发器功能模块，触发器功能模块主要用于设定滤波器的触发源性质是通道 B 触发(Ch B)或外触发(EXT)、触发极性和触发电位，是一般数字示波器的一个主要功能。

主要通过“Slope. vi(触发极性)”和“Trigger. vi(触发器)”两个子 VI 来实现触发器功能，子 VI 端子如图 9－10 所示。

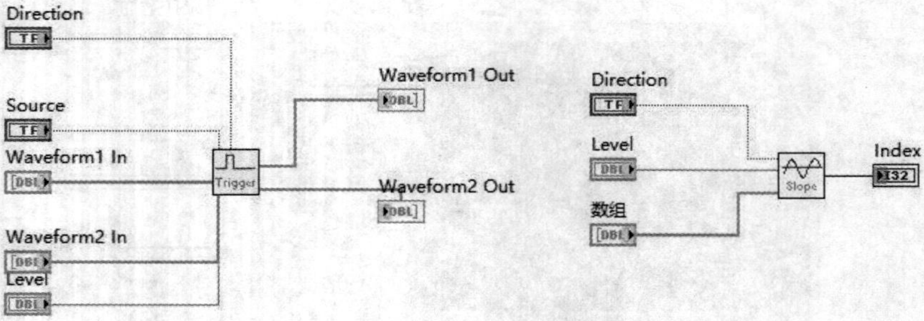

图 9－10　触发极性(Slope)和触发器(Trigger)子 VI 的端子示意图

2)通道选择功能模块

图 9－9 中的 2 指向的是通道选择功能模块，通道选择功能模块可以控制示波器显示或隐藏任意通道的信号。例如，可以单独显示 A 通道或 B 通道的信号，还可以同时显示 A、B

通道的信号，也可以同时隐藏 A、B 通道的信号。本节所创建的双通道示波器可以通过“Select Channel. vi(通道选择)”子 VI 来实现此功能。通道选择(Select Channel)子 VI 的接线端子如图 9－11 所示；其输入/输出参数见表 9－1 所列。

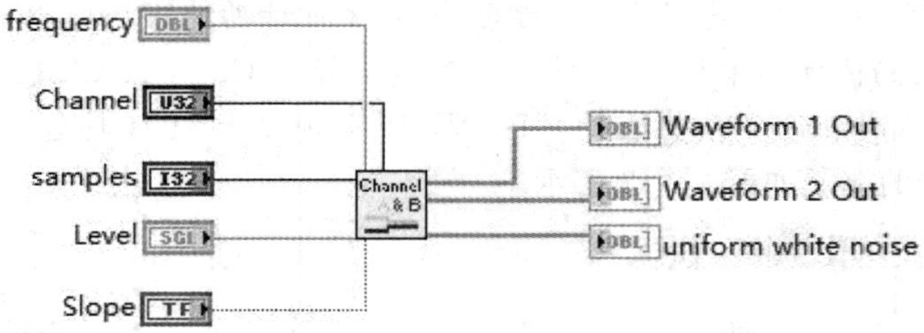

图 9－11　通道选择(Select Channel)子 VI 的端子示意图

表 9－1　通道选择(Select Channel)子 VI 的输入/输出参数说明表

输入参数	说明	输出参数	说明
Channel	波形显示通道	Waveform1 Out	输出信号波形数组 1
采样	输出信号的采样点数	Waveform1 Out	输出信号波形数组 2
频率	输出信号的频率，单位为 cycles/sample	均匀白噪声	输出噪声信号数组
Level	是触发选项，表示触发电平，默认值为 0		
Slope	是触发选项，表示触发极性，包括 Pos 和 Neg，也即 Slope. vi 和 Trigger. vi 中的输入参数 Direction		
Source	是触发选项，表示触发源，包括内部触发 Ch B 或外部触发 EXT		

3)水平分度调节功能模块

图 9－9 中的 3 指向的是水平分度(X 轴)调节功能模块，可以实现三个离散水平分度大小的简单调节。现实中的数字示波器能够在一定范围内对水平方向的分度大小进行连续调节，这是示波器的主要功能之一。调节水平分度的大小可以改变窗口中能够显示的完整波形的数目。本节数字示波器的此部分功能，主要是对现实数字示波器水平调节功能的简单演示。

4)幅值分度调节功能模块

图 9－9 中的 4 指向的是幅值分度(Y 轴)调节功能模块，可以实现三个离散幅值分度大小的简单调节。通过调节幅值分度，可以显示完整的信号波形。此部分功能同样只是对实际数字示波器幅值调节功能的简单演示。感兴趣的读者也可以对这部分功能进行进一步的扩充和完善。

5)相位分析功能模块

图 9－9 中的 5 指向的是相位分析功能模块。相位分析功能模块，使用图形的方式显示两个输入信号的相位差。通过“Phase Analysis. vi(相位分析)”子 VI 来实现相位分析功能，相位分析(Phase Analysis)子 VI 的接线端子如图 9－12 所示。这里使用了 XY 图控件产生李沙育图形，李沙育图形是将被测频率的信号和频率已知的标准信号分别加至双通道示波器中进行叠加，在示波器显示屏上将出现一个合成图形，合成图形就是李沙育图形。由此图

形,可以得出被测信号与标准信号之间的频率、相位关系,从而计算出被测信号的频率和相位。

6)功率估计功能模块

图 9-9 中的 6 指向的是功率估计功能模块,功率估计功能模块可以计算出输入时域信号在功率谱峰值处的估计频率和功率,即示波器内只显示 Ch A 或 Ch B,才可使用此功能。通过“Power Estimation. vi(功率估计)”子 VI 来实现功率估计功能,功率估计(Power Estimation)子 VI 的端子如图 9-13 所示。

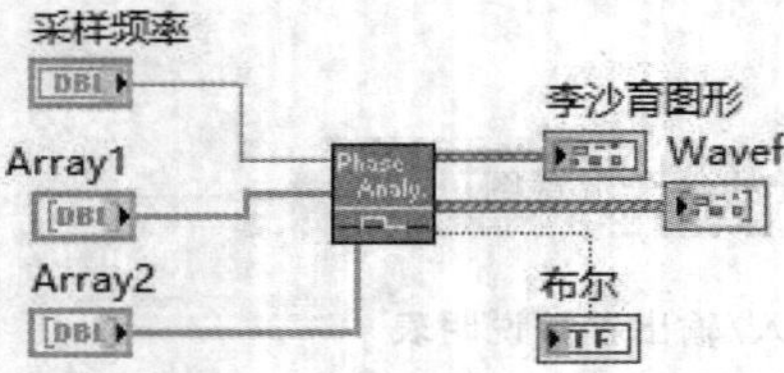

图 9-12　相位分析(Phase Analysis)子 VI 的端子示意图

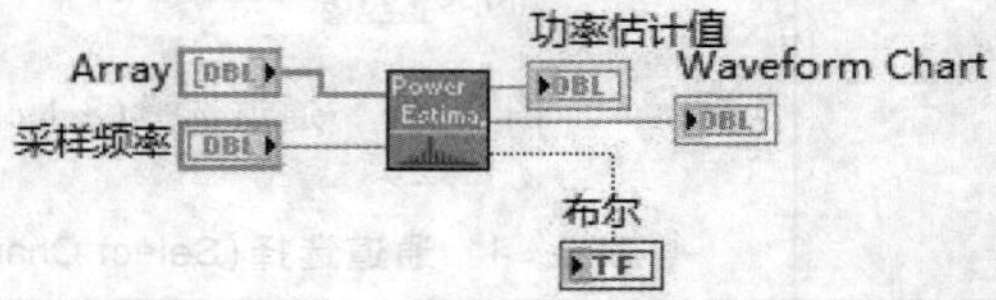

图 9-13　功率估计(Power Estimation)子 VI 的端子示意图

7)波形显示功能模块

图 9-9 中的 7 指向的是波形显示功能模块,通过波形图显示双通道示波器的波形变化情况,在前面板对应波形显示窗口。

2. 详细设计步骤

本设计数字示波器程序复杂,创建的步骤大致是:首先进行示波器前面板的设计,然后完成所需子 VI 的编程,最后在程序框图中实现示波器各功能模块的编程。

1)前面板设计

需要根据数字示波器要实现的功能设计前面板:能实现输出波形显示,前面板需要创建波形图显示控件;能够选择触发器极性,需要创建触发器面板,完成基本的触发选项;能设置水平分度和幅值分度,则需要创建定位面板,实现对水平分度和幅值分度的调节;能实现双通道波形的显示和隐藏,则需要创建通道选择面板。

(1)创建波形图显示控件。示波器图形控件具体的创建步骤如下。

步骤 1:创建新 VI,并将其命名为 Digit-Oscilloscope. vi。

步骤 2:在前面板的控件选板→“Modern(新式)”→“Graph(图形)”选板中找到“Waveform Garph(波形图)”控件并拖放至前面板中,如图 9-14 所示。

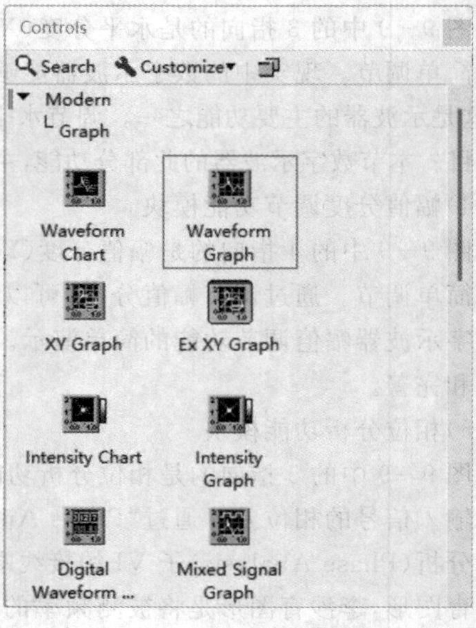

图 9-14　波形图控件的选择路径

步骤 3：根据数字示波器的显示要求，需要对波形图控件进行属性设置。用鼠标右键单击波形图控件，在弹出的快捷菜单中选择“Properties（属性）”选项，弹出波形图属性对话框，在该对话框中可设置波形图控件的不同属性，下面将介绍本例中的波形图属性设置。

- “Appearance（外观）”属性设置。此选项可以设置波形图控件显示项等外观特性，打开后的默认设置如图 9 - 15 所示。首先，取消勾选“Label（标签）”和“Caption（标题）”框内的“Visible（可见）”选项，并将“Show plot legend（显示图例）”中的“Plots shown（曲线显示）”选项设置为 2；然后，取消勾选显示图例，以使创建的波形图更像现实中的示波器显示板，从而使波形图控件的外观更加接近真实的物理示波器面板。

- “Display Format（显示格式）”属性设置。此选项可以设置波形图控件的 X 轴和 Y 轴的显示数值类型及精度，打开后的默认设置如图 9 - 16 所示。窗口最上方的下拉框，可以选择设置 X 轴或者 Y 轴，这里将 X 轴与 Y“Type（类型）”都设置为“Floating point（浮点）”型，将“Digits（位数）”设置为 3，将“Precision Type（精度类型）”设置为“Digits of precision（精度位数）”。

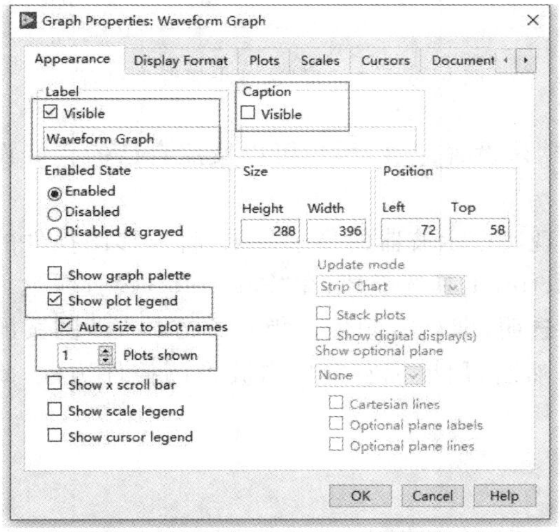

图 9 - 15　“外观”属性设置

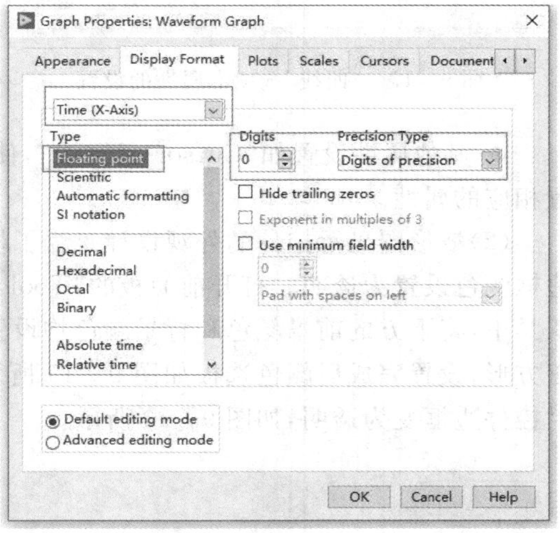

图 9 - 16　“显示格式”属性设置

- “Plots（曲线）”属性设置。此选项可以设置波形图上显示曲线的属性，打开后的默认设置如图 9 - 17 所示。因为创建的为双通道数字示波器，所以两条曲线的属性均要设置。设置时，在“Colors（颜色）”选项下将曲线 0 与 1 的“Line（线）”颜色分别设置为绿色和红色，其他属性设为默认即可。

- “Scales（标尺）”属性设置。此选项可以设置波形图控件显示标签、网格线等属性，打开后的默认设置如图 9 - 18 所示。设置 X 轴标尺，首先，取消选中“Show scale label（显示标尺标签）”选项；然后，取消选中“Autoscale（自动调整标尺）”选项并设置下方的“Maximum（最大值）”和“Minimum（最小值）”分别为 0.025 和 0。在“Scale Style and Colors（刻度样式与颜色）”选项中，将“Major tick（主刻度）”“Minor tick（辅刻度）”和“Marker text（标记文本）”的颜色均设置为绿色；最后在“Grid style and Colors（网格样式与颜色）”选项中，单击选项左边的曲线图标，选择中间样式。Y 轴标尺的最大值和最小值分别设置为 3 和 −3，其他属性设置和 X 轴设置相同。

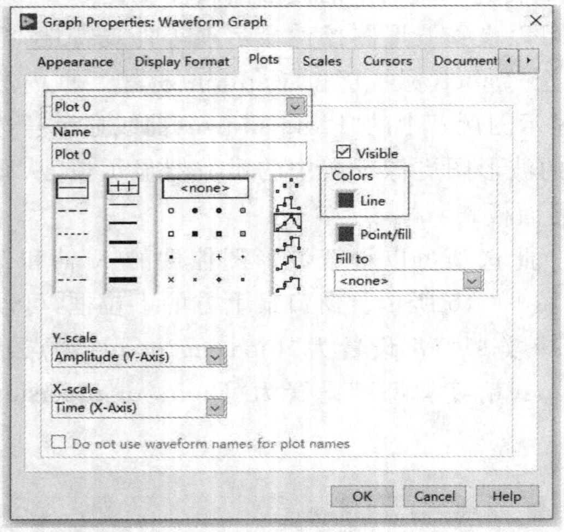

图 9－17　“曲线”选项卡属性的设置

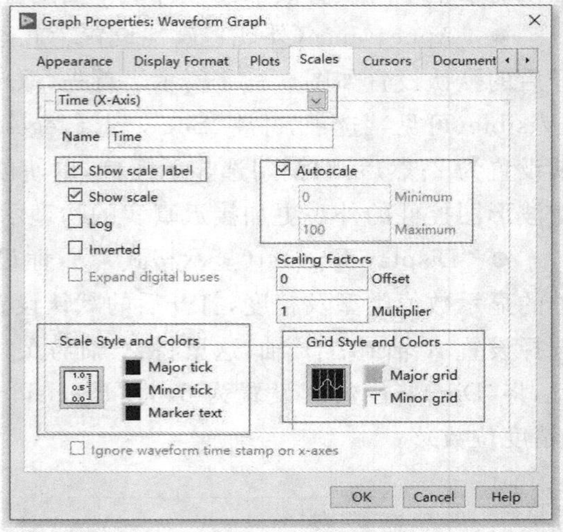

图 9－18　“标尺”选项卡属性的设置

● 其他属性设置如“Cursors(游标)”，使用默认设置即可，用户可以按照自己的喜好设置相应的属性。

(2)波形图显示控件的外观设计。为了模拟现实中示波器的显示效果，将波形图控件的边框颜色设置为透明。打开前面板的“Tools Palette(工具选板)”，在“Set Color(设置颜色)”工具中，将下方的前景颜色和背景颜色均设置为透明，即单击颜色选板右上方的“T”图案的正方形，设置完成后颜色选板如图 9－19 所示。然后，用鼠标右键单击波形图控件边框，此时控件边框变为透明，如图 9－20 所示。

图 9－19　设置完成后颜色选板

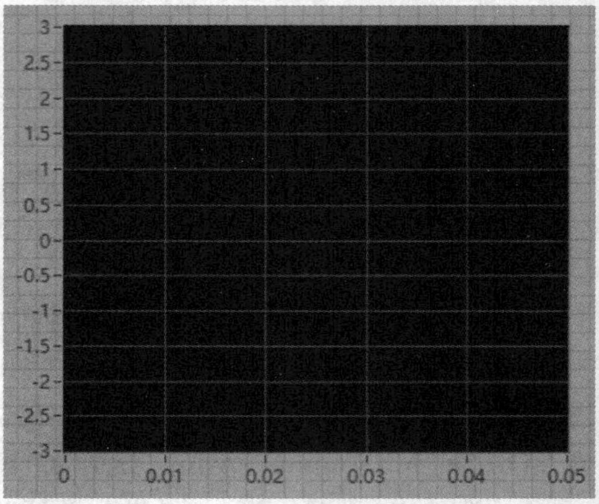

图 9－20　前景颜色和背景颜色的设置

(3)整体面板控件的选择和布局。根据数字示波器实现的多种功能,需要在前面板上布置多个面板:触发器面板,主要用于布置触发源、触发极性和触发电平等功能控件;通道选择面板,可以选择显示示波器不同通道的信号,如单通道还是双通道信号;定位面板,用于调节水平分度及幅值分度;信号测量面板,实现信号功率、相位的测量。

使用前面板控件选板→"Modern(新式)"→"Decorations(修饰)"选板中的"Horizontal Smooth Box(水平平滑盒)"控件,模拟现实示波器的选板效果,选择路径如图 9-21 所示。

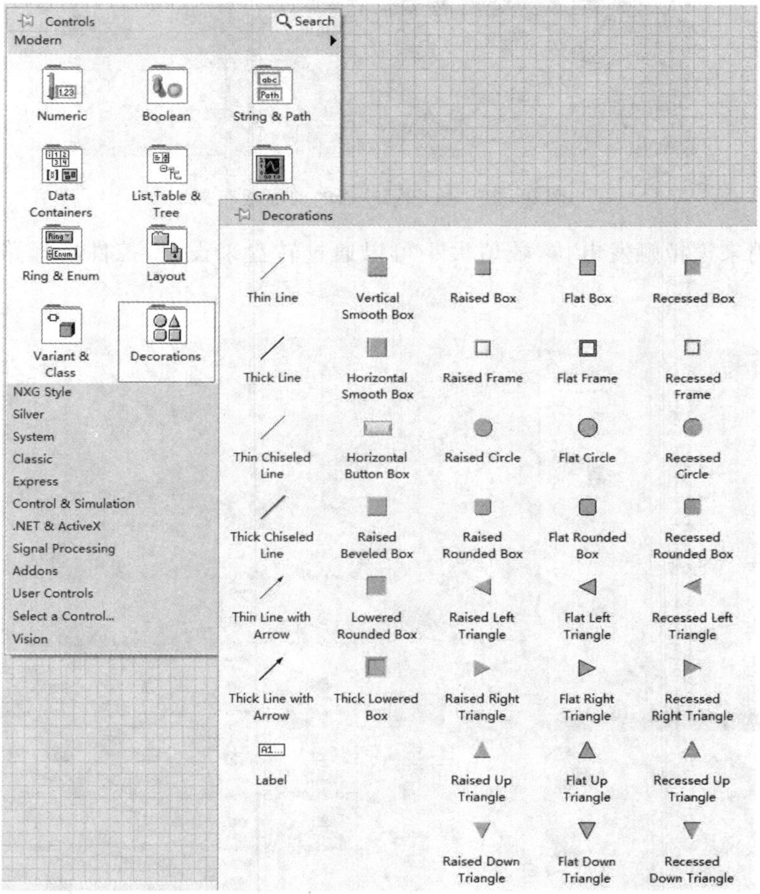

图 9-21 "修饰"子选板的选择路径

添加四个"水平平滑盒"控件在前面板上并根据需要调整控件大小,然后尽量保证结构紧凑、布置美观。同时在面板上添加标签,说明各个面板的功能,如"Trigger(触发器)""Channel(通道)""Signal Measurement(信号测量)"和"Position(定位)"。

(4)触发器面板的设计。在触发器面板上,首先添加两个"Classic Vertical Slide Switch(经典垂直滑动杆开关)",标签分别设置为"Source(触发源)"和"Slope(触发极性)",用来模拟触发源开关和触发极性开关,用户可以在控件选板→"Classic(经典)"→"Boolean(布尔)"选板中找到该控件,如图 9-22 所示。然后添加一个"Dial(转盘)"控件,标签设置为"Level

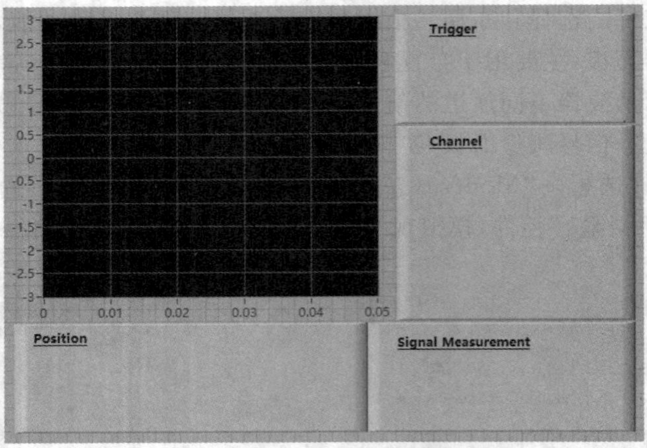

图 9－22　数字示波器的前面板布局

（触发电位）”用来模拟触发电位，数值大小可以通过转盘来设置，控件选择路径如图 9－23 所示。

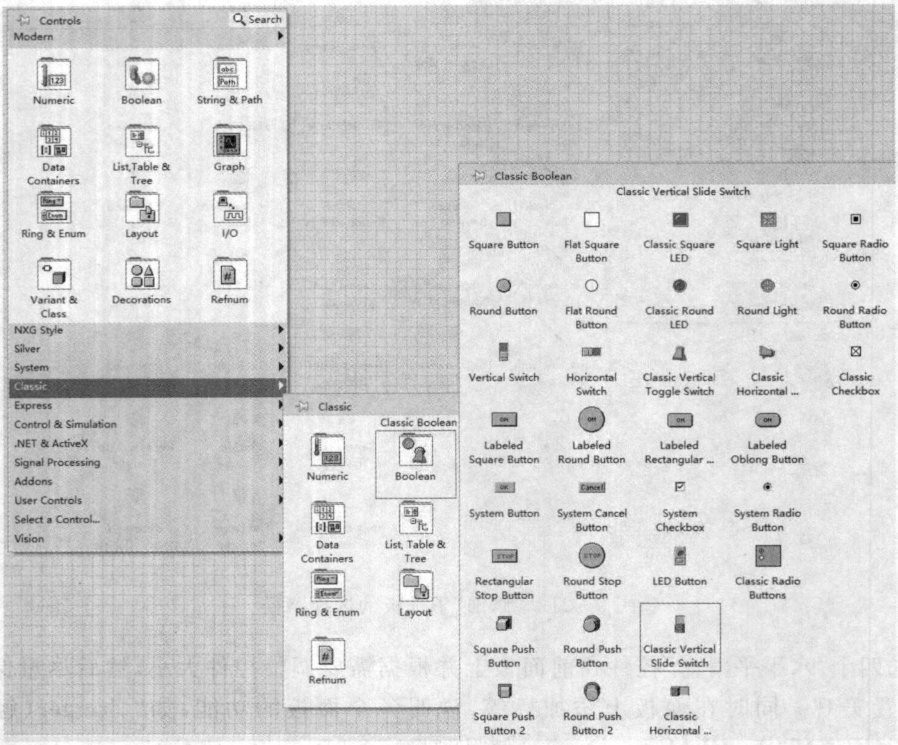

图 9－23　“垂直滑动杆开关”的选择路径

● “Source（触发源）”开关的属性设置。触发源开关用于选择对信号进行触发控制的来源是通道 B 触发（ChB），还是外触发（EXT）。在开关旁相应位置添加文本标签“ChB”和“EXT”即可。

● “Slope(触发极性)”开关的属性设置。触发极性开关用于改变示波器波形图输入信号的触发极性，可供选择的触发极性为正触发(Pos)或负触发(Neg)。在开关旁相应位置添加文本标签“Pos”和“Neg”即可。

● “Level(触发电位)”的属性设置。触发电位的数值大小通过转盘来设置，用鼠标右键单击转盘控件，在弹出的快捷菜单中选择“Properties(属性)”，弹出属性对话框，如图 9 - 24 所示。首先，设置“Appearance(外观)”属性，勾选“Lock at minimum and maximum(锁定在最小值和最大值之间)”和“Show value tip strip(显示当前值提示框)”选项；然后，设置“Data Type(数据类型)”属性，单击“Representation(表示法)”按钮，从中选择单精度“SGL”选项；最后，设置“Data Entry(数据输入)”选项，如图 9 - 24 所示。取消选中“Use Default Limits(使用默认范围)”选项，并设置“Maximum(最大值)”和“Minimum(最小值)”分别为 2.0000 和－2.0000。三个“Response to value outside limits(对超出界限的值的响应)”选项分别设置为“Ignore(强制)”“Ignore(强制)”和“Coerce to nearest(强制至最近值)”。“外观”属性的设置和“数据输入”属性的设置分别如图 9 - 25、图 9 - 26 所示。

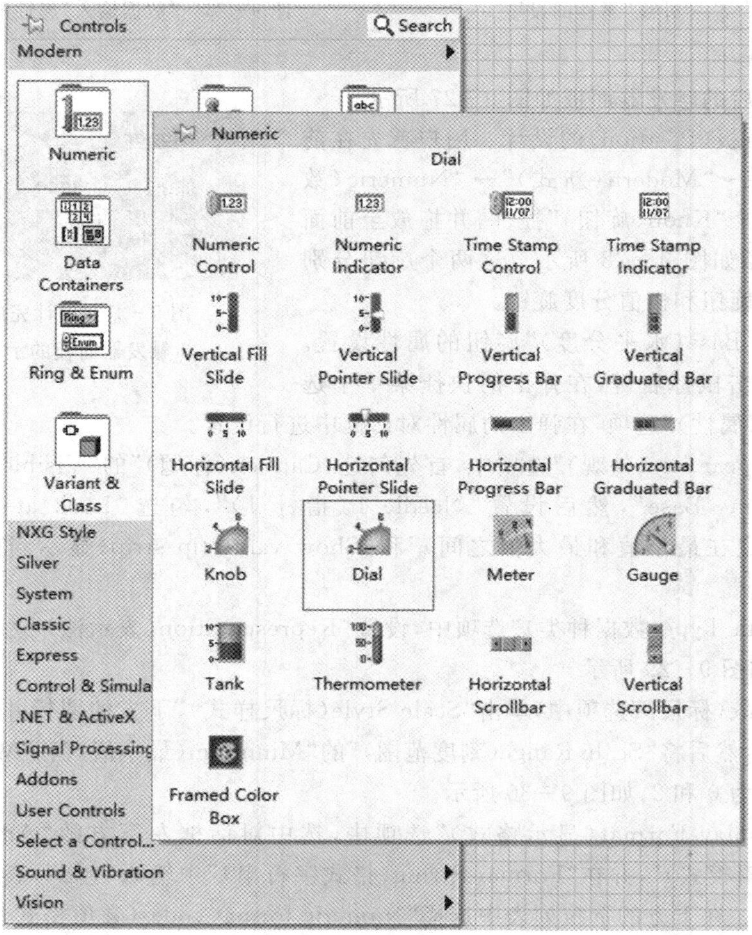

图 9 - 24　“转盘”控件

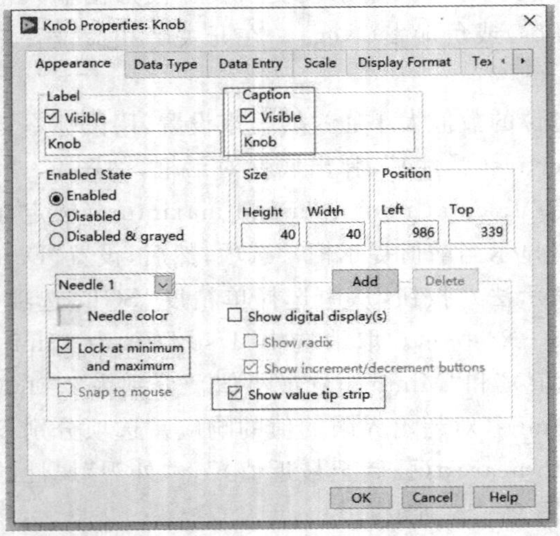

图 9－25　“外观”属性的设置

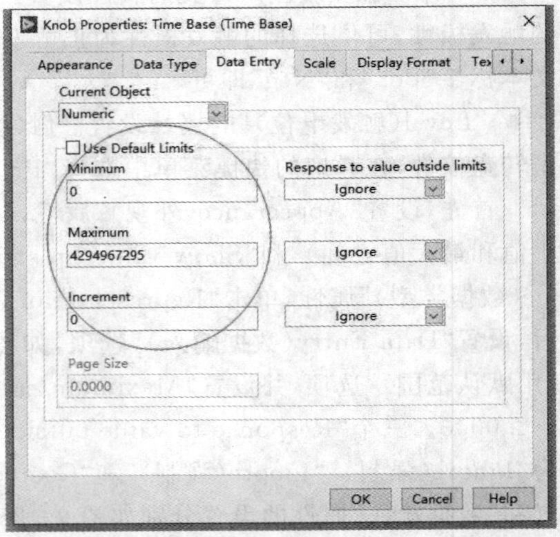

图 9－26　“数据输入”属性的设置

设计完成后的触发器面板如图 9－27 所示。

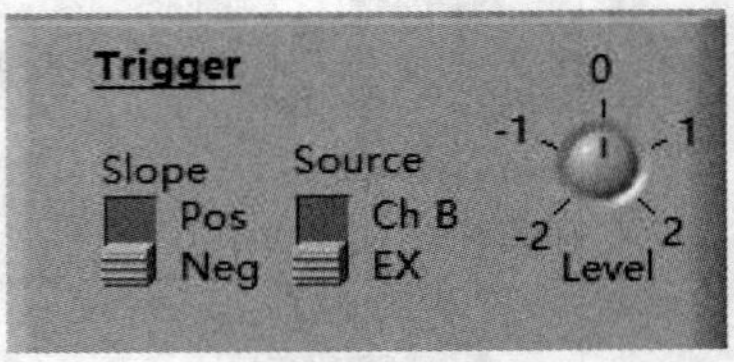

图 9－27　设计完成后的触发器面板的示意图

(5)定位面板(Position)的设计。用户首先在前面板控件选板→“Modern(新式)”→“Numeric(数值)”中选择两个“Knob(旋钮)”控件，并拖放至前面板中，选择路径如图 9－28 所示。这两个旋钮分别用作水平分度旋钮和幅值分度旋钮。

① “Time Base(水平分度)”旋钮的属性设置。在该旋钮上单击鼠标右键，在弹出的快捷菜单中选择“Properties(属性)”选项，在弹出的属性对话框中进行设置。

● 在“Appearance(外观)”选项中，首先勾选“Caption(标题)”的“Visible(可见)”选项，填入文本“Time Base”，然后设置“Needle 1(指针 1)”，勾选“Lock at minimum and maximum(锁定在最小值和最大值之间)”和“Show value tip strip(显示当前值提示框)”选项。

● 在“Data Type(数据种类)”选项中，设置“Representation(表示法)”为无符号长整型类型“U32”，如图 9－29 所示。

● 在“Scale(标尺)”选项中，单击“Scale Style(标尺样式)”下方的图标并选择第 1 种类型的标尺样式，然后将“Scale Range(刻度范围)”的“Minimum(最小值)”和“Maximum(最大值)”分别设定为 0 和 2，如图 9－30 所示。

● 在“Display Format(显示格式)”选项中，选中对话框左下方的“Advanced editing mode(高级编辑模式)”，并在“Format String(格式字符串)”中输入“%d”，表示数值旋钮以整数形式显示。在下方的下拉列表中选择“Numeric format codes(数值格式代码)”选项，并选择“Floating point notation(浮点表示)”，如图 9－31 所示。

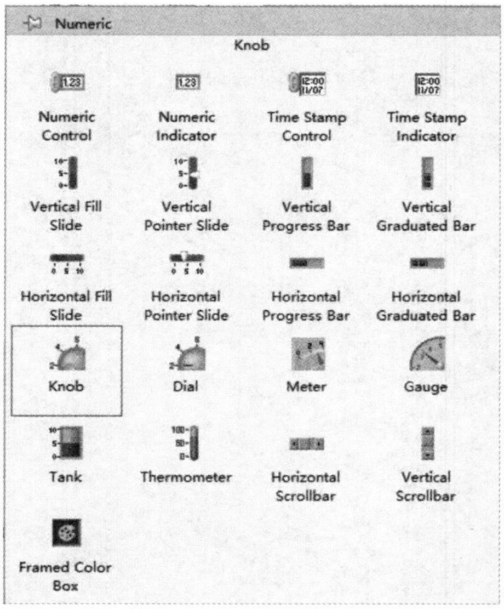

图 9-28　旋钮控件的选择路径

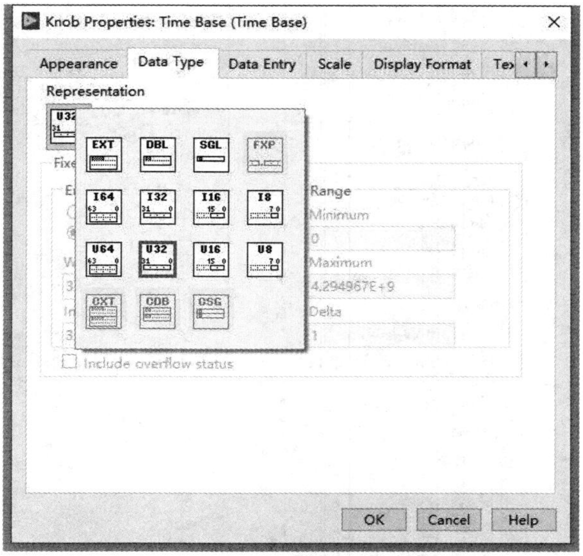

图 9-29　“数据种类”属性的设置

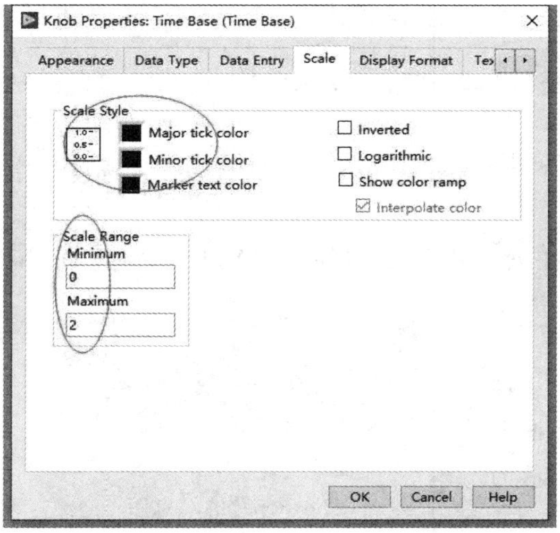

图 9-30　“标尺”属性的设置

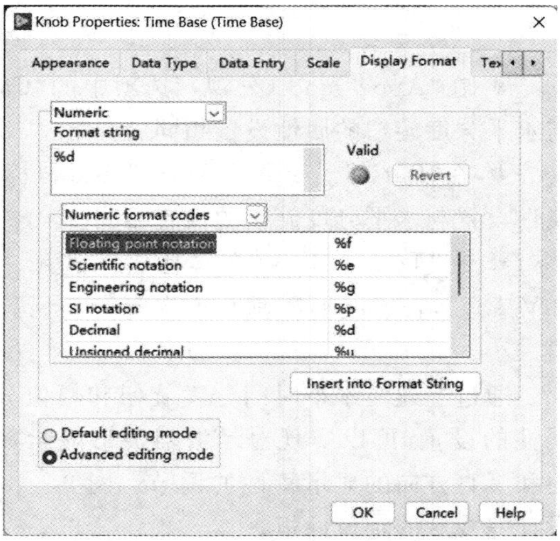

图 9-31　“显示格式”属性的设置

● 在“Text Labels(文本标签)”选项中,页面默认为灰色不可编辑状态。首先,用鼠标右键单击控件,在弹出的快捷菜单中勾选“Text Labels(文本标签)”选项,如图 9-32 所示,然后,在属性设置页面的“Text Labels(文本标签)”选项中勾选“Sequential values(有序值)”选项,单击右边的“Insert(插入)”按钮便可添加旋钮上的文本标签。依次在列表中输入“5ms/Div”“10ms/Div”和“20ms/Div”,表示波形图水平方向每分格所代表的时间大小。

② “Volts/Div(幅值分度)”旋钮的属性设置。在该旋钮上单击鼠标右键,在弹出的快捷菜单中选择“Properties(属性)”选项,在弹出的属性对话框中进行设置。

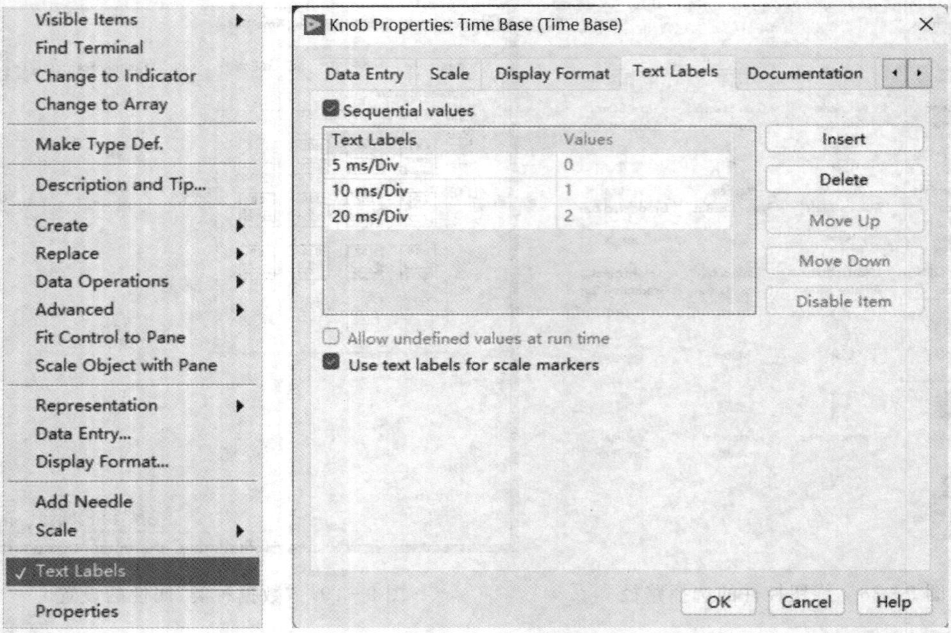

图 9－32 “文本标签”属性的设置

● 在“Appearance(外观)”选项中的“Caption(标题)”填入文本“Volt/Div”。其余设置与水平分度旋钮的属性设置相同。

● 在“Data Type(数据种类)”“Scale(标尺)”和“Display Format(显示格式)”选项卡中，属性设置与水平分度旋钮的设置相同。

● 在“Text Labels(文本标签)”选项中，在列表中依次添加“0.5V/Div”“IV/Div”和“2V/Div”，表示波形图垂直方向每分格所代表的幅值大小。

通过上述对水平时间分度旋钮和幅值分度旋钮属性的设置，可以实现对示波器波形显示在水平方向和竖直方向的显示特性的调节。图 9－33 所示为设计完成后的定位面板。

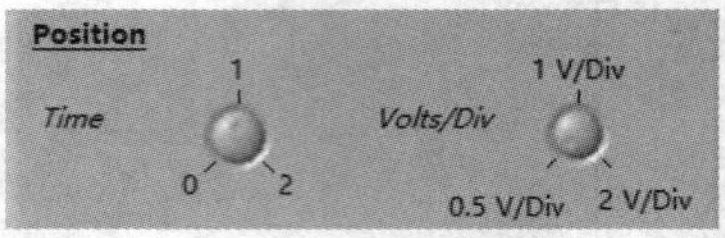

图 9－33 “定位面板(Position)”的示意图

(6)通道选择面板(Channel)设计。在控件选板→“Classic(经典)”→“Boolean(布尔)”选板中选择两个“Square Push Button(方形开关按钮)”并拖放至通道选择面板上，将其分别命名为“Ch A”和“Ch B”。单击“Ch A”或“Ch B”按钮时，示波器只单独显示 A 通道中的信号或 B 通道中的信号，若两者都按下，则同时显示两路通道的信号。除此之外，再向通道选择面板添加三个数值输入控件，分别命名为“采样点”“采样频率”和“频率(Cycles/sample)”，以便于对示波器输入演示信号进行参数控制。设计完毕后的通道选择面板如图 9－34 所示。

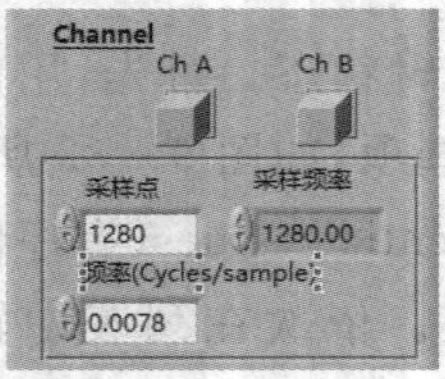

图 9－34 通道选择面板(Channel)

(7)信号测量和程序控制面板的设计。添加两个“确定”按钮至面板上，分别命名为“相位测量”和“功率测量”。为了设置它们的属性，首先，在“Appearance(外观)”属性选项中，取消选中“Label(标签)”中的“Visible(可见)”选项；然后，选择“Show Boolean(显示布尔文本)”选项，在“On text(开时文本)”中输入“测量”，“Off text(关时文本)”中输入“相位测量”，如图 9－35 所示；最后，在“Operation(操作)”选项中选择“Button behavior(按钮动作)”为“Switch when released(释放时转换)”，如图 9－36 所示。“功率测量”按钮的属性设置相同。

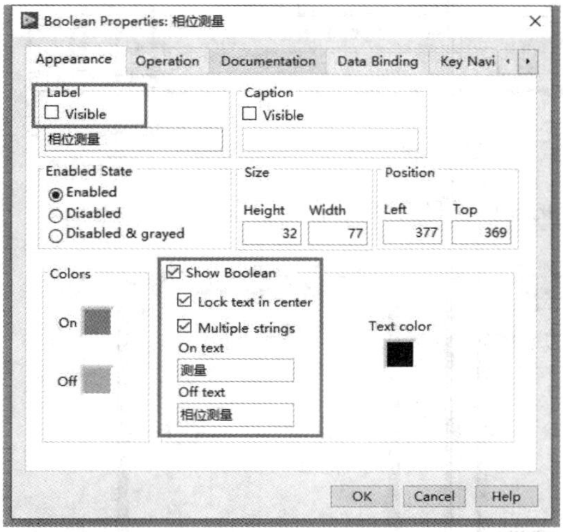

图 9－35　“外观”属性的设置

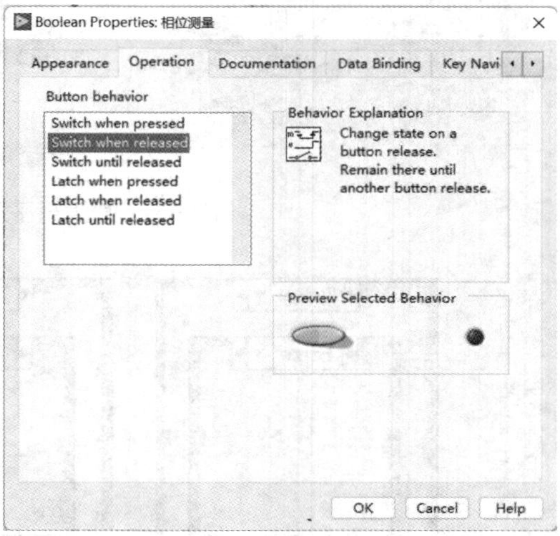

图 9－36　“操作”属性的设置

另外，在控件选板→“Classic(经典)”→“Boolean(布尔)”选板中选择“Round Push Button 2(圆形开关按钮 2)”放入面板中，并将其按钮动作设置为“Latch when released(释放时触发)”，用来控制程序终止。

2)触发电平(Slope)子 Vl 的设计

触发电平子 VI 的主要功能是将输入信号幅值与触发电平进行数值比较，若某一信号幅值产生触发，则输出产生触发的元素在信号数组中的索引值 index。该子 VI 的前面板和程序框图，如图 9－37 所示。

从程序框图可以看出，输入信号数组进入 While 循环，同时使用“Index Array(索引数组)”函数获取信号数组的首元素，作为移位寄存器的初始值。信号数组进入 While 循环后，通过“In Range and Coerce(判定范围并强制转换)”等函数判断触发电平“Level”值是否位于两相邻元素之间或等于上限元素值。如果否，则进入下一次循环；如果是，则执行外层条件结构的分支“True”，根据触发极性 Direction 的极性“Pos”或“Neg”找出触发点的索引值，停止循环并输出索引值。内外层条件结构程序框图，如图 9－38 所示，在“Pos(正触发)”模式时，内层条件结构执行“True”分支，执行“＞”函数来实现正触发；在“Neg(负)”模式时，内层条件结构执行“False”分支，执行“＜”函数来实现负触发。

在触发电平子 VI 的程序框图的编写过程中，使用了“In Range and Coerce(判定范围并

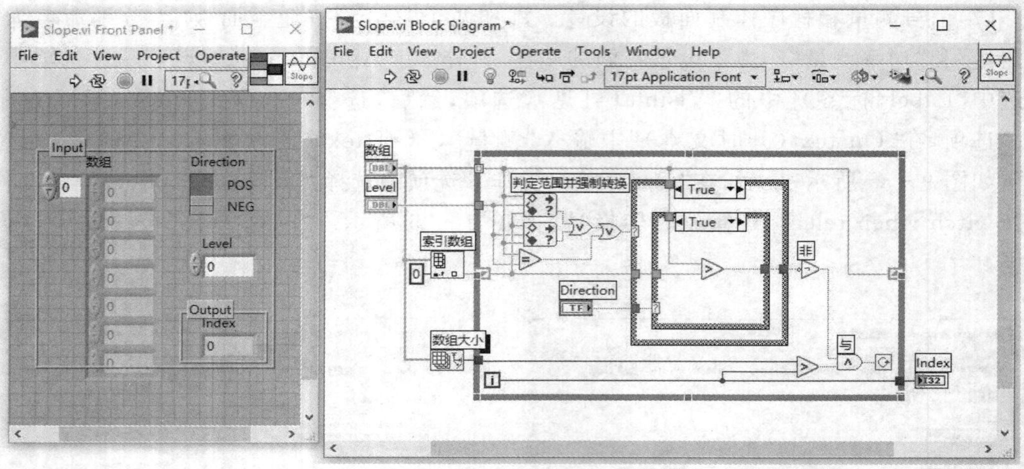

图 9 - 37　触发电平子 VI 的前面板和程序框图

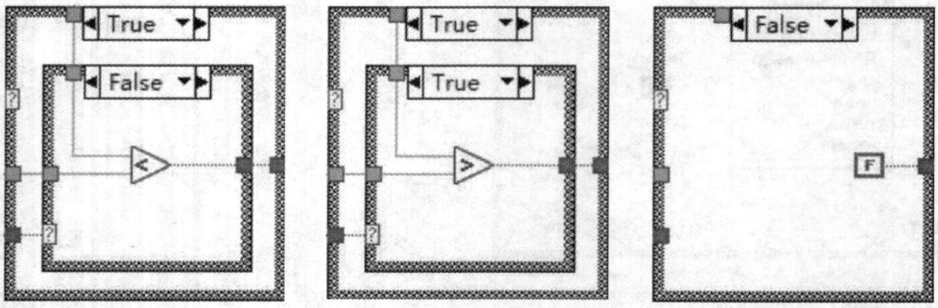

图 9 - 38　内外层条件结构程序框图

强制转换)"函数,用户可以在函数选板→"Programming(编程)"→"Comparison(比较)"选板中找到该函数,如图 9 - 39 所示。该函数依据上限和下限,确定 x 是否在指定的范围内,还可选择将值强制转换至范围内。本设计中没有使用强制转换至范围内的功能。函数端子如图 9 - 40 所示。

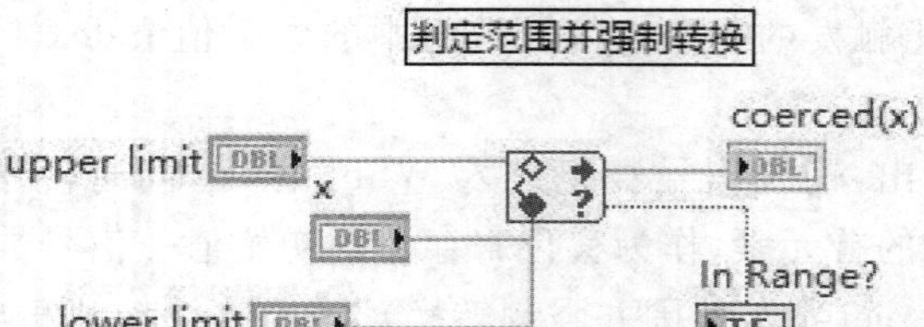

图 9 - 39　"判定范围并强制转换"函数的端子图

3)触发器(Trigger)子 Vl 的设计

触发器的功能是使信号的初始相位恒定,从而使得波形可以稳定显示,即波形每次出现的相位相同。触发器子 VI 能够根据触发源的不同,对输入的信号进行选择输出,调用路径如图 9 - 41 所示,图 9 - 42 和图 9 - 43 所示为触发器子 VI 前面板和程序框图。

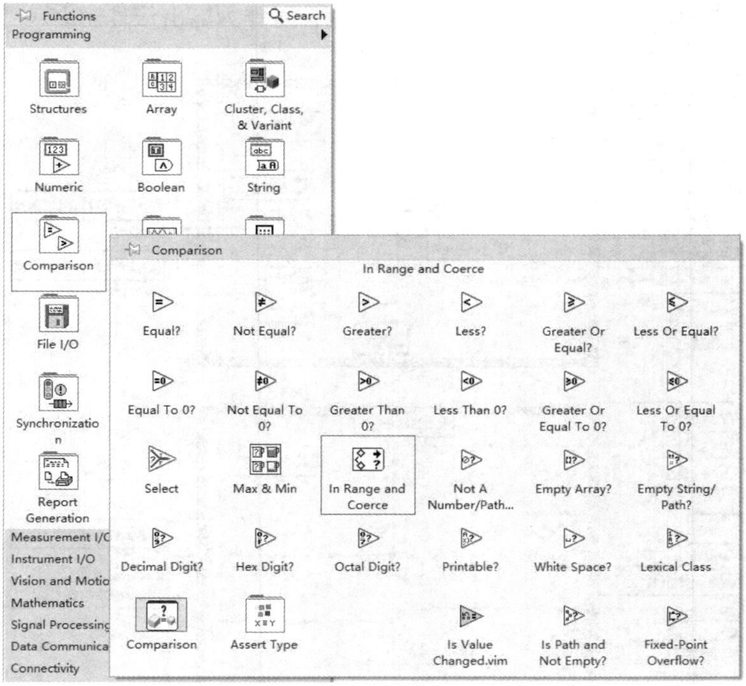

图 9－40　调用路径

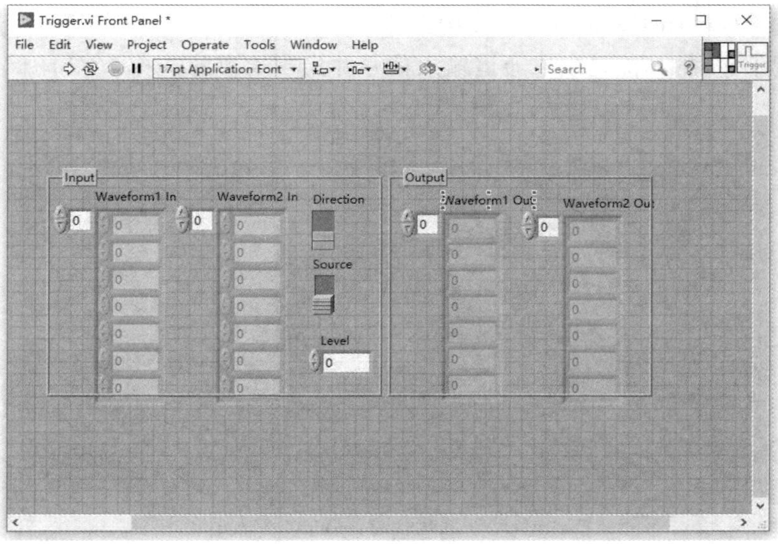

图 9－41　触发器子 VI 前面板的设计示意图

在程序框图中，由触发源开关“Source”控制条件结构的分支选择，若“Source”输出 True，即触发源由通道 B 触发(内触发)，则条件结构执行“True”分支，输入信号先通过触发电平子 VI 产生索引值 index，然后使用“Array Subset(数组子集)”函数返回从 index 开始的长度为 2000 的一段信号，并将这一段信号输出；若“Source”输出 False，即触发源是由外触发(EXT)，则条件结构执行“False”分支，直接将输入触发器子 VI 的两路信号作为输出信号输出。

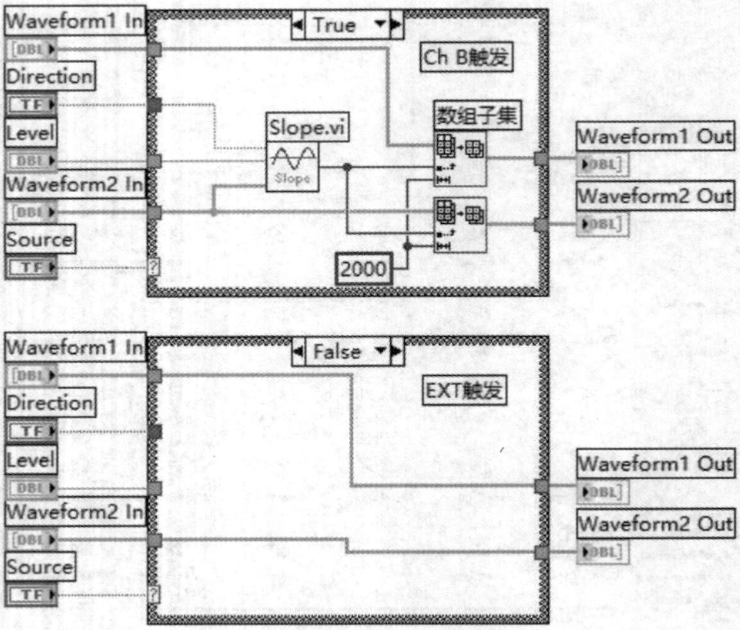

图 9-42　触发器子 VI 的程序框图

4）通道选择（Select Channel）子 VI 的设计

通道选择子 VI 的功能是生成通道输入信号并实现通道的选择。VI 的前面板如图 9-43 所示。

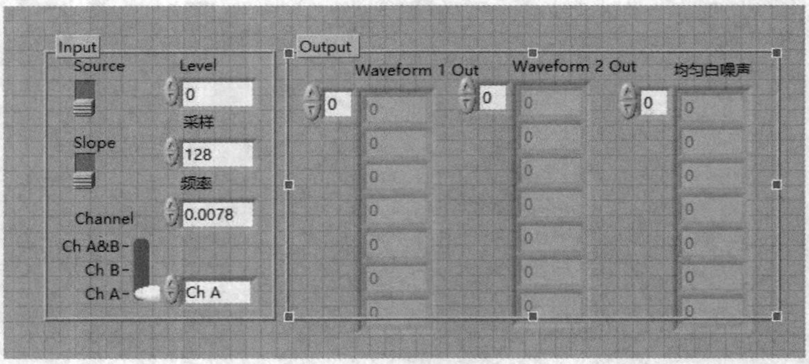

图 9-43　通道选择子 VI 的前面板

由条件结构控制的通道 A、通道 B 及两路通道的波形产生程序框图，如图 9-44、图 9-45 和图 9-46 所示。在程序框图中，信号通过“Sine Wave. vi（正弦信号）”函数、“Square Wave. vi（方波信号）”函数并加入“Uniform White Nois. vi（均匀白噪声）”函数来生成所需的信号。由“Channel”输入常数 0，1，2 分别对应着条件结构的不同分支，实现“Ch A”“Ch B”和“Ch A & B”的选择。

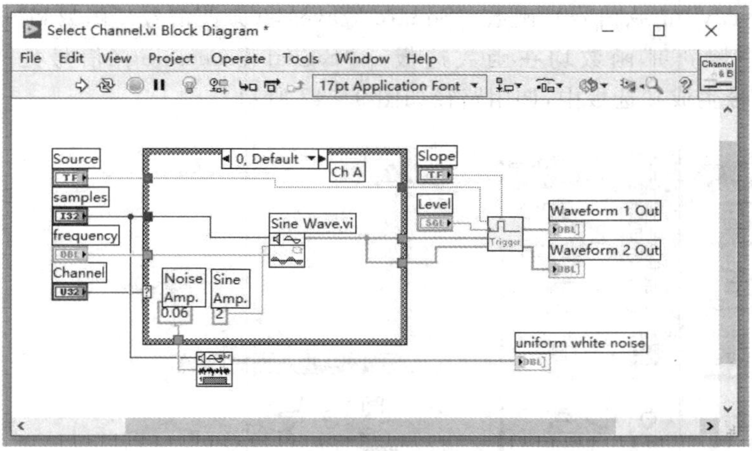

图 9 - 44　通道 A 的波形产生程序框图

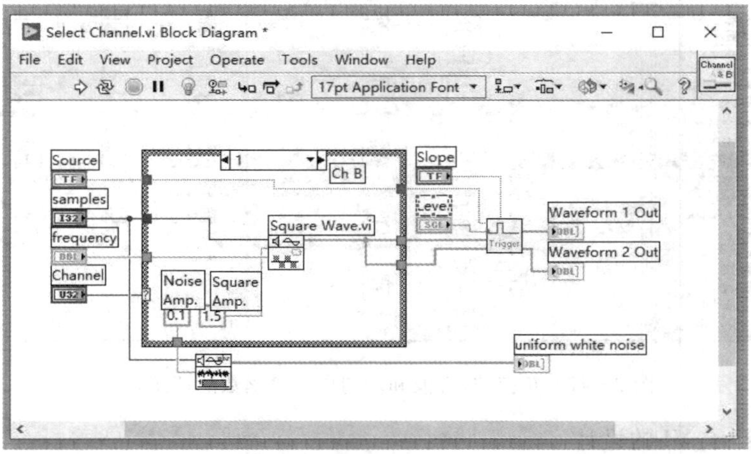

图 9 - 45　通道 B 的波形产生程序框图

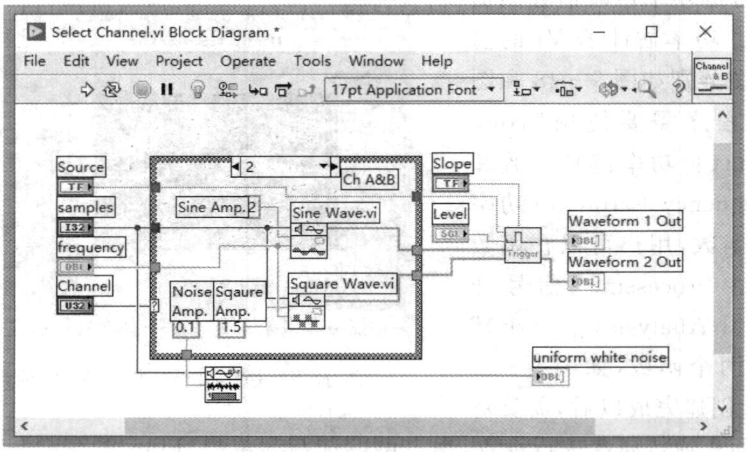

图 9 - 46　通道 A 和 B 的波形产生程序框图

“Sine Wave. vi(正弦信号)”函数、“Square Wave. vi(方波信号)”函数和“Uniform White Nois. vi(均匀白噪声)”函数均在函数选板→“Signal Processing(信号处理)”→“Signal Generation(信号生成)”选板中，调用路径如图 9－47 所示。

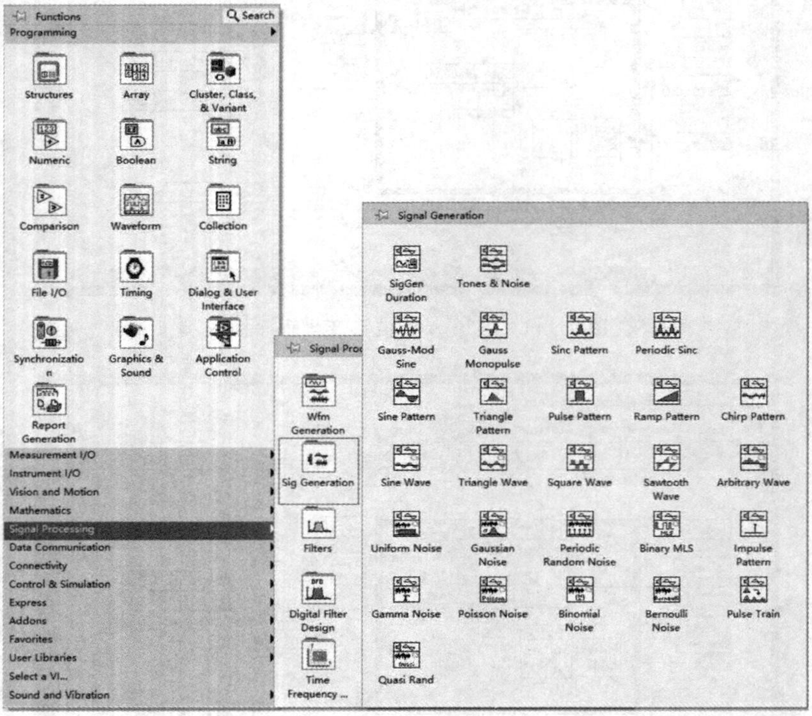

图 9－47　正弦波、方波和均匀白噪声函数的调用路径

5)功率估计子 VI 的设计

功率估计子 VI 的主要功能是计算输入时域信号的功率谱峰值处的估计频率和功率。功率估计子 VI 的前面板和程序框图分别如图 9－48 和图 9－50 所示。程序需要使用“Auto Power Spectrum(自功率谱)”函数和“Power & Frequency Estimate(功率及频率估计)”函数，用户可以在函数选板→“Signal Processing(信号处理)”→“Spectral Analysis(谱分析)”选板中找到这两个函数，如图 9－51 所示。此子 VI 创建完成以后，需要对其运行时的前面板窗口属性进行设置，用户可以选择菜单栏“File(文件)”→“VI Properties (VI 属性)”，在 VI 属性对话框中的“Category(类型)”项的“Window Appearance(窗口外

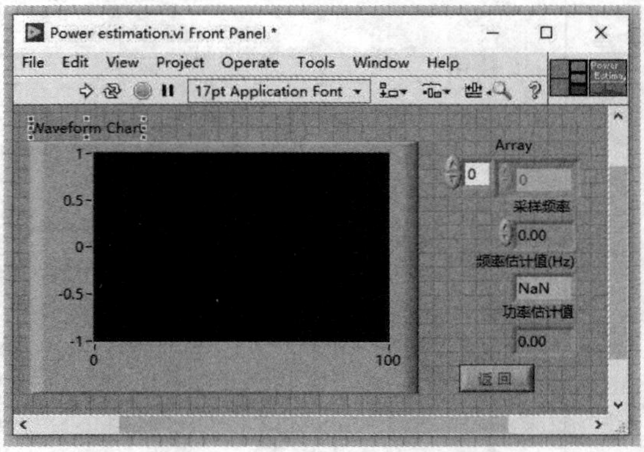

图 9－48　功率估计子 VI 的前面板

观)”中选择“Customize(自定义)”选项,在弹出的窗口中进行自定义设置,如图 9－51 所示。

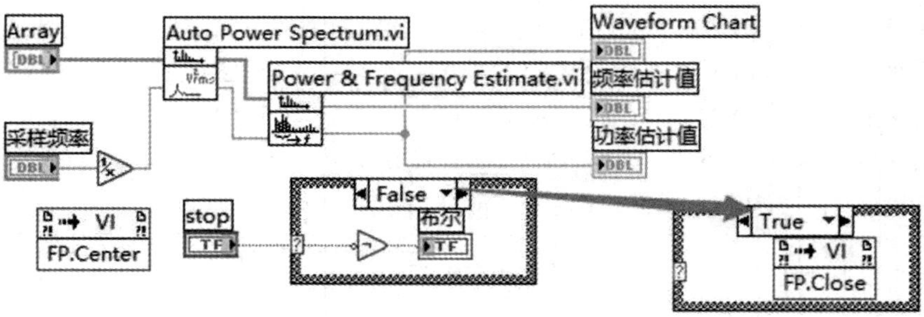

图 9－49　功率估计子 VI 的程序框图

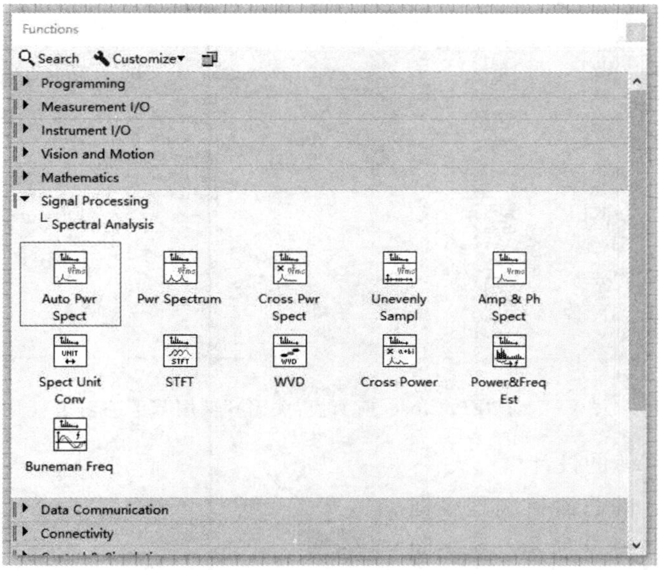

图 9－50　“功率及频率估计”函数的调用路径和端子接线图

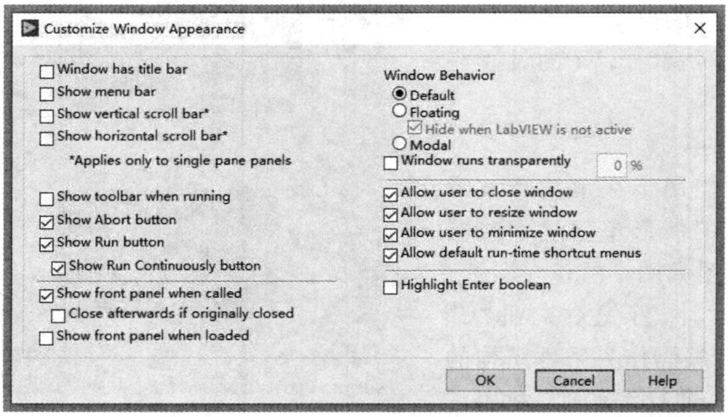

图 9－551　“自定义窗口外观”对话框

程序框图还利用了“FP. Close（前面板：关闭）”和“FP. Center（前面板：居中）”两个调用节点。用户可以在函数选板→“Programming（编程）”→“Application Control（应用程序控制）”选板中选择两个“Invoke Node（调用节点）”控件，如图 9-52 所示，并拖放至程序框图中。在节点的“App”窗格上单击鼠标右键，在快捷菜单中选择“Select Class（选择类）”→“VI Server（VI 服务器）”→“VI”→“VI”。然后，单击调用节点的“Method（方法）”窗格，选择“Front Panel（前面板）”→“Close（关闭）”。这就成功创建了“FP. Close（前面板：关闭）”调用节点。用同样的方法可以创建“FP. Center（前面板：居中）”调用节点。

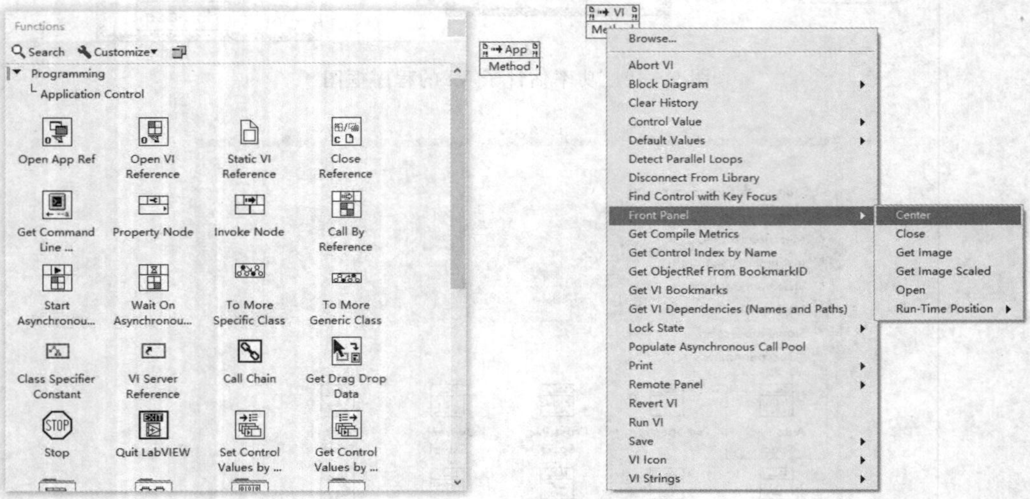

图 9-52　“FP. Close（前面板：关闭）”调用节点的创建

6）相位分析子 VI 的设计

相位分析子 VI 的前面板和程序框图如图 9-53 和图 9-54 所示。这里同样需要使用功率谱函数和功率及频率估计函数。程序编写完成后，也需要对子 VI 行时的前面板窗口外观进行设置，其设置与功率估计子 VI 的设置完全相同。

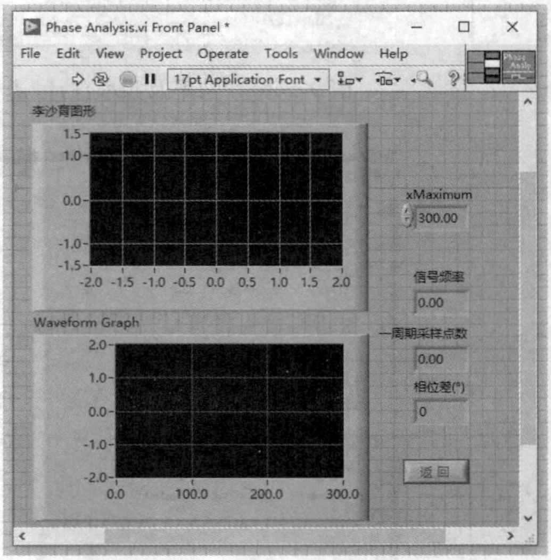

图 9-53　相位分析子 VI 的前面板

7）选择功能的实现

通道选择功能用于在示波器波形图上使两个通道的波形单独显示或同时显示。程序框图如图 9-55～图 9-56 所示。在本设计，首先对按钮“Ch A”和“Ch B”进行编码作为条件结构的选择器终端输入，进行编码时，利用了“Boolean To（0，1）（布尔值至（0，1）转

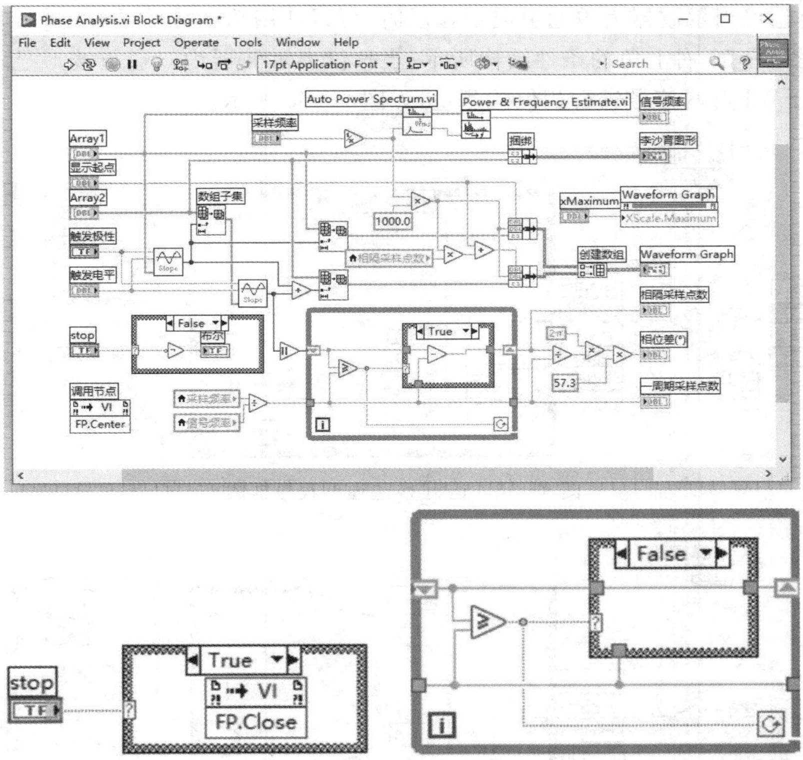

图 9－54　相位分析子 VI 的程序框图

化)”等函数。若“Ch A”和“Ch B”同时输入“False”，即两个通道波形都不显示，则条件结构执行“－1”分支，如图 9－55 所示；若“Ch A”输入“True”、“Ch B”输入“False”，即通道 A 显示波形，则条件结构执行“0”分支，如图 9－56 所示；若“Ch A”输入“False”，“Ch B”输入“True”，即通道 B 显示波形，则条件结构执行“1”分支，如图 9－57 所示；若“Ch A”和“Ch B”同时输入“True”，即两个通道波形都显示，则条件结构执行“2”分支，如图 9－58 所示。有波形输入时，根据输入的触发源电平、触发极性及采样点数实现两路信号的配置，使用通道选择子 VI 输出所需要的通道信号。最后，通道选择子 VI 的输出信号经过“Build Array(创建数组)”和“Bundle(捆绑)”函数构造成簇类型数据，输入波形图进行输出信号的显示。

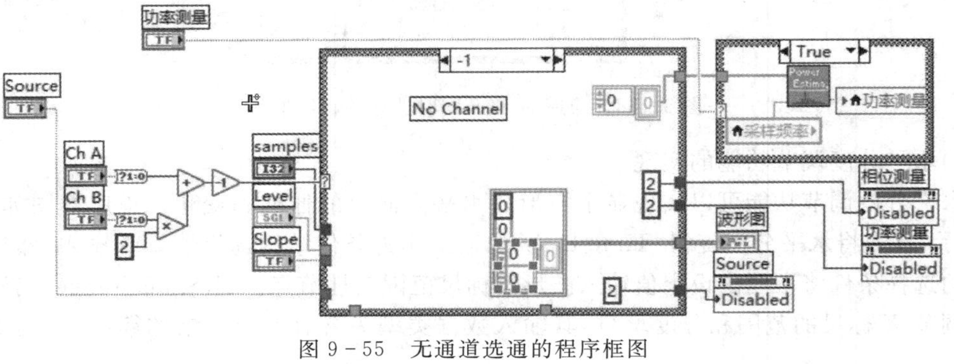

图 9－55　无通道选通的程序框图

此外，当且仅当示波器为单通道波形显示时，可以使用功率估计子 VI 进行功率测量，如图 9 - 56 和图 9 - 57 右上角的条件结构所示；当且仅当示波器为双通道波形显示时，可以使用相位分析子 VI 对两信号进行相位差测量，如图 9 - 58 所示。

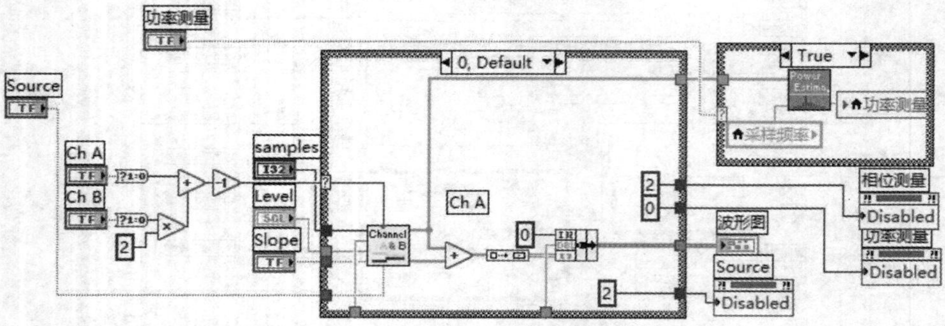

图 9 - 56　通道 A 选通的程序框图

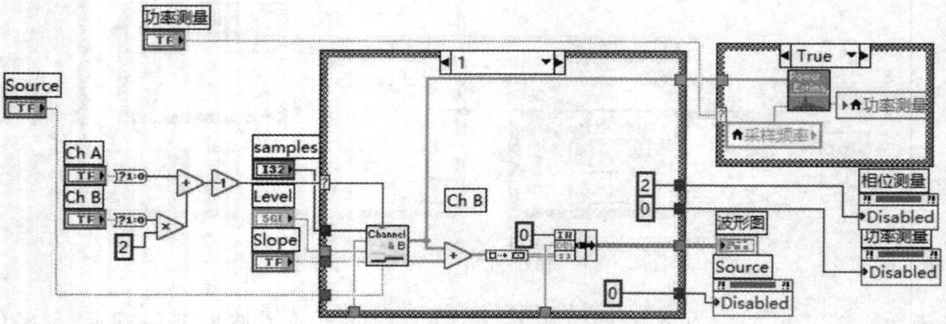

图 9 - 57　通道 B 选通的程序框图

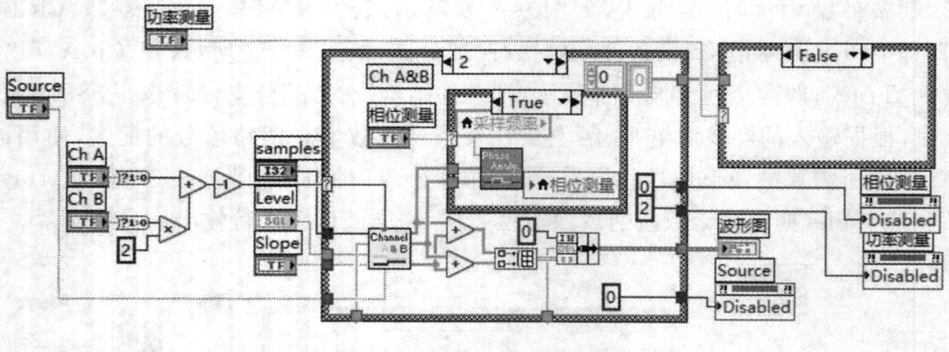

图 9 - 58　通道 A 和 B 同时选通的程序框图

8）水平分度调节功能的实现

水平分度调节功能可以实现显示波形在水平方向上的伸缩和变化。程序框图如图 9 - 59 所示，首先将水平分度旋钮“Time Base”的输出作为条件结构选择器终端输入，然后根据不同的选择条件将不同的设定值输入波形图标尺范围属性节点。“XScale. Range”属性节点用于调节 X 标尺的范围和分度增量，其输入数据类型为含有五个元素的簇，从上到下依次为 X 标尺的最小值、最大值、增量、二级增量和起始值。用户可以用鼠标右键单击波形图，从弹出的快捷菜单中选择"Create(创建)"→"Property Node(属性节点)"→"X Scale(X 标尺)"→"Range(范围)"→"All Elements(全部元素)"，即可创建此节点。

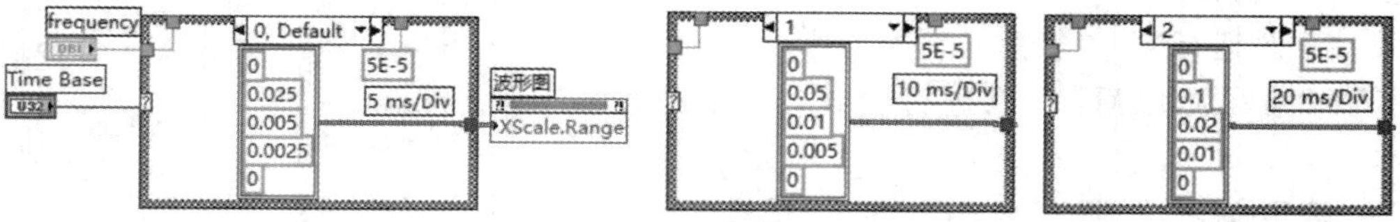

图 9 - 59　水平分度调节处理功能块的程序框图

9)幅值分度调节功能的实现

幅值分度调节功能可以实现显示波形在垂直方向上的伸缩和变化。程序框图如图 9 - 60 所示。与水平分度调节类似，首先将幅值分度旋钮"Vols/Div"的输出作为条件结构选择器终端输入，然后根据不同的选择条件将不同的设定值输入波形图标尺范围属性节点。这里使用的属性节点为"YScale. Range"，用于调节 Y 标尺的范围和分度增量等。

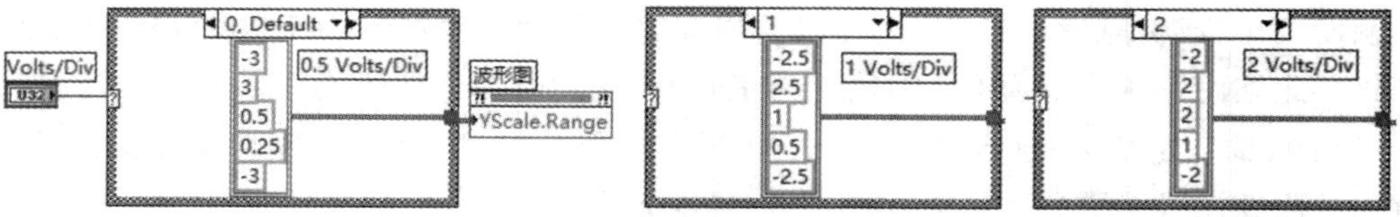

图 9 - 60　幅值分度调节处理功能块的程序框图

10)完整程序框图

完成上述程序主体设计后，还需要完善一些功能，确保用户使用系统时不会出错。

(1)触发源功能模块。触发源功能模块的功能是通过判断触发源开关"Soure"、通道选择开关"Ch A"和"Ch B"的状态来设置示波器触发选项的显示状态。触发源功能块的程序框图如图 9 - 61 所示。当条件结构输入为 True 时，执行"True"分支，此时将 0 输入触发极性"Slop"和触发电位"Level"的属性节点，将其启用状态设置为"启用"；当条件结构输入为 False 时，执行"False"分支，此时将 2 输入触发极性"Slop"和触发电位"Level"的属性节点，将其启用状态设置为"禁用并变灰"。

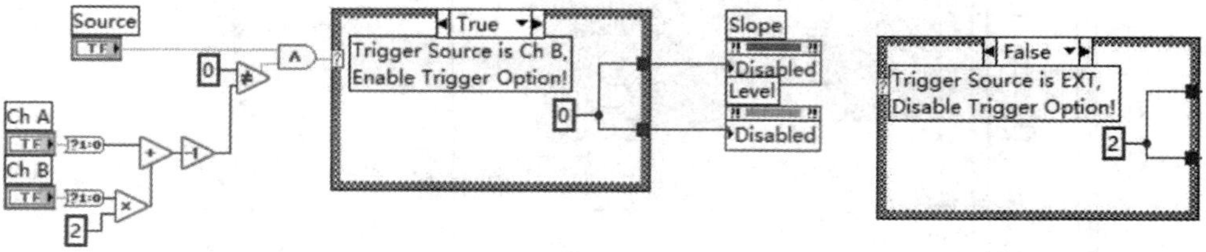

图 9 - 61　触发源功能块的程序框图

(2)初始化与复位功能模块。初始化与复位功能模块的程序框图如图 9 - 62 所示。这两个部分均使用了平铺式顺序结构，在程序设计过程中，创建了相位测量、功率测量、触发源、触发极性和触发电平的"Disabled(可见)"属性节点,并将节点放入顺序结构中。主程序开始前和结束后使用这些属性节点对这些操作控件进行了统一初始化与复位设置。

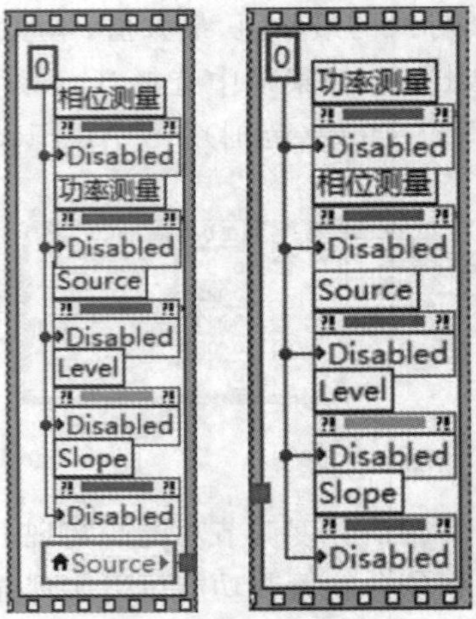

图 9-62　初始化与复位功能块的程序框图

11)程序运行

程序编写完成后,可以进行测试,运行数字示波器。

步骤 1:单击 LabVIEW 2020 的运行按钮,运行数字示波器。

步骤 2:选择打开通道选择(Channel)按钮,如单独打开通道 A 或通道 B,或者同时打开通道 A 和 B。打开的通道不同,触发面板(Trigger)上的触发选项控件启用状态便不同。此处设置为 A、B 通道同时显示。

步骤 3:选择好显示通道后,调节示波器的触发源(Source)和开关,实现通道 B 触发(Ch B)或外触发(EXT),然后通过触发沿(Slope)开关,选择正触发(Pos)或负触发(Neg)。还可以使用旋钮调节设定触发电平(Level),从而实现波形的变化。此处设置触发源为 Ch B,极性为正触发,触发电平为默认值 0。

步骤 4:调节定位面板(Position)上的水平和幅值分度调节旋钮值,改善、测试和波形显示情况。此处设置水平分度值为 5ms/Div,幅度分度值为 0.5V/Div。

步骤 5:数字示波器运行效果如图 9-63 所示,此时还可以对信号进行相位测量。单击"相位测量"按钮,弹出相位分析窗口,如图 9-64 所示。若使用的是单通道信号显示,可以对输入进行功率测量。

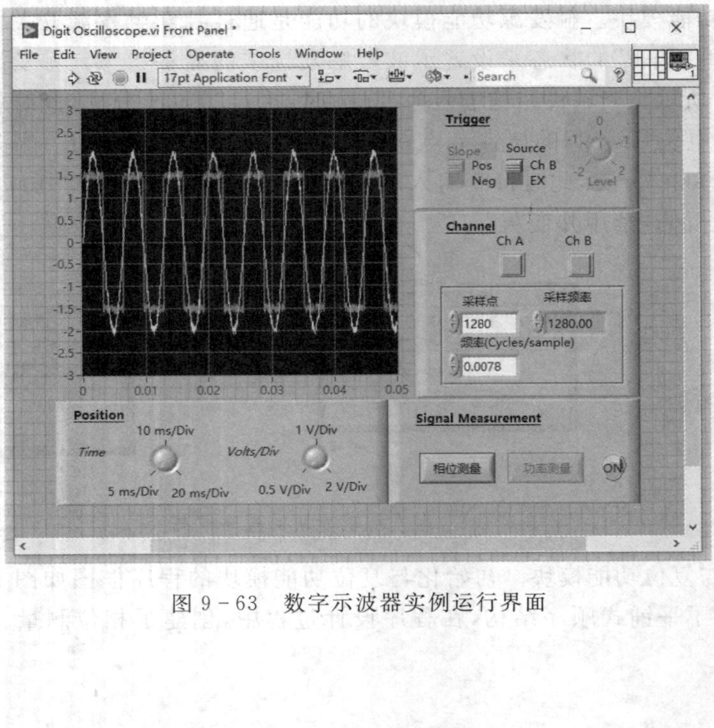

图 9-63　数字示波器实例运行界面

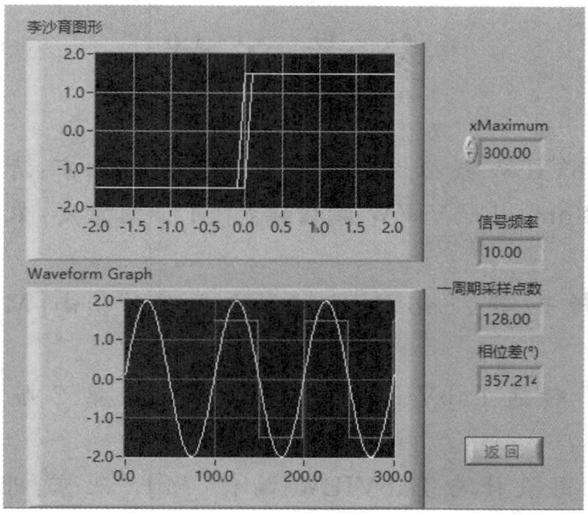

图 9-64　信号相位分析窗口

步骤 6:单击停止按钮结束示波器的运行。

9.3.5　设计思考

(1)本设计完成了哪些主要功能?

(2)本设计所创建的数字示波器的功能相对非常简单,如何在本设计内容的基础上发挥想象力和创造力,利用 LabVIEW 2020 提供的各种控件和函数,实现功能更加复杂和完善的示波器模拟功能?

参 考 文 献

[1] 郝丽，赵伟．LabVIEW 虚拟仪器设计及应用[M]．北京：清华大学出版社，2018.

[2] [美]Peter A. Blume. LabVIEW 编程样式[M]．刘章发，衣法臻，译．北京：电子工业出版社，2009.

[3] 魏德宝，吴艳，付宁，等．LabVIEW 虚拟仪器设计指南[M]．北京：清华大学出版社，2021.

[4] 周鹏，凌有铸．精通 LabVIEW 信号处理[M]．第 2 版．北京：清华大学出版社，2019.

[5] 王英．虚似仪器设计与 LabVIEW 编程[M]．北京：北京航空航天大学出版社，2017.

[6] 杨高科．图像处理、分析与机器视觉（基于 LabVIEW）[M]．北京：清华大学出版社，2018.

[7] 唐赣．LabVIEW 数据采集[M]．北京：电子工业出版社，2020.

[8] 孙秋野，吴成东，黄博南．LabVIEW 虚拟仪器程序设计及应用 [M]．第 2 版．北京：人民邮电出版社，2015.